U0159348

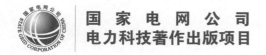

国家电网公司
电力科技著作出版项目

大规模风电接入弱电网
运行控制技术

编著　刘　辉　杜维柱　吴林林　王晓声　王　潇　田云峰
　　　刘京波　刘海涛　孙大卫　巩　宇　孙雅旻　李　雨
　　　李蕴红　宋　鹏　吴宇辉　张扬帆　张瑞芳　陈　璨
　　　徐海翔　徐　曼　程雪坤

中国电力出版社
CHINA ELECTRIC POWER PRESS

内 容 提 要

本书以作者所在研究团队多年来在大规模风电接入弱电网脱网机理、现场检测、短路特性、高电压穿越、功率控制、次同步谐振和虚拟同步发电机等技术方面的研究和实践为基础，以新能源并网运行控制理论为依据，结合国内外同行先进经验，对大规模风电接入弱电网运行控制相关问题进行了总结和提炼。全书分八章，包括概述、大规模风电多时空尺度运行特性、大规模风电无功电压控制技术、大规模风电集群有功控制技术、风电机组高电压穿越技术、大规模风电-串联补偿系统次同步谐振机理分析及治理技术、虚拟同步发电机技术及工程示范、风电短路电流计算技术。

本书理论联系实际，所提供的理论方法、现场数据及分析、试验结果对研究人员，尤其是电力专业科技人员有较高的借鉴价值，可为相关专业人员提供参考，也可作为新能源并网领域培训教材。

图书在版编目（CIP）数据

大规模风电接入弱电网运行控制技术/刘辉等编著.—北京：中国电力出版社，2021.7
ISBN 978 - 7 - 5198 - 5247 - 4

Ⅰ.①大…　Ⅱ.①刘…　Ⅲ.①风力发电系统－影响－电力系统运行－研究　Ⅳ.①TM727

中国版本图书馆 CIP 数据核字（2020）第 267273 号

出版发行：中国电力出版社
地　　　址：北京市东城区北京站西街 19 号（邮政编码 100005）
网　　　址：http：//www.cepp.sgcc.com.cn
责任编辑：黄晓华　刘丽平　周秋慧　张冉昕
责任校对：黄　蓓　常燕昆
装帧设计：张俊霞
责任印制：石　雷

印　　　刷：北京瑞禾彩色印刷有限公司
版　　　次：2021 年 7 月第一版
印　　　次：2021 年 7 月北京第一次印刷
开　　　本：787 毫米×1092 毫米　16 开本
印　　　张：24.5
字　　　数：546 千字
印　　　数：0001—1000 册
定　　　价：125.00 元

随着石油、煤炭等不可再生资源的枯竭及排放污染的日趋严重，全世界都在积极寻求清洁、环保的可再生能源作为传统化石燃料的替代能源，风能作为无污染、绿色清洁的可再生能源，受到各国的高度重视，近十年来在全球范围内得到快速的发展。我国已成为世界风电装机容量第一大国，截至 2020 年底，全国累计装机容量达到 2.81 亿 kW，全年发电量 4665kWh。2020 年 9 月 22 日，国家主席习近平在第七十五届联合国大会一般性辩论上表示，中国将提高国家自主贡献力度，采取更加有力的政策和措施，二氧化碳排放力争于 2030 年前达到峰值，努力争取 2060 年前实现"碳中和"。可以预见，作为实现二氧化碳减排的主力能源形式，未来风电具有更加广阔的发展空间。

风电并网运行控制是实现风电规模化、常规化并网的关键技术，具有重要的研究意义和工程价值。风电不同于传统的同步发电机，大规模接入电网时会引发一系列问题。从电网侧看，我国陆上集群风电大多采用"大规模集中式开发、高电压远距离输送"的模式接入弱电网，呈现出电网网架结构薄弱、阻抗较高、短路容量较低、并网点无功支撑能力弱等特征。从电源侧看，采用电力电子接口装置的风电机组，其运行控制特性与传统同步发电机组差异显著。由此，一方面会引发一些传统电网未曾出现的新问题，如风电机组大规模连锁脱网、大规模风电集群负阻尼振荡等；另一方面会造成很多传统电力系统的经典运行控制技术不再适用，以风电集群无功电压控制为例，目前新能源接入地区的自动电压控制沿用传统三级电压控制体系和电压指令控制模式，而新能源场站接入网架、无功源调节特性都与火电机组接入存在明显区别，直接照搬传统电网的控制经验易导致多无功源控制失调，进而引发无功环流等现象。因此，综合考虑大规模风电并网源网两侧特点，开展弱电网背景下风电集群运行控制相关技术研究，是未来高效可持续发展风电、实现高比例新能源替代的基础。

冀北电网是我国新能源并网规模和装机容量占比都具有典型性和代表性的省级电网，截至 2020 年底，冀北集中式风电装机容量已达 1954 万 kW，新能源装机容量占统调装机容量比例高达 64.5%，位列全国省级电网第一位，其中风电装机容量占统调装机容量比例为 44.5%。冀北电网大部分风电符合弱电网并网特征，部分地区接入电源全部为新能源机组，缺乏同步发电机支撑，很多风电场并网点的短路电流较小，短路比小于 3，在风电安全稳定运行方面面临严峻挑战。作者所在团队自 2011 年起围绕新能源运行与控制开展多项课题研究，承担了国家 863 科技项目"间歇式能源发电多时空尺度调度系统研究与开发"、国家重点研发计划项目"支撑低碳冬奥的智能电网综合示范工程"等国家级科技项目，牵头 10 余项国家电网有限公司项目，作者以科研工作中针对风电并网运行实际暴露问题的分析解决为案例，将支撑大规模风电并网安全稳定运行的重要成果梳理总结，精心编著《大规模风电接入弱电网运行控制技术》一书，旨在抛砖引玉。同时，本书也是我们科研课题和工程实践的进一步深化和再现。

全书共 8 章，第一章全面剖析大规模风电接入弱电网面临的重要问题，总结当前研究动态，概述全书主要研究内容；第二章介绍大规模风电运行特性分析方法，重点是构建大规模风电运行特性评价指标体系；第三章针对当前风电无功电压运行中暴露的主要问题，分别从控制主站和控制子站侧提出解决方案，包括主站侧无功电压控制优化方法和子站侧综合检测技术；第四章提出了基于消纳空间分层优化的大规模风电集群协同有功控制技术，解决大规模风电接入弱电网调度运行时面临的效率与均衡问题；第五章针对风电机组高电压穿越技术及工程实现的问题，提出了风电机组高电压穿越能力的技术要求和指标，依托实际案例介绍了双馈、直驱风电机组高电压穿越能力改造提升的现场实施方案；第六章以张家口沽源风电-串联补偿系统的次同步谐振为例，介绍了大规模风电-串联补偿系统次同步谐振分析和治理技术及工程应用；第七章阐述了面向大电网的虚拟同步发电机技术，依托国家电网有限公司张北虚拟同步发电机示范工程介绍了技术应用情况；第八章从大规模风电汇集系统短路故障特征分析、等效电路建模及短路电流计算评估入手，深入剖析了风电汇集系统短路电流计算技术。

本书第一章由刘辉、杜维柱、吴林林编写，第二章由刘辉、吴林林、张瑞芳编写，第三章由张扬帆、吴林林、徐曼、刘海涛编写，第四章由孙雅旻、李雨、徐海翔编写，第五章由宋鹏、刘京波、田云峰、吴宇辉编写，第六章由刘辉、李蕴红、杜维柱、王潇编写，第七章由刘辉、孙大卫、王晓声、程雪坤、巩宇编写，第八章由陈璨、吴林林编写。全书由刘辉统稿。在本书的成稿过程中，得到了国家电网有限公司华北分部、国网冀北电力有限公司调控中心、清华大学等单位的大力支持和帮助。在此，作者深表感谢。

由于作者水平有限，书中错误及不妥之处在所难免，恳切希望读者和同行给予批评指正。

作　者
2021 年 6 月

前言

第一章　概　　述

第一节　我国风力发电开发情况及规划

一、我国风力发电发展现状

我国风力发电的开发和利用始于 20 世纪 50 年代后期，主要采用非并网小型风电机组解决海岛及偏远地区供电困难的问题。20 世纪 70 年代末期，我国开始研究较大容量的并网型风力发电技术，主要通过进口国外风电机组建设示范风电场，我国首个示范性项目——马兰风电场于 1986 年 5 月在山东荣成并网发电。经过了十几年的技术储备，我国风力发电产业从 2004 年开始进入快速增长期，我国风力发电产业的发展历程可以分为四个阶段：

（1）快速成长阶段（2004～2007 年）。该阶段我国出台了一系列政策和法律法规来鼓励风能资源的开发利用，如 2005 年颁布的《中华人民共和国可再生能源法》和 2007 年实施的《电网企业全额收购可再生能源电量监管办法》，前者从国家立法层面解决了风电产业发展中存在的诸多障碍，后者迅速提升了风电的开发规模和本土设备制造能力。在一系列政策推动下，2007 年风电新增装机容量达 3351MW，同比增长 157.1%，截至 2007 年底风电装机总容量达到 5910MW。

（2）高速发展阶段（2008～2010 年）。该阶段我国风电相关的扶持政策和法律法规进一步完善，风电整机制造能力大幅提升。期间我国提出了建设 7 个千万千瓦级风电基地，并启动建设海上风电示范项目，行业整体进入前所未有的高速发展期。2010年，我国风电新增装机容量超过 16GW，累计装机容量首次超过美国，跃居世界第一。但也暴露了送出工程建设滞后、风电机组质量参差不齐、风电场工程质量难以保障等问题。

（3）调整阶段（2011～2013 年）。经过几年的高速发展后，我国风电行业存在的问题开始显露，"三北"（东北、西北、华北）地区风力资源丰富，装机容量大，但地区消纳能力有限，外送通道不足，频繁发生大规模脱网事件，弃电限电现象严重。同时装备制造企业间竞争加剧，行业进入盘整和产业升级阶段，产品质量和服务能力具有优势的企业获得了更大的发展空间。

（4）稳步发展阶段（2014 年至今）。该阶段风电行业发展趋于理性，发展模式从重规模、重速度过渡到重效益、重质量。"十三五"期间，我国风电产业逐步实行配额制与绿色证书政策，并发布了国家五年风电发展的方向和基本目标，明确了风电发展规模将进入持续稳定的发展模式。2020 年，全国风电新增装机容量 7167 万 kW，其中陆上风电新增装机容量 6861 万 kW、海上风电新增装机容量 306 万 kW。截至 2020 年底，全国风电累计装机容量 2.81 亿 kW，其中陆上风电累计装机容量 2.71 亿 kW、海上风电累计装机容量约 900 万 kW。2020 年风电发电量 4665 亿 kWh，同比增长约 15%。2020 年全国弃风电量约 166 亿 kWh，平均利用率 97%，较 2019 年同期提高 1 个百分点。从装机容量及发电量看，风电已成为我国仅次于火电和水电的第三大电源。

2004～2020 年中国风电新增及累计装机容量如图 1-1 所示。

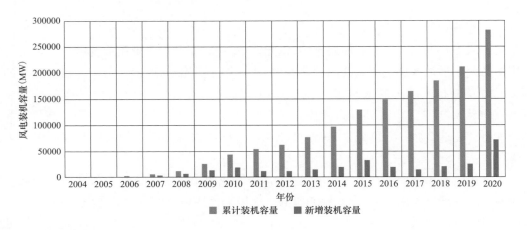

图 1-1　2004～2020 年中国风电新增及累计装机容量

二、我国风力发电发展规划

过去的 20 年，我国风电装机容量规模呈爆发式增长，实现了对欧美风电发达国家的"追赶"到"超越"，2010 年以后连续 10 年风电累计装机容量和年新增装机容量保持世界第一。但是相较于我国风能资源蕴含量以及社会对于清洁能源开发需求而言，未来风电仍具有巨大的发展空间。

我国拥有丰富的风能资源，根据 2007 年开始实施的第四次全国风能资源详查和评价工作，我国风能资源等级为 2～4 级，离地面高度为 50、70、100m 的风能资源技术开发量见表 1-1。我国陆地风能资源主要分布在"三北"地区、沿海及其岛屿地区，以及一些由于湖泊和特殊地形影响而风能丰富的地区。根据普查结果，我国近海水深 5～50m 范围内，风能资源技术可开发量为 5 亿 kW。7 个千万千瓦级风电基地是我国风电装机容量增长的主要阵地，见表 1-2，根据风能普查结果，其 50m 高度 3 级以上风能资源的潜在开发量约 18.5 亿 kW，可装机容量约 5.57 亿 kW。未来，随着风电装备技术进步，可装机容量还可以进一步大幅增加。

表 1 - 1		中国陆地风能资源技术开发量	亿 kW
离地面高度 (m)	4级及以上（风电功率密度 ≥400W/m²）	3级及以上（风电功率密度 ≥300W/m²）	2级及以上（风电功率密度 ≥200W/m²）
50	8	20	29
70	10	26	36
100	15	34	40

表 1 - 2	千万千瓦级风电基地的风电开发潜力	
基 地 名 称	潜在开发量 （万 kW）	可装机容量 （万 kW）
内蒙古（蒙东、蒙西）	130530	38170
新疆哈密	24910	6480
甘肃酒泉	20520	8220
河北（坝上）	7930	2379
吉林（西部）	1540	460
江苏近海 5～25m 水深线内海域	—	1390
合计	185430	55709

2020 年 9 月 22 日，国家主席习近平在第七十五届联合国大会一般性辩论上表示，应对气候变化《巴黎协定》代表了全球绿色低碳转型的大方向，是保护地球家园需要采取的最低限度行动，各国必须迈出决定性步伐。中国将提高国家自主贡献力度，采取更加有力的政策和措施，二氧化碳排放力争于 2030 年前达到峰值，努力争取 2060 年前实现碳中和。这是中国首次明确提出碳中和目标，也是中国经济低碳转型的长期政策信号，引起国际社会广泛关注和高度评价。

国家主席习近平 12 月 12 日在气候雄心峰会上通过视频发表题为《继往开来，开启全球应对气候变化新征程》的重要讲话，宣布到 2030 年，中国单位国内生产总值二氧化碳排放将比 2005 年下降 65％以上；非化石能源占一次能源消费比重将达到 25％左右；森林蓄积量将比 2005 年增加 60 亿 m³；风电、太阳能发电总装机容量将达到 12 亿 kW 以上。

作为我国实现碳达峰和碳中和目标的主力能源形式，未来新能源将迎来更加广阔的发展空间。"十四五"期间风电发展规划目标尚未确定，但在 2020 年 10 月 14～16 日北京国际风能大会（CWP 2020）上，四百余家风能企业的代表一致通过并联合发布了《风能北京宣言》，为达到与碳中和目标实现起步衔接的目的，在"十四五"规划中，须为风电设定与碳中和国家战略相适应的发展空间：保证年均新增装机容量 5000 万 kW 以上。2025年后，中国风电年均新增装机容量应不低于 6000 万 kW，到 2030 年至少达到 8 亿 kW，到 2060 年至少达到 30 亿 kW。与此同时，我国主要发电集团也纷纷将新能源作为"十四五"期间开发重点，具体情况见表 1 - 3。

表 1-3　　　　　　　　2025 年我国主要发电集团清洁能源发电发展目标

序号	发电企业	新增新能源装机容量规划（万 kW）	新能源装机占比
1	国家电投	13200	60%以上
2	华能	8000	50%以上
3	大唐	—	50%以上
4	国家能源集团	7000～8000	40%
5	华电	—	50%
6	三峡	6000	—
7	中广核	4000	—
	合计	39200	

第二节　大规模风电接入弱电网面临的问题

我国陆上风电是典型的"大规模集中式开发、高电压远距离输送"的模式，"三北"地区丰富的风能资源集中开发后输送到"三华"负荷中心。"三北"风能资源富集地区地势宽广，风电场汇集外送的线路距离长，网架结构相对薄弱，很多新能源电站并网点的短路电流小，短路比小于 3，具有弱电网的共性特征，近十年在实际运行中主要遇到风电机组大规模连锁脱网、风电机组控制引起的大规模风电集群负阻尼振荡现象、风电主动支撑电网能力缺失三方面的问题。

一、风电机组大规模连锁脱网

2010 年开始，在甘肃酒泉、河北张家口等地频繁出现由于电缆头故障、送出线路短路故障等原因引发的风电机组大规模脱网事件，给电网安全稳定带来了很大影响。根据国家电监会发布的《风电安全监管报告（2011 年）》，2010 年全国发生 80 起风电机组脱网事件，其中，一次损失风电功率 10 万～50 万 kW 的脱网事件 14 起，一次损失风电功率 50 万 kW 以上的脱网事件 1 起。2011 年 1～8 月，全国发生 193 起风电机组脱网事件，其中，一次损失风电功率 10 万～50 万 kW 的脱网事件 54 起，一次损失风电功率 50 万 kW 以上的脱网事件 12 起。脱网频次和脱网规模显著增加，风电机组大规模脱网问题成为首个行业共同关注的运行难题。

业界针对上述问题开展了大量的分析研究及试验，结果表明大规模脱网主要由三方面原因造成：

（1）风电机组高/低电压穿越能力不足。风电机组高/低电压穿越能力不足使风电机组不能适应故障扰动等因素造成的系统电压波动，易引起脱网事件。针对风电机组低电压穿越脱网问题，国内开展了大范围的在运机组低电压穿越抽检及新机组的低电压穿越型式试验，经过 2～3 年的努力，风电机组低电压穿越技术逐渐成熟，风电机组普遍具备了标准要求的低电压穿越能力，风电机组因不具备低电压穿越能力而脱网的问题基本解决。随着低电压穿越改造的完成，高电压穿越问题已成为制约风电送出和安全运行的主要因素，在历次脱网事件中因高电压穿越脱网的风电机组所占比例呈逐渐上升的趋势。GB/T 19963—2011《风电场接入电力系统技术规定》未给出风电机组高电压穿越标准和具体技术指标，随着研究和认识的深入，即将发布的 GB/T 19963《风电场接入电力系统技术规定 第一部分 陆上风电》（征求意见稿）将会给出明确的风电场高电压穿越和高、低电压连续穿越性能要求，有助于规范风电机组在电压穿越过程中的控制性能，避免因机组性能不达标引起的脱网事件。

（2）系统短路电流特性复杂。大规模风电汇集地区发生短路故障后，短路电流应是系统侧和风电机组提供短路电流的叠加。和传统同步发电机相比，采用电力电子设备并网的风电机组具有不同的拓扑结构和励磁方式，故障后短路电流特性不仅受到发电机电磁暂态特性约束，同时短路电流特性与风电机组采取的低电压穿越策略及变流器励磁控制深度耦合，短路电流呈现较强的非线性。单台风电机组的短路电流特性可通过电磁暂态仿真准确刻画。但在大规模风电汇集地区，由于风电机组空间分布较为分散，风电机组类型和变流器控制策略各异，风电场群的短路电流特性更为复杂。GB/T 15544.1—2013《三相交流系统短路电流计算 第 1 部分：电流计算》等未考虑风电机组的短路电流影响，我国主流的电力系统仿真软件也未准确刻画故障后风电机组的短路电流特性，导致电网故障后短路电流计算不准确，给现有电网的继电保护配置带来巨大挑战。因此，如何准确、高效地计算风电机组、风电场及风电场群的短路电流，已经逐渐成为电力系统安全稳定分析和继电保护校核迫切需要解决的问题。

（3）集群功率控制能力缺失。过去几年大规模风电集中并网区域均已陆续建成了风电无功电压控制系统（AVC），基本解决了无功电压偏差控制、系统网损优化等问题，但随着风电渗透率不断提升，如何防范风电机组发生连锁脱网成为提升风电运行安全性的重中之重。实际脱网案例表明，无功补偿设备动作不当、动态无功裕度不足是引发风电连锁脱网的重要原因，如何通过电网与风电场无功电压的协调优化，在保证无功分布合理的前提下实现对风电机组连锁脱网预防控制，是当前无功电压控制系统亟需解决的新问题。

在有功控制方面，风电有功控制系统一方面需要在电网接纳能力有限的情况下，通过各场站之间的协调控制，实现风电的最大化利用；另一方面，由于风电功率具有较强的随机波动性，有功控制系统需要精准控制集群功率不越限，预防由于风电功率较大时潮流水平接近系统静态电压稳定极限点而引发系统电压波动、风电机组大规模脱网事件，确保系统安全稳定运行。

二、风电机组控制参与的大规模风电集群宽频带振荡现象

近几年，世界各地发生了多起与风电机组相关的宽频带振荡稳定性问题。2009 年，美国德州发生了世界首例风电次同步谐振事件，由于检修工况下的电网小概率级联故障，使风电集群经串联补偿线路单点送出，最终导致风电集群与含串联补偿电网发生了频率约为 20Hz 的次同步谐振，造成大量风电机组因撬棒电路损坏而脱网。2010 年以来，我国河北沽源地区发生了上百起双馈风电集群与串联补偿送出系统间的次同步谐振，频率为 2～10Hz，造成变压器异常振动和大量风电机组脱网。2014 年，德国北部海上风电场经柔性

直流输电送出系统发生 200Hz 附近的谐波振荡，谐波电流达到基波的 40% 以上，导致高压直流整流器的滤波电容器爆炸，造成整个风电场停运 10 个月之久，震动了整个风电和高压直流行业。2015 年，我国新疆哈密地区频繁出现直驱风电集群与弱电网之间的次/超同步振荡，频率在 25Hz 和 75Hz 附近，振荡功率跨越 5 个电压等级，甚至可能激发汽轮机组轴系扭振，造成 220km 外的某火电厂机组跳机及特高压直流功率骤降。

大规模风电集群宽频带振荡问题有以下几方面特点：

（1）振荡覆盖的频带宽，振荡频率从几赫兹到 1000Hz 范围。

（2）风险高，总结目前案例，风电与弱电网、串联补偿、直流之间均可能存在振荡风险。

（3）机理复杂，新能源机组采用电力电子装置实现控制，成百上千台特性各异的风电机组与系统的耦合作用机理复杂，振荡诱因厘清困难。

随着风电渗透率不断增加，风电机组参与的宽频带振荡稳定性问题越来越突出，若不能提前做好应对策略和解决措施，将给发电企业和电网公司造成较大的经济损失，甚至可能造成大范围稳定性事故，危及电网的安全可靠运行。

三、风电机组主动支撑电网能力缺失

双馈和直驱风电机组是目前的主流机型，其原理都是通过变流器锁相方式实现并网控制，这种结构使风电机组转速与系统频率解耦，风电机组不具备类似于同步机的惯量响应能力和一次调频能力。此外，风电机组一般运行在最大功率跟踪点，没有预留上调功率备用，难以在系统发生功率缺额后为电网提供紧急功率支撑。随着未来风电行业不断发展，目前尚不具备主动调频的风电机组将会逐步替代传统同步机组，如果系统的惯性响应和频率调节能力得不到补充，风电占比持续提升将会导致整个同步电网的惯性与频率调节能力不断减弱，系统发生有功功率缺额时频率变化更剧烈、频率偏差幅度更大，频率稳定性风险将会越来越高。

2019 年 8 月 9 日发生的英国大停电是一次典型的高比例新能源电网因系统频率调节能力不足导致的大范围停电事件。大停电事件发生前全网总负荷约 32.3GW，其中约 41% 电力来自风电和光伏。大停电事件发生的原因是故障造成约 1480MW 电源脱网，其中超过 80% 为集中式或分布式新能源电源，导致系统频率快速跌破 48.8Hz，进而触发英国电网的低频减载保护动作。事件过程中 90% 以上的调频任务由火电、水电和直流输电系统承担，而新能源机组在低频过程中几乎未响应频率变化。此次事件是近几年首个由于频率问题导致的大停电事件，标志着高比例新能源导致系统调频能力下降已不再是纸上谈兵。

第三节　大规模风电接入弱电网运行控制研究动态

一、大规模风电机组接入弱电网适应性研究动态

1. 风电机组高电压穿越能力

风电机组高电压穿越能力指的是当系统电压出现某一水平高电压过程时，风电机组能

够保持不脱网运行。最初我国风电并网标准中并未对风电机组高电压穿越能力提出要求，但是 2010 年前后的大规模脱网事件普遍存在"先低电压后高电压"的特点，因此在解决完低电压穿越脱网问题后，如何使得风电机组具备一定高电压穿越能力成为行业研究的热点，包括风电汇集系统高电压机理、风电机组高电压穿越实现方式、风电机组高电压穿越测试方案等。在高电压机理方面，经过多年研究，基本上已经阐明了风电接入弱电网和特高压直流近区时出现高电压的原因。风电机组高电压穿越技术方面，研究集中在如何使得风电机组具有更高的电压耐受能力及更优良的控制性能。国网冀北电科院在 2014 年联合风电整机厂商，针对双馈风电机组和直驱风电机组在电路拓扑和控制系统的差异，提出了改进控制策略和增加辅助单元的高电压穿越实现方式，在国内率先实现了风电机组 1.3p.u./200ms 的高电压穿越能力改造。与此同时，风电机组高电压穿越能力相关标准陆续出台，如 NB/T 31111—2017《风电机组高电压穿越测试规程》的发布，规范了风电机组高电压穿越的测试规范；GB/T 36995—2018《风力发电机组故障电压穿越能力测试规程》的发布，明确了风电机组应具备 1.3p.u. 高电压穿越能力及低电压和高电压连锁故障穿越的能力，同时在高电压故障期间应提供一定的无功支撑能力。风电机组高电压穿越能力已成为风电机组并网的必备条件。但是随着研究的深入，针对并网场景的特点提出相应的差异化故障穿越特性要求，以兼顾更多运行工况和不同稳定性约束，正在逐渐成为行业的共识。

2. 虚拟同步发电机技术（virtual synchronous generator，VSG）

虚拟同步发电机是一种基于先进同步变流技术和储能技术的电力电子接口装置，可通过模拟同步发电机的本体模型、有功调频及无功调压等特性，使含有电力电子接口（逆变器、整流器）的电源和负荷，从运行机制及外特性上可与常规同步发电机相比拟，从而参与电网调频、调压和振荡抑制。基本原理是通过对同步发电机的转子运动方程和电气方程进行等效建模，采用预留备用和加装储能的方式保证稳定的能量来源，从而虚拟出同步发电机的感应电动势、功角特性和阻抗特性等，进而模拟同步发电机的惯量、一次调频及暂态电压控制特性。

目前，虚拟同步发电机技术的研究主要其中在小容量机组的研制和微电网层面的应用。2016 年 9 月 23 日，全球首套分布式虚拟同步发电机在中新天津生态城智能营业厅微电网成功挂网，主要实现了 15kW 分布式光伏虚拟同步发电机的应用；2017 年 2 月，南网虚拟同步储能装置在东莞供电局客户服务中心挂网运行，主要实现了 100kW 储能虚拟同步发电机在负荷侧的应用。面向大规模风电接入弱电网环境下的大容量虚拟同步发电机装备研制与大规模应用尚需更深入的探索。

自 2016 年起，国网冀北电力有限公司开展了虚拟同步发电机技术前瞻性研究与工程示范，联合科研机构、高校、装备制造企业等多家单位，突破了虚拟同步发电机基础理论、关键技术、装备研制、组网运行等难题，依托国家风光储输示范电站，建成了世界首个百兆瓦级多类型虚拟同步发电机工程。技术成果已推广应用于天津、江苏、辽宁、青海等 10 余个省（区）的多个新能源电站，填补了大容量虚拟同步发电机的国内外空白。

随着碳达峰、碳中和目标的提出和"四个革命、一个合作"能源安全新战略的推进，提升新能源的电网支撑能力，保障系统的安全稳定运行，是新能源电力系统面临的重大基础性研究课题。作为提升新能源主动支撑能力的重要技术手段，虚拟同步发电机技术仍需进一步地深化研究与推广应用，其控制策略升级优化、持续主动支撑能量来源选择等关键问题亟需更深入的探索。

3. 风电短路电流特性分析技术

风电短路电流特性主要分为风电机组短路电流特性分析和风电场、风电集群短路电流计算两个方面。在风电机组短路电流特性分析方面，由于风电机组采用了大量非线性的电力电子器件，且考虑变流器控制策略的影响，风电机组短路电流具有弱馈性和非线性的特点。已有的研究多针对单台风电机组短路电流开展电磁暂态仿真，获取风电机组短路电流时间序列并从中提取故障特征量，部分研究开展了风电机组短路电流的解析计算研究，但是对风电机组低电压穿越故障保护动作时序做了大量简化。在风电场、风电集群短路电流计算方面，现有研究缺乏风电汇集地区短路电流的快速评估工具，大规模风电汇集地区短路电流时域仿真存在模型复杂、仿真速度慢等问题，无法适应实际工程中对风电汇集地区短路电流的快速评估和分析。冀北电网率先开展了基于低电压穿越实测和理论分析相结合的单机—场站—集群短路电流分析。基于大量不同厂家风电机组逆变器的低电压穿越现场测试数据，提取了双馈风电机组和直驱风电机组短路电流特征，基于双馈风电机组和直驱风电机组短路全电流解析计算方法，提取了短路电流工频周期分量，建立了双馈风电机组和直驱风电机组的实用化短路计算电路模型，并以此为基础，形成了风电场短路模型关键参数分析方法。在风电汇集系统短路计算方面，提出了基于节点电压迭代的大规模风电汇集地区短路电流计算方法，实现了大规模风电汇集地区短路电流的准确计算。

二、大规模风电接入弱电网集群控制研究动态

1. 风电无功电压控制技术研究

大规模风电集群的无功电压控制是电网自动电压控制的一部分，其研究基础是经典的自动电压控制技术，传统三级电压控制的"硬分区"模式难以适应电力系统的不断发展和实时运行工况的大幅度变化，后续提出了基于"软分区"的三级电压控制模式，并已经在国内省级电网中得到良好应用。风电集群并网的无功电压控制按照"分层分区，就地平衡"原则，统筹大规模风电基地各类无功设备，充分利用各类设备之间的性能差异，控制区域内各节点电压在规定的范围内，保证区域电网电压安全。早期的风电场自动电压控制沿袭电网自动电压控制的理念，以系统网损和中枢节点电压偏差为目标，协调控制各风电场无功电压出力，但是随着对于大规模风电集中接入弱电网特性认知的不断深入，风电集群无功电压控制技术被赋予了新的使命，以预防系统连锁脱网事件为目标的预测控制理论被广泛研究，通过将预测结果引入控制，建立带风电场安全约束条件的无功优化（SCOPF）模型，保证系统电压在正常情况下和任一风电场 $N-1$ 脱网后均能满足正常运行的要求。近些年，如何针对风电集群特点全面评价无功电压控制效果，以及通过电压控制解决无功环流、电压不平衡等问题成为研究的热点。

在风电场侧，无功电压控制的核心是如何协调站内的无功设备以准确响应上级控制系

统下发的控制指令。早期的风电机组调压性能不佳，因此风电场调压主要依靠无功补偿装置实现，随着风电机组调压性能改进，开始研究风电场内多无功源在时间尺度上的动态响应配合和空间上的物理分布特性，以站内设备无功裕度最大为优化目标进行风电场无功电压控制。有研究针对动态无功补偿装置和风电机组无功响应性能的差异，提出了快慢无功置换策略，保证尽可能预留足够动态无功补偿容量响应电压的快速波动。此外，传统风电场 AVC 子站普遍采用基于当前控制策略的反馈式控制策略，这种滞后式的控制方式需要频繁借助静止无功补偿装置（SVC）、静止无功发生器（SVG）等动态无功调节能力才能及时响应电网电压调节，如何考虑未来周期内风电功率波动以减小无功设备无效调整也是需要研究的问题。

2. 风电有功控制技术研究

在我国风电集中并网的发展背景下，为进一步提高风电参与调度控制的可行性，风电集群有功控制技术得到了深入研究和广泛应用。通过将地理上毗邻、特性上相关且拥有一个共同接入点的风电场集群进行一体化整合、集中协调控制，可以有效地平抑单一风电场的随机波动功率特性，尽量形成一个在规模上和外部调控特性上都与常规电厂相近的电源，使之具备灵活响应大电网调度的能力，达到大幅度提高风能资源利用率的目的。

为了减小风电功率波动对电网的影响，约束风电场输出有功控制，世界风电装机规模较大的国家和地区均对并网风电场的有功控制技术做出了规定，GB/T 19963—2011《风电场接入电力系统技术规定》规定风电场应配置有功功率控制系统，具备有功功率调节能力，且风电场应能够接收并自动执行电力系统调度机构下达的有功功率及有功功率变化的控制指令，风电场有功功率及有功功率变化应与电力系统调度机构下达的给定值一致。

欧美等国家的电力市场比较成熟，且弃风限电情况相对较少，风电有功控制的目标多为如何提高调控中心对风电场、风电场群的监控能力，使风电集群具有与常规发电厂类似的运行控制能力，以满足电力市场对于电源的技术要求。在电力市场竞价环境下制定的优化策略，对于中国的情况不完全适用。我国对风电采用保障性收购政策，对于我国风电集群优化调度，考虑的目标不仅仅是经济性，还需要在满足电网安全的情况下使得集群损失电量最小（即实际有功功率与要求值控制误差最小），并兼顾公开、公平、公正的调度原则。

近些年，随着一次调频成为风电场通用的技术要求，通过场站快速调频装置协调风电机组是实现一次调频的主要方式。目前风电场需要同时部署一次调频装置和有功控制装置，通过通信解决频率响应和有功控制指令冲突的问题，但二者在实现方式上具有相通性，未来合二为一将成为趋势，风电有功功率控制功能范畴将得到进一步扩充。

三、大规模风电接入弱电网功率振荡研究动态

自 2009 年美国德州双馈风电场发生次同步谐振引起关注之后，国际上众多学者对风电场并网系统的功率振荡进行了大量的研究，提出了多种方法以抑制功率振荡的产生或者降低其发生的风险。

在研究初期，结合振荡发生条件和电网运行情况，调度等部门采取了相应的运行手段降低振荡的危害。国家电力调度控制中心和新疆调度中心在哈密地区部署了次同步监测系统和安全自动控制系统，对振荡进行预警和记录，并在发生振荡后分轮次切除哈密地区并网风电机组，防止振荡引发火电机组轴系扭振并脱网。河北沽源地区在风电功率较小、谐振风险较高时，通过退出一套串联补偿装置破坏谐振回路，从而避免谐振发生。

随着研究日益深入，国内外学者提出了从根本上解决振荡问题的抑制技术。振荡抑制技术可以分为风电机组侧和电网侧两个方面。风电机组侧振荡抑制技术在控制结构方面，主要采用 PID 控制、状态反馈控制及滤波＋移相控制等；在反馈信号方面，主要采用转子电流、转子转速及风电机组功率等；在控制位置的选择方面，主要采用网侧变流器控制器及转子侧变流器控制器的内、外控制环。虽然目前学术界对该技术已经展开相应的研究，但前期的研究仅局限于利用仿真验证振荡抑制技术的有效性。电网侧的抑制装置通常安装于容易激发次同步谐振的固定串联补偿线路和可能引起次同步扭转相互作用的高压直流输电线路。这类抑制方法通常是依托于电网规划建设或已经投入的功率控制设备，依靠功率控制设备自身的阻尼能力或采用附加次同步阻尼控制的方式对附近存在风险的机组进行保护。主要的功率控制设备包括串联型装置、并联型装置及直流输电系统。针对张家口沽源地区的风电-串联补偿系统次同步谐振问题，国网冀北电力有限公司投运了国内首套电网侧次同步装置抑制装置，实现了沽源风电次同步谐振问题的有效治理。

第四节　各章主要内容概述

一、大规模风电多时空尺度运行特性

掌握风电波动性在不同时间、空间尺度上的内在规律是解决大规模风电并网运行难题的前提。本书首先梳理风电实际运行中积累的海量数据资源，介绍大规模风电运行数据预处理流程，为开展风电并网特性离线分析等工作提供良好的数据基础。进一步构建大规模风电运行特性评价指标体系，从资源评估、发电特性、并网友好和利用水平等多目标维度出发，提炼大规模风电集群关键运行特性，综合全面客观地评价风电整体运行特性。最后介绍大规模风电运行特性分析系统的主要功能和运行界面，让读者直观感受该技术的实际应用效果。

二、大规模风电无功电压控制技术

从风电机组、动态无功补偿装置、风电场的无功电压控制系统及典型事件分析等方面分析了大规模风电接入弱电网的无功电压运行特性及面临的主要问题。在此基础上，围绕当前 AVC 控制架构下地区无功不均衡问题，阐述了主站侧无功电压控制优化方案。对于场站侧无功电压控制技术，阐述了风电机组、动态无功补偿装置、自动电压控制系统综合检测技术方案，通过实验室半实物仿真与现场测试相结合，对风电场动态无功补偿装置综合性能进行全运行工况测试，指导风电场 AVC 控制系统优化。

三、大规模风电集群有功控制技术

针对大规模风电接入弱电网时面临的效率与均衡问题，提出了基于消纳空间分层优化的大规模风电集群协同有功控制技术。针对目前大规模新能源集群有功控制所面临的问题，引出了基于多级协同的新能源集群有功控制策略。该策略在地区间基于累计均衡指标动态调整实现调峰消纳空间优化分配；在地区内基于两阶段滚动优化实现多场站有功协调控制，基准分配阶段根据各场站理论功率概率密度函数截断原则确定各场站基本发电空间，动态分配阶段通过动态分配环节二次分配，有效提高有功指令分配的效率，提高消纳水平。针对风电场实际运行情况，深入剖析了当前风电场有功控制系统存在的问题，提出了解决风电场有功拖尾效应的方案。

四、风电机组高电压穿越技术

针对风电机组高电压穿越技术及工程实现的问题，本书在分析我国历次大规模脱网事件原因及技术特征的基础上，提出了风电机组高电压穿越能力的技术要求和指标。通过开展理论解析推导、控制策略研究和仿真验证工作，总结出影响风电机组高电压穿越性能的关键因素，分别提出了双馈、直驱风电机组高电压穿越控制策略，形成了实现双馈、直驱风电机组高电压穿越能力的现场实施方案。完成了 2MW 双馈风电机组、2.5MW 直驱风电机组高电压穿越性能改造和现场测试验证，使其具备了 1.3p. u. /200ms 的高电压穿越能力。测试过程中对被改造风电机组的控制参数、保护参数及控制策略完成了进一步优化，总结出双馈、直驱风电机组高电压穿越性能的整机协调控制策略，运用该策略在同型号风电机组上完成了试验次同步谐振验证。为了进一步贴合工程现场实际应用情况，对比分析了现场机组高电压穿越改造的技术经济性。

五、大规模风电-串联补偿系统次同步谐振机理及治理技术

介绍了大规模风电-串联补偿系统次同步谐振分析和治理技术及工程应用，以张家口沽源风电-串联补偿系统的次同步谐振为案例展开深入讨论。介绍了风电次同步谐振分析采用的时域硬件在环仿真方法和频域阻抗网络聚合分析方法，阐述了"双馈风电机组控制参与的感应发电机效应"这一次同步谐振机理和关键影响因素，给出了风电机组侧和电网侧两种风电次同步谐振的治理技术，介绍了抑制技术的软、硬件实现及实验室验证和现场应用过程，以及张家口沽源地区风电次同步谐振治理技术示范工程建设情况。

六、虚拟同步发电机技术及工程示范

侧重介绍面向大电网的虚拟同步发电机技术及工程示范情况。结合近期发生的英国"8.9"大停电对高比例新能源接入电网的风电主动支撑需求进行了分析。对虚拟同步发电机并网系统进行数学建模及稳定性分析，系统研究面向工程应用的虚拟同步发电机关键技术，介绍了虚拟同步发电机装备研制情况。介绍了国家电网有限公司张北虚拟同步发电机示范工程的概况，并对虚拟同步发电机未来的推广应用模式进行了展望。

七、风电短路电流计算技术

从大规模风电汇集系统短路故障特征分析、等效电路建模及短路电流计算评估入手，

系统介绍了风电汇集系统短路电流计算技术。结合双馈风电机组和直驱风电机组低电压穿越实测数据及仿真数据，阐述了不同故障下短路电流组成及幅值变化情况，明确了风电机组短路电流输出的特殊性。基于双馈感应风电机组和直驱风电机组的暂态数学模型，推导了双馈风电机组和直驱风电机组的短路电流全时间过程的详细解析表达式。基于双馈风电机组和直驱风电机组的短路电流工频分量模型，介绍了风电场等值参数计算方法，以及基于节点电压迭代的大规模风电汇集地区的短路电流计算方法。

第二章　大规模风电多时空尺度运行特性

第一节　大规模风电运行数据资源及预处理

一、大规模风电运行数据资源及采集系统

（一）大规模风电运行监控系统

与传统火电、水电不同，风电具有单机容量小、机组台数多的特点，风电富集的省份并网风电机组总数多达数千台，积累的运行数据量很大。为适应风电分布特点及调度模式，我国风电运行数据监控通常采用全网层—场站层—设备层的三级监控系统，支撑风电各类设备的全方位监视和智能化调度，典型运行监控系统架构如图2-1所示。

全网层（调控中心监控系统）遵循"横向隔离、纵向认证"的原则，通过调度数据网和综合数据网与各风电场监控系统实现分区（一、二、三区）互联。但是目前调控中心监控系统采用基于整场汇总数据信息的监控方式，无法准确掌握场站内机组的实际运行情况。场站层（风电场监控系统）对场站内各类设备进行实时监控，为上级调控相关系统提供必要的运行分析数据，同时接收上级调控系统的调控指令，下发至各设备、子系统。设备层（设备检测单元）实现对相应设备的数据采集和指令下发。各层级监控系统存储的风电运行监控数据情况见表2-1。

表 2-1　　　　　　　　　不同层级风电运行监控数据情况

层级	一区	二区	三区
全网层	SCADA 数据、运行方式数据、AGC 数据、AVC 数据、PMU 数据等	风电功率预测、《华北区域并网发电厂辅助服务管理实施细则》和《华北区域发电厂并网运行管理实施细则》（又称两个细则）考核数据、计量数据等	并网管理、调度日志、气象信息等
场站层	开机数量、总有功功率、总无功功率、无功补偿装置数据等	风电场风电功率预测等	设备检修信息等
设备层	风电机组状态、风电机组有功功率、风电机组无功功率、风电机组日累计发电量、机舱风速、风向、叶轮转速、偏航角、温度、压强等		

（二）风电数据资源情况

风电实际运行中积累的海量运行数据分布于各层级监控系统中，但由于监控系统厂家

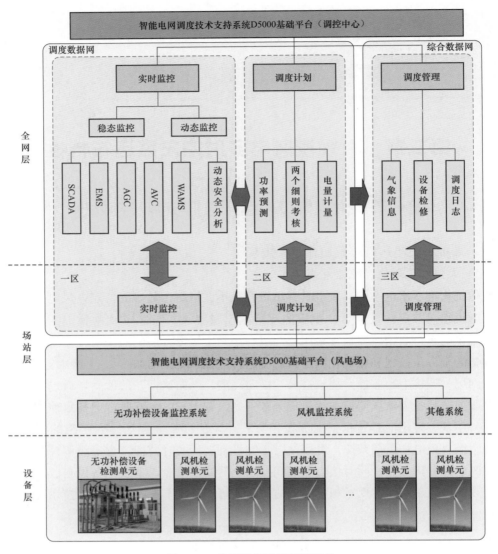

图 2-1 典型运行监控系统架构

各异、数据的应用目的不同，实际数据的采集、命名与存储存在巨大差异，给实际运行统计工作带来了一定困难。为开展风电并网特性及离线分析等工作，需要梳理各层级监控系统导入的数据资源及特征，表 2-2 以某电网为例介绍了典型的风电数据资源分布及其特征。

表 2-2 各类风电数据资源分布及其特征

层级	数据类别	数据来源	数据分辨率	数据特点
全网层	全网负荷	SCADA 系统	1min	结构标准、正确率高
	场站有功、无功	SCADA 系统	1min	
	场站并网点电压	SCADA 系统	1min	

层级	数据类别	数据来源	数据分辨率	数据特点
全网层	AGC 指令	AGC 系统	1min	结构繁杂、分辨率不固定
	AVC 指令	AVC 系统	1min	
	场站有功、无功	PMU 系统	20ms	正确率高、数据量大
	场站并网点电压	PMU 系统	20ms	
	两个细则考核	两个细则考核系统	1 天	分辨率低
	弃风电量、发电量、利用小时数	OMS 系统	1 天	分辨率低
	调度日志	OMS 系统	—	结构不标准
	风电场基础信息（地理坐标、容量、并网时间等）	OMS 系统	—	
场站层	开机数量	风电场监控系统	15min	分辨率不统一、错误率高
	风电场有功、无功	风电场监控系统	15min	
	风电场预测功率	风电功率预测系统	15min	
	气象数据	气象站	10min	
	调度日志	风电场监控系统	—	结构不标准
设备层	风电机组状态	风电机组监控系统	10min	分辨率不统一、错误率高
	风电机组故障信息	风电机组监控系统	10min	
	风电机组有功、无功	风电机组监控系统	10min	
	机舱风速	风电机组监控系统	10min	
	风电机组偏航角度	风电机组监控系统	10min	
	风电机组发电量	风电机组监控系统	10min	
	测风塔风速、风向	测风塔	5min	
	测风塔温度、气压	测风塔	5min	

　　风电运行数据具有种类繁多、规模庞大、质量参差不齐三个特点，具体说明如下：

　　（1）风电运行数据种类繁多。风电大省省内并网风电机组数量多达数千台，相应配套输变电设备和控制设备繁多。由于要实现对风电运行全方位监控，各层级监控系统需要对各类风电设备所有可能数据（如功率、风速、电压、状态等）进行实时采集和监控，这就使得风电运行数据存在种类繁多的变量。

　　（2）风电运行数据规模庞大。风电运行数据分布储存在各层级监控系统中，如某风电场风电监控系统中一年内 45 台风电机组部分参数的原始数据为 25GB 左右，全网 7000 台风电机组相应参数信息将达到 4TB；再如 WAMS 系统中一天储存的风电数据就超过1TB，全年数据量将达到 PB 级。

　　（3）风电运行数据质量参差不齐。在风电数据的采集、传输与转换过程中，经常会出现记录错误或数据缺失的情况，在进行数据预处理时，必须明确风电运行数据存在的各种错误情况，以便在数据预处理中能够涉及各种异常数据。在实际运行中主要的数据异常有三种情况：

1）运行数据存在连续性缺失。由于监控系统在对风电运行进行实时监控的过程中可能受到外界干扰或者自身故障影响，导致风电运行数据的记录出现断档，即连续性的数据缺失，可能表现为部分数据为乱码、空值或者长时间的恒定值。

2）运行数据时标不一致。由于各层级监控系统采集的数据缺乏统一标准定义，数据存储结构也有较大的差异，因此各监控系统间的风电运行数据普遍存在不一致的情况。特别是在监控过程中受到外界干扰或者设备故障等影响，同一变量测点采集到的运行数据序列中也可能存在时间序列间隔不一致的情况。

3）运行数据存在大量异常冗余。由于监控系统数据采集的应用目的不同，在不同监控系统中对同一变量存在重复计量的情况，此类数据为正常冗余数据。此外，监控系统在存储运行数据时可能出现故障或者受到干扰，使得存储的数据中出现描述同一设备同一时间段同一变量的多个文件，这类数据为异常冗余数据，此类冗余数据也存在时间间隔不一致的情况。

上述三方面普遍存在的问题大大增加了数据挖掘过程中数据预处理的难度，并直接影响数据处理效率和分析结果的正确性。在进行风电运行特性数据挖掘之前需对这些情况予以考虑并进行处理。

二、大规模风电运行数据预处理

（一）大规模风电运行数据预处理流程

由于采集到的风电运行数据存在种类多、规模大和数据异常等问题，不符合挖掘算法进行知识获取研究所要求的规范和标准。为了高效地进行风电运行特性分析，需要对其原始运行数据进行预处理工作，数据预处理流程如图 2-2 所示。

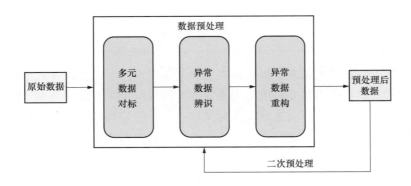

图 2-2　数据预处理流程

风电运行数据预处理从整体上分为数据对标和数据清洗两部分。其中，数据对标是规范不同平台的数据格式，进行时间、空间坐标对齐，以构建格式统一的风电运行数据库；数据清洗包括异常数据辨识和异常数据重构两方面内容，以完善风电数据的可用性，是数据预处理功能的核心算法部分。多维度数据校验方法执行关键要素如图 2-3 所示。

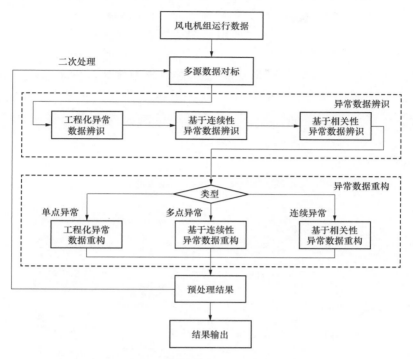

图 2-3　多维度数据校验方法执行关键要素

（二）风电运行多源数据对标

风电运行多源数据对标是将跨平台多类型风电运行数据在时间和空间坐标进行对齐，并按照一定要求进行规范化处理（包括数据格式、分辨率、颗粒度等），以构建统一的风电基础运行数据库。

1. 数据格式转换

数据格式转换是指将跨平台多类型风电运行数据按照指定要求转换成标准数据格式。针对风电运行数据特点，可将数据统一压缩成 DIN 格式。

例如，对于风电运行数据，首先将原始的监控导出数据转换为标准 XLS 格式文件，然后再转换为 CSV 格式文件，在上述两步转换中原始数据信息得以完整保留。对于不同 CSV 格式数据进行变量统计和变量汇总，通过不同文件格式数据集成和不同时间尺度数据对标形成初始计算分析用数据。初始计算分析用数据进一步压缩为 DIN 格式文件，形成计算分析用数据。计算分析用数据与初始计算分析用数据采用相同的文件名称，前者文件格式是二进制的，对数据结构进行了专门设计，对重复数据、时间标识数据进行了压缩处理，正常数据的平均压缩比低于 25%，最理想情况可达 0.1%。

2. 数据变量规范

风电运行数据中，由于风电机组类型多样、制造商众多，相关风电机组数据没有形成统一规范，因此分别针对风电机组遥测数据和遥信数据进行规范处理。

（1）遥测数据规范。风电机组遥测数据包括风电机组有功、无功、电压、风速和风向 5 类，其中风速指机舱风速数据。时间分辨率要求为 1min，对于时间分辨率小于 1min 的数据，取 1min 时间点的瞬时值，对于时间分辨率大于 1min 的数据进行插值处理。

（2）遥信数据规范。风电机组遥信状态通常划分为待风、发电、机组自降额、异常天气降额、调度限电降额、计划停运、故障停运、异常天气停运、调度停运备用、场内受累停备、场外受累停备、通信中断 12 种状态。风电机组遥信状态划分如图 2-4 所示。

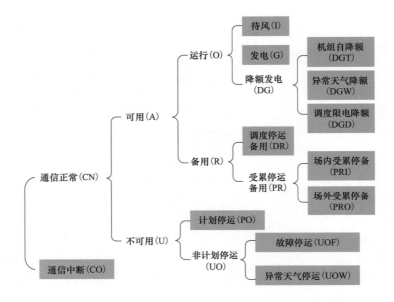

图 2-4　风电机组遥信状态划分

大部分风电机组厂家无法生成异常天气条件导致停运或降额发电的状态，也无法自动区分风电机组箱式变压器、风电机组汇集线及 35kV 母线等场内设备故障引起的风电机组场内受累停备和电网故障等场外原因引起的风电机组场外受累停备。结合风电场和风电机组设备实际运行情况，将 12 种遥信状态进行分类与简化，见表 2-3，简化后分为 7 种状态。

表 2-3　　　　　　　　　　　风电机组遥信状态变量定义

编号	状态变量	状态定义
0	待风	指机组因风速过低处于未发电状态，但在风速条件满足时，可以自动连接到电网
1	发电	指机组在电气上处于连接到电力系统并正常发电的状态
2	调度限电降额	指机组接收到 AGC 限功率控制命令并执行降额发电的状态
3	计划停运	指因风电场安排机组计划检修造成的风电机组停机

编号	状态变量	状 态 定 义
4	非计划停运	指因风电机组自身故障造成的风电机组停机，如机械部件报故障等原因造成的停机
	场内受累停备	指机组本身具备发电能力，但由于机组以外的场内设备停运造成机组被迫停运的状态
	场外受累停备	指机组本身具备发电能力，但由于场外原因造成机组被迫退出运行状态，状态值需根据升压站高压侧开关状态进行综合判断
5	调度停运备用	指机组本身具备发电能力，但由于电力系统的运行约束，风电场有功控制子站接收调度命令后让部分风电机组处于停运备用的状态
6	通信中断	指由于通信原因，未接收到机组实时数据

各类风电机组的固有状态需与规范状态构建一一映射关系。以某 1.5MW 型号风电机组为例，梳理该风电机组固有状态与规范状态映射关系如图 2−5 所示。例如，当风电机组的通信状态显示为 0 且风电机组状态显示为 5 时，则风电机组此时刻的规范状态为"（1）发电"。

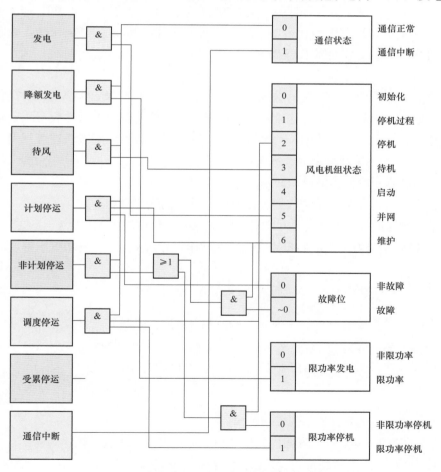

图 2−5 某种型号风电机组规范状态映射图

（三）风电运行异常数据辨识

在对风电机组运行数据进行异常数据辨识时，分别基于数据基本规律、时间规律和空间规律三个层级串行开展。

（1）从数据基本规律角度，采用工程化方法辨识数据序列中空值、越限和不刷新数据。

（2）从时间规律角度，基于时间序列连续性判断数据序列中波动较大的数据为异常数据。

（3）从空间规律角度，基于多源数据相关性判断数据序列中不满足映射关系的数据为异常数据。

1. 工程化异常数据识别

针对风电运行数据中的空值、越限和不刷新情况，基于数据序列的基本规律加以辨识：

（1）数据缺失。某一时间点数据为空值或者乱码。

（2）数据越限。对于不在合理范围内的数据辨识为异常数据。如风速的合理范围为 $0\sim60m/s$，风向的合理范围为 $0°\sim360°$，气压的变化范围为 $500\sim1100kPa$，相对湿度的合理范围为 $0\sim100\%$，温度的合理范围为 $-40\sim60℃$，风电功率的合理范围为：单机额定功率的 $-10\%\sim110\%$。

（3）数据失真。理论上时变的数据连续 $t=nT$（t 为总时长，T 为采样时间间隔，n 为采样点个数）不刷新，则除去连续不刷新的第一个点外均辨识为异常数据。

对于这三种类型的异常数据，均可以使用工程化异常数据识别方法进行判别。

2. 基于波动概率密度的异常数据识别

针对时序数列短时间内波动值较小且服从均值为 0 的正态分布规律的特点，采用基于波动概率密度的辨识方法对异常数据进行辨识，具体判别步骤如下：

（1）求取测量时序序列 $\boldsymbol{X}=\{x_1,x_2,\cdots,x_n\}$ 的 Δt 尺度波动序列 $\Delta\boldsymbol{X}=\{\Delta x_1,\Delta x_2,\cdots,\Delta x_{n-1}\}$，并以此构建波动 $\Delta\boldsymbol{X}$ 的概率密度，某风电功率序列 1min 波动概率密度如图 2-6 所示。

$$\Delta x_i=x_{i+1}-x_i \tag{2-1}$$

（2）为防止异常波动对波动序列的平均值及方差产生影响，对波动概率密度进行截尾处理，截尾点 q 满足 $R(-q<x<q)=1-a$（a 为给定显著性水平）。

（3）计算落在 $[-q,+q]$ 区间内所有波动值的标准方差 σ

$$\sigma=\sqrt{\frac{\sum\Delta x_j^2}{n-1}} \tag{2-2}$$

式中：Δx_j 为落在 $[-q,+q]$ 区间内的波动值；n 为相应波动值个数。

（4）按时序对波动序列的波动值进行判断，波动值大于 3σ 便认为异常波动并记录方向。统计波动方向相反的两异常波动间序列情况：序列时长较短时认定为孤立

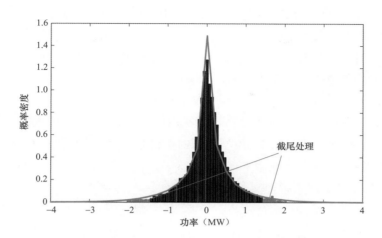

图 2-6　某风电功率序列 1min 波动概率密度

型噪声值，进行均值填充处理；序列时长较长时认定为连续型错误值，进行剔除处理。

（四）风电运行异常数据重构

经过以上异常数据辨识后，风电运行数据的可用性得到较大提升，但数据的完整性也会遭到一定破坏，剔除的异常数据较多时，甚至会影响到数据的可用性。因此，针对辨识出来的异常数据特点，可以分三个类别（单点异常、多点异常和连续异常）对风电运行数据实现异常数据重构。

1. 工程化异常数据重构

对于单点异常数据，可采用工程化异常数据重构方法，主要有两种简易处理方法：

（1）删除法，即直接删除含有缺损值的记录，删除记录是最简单的一种办法，就是让数据挖掘算法执行时不考虑这条数据记录，也可以直接删除掉这条记录，但是这种方法只能针对于数据异常率比较少或者是比较均匀的情况，否则会影响到数据的分布和数据的正确性。

（2）填充法，即选择一个常量数或者按照某种规则对缺损记录进行重构。

1）均值填充。使用属性的均值填充异常数据项也是比较简单而且省时的办法，当数据异常现象比较均匀时（即不是某一特定类型数据的异常），均值填充不影响数据的整体特性。

2）同类均值填充。如果是某一特定类型的数据异常，可以先将数据进行分类，然后用特定类型的数据均值对特定类型异常数据进行填充。

3）异常数据的预测填充。使用一些数据分析方法，如回归分析、贝叶斯形式化方法，或者判定树归纳等方法对异常数据项进行判断和预测，找出最可能的值进行填充。

4）全局常量填充。对每一个异常数据项使用同一个指定的全局常量进行填充。

5）人工填充。当数据缺损比较严重时，使用人工填充是比较费时的方法。人工填充也许能够保证异常数据项填充的精确性，但只能用于缺损率较少且完成填充的人员能够找出缺损项的真实值的情况。

均值填充和同类均值填充中也可以使用中值来替代均值。另外，有些算法受异常数据的影响不大，不需要做特殊的处理。

2. 基于自回归滑动平均模型（ARMA 模型）预测的异常数据重构

对于多点异常数据，由于异常数据两侧均存在完好的实际运行数据，因此可以根据两侧实际运行数据，采用基于 ARMA 模型预测的重构方法对异常数据进行重构。

（1）基于完好的风电运行数据 $\boldsymbol{Y}=\{y_1,y_2,\cdots,y_{i-1}\}$、$\boldsymbol{U}=\{y_{j+1},y_{j+2},\cdots,y_n\}$，采用 ARMA$(p,q)$ 模型从两侧进行预测。

$$y_t = \beta_1 y_{t-1} + \beta_2 y_{t-2} + \cdots + \beta_p y_{t-p} + \varepsilon_t \qquad (2-3)$$

$$y_t = \varepsilon_t + \lambda_1 \varepsilon_{t-1} + \lambda_2 \varepsilon_{t-2} + \cdots + \lambda_q \varepsilon_{t-q} \qquad (2-4)$$

式中：β_i 为自回归参数，λ_i 为滑动平均参数，ε_i 为预测误差。

（2）对于第 k 步预测结果，当预测误差小于误差阈值 ε_0 时，则认为该预测结果可信。通过对大量完好运行数据进行预测，确定数据序列第 k 步预测的平均可信度 γ_k

$$\gamma_k = \frac{\text{count}(|E_k| < \varepsilon_0)}{N} \qquad (2-5)$$

式中：$\text{count}(\cdot)$ 为次数统计，E_k 为第 k 步预测误差，N 为仿真总次数。

（3）根据双向预测到的预测结果和平均可信度依次加权重修正第 k 步预测值，并以此重构相应时刻的异常数据。

$$y_k = \frac{\gamma_{k-i+1} y_k' + \gamma_{j-k+1} y_k''}{\gamma_{k-i+1} + \gamma_{j-k+1}} \qquad (2-6)$$

式中：y_k' 和 y_k'' 分别为正向和逆向第 k 步预测值。

以某地区某风电场某日的输出功率曲线为例，基于 ARMA 模型预测的异常数据重构示例结果如图 2-7 所示。可以看到，图中红色部分为重构数据，与实际蓝色曲线较为接近。但是，基于预测的异常数据重构方法受预测模型、数据序列特性等多种因素影响，只适应短时间长度，一般重构时间长度限制在 4h 以内。

3. 基于序列时延相关性的异常数据重构

随着异常数据长度增加，基于 ARMA 模型预测的重构方法的正确率会显著降低。由于各类风电运行数据间存在一定的相关性，因此对于连续异常数据，可以采用基于序列时延相关性的重构方法对异常数据进行重构。步骤如下：

（1）假设 1 号风电机组由于通信中断造成 $[i-m,i]$ 时段内风速数据 v_1 缺失，则取相邻 $n-1$ 台机组 $[i-m,i]$ 时段内风速数据 $v_2,v_3,\cdots,v_n$。

（2）分别计算 $[i-m,i]$ 时段内 1 号机组与其他各机组风速数据的最大时延相关系数 $R_{\max}$ 和相应的最大时延相关度 $l_{\max}$。

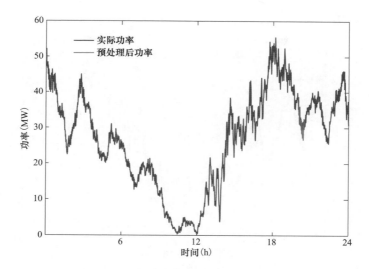

图 2-7　基于 ARMA 模型预测的异常数据重构示例结果

$$R(l) = \frac{\sum\limits_{k=l+1}^{i} (v_{1,k} - \bar{v}_1)(v_{n,k-l} - \bar{v}_n)}{\sqrt{\sum\limits_{k=l+1}^{i} (v_{1,k} - \bar{v}_1)^2} \sqrt{\sum\limits_{k=i-m}^{i-l} (v_{n,k} - \bar{v}_n)^2}} \tag{2-7}$$

$$\bar{v}_n = \frac{1}{i-l} \sum_{k=l+1}^{i} v_{n,k} \tag{2-8}$$

式中：$R(l)$ 为 1 号机组与 n 号机组风速数据在 l 时延相关度下的相关系数；$\bar{v}_n$ 为 n 号机组在 $[i-l, i]$ 时段内的平均风速；$v_{n,k}$ 为 n 号机组第 k 时刻的风速数据。

基于式（2-7）计算 $l=1,2,\cdots,m$ 时对应的 $R(l)$，取最大值得到 R_{max} 及其对应的 l_{max}。

（3）选取与 1 号机组风速数据时延相关系数最大的 s 台机组的风速数据，采用多元线性回归方法对 1 号机组缺失的风速数据进行拟合重构。

$$v_{1,i} \approx a_p v_{p,i+l_p} + a_{p+1} v_{p+1,i+l_{p+1}} + \cdots + a_{p+s} v_{p+s,i+l_{p+s}} + b \tag{2-9}$$

式中：$v_{1,i}$ 为 1 号机组第 i 时刻风速预测数据；$v_{p,i+l_p}$ 为 p 号机组第 $i+l_p$ 时刻风速实际数据；l_p 为 1 号机组和 p 号机组风速数据的最大时延相关度；a_{p+i} 和 b 为待确定系数。

以某风电场实际运行数据为例，该风电场输出功率曲线为图 2-8 中蓝色曲线。为验证异常数据重构效果，选取离该风电场较近的 5 个风电场同一天的功率曲线作为参考，通过基于相关性的重构方法分别对该风电场的部分输出功率曲线进行重构，重构后的数据见图 2-8 中红色曲线段。可以看到，由于这 6 个风电场地理位置接近、功率的相关性较高，仅用其余 5 个风电场的输出功率就可以拟合该风电场的功率，且对风电功率变化趋势的判断较为准确，因此使用基于相关性的重构方法很有优势。但是，基于相关性的异常重构方法的重构效果好坏与数据相关程度有密切关系。

23

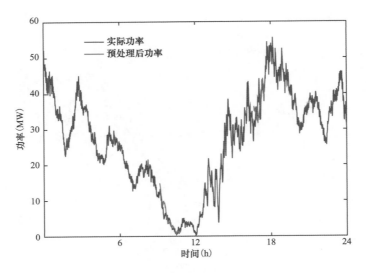

图 2-8　基于相关性的重构方法示例

第二节　大规模风电多时空维度评价指标体系

基于实际运行数据构建一套多时空维度风电运行特性评价指标体系，从多角度反映风电运行特点，构建运行特性与实际应用之间的桥梁，如图 2-9 所示。

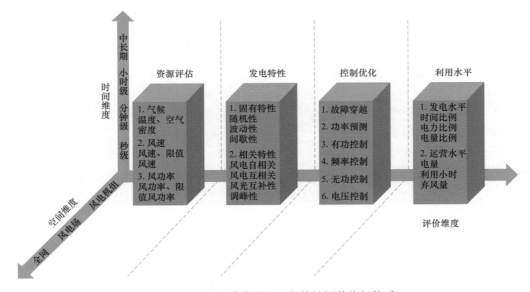

图 2-9　多时空维度风电运行特性评价指标体系

多时空维度风电运行特性评价指标体系涵盖时间维度、空间维度和评价维度三个维度，从评价维度可分为四大类：第一类是资源评估指标，表征风电可用水平；第二类是发电特性指标，表征风电功率特性；第三类是控制优化指标，表征风电友好性水平；第四类是利用水平指标，表征风电利用水平。

资源评估指标可分为气候、风速和风电功率三个子类。气候指标反映了风能资源的次要影响因素，风速指标反映了风能资源的主要影响因素，风电功率指标反映了风能资源水平和可用风能资源水平。

发电特性指标可分为固有特性和相关特性两个子类。固有特性指标反映风电固有的随机性、波动性和间歇性的特性，相关特性指标反映风电与风电、风电与光伏、风电与负荷之间的相关特性。

控制优化指标可分为故障穿越、功率预测、有功控制、频率控制、无功控制和电压控制六个子类，体现了风电的电网友好性水平。

利用水平指标可分为发电水平和运营水平两个子类。发电水平指标反映风电设施利用风能资源的情况，运营水平指标反映风电运行的经济性。

评价指标体系的每个特性子类都可用由1~2个核心指标及其若干衍生指标共同构成的集合来刻画。核心指标是在描述特性时最直接的指标；衍生指标则通过对核心指标进行含义衍生和数学处理后获得，是进一步分析复杂特性的工具。常见衍生方法有按照时间尺度、空间尺度衍生及统计处理三种，衍生指标可用于刻画风电在不同时空尺度上的变化规律。

一、资源评估类评价指标

风能资源是整个评价体系最基础的评价对象，表征风力发电系统所在区域的自然资源禀赋。

（一）气候指标

1. 温度

温度以平均温度指标表征，平均温度是指统计时间内风电机组轮毂高度处环境温度的平均值，即

$$\bar{T} = \frac{1}{n}\sum_{i=1}^{n} T_i \qquad (2-10)$$

式中：$\bar{T}$ 为统计时间内的风电场平均温度，℃；n 为统计时间内数据的记录次数；T_i 为统计时间内的第 i 次记录的温度值，℃。

2. 空气密度

空气密度以平均空气密度指标表征，平均空气密度是指统计时间内风电场所处空气密度的平均值，即

$$\rho = \frac{P}{R\bar{T}_K} \qquad (2-11)$$

式中：ρ 为统计时间内的风电场平均空气密度，kg/m³；P 为统计时间内的风电场平均大气压强，Pa；R 为气体常数，取 287J/（kg·K）；$\bar{T}_K$ 为统计时间内的风电场开氏温标平均绝对温度，K。

（二）风速指标

1. 风速

风速是指风电机轮毂高度风速的瞬时值，它是反映风电场风能资源状况的重要数据，单位为 m/s。如果测风塔高度与风电机组轮毂高度不相同，应该将测风塔数据转换成风电机组轮毂高度处的数据。

$$\frac{v}{v_0}=\left(\frac{H}{H_0}\right)^n \qquad (2-12)$$

式中：v、v_0 分别为 H、H_0 高度处的风速，m/s；n 为修正指数，与地面平整程度（粗糙度）、大气稳定度等因素有关，取 $1/8 \sim 1/2$，开阔、平坦、稳定度正常地区取 $1/7$。

2. 限值风速

对于某一型号风电机组，当风速小于切入风速时，风电机组限值风速为 0；当风速介于切入风速和额定风速时风力机限值风速仍为原风速；当风速介于额定风速和切出风速时风力机限值风速为额定风速；当风速大于切出风速时风力机限值风速为 0，如图 2-10 所示。

$$v_L=\begin{cases} 0 & v<v_C \\ v & v_C \leqslant v < v_N \\ v_N & v_N \leqslant v \leqslant v_F \\ 0 & v_F < v \end{cases} \qquad (2-13)$$

式中：v_L 为风电机组的限值风速；v 为风电机组的实际风速；v_C 为风电机组的切入风速；v_N 为风电机组的额定风速；v_F 为风电机组的切出风速。

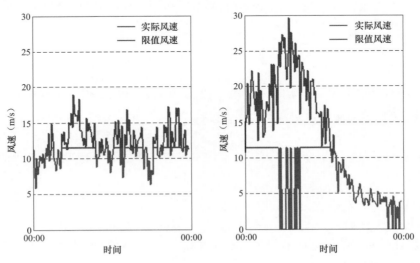

图 2-10 不同天实际风速与限值风速的差别

（三）风电功率指标

1. 风电功率

风电功率以风电功率密度指标表征，风电功率密度是指与风向垂直的单位面积中风能所具有的功率，即

$$P = \frac{1}{2}\rho v^3 \qquad\qquad (2-14)$$

式中：P 为风电功率密度；ρ 为空气密度；v 为风电机组的实际风速。

2. 限值风电功率

限值风电功率以限值风电功率密度表征，限值风电功率密度为考虑风电机组对风速的利用曲线后得到的风电机组实际可利用的风电功率密度，反映可用的风力能量，即

$$P_{\mathrm{L}} = \frac{1}{2}\rho v_{\mathrm{L}}^3 \qquad\qquad (2-15)$$

式中：P_{L} 为限值风电功率密度；ρ 为空气密度；v_{L} 为风电机组的限值风速。

图 2-10 中为风电场某两天的风速曲线，两天的平均风速分别为 12.1m/s、13.1m/s。但是考虑限值风速的情况下差异非常明显，第一天的限值风电功率密度为第二天的 159%。用限值风电功率密度的方法可以准确地衡量风电机组所在地区适用于该风电机组的风能资源状况。

二、发电特性类评价指标

受自然界风电资源不确定性影响，风电功率呈现明显的随机性、波动性和间歇性，同时风电与风电、风电与光伏、风电与负荷之间表现出不同交互作用。

（一）风电随机性指标

1. 容量置信水平

容量置信水平是指风电功率满足一定置信度 p 情况下对应的风电标幺功率，即风电标幺功率小于容量置信水平的概率为 p，表征风电可发电功率水平，可应用于风电通道前期规划。

$$P(x \leqslant R) = p \qquad\qquad (2-16)$$

式中：P 为概率；x 为风电标幺功率；R 为容量置信水平；p 为置信度，可根据具体需求设置。

2. 同时率

风电功率同时率是指风电功率与风电装机容量的比值，同时率指标一般用来表征电力负荷的构成及特性，各风电场功率同时达到最大的概率记为风电功率最大同时率，体现该风电场规模下的最大可能功率。

$$\alpha = \frac{P_{\max}}{P_{\mathrm{N}}} \qquad\qquad (2-17)$$

式中：α 为风电功率最大同时率；$P_{\max}$ 为风电最大功率；P_{N} 为风电总装机容量。

3. 分布特征指数

风电功率分布具有随机性和间歇性，故对于其功率分布通常用累积概率的曲线表示。

为了增加不同概率分布曲线的可比性，用 β 表示风电场功率分布特征指数，如图 2-11 所示，其含义是风电标幺功率大于 β 的概率为 β。

$$\beta = \frac{1}{N} \sum_{i=1}^{N} X_i \qquad (2-18)$$

$$X_i = \begin{cases} 1 & P_i > P_c\beta \\ 0 & P_i \leqslant P_c\beta \end{cases} \qquad (2-19)$$

式中：N 为风电出力的时段总数；X_i 为状态变量；P_i 为时段 i 的风电场出力；P_c 为风电场装机容量。

4. 功率条件分布

由于风电出力分布具有明显随机性，风电功率概率密度函数也存在随机性，在不同时间段、不同风速下风电功率概率密度函数也存在不同的表现形式。因此从纵向时间、风速角度进行分析，可分别构建风电的时间—功率分布和风速—功率分布，从图 2-12 中可以看到，一年中每一天同一时刻的概率分布有较强的规律性可循，可根据概率分布修正预测结果。

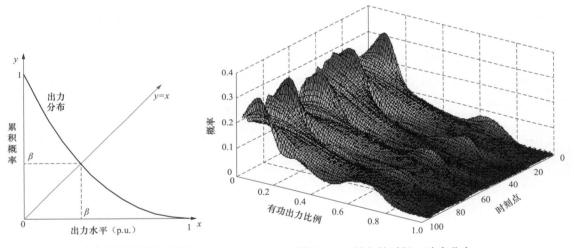

图 2-11 分布特征指数示意图   图 2-12 风电的时间—功率分布

(二) 风电波动性指标

1. 功率波动率

功率波动率是指在统计时间内风电最大功率变化幅度占风电额定容量的百分比，即

$$\rho\% = \frac{P_{\max}(t_{\text{start}} \leqslant t < t_{\text{end}}) - P_{\min}(t_{\text{start}} \leqslant t < t_{\text{end}})}{P_{\text{base}}} \times 100\% \qquad (2-20)$$

式中：$\rho\%$ 为统计时间内风电功率变化率；$P_{\max}$ 为统计时间内风电最大功率；$P_{\min}$ 为统计时间内风电最小功率；P_{base} 为风电额定容量；t_{start} 为起始时间；t_{end} 为截止时间；t 为时间。

按时间尺度划分，有风电的秒级、分钟级和小时级波动；按空间尺度划分，有单机、风场集群和区域波动等。按统计方法衍生，有风电功率变化率概率分布、风电功率变化率正/反向变化最大值、正/反向变化出现概率等指标。

2. 波动置信水平

波动置信水平是指风电功率波动满足一定置信度 p 情况下对应的风电波动率，即风电波动率小于波动置信水平的概率为 p，表征风电波动水平，可以减少极端波动对风电波动评价造成的影响。

$$P(y \leqslant S) = p \tag{2-21}$$

式中：P 为概率；y 为风电标幺功率；S 为波动置信水平；p 为置信度，可根据具体需求设置。

3. 平滑效应系数

平滑效应系数 S 是指集群风电场功率标准差相对于单场风电功率标准差变化程度，用于量化集群风电场相对于单场对风电波动的平滑程度。

$$S = \frac{\sigma_s - \sigma_c}{\sigma_s} \tag{2-22}$$

式中：σ_s 为单场风电功率标准差；σ_c 为集群风场功率标准差。

一般地，随时间尺度增加，风电功率波动性增强；随空间尺度增加，风电功率叠加使波动性减弱。

4. 爬坡事件

风电功率爬坡事件可分为正爬坡事件和负爬坡事件，其中正爬坡事件是风电功率短时极速上升，可通过风电机组控制加以遏制，因此影响相对较小。而负爬坡事件是风电功率短时极速下降，会对系统有功平衡等造成严重影响，如图 2-13 所示。

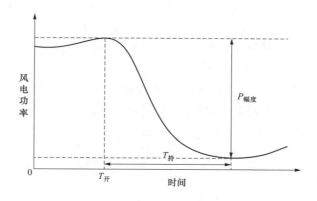

图 2-13　风电功率爬坡事件示意图

当统计时间内风电最大波动幅度大于设置的阈值 P_{val} 时，则判断发生了风电功率爬坡事件。

$$P_{max}(t_{start} \leqslant t < t_{end}) - P_{min}(t_{start} \leqslant t < t_{end}) > P_{val} \tag{2-23}$$

式中：P_{val} 为爬坡事件阈值。

5. 波动条件分布

风电功率波动幅度与天气条件、功率时段和功率水平有关，根据影响条件构建波动时空分布。因此从纵向时间、风速角度进行分析，可分别构建风电的时间—波动分布和风速—波动分布。一般时间越接近后夜，波动值越分散。

（三）风电间歇性指标

1. 持续度

功率持续度是指风电维持不小于一定功率的持续时间，如图 2-14 所示，持续度越小，则风电的间歇性越强，可以为风电优化调度提供参考。

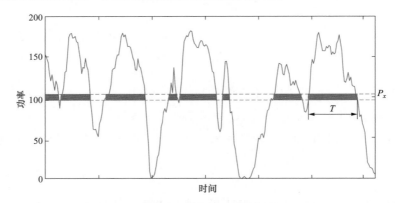

图 2-14 风电功率持续度示意图

$$T = t_{end} - t_{start} \tag{2-24}$$

$$P_{t_i} \begin{cases} \geqslant P_x & t_{start} \leqslant t_i \leqslant t_{end} \\ < P_x & t_i < t_{start}, t_i > t_{end} \end{cases} \tag{2-25}$$

式中：T 为风电功率 P_x 的持续度；P_{t_i} 为风电 t_i 时刻的功率。

2. 周期量

虽然风电功率均有不确定性，但风电功率存在一定量的周期分量，随着风能资源增强，风电功率的周期分量呈现集中趋势，相应的周期值呈现增大趋势；随着风电装机容量增加，风电功率的周期分量呈现增大趋势。可以通过功率谱估计方法提取风电功率时间序列的周期分量。

（四）风电自相关指标

1. 自相关系数

自相关系数常用来描述同一数据序列在一定时间延迟下的自相关性程度。对于风电功率数据序列 $\boldsymbol{P}_t$，时间延迟量为 T 时的自相关系数计算公式为

$$r = \frac{E\{[\boldsymbol{P}_t - E(\boldsymbol{P}_t)][\boldsymbol{P}_{t+T} - E(\boldsymbol{P}_{t+T})]\}}{\sqrt{D(\boldsymbol{P}_t)D(\boldsymbol{P}_{t+T})}} \tag{2-26}$$

式中：$E(\cdot)$ 为风电功率数据序列的期望；$D(\cdot)$ 为风电功率数据序列的方差。

自相关系数的值域是 $[-1, 1]$，两个重要的评估要素是相关强度和方向，$|r|$ 越大

相关程度越密切，r 是正值则数据系列是正相关，r 是 0 则不相关，r 是负值则数据系列是负相关，如图 2-15 所示。

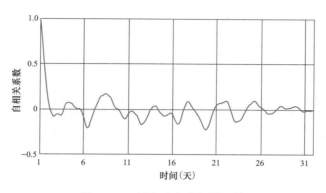

图 2-15　风电功率自相关函数

2. 转移概率

风电功率的 k 步转移概率 $P_{i(n),i(n+k)}$ 是指风电功率 $Y(t)$ 从 t 时刻区间 $i(n)$ 转移到 $t+k$ 时刻区间 $i(n+k)$ 的概率，又称为风电功率区间转换概率，表征风电功率在连续的时间序列下从一个等级转换到下一个等级的可能性。假设风电功率从状态 Y_i 转移到 Y_j 的历史数据统计次数为 n_{ij}，则区间转换概率矩阵中的每一个元素都可由统计量近似估计。

$$\boldsymbol{P} = \begin{bmatrix} P_{11} & P_{12} & \cdots & P_{1n} \\ P_{21} & P_{22} & \cdots & P_{2n} \\ \cdots & \cdots & P_{ij} & \cdots \\ P_{n1} & P_{n2} & \cdots & P_{nn} \end{bmatrix} \qquad (2-27)$$

$$P_{ij} = \frac{n_{ij}}{\sum n_{ij}} \qquad (2-28)$$

区间转换矩阵中每一个元素的取值介于 0 和 1 之间，显然每一行的概率值之和为 1。

（五）风电互相关指标

1. 互相关系数

互相关系数用来刻画两个数据系列线性相关关系的密切程度，定义两个风电场出力序列 $\boldsymbol{Y}$、$\boldsymbol{Z}$ 的互相关系数 r 计算公式为

$$r = \frac{E\{[\boldsymbol{Y} - E(\boldsymbol{Y})][\boldsymbol{Z} - E(\boldsymbol{Z})]\}}{\sqrt{D(\boldsymbol{Y})D(\boldsymbol{Z})}} \qquad (2-29)$$

式中：$E(\cdot)$ 为风电功率数据序列的期望；$D(\cdot)$ 为风电功率数据序列的方差。

以一定时间尺度内各风电场功率的平均值作为参考值，刻画各风电场功率与其平均值的偏差一致性。互相关系数的值域是 $[-1,1]$，$r=0$ 表明两数据系列不相关，r 的绝对值越大表示两风电场相关性越强，$|r|=1$ 表示完全相关。

2. 延时相关度

同一地区内各风电场功率序列之间呈现较强的相关性，对于两个功率序列 $\boldsymbol{X} = \{x_1,$

$x_2, \cdots, x_n\}$ 和 $\mathbf{Y} = \{y_1, y_2, \cdots, y_n\}$，$\mathbf{Y}$ 相对于 $\mathbf{X}$ 延迟 l 时刻的相关系数计算公式为

$$R(l) = \frac{\sum\limits_{i=l+1}^{n}(x_i - \bar{x})(y_{i-l} - \bar{y})}{\sqrt{\sum\limits_{i=l+1}^{n}(x_i - \bar{x})^2}\sqrt{\sum\limits_{i=1}^{n-l}(y_i - \bar{y})^2}} \qquad (2-30)$$

式中：$R(l)$ 为延迟 l 时刻的相关系数；$\bar{x}$ 为 $\mathbf{X}$ 序列的均值；$\bar{y}$ 为 $\mathbf{Y}$ 序列的均值。

延迟相关系数序列 $R(l)$ 中取最大值时对应的延迟 l' 即为 $\mathbf{Y}$ 和 $\mathbf{X}$ 功率序列的延时相关度。

（六）风光互补性指标

1. 互补度

风光互补度是指风电有功功率与光伏有功功率的相似程度，即风光互补发电功率波动率均小于风电或光伏单独发电功率波动率的概率。

$$\eta = \frac{n\left[(\sigma_{fg} < \sigma_f) \& (\sigma_{fg} < \sigma_g)\right]}{N} \qquad (2-31)$$

式中：η 为风光互补度；σ_{fg} 为风光波动率；σ_f 为风电波动率；σ_g 为光伏波动率；N 为统计总次数。

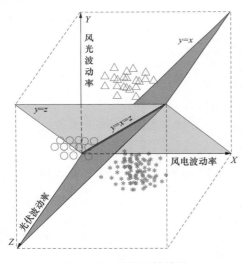

图 2-16 风光互补效果

分别计算每一天风电、光伏及风光标幺化功率的波动率，统计风光波动率同时小于风电和光伏波动率的天数，与统计周期的比值即为互补系数。如图 2-16 所示，位于 $y=x$ 和 $y=z$ 平面与 $z=0$ 围成的空间内的运行点即为互补运行点，统计上述运行点占所有点的比例。

2. 峰谷差改善度

由于风电通常在夜间功率较大，光伏在午间功率较大，适当比例风光联合后可以改善纯风电在日周期尺度上的波动水平。参照负荷峰谷差定义，以新能源（风电或者风光联合发电）日最大功率与最小功率为功率峰谷差，风光联合发电功率峰谷差与风电功率峰谷差的差即为峰谷差改善度。若风光联合发电功率峰谷差小于等容量风电功率峰谷差，则认为风光存在互补性。

$$\Delta P = \Delta P_{fg} - \Delta P_f \qquad (2-32)$$

式中：ΔP 为峰谷差改善度；ΔP_{fg} 为风光联合发电功率峰谷差；ΔP_f 为风电功率峰谷差。

3. 反调峰改善率

反调峰改善率是指风光联合发电接入后的系统峰谷差较风电接入后的系统峰谷差的改善程度，可以表征风光互补的特性，而且紧密结合风电与电网的交互影响，指标具有普

适性。

$$\eta = 1 - \frac{V_{\text{wind+PV}}}{V_{\text{wind}}} \tag{2-33}$$

式中：η 为反调峰改善率；$V_{\text{wind+PV}}$ 为风光联合发电接入后的系统峰谷差；V_{wind} 为风电接入后的系统峰谷差。

（七）调峰性指标

1. 风电穿透率

风电对电网的影响除与风电接入容量有关外，也与电网规模有关，只有分析二者大小关系才能评价风电在地区电力系统中的地位。风电穿透率是指某时刻风电实际功率占负荷的比例，即

$$P_{\text{r}}(t) = \frac{P(t)}{P_{\text{load}}(t)} \tag{2-34}$$

式中：$P_{\text{r}}(t)$ 为风电穿透率；$P(t)$ 为风电实际功率；$P_{\text{load}}(t)$ 为负荷。

2. 反调峰率

风电反调峰性是指风电日内功率增减变化曲线与系统用电负荷曲线相反。由原始负荷减去风电负荷得到净负荷，再对原始负荷峰谷差与净负荷峰谷差进行对比分析，两者的差值即代表风电接入前后系统峰谷差的变化值量。

$$\Delta P_{\text{V}i} = P_{\text{v}i} - P'_{\text{v}i} \tag{2-35}$$

式中：$\Delta P_{\text{V}i}$ 为系统峰谷差变化值量；$P_{\text{v}i}$ 为原始负荷峰谷差；$P'_{\text{v}i}$ 为净负荷峰谷差。

如果 $\Delta P_{\text{V}i}$ 为负则表明该电网内风电起到反调峰作用，$\Delta P_{\text{V}i}$ 为正则表示该电网内风电起到正调峰作用，统计全年的反调峰概率即为风电的反调峰率。

3. 调峰贡献率

相比于正、反调峰出现天数和数值变化的统计，峰谷差变化的比率更能体现风电对调峰的影响。调峰贡献率是指风电按一定比例接入前后，峰谷差变化的比例，峰谷差减小时为正，增大时为负。

$$\eta = \frac{P_{\text{v}i} - P'_{\text{v}i}}{P_{\text{v}i}} \tag{2-36}$$

式中：η 为调峰贡献率。

4. 负荷波动贡献率

风电对负荷波动贡献率是指相邻时间点风电功率变化值与负荷变化值之比，是衡量风电功率对电网负荷的实时贡献情况，即

$$C = \frac{P_{\text{t}+\Delta t} - P_{\text{t}}}{L_{\text{t}+\Delta t} - L_{\text{t}}} \tag{2-37}$$

式中：C 为负荷波动贡献率；P_{t} 为风电功率；L_{t} 为负荷。

当风电变化趋势与负荷变化趋势相同时，风电该时段的功率对电网负荷的贡献作用为正；如果风电变化趋势与负荷变化趋势相反时，风电该时段的功率对电网负荷的贡献作用为负。

三、控制优化类评价指标

并网友好型风电场应具有有功和无功控制能力，提供调峰、调压、调频等重要特征。

（一）故障穿越指标

风电场（风电机组）应具备低电压穿越能力，如图 2-17 所示，在电网故障期间，保持规定时间不脱网，支持电网稳定运行；故障清除后，能够以一定的速率恢复功率，使有功功率快速恢复至故障前水平。

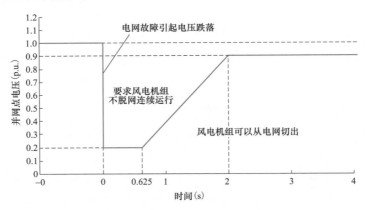

图 2-17 风电机组低电压穿越要求

1. 跌落深度

风电场（风电机组）在电网故障期间保持规定时间不脱网，期间并网电压最小值较故障前并网电压的差值即为电压跌落深度。

$$\Delta U = U_{\min} - U_0 \qquad (2-38)$$

式中：ΔU 为电压跌落深度；$U_{\min}$ 为故障期间并网点电压最小值；U_0 为故障前并网电压。

2. 有功恢复速率

风电场（风电机组）在故障清除后，有功功率快速恢复至故障前水平时有功的恢复速率。

$$\Delta P = \frac{P_0 - P_{\min}}{T} \qquad (2-39)$$

式中：ΔP 为有功恢复速率；P_0 为故障前有功功率；$P_{\min}$ 为故障清除前有功功率；T 为有功恢复时间。

3. 故障穿越成功率

统计周期内风电场发生低电压穿越后风电机组不脱网的概率，故障消除 10s 后功率偏差小于阈值认为低电压穿越成功。

$$P_{\text{LVRT}} = \frac{N(|P_{10\text{s}} - P_{\text{ini}}| \leqslant P_{\text{set}})}{N_{\text{LV}}} \qquad (2-40)$$

式中：P_{LVRT} 为低电压穿越成功率；N_{LV} 为并网点电压低于 0.9p.u. 的次数；$N(|P_{10\text{s}} - P_{\text{ini}}| \leqslant P_{\text{set}})$ 为 10s 后功率偏差小于阈值的次数。

（二）功率预测指标

风电场应配置风电功率预测系统，系统具有 $0\sim72h$ 短期风电功率预测及 $15min\sim4h$ 超短期风电功率预测功能，核心指标是预测的合格率和准确率，风电场短期风电功率预测合格率和准确率按日进行统计、考核。

1. 短期预测合格率

$$QR = \frac{1}{n}\sum_{i=1}^{n}B_i \times 100\% \tag{2-41}$$

$$B_i = \begin{cases} 1 & \left(1 - \dfrac{|P_{Mi} - P_{Pi}|}{C_i}\right) \geqslant 0.75 \\[2mm] 0 & \left(1 - \dfrac{|P_{Mi} - P_{Pi}|}{C_i}\right) < 0.75 \end{cases} \tag{2-42}$$

2. 短期预测准确率

$$CAR = \left[1 - \sqrt{\frac{1}{n}\sum_{i=1}^{n}\left(\frac{P_{Mi} - P_{Pi}}{C_i}\right)^2}\right] \times 100\% \tag{2-43}$$

式中：B_i 为 0/1 二值变量，用于计算每个预测值是否合格；P_{Mi} 为 i 时刻的实际功率；P_{Pi} 为 i 时刻的日前风电功率预测值；C_i 为风电场总装机容量；n 为样本个数。

超短期预测合格率与短期预测基本相同。

3. 预测误差概率分布

风电具有很强的随机波动性，短时间尺度上的功率基本没有规律可循，难以满足电力系统日前调度备用配置、调峰等实际需求，因此，基于风电功率预测误差的概率分布结果，结合风电功率点预测值，可以获得各功率水平一定预测置信度下的预测误差波动情况和整个风电预测时段上的波动区间分布。

（三）有功控制指标

目前风电场普遍配置了有功控制系统，跟踪调度端下达的动态有功指令调节场站的功率输出。当风电场有功功率在总额定功率的 20% 以上时，对于场内有功功率超过额定容量的 20% 的所有风电机组，能够实现有功功率的连续平滑调节，并参与系统有功功率控制。

有功功率偏差率是类比方差，方差是用来度量随机变量及其数学期望之间的偏离程度，而有功功率偏差率是衡量风电场输出有功功率相对于计划功率 $P_{ref}(t)$ 的偏离程度。

$$\Delta P = \frac{1}{n}\sum_{t=1}^{n}\{[P(t) - P_{ref}(t)]/P_{ref}(t)\}^2 \tag{2-44}$$

式中：P 为风电场实际功率；P_{ref} 为风电场计划总功率。

联合运行效果指标用断面满功率概率与断面利用率描述。

断面满功率概率为

$$p = \frac{T(|P_t - P_{dispatch}| < \xi)}{T_{all}} \tag{2-45}$$

断面利用率为

$$\eta = \sum_{t=0}^{T} P_{f\_t} / \sum_{t=0}^{T} P_{dispatch\_t} \qquad (2-46)$$

式中：P_t 为风电场实际功率；$P_{dispatch}$ 为风电场计划总功率；T_{all} 为统计时间长度。

增发电量是指通过有功控制系统动态调节后风电场实际功率大于固定发电指标部分的电量，如图 2-18 所示。

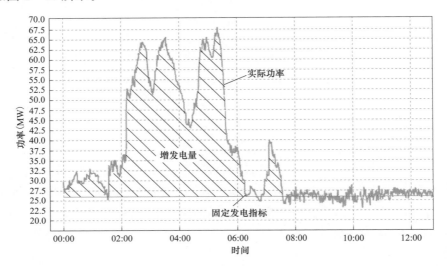

图 2-18　有功控制系统动态调节效果

$$Q = \begin{cases} 0 & P \leqslant P_1 \\ \int P - P_1 & P > P_1 \end{cases} \qquad (2-47)$$

式中：Q 为增发电量；P 为风电场实际功率；P_1 为风电场固定发电指标。

（四）频率控制指标

风电场应具备良好的频率波动耐受能力，在系统频率出现小幅波动时能够不脱网运行。频率低于 49.5Hz 时要求风电场具有至少运行 30min 的能力；频率在 49.5～50.2Hz 范围内时要求风电场连续运行；频率高于 50.2Hz 时，要求风电场具有至少运行 5min 的能力，并执行电网调度机构下达的降低功率或高频切机策略，不允许停机状态的风电机组并网。

（五）无功控制指标

1. 无功控制偏差

风电场无功电压控制系统应具备控制风电场无功的功能，接收调度下发的无功指令，通过调节场站无功源使实际无功测量值趋近目标值。无功控制偏差指目标值与实际测量值的偏差，即

$$\Delta Q = \left(\frac{Q_{val} - Q}{Q_{val}} \right) \times 100\% \qquad (2-48)$$

式中：Q_{val} 为风电场无功目标值；Q 为风电场无功实际值。

2. 无功均衡系数

风电场内含有多条 35kV 母线时，受无功控制性能影响，各母线之间可能存在无功交换形成无功环流的问题，为统计风电场 n 段母线无功流向均衡情况。定义风电场无功均衡系数为 n 段母线（或 $n-1$ 段母线）无功流向一致的概率，即

$$\gamma = \left(\frac{N_{n,0} + N_{n-1,1}}{N}\right) \times 100\% \tag{2-49}$$

式中：$N_{n,0}$ 为 n 段母线无功流向一致的统计次数；$N_{n-1,1}$ 为 n 段母线中有 1 段母线无功流向不一致的统计次数；N 为总共统计次数。

（六）电压控制指标

1. 电压控制偏差

风电场无功电压控制系统应具备控制风电场电压的功能，接收调度下发的电压指令，通过调节场站无功源使实际电压测量值趋近目标值。电压控制偏差指目标值与实际测量值的偏差，即

$$\Delta U = \left(\frac{U_{val} - U}{U_{val}}\right) \times 100\% \tag{2-50}$$

式中：U_{val} 为风电场电压目标值；U 为风电场电压实际值。

2. AVC 子站投运率

在计算 AVC 投运率时，扣除因电网原因造成的 AVC 装置退出时间。

$$AVC 投运率 = AVC 子站投运时间/风电场运行时间 \times 100\%$$

3. AVC 子站合格率

电力调度机构 AVC 主站电压指令下达后，机组 AVC 装置在 2min 内调整到位为合格。

$$AVC 调节合格率 = 执行合格点数/电力调度机构发令次数 \times 100\%$$

四、利用水平类评价指标

由初始风能资源到最终风电消纳，受设备利用水平、电网消纳水平等多方面因素影响，利用水平指标分别从电站侧和电网侧反映风能资源利用水平。

（一）发电水平指标

1. 时间比例

时间比例以可利用率来表征，设备的实际可利用率是指在一定时间长度内，设备可利用小时数占具备条件运行时间的百分比。其中具备条件运行时间不包括因外部电气设备陪停、气象条件及其他不可抗力等原因造成的停机时间。可利用率计算公式为

$$A_i = \left(1 - \frac{T_{B,i}}{T - T_{D,i}}\right) \times 100\% \tag{2-51}$$

式中：A_i 为第 i 台发电设备的可利用率；T 为统计时间长度；$T_{B,i}$ 为第 i 台发电设备的停机时间；$T_{D,i}$ 为第 i 台发电设备的状态不明时间。

2. 电力比例

电力比例以发电能力来表征，风力发电机组发电能力用于描述风电设备单体对资源利用的能力与理论能力的符合程度，即风电设备单体实际发电功率与理论发电功率的比值。

$$F_g = \frac{\sum_{i=1}^{N} P_{Fa,i}}{\sum_{i=1}^{N} P_{Fp,i}} \times 100\% \tag{2-52}$$

式中：F_g 为风力发电机组的发电能力指标；N 为有效数据点个数；$P_{Fa,i}$ 为风电机组实际输出的有功功率值；$P_{Fp,i}$ 为风力发电机组理论功率值。

3. 电量比例

电量比例以利用小时差异率来表征，利用小时差异率是实发小时与考核小时的差异比，实质上是场内损失占考核小时的百分比。实发小时是指实际完成利用小时。考核小时是指实发小时加上场内损失小时数。

$$\beta = \frac{Q_1 - Q_x - Q_w - Q_s}{Q_1 - Q_x - Q_w} \tag{2-53}$$

式中：β 为利用小时差异率；Q_1 为理论电量；Q_x 为调度限电弃风电量；Q_w 为场外受累弃风电量；Q_s 为实际发电量。

（二）运营水平指标

1. 电量

风电实际发电量是指在风力发电机出口处计量的输出电能，一般从风电机监控系统读取，即为风电实际功率的积分值。

$$Q_s = \int P_s \tag{2-54}$$

式中：Q_s 为实际发电量；P 为实际功率。

风电理论发电量可由风电理论功率积分求取，其中风电理论功率可由机舱风速和等效功率曲线重构。

2. 利用小时

风电利用小时是指风电发电量与风电额定装机容量的比值，表征风电在额定功率下的运行小时数，反映风电机组生产能力利用程度。

$$T_h = \frac{E_p}{P_w} \tag{2-55}$$

式中：E_p 为统计时间内风电发电量；P_w 为风电装机容量；T_h 为风电利用小时数。

与传统发电不同，风力发电设备运行可靠性差别较大，因此采用考虑各场站可用率差异的修正利用小时数进行比较更为准确。

$$T_h = \frac{E_p}{P_w \times RA(T)} \tag{2-56}$$

式中：$RA(T)$ 为风电机组可用率。

3. 弃风量

弃风量是指理论发电电量与实际发电电量的差值，可由风电理论功率和实际功率之差的积分求取。

$$EOC = \int (P_1 - P_s)\mathrm{d}t \qquad (2-57)$$

式中：P_1 为理论功率；P_s 为实际功率。

参考风电机组的状态信息，可分别评估场内、场外原因导致的弃风电量。

五、多时空维度风电运行特性评价指标总汇

多时空维度风电运行特性评价指标见表 2-4～表 2-7。

表 2-4　　　　　　　　　　资源评估类评价指标

类别	指标名称	指标定义
气候指标	平均温度	风电机组轮毂高度处环境温度的平均值
	平均空气密度	风电场所处空气密度的平均值
风速指标	风速	风电机轮毂高度风速的瞬时值
	限值风速	当风速小于切入风速时为0；当风速介于切入风速和额定风速时为原风速；当风速介于额定风速和切出风速时为额定风速；当风速大于切出风速时为0
	有效风时率	介于切入风速与切出风速之间的风速累计小时数的占比
风电功率指标	风电功率密度	与风向垂直的单位面积中风能所具有的功率
	限值风电功率密度	考虑风电机组对风速的利用曲线后得到的风电机组实际可利用的风电功率密度
	有效风能率	风电机组可利用风能占实际风能的比例

表 2-5　　　　　　　　　　发电特征类评价指标

类别	指标名称	指标定义
风电随机性指标	容量置信水平	风电功率满足一定置信度 p 情况下对应的风电标幺出力
	同时率	风电出力与风电装机容量的比值
	分布特征指数	风电标幺出力大于 β 的概率为 β
风电波动性指标	出力波动率	统计时间内风电最大出力变化幅度占风电额定容量的百分比
	波动置信水平	风电功率波动满足一定置信度 p 情况下对应的风电波动率
	平滑效应系数	集群风场功率标准差相对于单场风电功率标准差变化程度
	爬坡事件	风电最大波动幅度大于设置的阈值 P_{val}
风电间歇性指标	连续度	风电维持大于等于一定功率的持续时间
	周期量	风电功率序列存在的周期分量
风电自相关指标	自相关系数	风电功率序列在一定时间延迟下的自相关性程度
	转移概率	风电功率从某一状态转移到另一状态的概率
风电互相关指标	互相关系数	不同风电功率序列线性相关关系的密切程度
	延时相关度	两个风电功率序列延迟相关系数的最大值

类别	指标名称	指标定义
风光互相关指标	互补度	风光互补发电出力波动率均小于风电或光伏单独发电出力波动率的概率
	峰谷差改善度	风光联合出力峰谷差与风电出力峰谷差的差
	反调峰改善率	风光联合出力接入后的系统峰谷差较仅风电接入后的系统峰谷差的改善程度
源网互相关指标	源网互相关指标	某时刻风电实际出力占负荷的比例
	反调峰率	风电接入系统后全年反调峰概率
	调峰贡献率	风电按一定比例接入前后，系统峰谷差变化的比例
	负荷波动贡献率	相邻时间点风电出力变化值与负荷变化值之比

表 2-6 并网友好类评价指标

类别	指标名称	指标定义
故障穿越指标	跌落深度	故障期间并网电压最小值较故障前并网电压的差值
	有功恢复速率	有功功率快速恢复至故障前水平时有功的恢复速率
	故障穿越成功率	风电场发生低电压穿越后风电机组不脱网的概率
功率预测指标	合格率	风电功率预测系统的合格度
	准确率	风电功率预测系统的准确度
有功控制指标	有功功率偏差率	风电有功功率相对于计划出力的偏离程度
	断面满功率概率	实际功率和断面极限偏差小于某固定值的概率
	断面利用率	实际发电量与通道可输送电量的比值
	增发电量	风电场实际出力大于固定发电指标部分的电量
频率控制指标	频率耐受能力	系统频率出现小幅波动时持续不脱网运行时间
无功控制指标	无功控制偏差	无功目标值与实际测量值的偏差
	无功均衡系数	场站母线无功流向一致性情况
电压控制指标	电压控制偏差	电压目标值与实际测量值的偏差
	投运率	AVC系统投运时间占比
	合格率	实测电压在目标指令允许的误差范围内的概率

表 2-7 利用水平类评价指标

类别	指标名称	指标定义
发电水平指标	可利用率	设备可利用小时数占具备条件运行时间的百分比
	发电能力	风电设备单体实际发电功率与理论发电功率的比值
	利用小时差异率	场内损失占考核小时的百分比
运营水平指标	发电量	风电实际功率的积分值
	利用小时数	风电发电量与风电额定装机容量的比值
	弃风电量	理论发电电量与实际发电量的差值

第三节　大规模风电多时空尺度运行特性分析

一、风电功率相关性分析

截至 2015 年底，某地区并网风电场 20 座，并网装机容量 257.3 万 kW，其中上头地风电场和建投月牙风电场为 12 月新并网风电场，某地区风电场地理位置分布如图 2-19 所示。

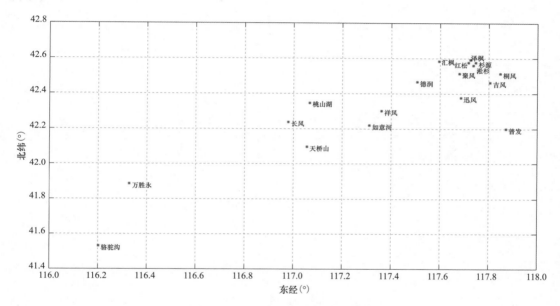

图 2-19　某地区风电场地理位置分布

（一）各风电场功率相关性

上头地风电场为 2015 年 12 月新并网风电场，12 月数据基本为 0，因此与其他风电场相关系数基本为 0。

万胜永和骆驼沟与其他风电场相关性最弱，相对独立。其中骆驼沟由于地理位置最远，与万胜永的相关系数为 0.76，与其他风电场的相关系数为 0.55～0.7。万胜永与其他风电场的相关系数为 0.59～0.73，由于万胜永与其他风电场的距离比骆驼沟近，它与其他风电场的相关系数均高于骆驼沟。图 2-20 中橙色为骆驼沟，蓝色为万胜永。

德润、汇枫、红松、泽枫、杉源、松衫 6 个风电场由于地理位置非常接近，相互之间的相关系数均在 0.88 以上，是该地区相关性最强的几个风电场，如图 2-21 所示。

迅风、吉风、桐风、聚风四个风电场之间的相关性较强，且与红松、松衫、杉源等相关性也较强，相关系数范围为 0.77～0.9，其中吉风和桐风两者之间的相关性最强，达到 0.92，如图 2-22 所示。

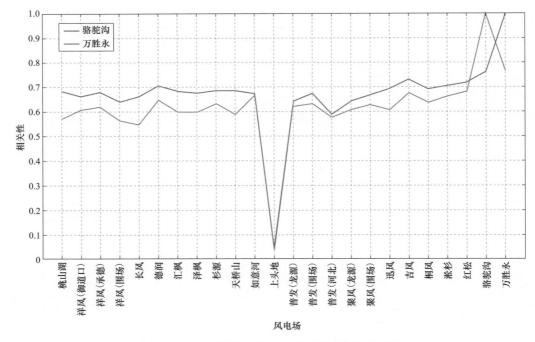

图 2-20　骆驼沟与万胜永与其他风电场相关系数

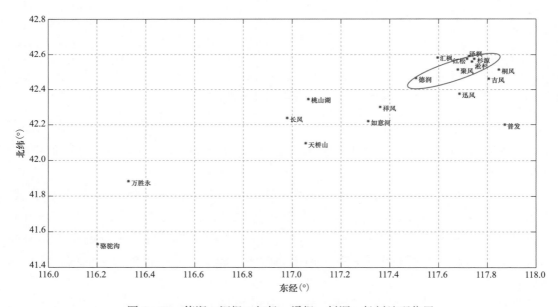

图 2-21　德润、汇枫、红松、泽枫、杉源、松衫地理位置

　　桃山湖、天桥山、如意河、祥风四个风电场之间的相关性较强，相关系数为 0.8～0.9。但其中祥风和如意河与其东北方向的德润风电场的相关系数也在 0.8 以上。该区域中，长风相对独立，仅与桃山湖风电场的相关系数在 0.85 左右，其他均低于 0.8，如图

2-23 所示。

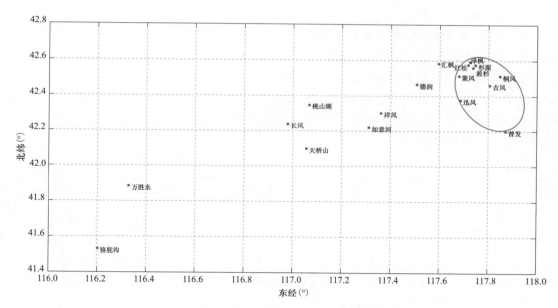

图 2-22　迅风、吉风、桐风、聚风地理位置

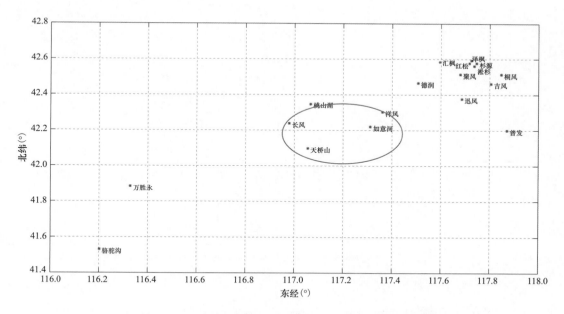

图 2-23　桃山湖、天桥山、如意河、祥风、长风地理位置

（二）风电功率相关性影响因素分析

对比不同风电场发现，多个风电场间的相关性根据季度变化都呈现出相同的特性，如图 2-24～图 2-26 所示。第二、四季度的相关性系数大小居中，且与全年均值接近，而

第一季度的相关性系数普遍比第二、四季度低 0.5 左右，第三季度的相关性系数普遍比第二、四季度高 0.5 左右。

进一步观察各季度风速变化，以祥风风电场的风速为例，图 2-27 是 1～12 月平均风速，表 2-8 是各季度平均风速。

明显可见，风电功率相关性的大小与风速有关，第三季度风速较小，风电场间的相关性较强；第一季度风速较大，风电场间的相关性较弱；第二、四季度风速接近且相对一、三季度大小适中，风电场间的相关性也适中。由于缺少该地区其他风电场的风速信息，暂时无法比较风速的相关性。

表 2-8　　　　　　　　　　　　祥风风电场各季度平均风速

	第一季度	第二季度	第三季度	第四季度
季平均风速（m/s）	6.754	5.691	3.048	5.647

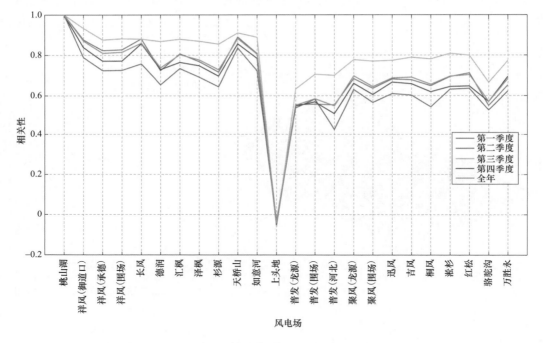

图 2-24　桃山湖风电场与其他风电场不同季度相关性系数

二、风光功率互补性分析

（一）风光互补性

由于风电通常在夜间功率较大，光伏在午间功率较大，适当比例风光联合后可以改善纯风电在日周期尺度上的波动水平。

参照负荷峰谷差定义，以新能源（风电或者风光联合发电）日最大功率与最小功率为功率峰谷差，对比不同配比情况下风光联合发电功率峰谷差和等容量风电的功率峰谷差，

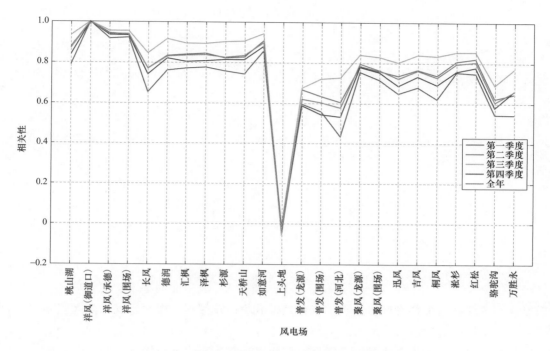

图 2-25 祥风风电场与其他风电场不同季度相关性系数

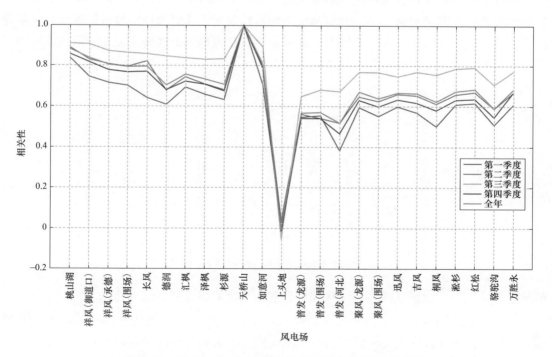

图 2-26 天桥山风电场与其他风电场不同季度相关性系数

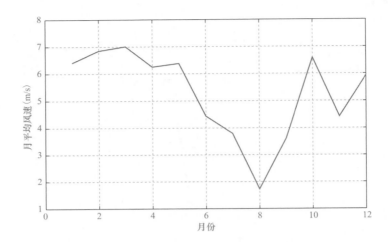

图 2-27　祥风风电场各月平均风速

若某天风光联合发电功率峰谷差小于等容量风电功率峰谷差，则认为风光存在互补性，风光联合发电改善了风电日周期的波动性。

光伏发电不同装机占比时风光联合发电功率峰谷差变化分布情况如图 2-28 所示。当光伏发电装机容量占联合发电装机容量较小时互补性较好，当光伏发电装机容量占比为 50％（风光装机容量比例 1：1）时，风光互补运行对于改善日周期的波动性效果达到临界点，联合发电功率峰谷差减小天数约为 50％，当光伏发电装机容量占从 50％继续增大时，联合发电功率峰谷差减小天数比逐渐减小。

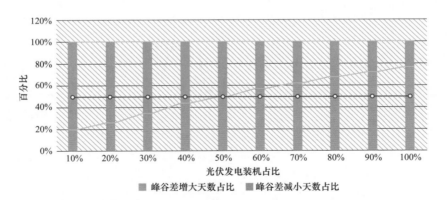

图 2-28　光伏发电不同装机容量占比时风光联合发电功率峰谷差变化分布情况

光伏发电不同装机容量占比时风光联合发电功率峰谷差幅值变化情况如图 2-29 所示，每个点代表了光伏发电不同装机容量占比情况下的某一天的峰谷差变化，黑色和蓝色曲线代表光伏发电不同装机容量占比情况下峰谷差变化的中位值和平均值，可见峰谷差幅值也呈现同样规律。

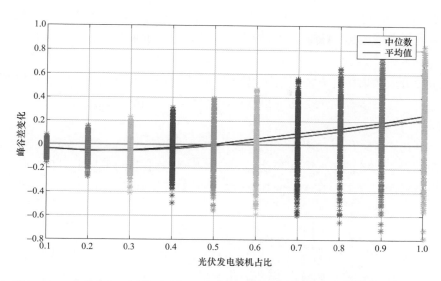

图 2-29　光伏发电不同装机容量占比时风光联合发电功率峰谷差幅值变化情况

（二）风、光、荷互补性

风电存在较为明显的反调峰特性，若某日电网原始负荷减去风电功率后的等效负荷峰谷差大于原始负荷峰谷差，则认为该日风电呈反调峰。一年中风电呈反调峰的天数占比为风电的反调峰率，统计结果显示风电反调峰率为 81.4%。

借鉴生产模拟的方法，以年为周期分析，对比分析纯风电反调峰率和风光联合后的反调峰率，进而分析引入适当容量光伏后对电风电反调峰特性的改善情况。

图 2-30 展示了不同配比情况下风光联合发电对风电反调峰特性的改善效果。结果显示，适当比例的光伏发电可以改善风电的反调峰特性，任意风电装机容量下，随着光伏发电装机容量的增加，反调峰改善率呈现先增后减的规律，存在一个较为理想的配置比例。

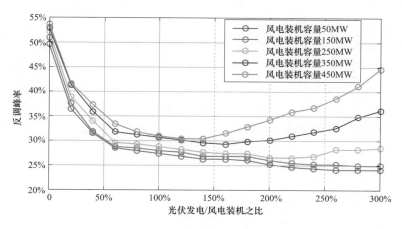

图 2-30　不同配比情况下风光联合发电对风电反调峰特性的改善情况

统计数据显示，风电功率的反调峰率为 47.1%，风光联合发电功率反调峰率为 29.6%，风光联合发电运行表现出较好的电网友好性。

（三）风电功率周期性分析

本节采用最大熵谱估计方法研究风电功率周期分量的时空分布特性，通过挖掘风电功率的周期规律，进一步提高风电功率预测精度、优化风电调度运行方式等。

1. 风电功率趋势量处理

受风能变化影响，风电功率存在随机性、波动性和间歇性的自然特性，这也是风电等间歇性能源相对于传统能源的最主要劣势，在一定程度上制约了风电发展。但与此同时，风电功率在长时间尺度上存在一定的规律性（如季节规律和昼夜规律），如图 2-31 所示。

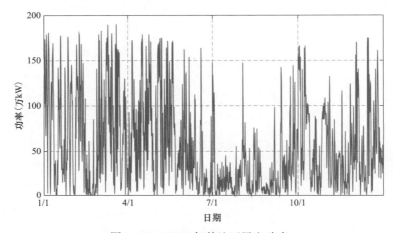

图 2-31 2015 年某地区风电功率

对于风电功率时间序列 $\boldsymbol{X}_t$，一般可以认为是由趋势分量 $\boldsymbol{M}_t$、周期分量 $\boldsymbol{S}_t$ 和随机分量 $\boldsymbol{Y}_t$ 叠加而成。

$$\boldsymbol{X}_t = \boldsymbol{M}_t + \boldsymbol{S}_t + \boldsymbol{Y}_t \tag{2-58}$$

其中，趋势分量属于时间序列中的确定性暂态成分，若风电功率中包含这种暂态成分时会破坏序列的平稳性，不满足最大熵谱估计对序列的平稳性要求。因此，对风电功率进行周期性分析之前需识别并排除序列中的趋势分量。

针对风电功率的时间序列特性，采用最小二乘方法拟合风电功率序列的趋势分量，不但可以消除因装机容量增长带来的线性偏移，又可以消除多因素带来的高阶多项式趋势。

假设风电功率 $\boldsymbol{X}_t$（$t=1,2,\cdots,N$）是以 Δt 为采样间隔的时间序列，则可采用 K 阶多项式 N_t 来拟合风电功率 $\boldsymbol{X}_t$ 中的趋势分量。

$$N_t = \sum_{k=0}^{K} a_k (t \cdot \Delta t)^k \tag{2-59}$$

式中：a_k 为多项式系数。

根据最小二乘原理，a_k 的目标函数为实际值 $\boldsymbol{X}_t$ 与估计值 N_t 的误差为极小值。

$$\min E = \min \sum_{k=0}^{K} \left[\boldsymbol{X}_t - \sum_{k=0}^{K} a_k (t \cdot \Delta t)^k k \right]^2 \tag{2-60}$$

从风电功率序列 $\boldsymbol{X}_t$ 中剔除趋势成分，再对序列进行中心化处理，即可获得风电功率的平稳时间序列 $\boldsymbol{Y}_t$，方可进一步进行最大熵谱估计。

2. 风电功率最大熵谱估计

最大熵谱估计方法是现代功率谱估计方法之一。即在维持最大不确定性条件下，将有穷采样风电功率序列 $\boldsymbol{Y}_t(|t|<N)$ 的自相关函数 $R(t)$ 用迭代方法最佳地递推至 $|t|\rightarrow\infty$，并进一步用得到的无穷自相关函数序列替代有穷序列去做功率谱估计，以提高功率谱估计的分辨率。

无穷自相关函数 $R(t)$ 的功率谱为

$$P(\omega)=\sum_{t=-\infty}^{+\infty}R(t)\mathrm{e}^{-it\omega\Delta t} \tag{2-61}$$

其相应的熵为

$$H=-\int P(\omega)\ln P(\omega)\mathrm{d}\omega \tag{2-62}$$

式中：ω 为角频率。

由于采用最大熵法外推自相关函数序列等价于自回归计算，因此在满足最大熵情况下（即 $\mathrm{d}H=0$），采用拉格朗日乘子法可获得风电功率序列相应的最大熵功率谱。

$$P(f)=\frac{\sigma_m^2}{\left|1-\sum_{j=1}^{m}a_{j,m}\mathrm{e}^{-ij\omega\Delta t}\right|^2} \tag{2-63}$$

式中：m 为自回归阶数；σ_m^2 为预报误差方差估计；$a_{j,m}$ 为自回归系数。

最大熵谱估计法中最核心算法为伯格递推算法，采用递推方式从一阶模型开始逐步加阶递推，每次递推能保障自相关序列非负定的同时也能得到平稳的模型，由于方法采用正向预测误差和负向预测误差平方和为最小，因此提高了数据的利用率，适用于短时间序列数据的建模和分析。

伯格（Burg）算法在莱文逊（Levinson）递推算法的基础上采用正向预测误差和负向预测误差平方和极小原则来确定自回归系数 $a_{j,m}$。因此，针对剔除趋势成分并中心化处理后的新序列 $\boldsymbol{Y}_t$，平均预测误差功率定义为

$$E_m=\frac{1}{2}\left[\frac{1}{N-m}\sum_{t=m+1}^{N}(|e_m^f(t)|^2+|e_m^b(t)|^2)\right] \tag{2-64}$$

式中：$e_m^f(t)$ 为正向预测误差；$e_m^b(t)$ 为负向预测误差。

为了使 E_m 达到极小值，对 E_m 求 $a_{m,m}$ 的微分得到

$$a_{m,m}=\frac{2\sum_{t=m+1}^{N}\left(y_t-\sum_{j=1}^{m-1}a_{j,m-1}y_{t-j}\right)\left(y_{t-m}-\sum_{j=1}^{m-1}a_{j,m-1}y_{t-m-j}\right)}{\sum_{t=m+1}^{N}\left[\left(y_t-\sum_{j=1}^{m-1}a_{j,m-1}y_{t-j}\right)^2+\left(y_{t-m}-\sum_{j=1}^{m-1}a_{j,m-1}y_{t-m-j}\right)^2\right]} \tag{2-65}$$

利用莱文逊（Levinson）递推算法可计算自回归相应参数。

$$a_{j,m} = a_{j,m-1} - a_{m,m}a_{m-j,m-1} \tag{2-66}$$

$$\sigma_m^2 = (1 - a_{m,m}^2)\sigma_{m-1}^2 \tag{2-67}$$

通过以上伯格递推算可获得式（2-63）中的风电功率的最大熵谱估计。

自回归阶数 m 选择是最大熵谱估计的关键步骤之一，如果选取太小的阶数，得到的熵谱会太平滑，不能有效分辨时间序列周期分量，如果选取太大的阶数，则会影响最大熵谱估计值的稳定性。在实际应用基础上，J.G. 伯里曼（J.G. Beryman）提出了模型自回归阶数 m 的经验公式为 $m = 2N/\ln(2N)$。

3. 风电功率周期特性分析

选取 2015 年全网 A、地区 B、汇集站 C 和风电场 D 四个层级的风电功率数据，评估风电功率的周期特性。分别采用自相关函数法与最大熵谱法对 2015 年 1 月风电功率周期性进行评估，对比分析两种方法的有效性。

选取 $K = 8$ 阶多项式拟合风电功率的趋势分量，从风电功率序列中剔除趋势分量并进行中心化处理，以此获得平稳风电功率序列，如图 2-32 所示。

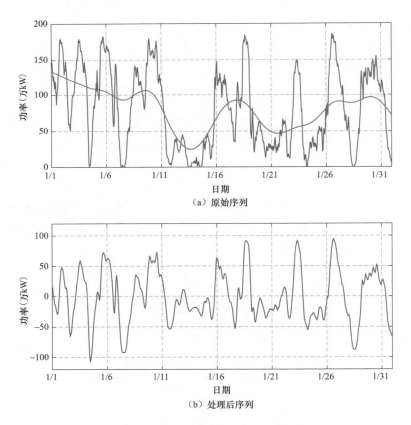

（a）原始序列

（b）处理后序列

图 2-32 风电功率原始序列和处理后序列

风电功率的自相关函数如图 2-33 所示，可以看见其自相关函数呈现一定的周期性变化，周期为 3 天左右。为进一步准确分析风电功率周期性，采用傅里叶变换对自相关函数进行功率谱估计，功率谱图中存在较多波峰，其中主周期峰对应的频率为 0.0127Hz（周期为 78.7h），三个次周期峰对应的频率为 0.0098、0.0059、0.0010Hz，其相应周期分别为 102.0、169.5、1000.0h。

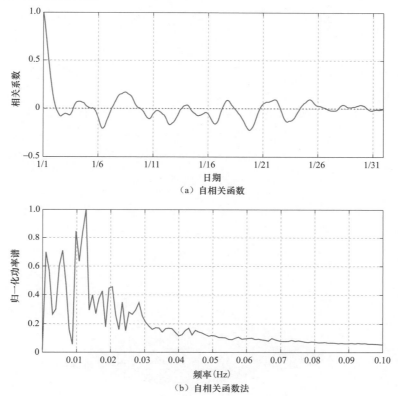

图 2-33　风电功率自相关函数及功率谱图

对该地区 2015 年 1 月风电功率进行最大熵谱法估计，其功率谱图如图 2-34 所示，与图 2-33 不同的是只有两个明显的波峰，且与图 2-33 对应波峰的位置完全一致，即其相应周期为 78.7、102.0h。

数据结果证实，风电功率确实存在一定周期性，如 2015 年 1 月该地区风电功率存在周期为 78.7h 的周期分量。但对比图 2-33 和图 2-34 会发现，图 2-33 存在许多的波峰，这些峰是由于有限自相关函数序列进行功率谱估计时产生的伪峰，有的峰的幅值还较大，严重干扰了周期峰的判断。图 2-34 尽管也存在这些峰，但幅值较小、数量不多。此外，图 2-34 的周期峰也比图 2-33 更为尖锐，提取的周期分量更符合实际。

随机性的风能导致风电功率周期性不稳定，不同时段的风电功率呈现不尽相同的周期分量。为研究风电功率周期性在时间分布上的特性，需对该地区各时段风电功率进行最大熵谱估计（每次选取 10 天的功率数据序列），并以此构建风电功率谱三维图，如图 2-35

所示。

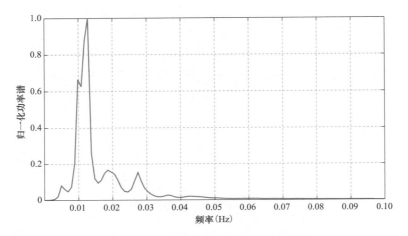

图 2-34　风电功率最大熵谱法功率谱图

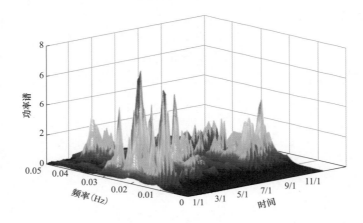

图 2-35　2015 年某地区风电功率谱三维图

其中，由于夏季风能资源不足，相应功率谱幅值较小，不利于分析，因此对各时段功率序列的功率谱按最大值进行归一化处理，如图 2-36 所示。

由以上分析结果表明，2015 年该地区风电功率周期分量的频率主要分布在 0.01～0.05Hz（周期为 20～100h）。随着风能资源增强，风电功率的周期分量呈现集中的趋势，相应的周期值呈现变大的趋势，如风能资源较弱的 6～8 月，风电功率的周期分量较为分散，而风能资源较强的 1～2 月和 9～12 月，风电功率的周期分量较为集中。

为进一步精确量化风电功率主周期分量的分布情况，提取各时段的主周期分量，并对相应周期值建立概率分布函数，如图 2-37 所示。数据结果表明，2015 年该地区风电功率周期分量的周期主要分布在 14～64h，占比为 81.3%。其中，概率分布函数在 24h 和 48h 附近存在明显的波峰，表示该地区风电功率中存在一定的日周期分量。

2015 年某地区各月周期分量统计见表 2-9。

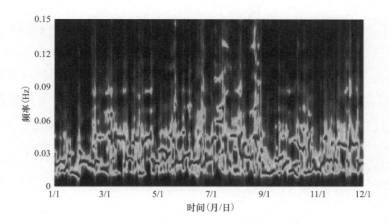

图 2-36　2015 年某地区风电功率谱二维图（归一化）

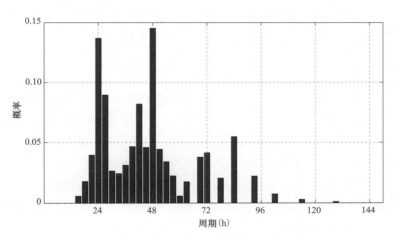

图 2-37　风电功率主周期分量概率分布

表 2-9	2015 年地区 B 各月周期分量	
月份	主周期分量（h）	次周期分量（h）
1	78.7	102.0
2	51.2	44.5
3	73.1	23.8、170.6
4	85.3	39.4
5	33.0	53.9、41.0
6	37.9	51.2、146.2、78.7
7	24.4	42.7、53.9、21.8
8	146.2	73.1、56.9、35.3
9	56.9	78.7、102.0、42.7

月份	主周期分量（h）	次周期分量（h）
10	73.1	56.9、204.8
11	44.5	78.7、60.2
12	146.2	64.0、26.3

随着装机规模增大，风电功率呈现出平滑效应。分析不同装机规模地区的周期特性，以研究风电功率周期特性随风电分布地域和装机规模增加而表现的空间分布特征，在此基础上，分别构建各地区风电功率的功率谱概率分布曲线，如图 2-38 所示。

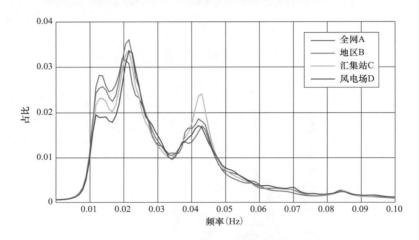

图 2-38　2015 年风电功率功率谱概率分布曲线

随着风电装机容量的增加，风电功率周期特性的分布特征基本上是相同的，各概率分布曲线均存在三个峰值，相应的频率分别是 0.012、0.021、0.042Hz。而有所区别的是，随着风电装机容量增加，频率 0.012Hz 对应的功率谱概率呈增加趋势，这表明随装机规模增加风电功率周期分量变化不是很明显，但其中的大周期分量比例随之增多。

由以上分析结果表明，各地区风电功率周期分量均存在三个主周期分量，相应频率约为 0.012、0.021、0.042Hz（周期为 83、48、24h），从侧面反映了风电功率中存在日周期分量的广泛性。此外，受不同的地区风电功率互补效应影响，风电功率的周期分量随着风电装机容量增加而呈现变大的趋势，在更广域地区的表现形式更明显。

第四节　大规模风电运行特性分析系统

一、风电数据采集上传

（一）台账数据

依托调度运行管理 OMS 系统建立所有风电场的基础信息台账系统，不仅具备台账的录入、编辑、查找、导出等基本功能，而且能够及时跟踪风电机组主控、变流器、变桨系统软件版本更新情况。当风电场的一、二次设备或关键部件软件版本发生变化时，由风电场提出申请，主站侧开通台账编辑权限，对该风电场的台账信息及时进行更新。如图 2-39 所示。

序号	风场名称	机位	风机容量	机组型号	主控型号	变流器	发电
1	金阳	#001风机	2.00	评建 WT2000/86	Bachmann Mpc240	超导 PM3000W	LEROY SOME
2	金阳	#002风机	2.00	评建 WT2000/86	Bachmann Mpc240	超导 PM3000W	LEROY SOME
3	金阳	#003风机	2.00	评建 WT2000/86	Bachmann Mpc240	超导 PM3000W	LEROY SOME
4	金阳	#004风机	2.00	评建 WT2000/86	Bachmann Mpc240	超导 PM3000W	LEROY SOME
5	金阳	#005风机	2.00	评建 WT2000/86	Bachmann Mpc240	超导 PM3000W	LEROY SOME
6	金阳	#006风机	2.00	评建 WT2000/86	Bachmann Mpc240	超导 PM3000W	LEROY SOME
7	金阳	#007风机	2.00	评建 WT2000/86	Bachmann Mpc240	超导 PM3000W	LEROY SOME
8	金阳	#008风机	2.00	评建 WT2000/86	Bachmann Mpc240	超导 PM3000W	LEROY SOME
9	金阳	#009风机	2.00	评建 WT2000/86	Bachmann Mpc240	超导 PM3000W	LEROY SOME
10	金阳	#010风机	2.00	评建 WT2000/86	Bachmann Mpc240	超导 PM3000W	LEROY SOME
11	金阳	#011风机	2.00	评建 WT2000/86	Bachmann Mpc240	超导 PM3000W	LEROY SOME
12	金阳	#012风机	2.00	评建 WT2000/86	Bachmann Mpc240	超导 PM3000W	LEROY SOME
13	金阳	#013风机	2.00	评建 WT2000/86	Bachmann Mpc240	超导 PM3000W	LEROY SOME
14	金阳	#014风机	2.00	评建 WT2000/86	Bachmann Mpc240	超导 PM3000W	LEROY SOME
15	金阳	#015风机	2.00	评建 WT2000/86	Bachmann Mpc240	超导 PM3000W	LEROY SOME
16	金阳	#016风机	2.00	评建 WT2000/86	Bachmann Mpc240	超导 PM3000W	LEROY SOME

图 2-39　风电基础信息台账

（二）运行数据

升压站、汇集线相关的常规运行数据均通过一区远动系统采集上传。对于海量的风电单机数据，为了解决数据传输环节过多、数据质量差等问题，采用三区综合数据网实现风电单机数据文件直传，从而大大减少了数据传输环节，有效实现对单机数据质量的全环节管控。

根据 Q/GDW 215—2008《电力系统数据标记语言-E 语言规范》，风电场每隔 30min 自动集成一个 E 语言文件，包含时间精度为 1min 的单机信息，从风电场二区通过正向隔离装置传送至风电场三区，并通过调度综合数据网直接传输至主站。整个传输环节均满足二次安全防护要求。单机数据上传流程如图 2-40 所示。

二、风电运行实时监控

基于风电单机数据实现风电机组运行的实时监视，值班调度员不但能够监视风电场功率、升压站电压电流等宏观数据，还能够监视每台风电机组的有功、无功功率和运行状态。在此基础上，调度员能够实时掌握所有风电场的资源状况、理论功率和弃风情况，据此调整有功控制系统下发的功率指令，以充分利用电网接纳能力和外送通道容量。全网风电监视如图 2-41 所示。

该系统实现了基于单机数据的电网风险预警，当发生风电机组脱网时，风电机组的状态会发生突变，系统会向当值调度员实时推送状态变化信息，使调度员能够实时监视到风电机组脱网情况，快速地进行处理。区域风电监视如图 2-42 所示，风电场监视如图 2-43 所示。

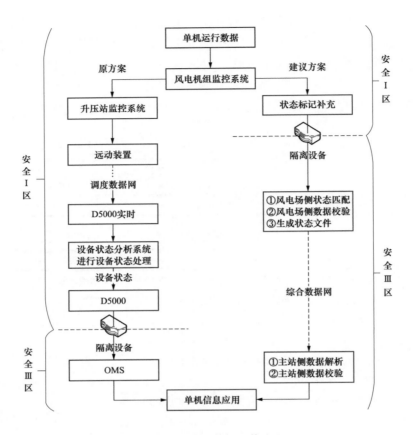

图 2-40　单机数据上传流程

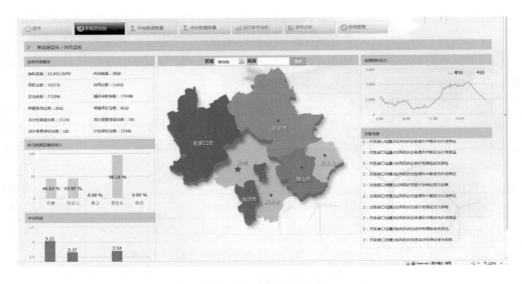

图 2-41　全网风电监视

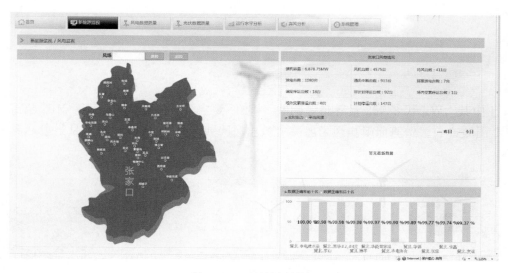

图 2-42　区域风电监视

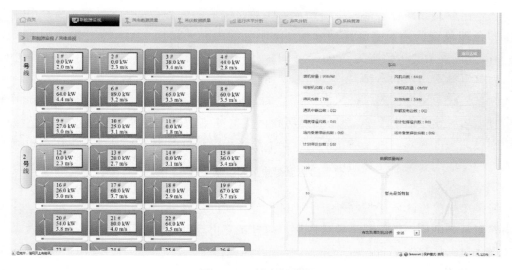

图 2-43　风电场监视

三、风电数据质量控制

实时采集的数据量庞大、数据种类多，原始数据含有缺失、错误、重复和噪声等各类问题，对数据的进一步挖掘和应用带来了挑战。因此，在数据上传后必须进行错误数据的识别、筛选与恢复。风电数据质量统计如图 2-44 所示。

对于问题数据，通常有缺数、死数、错数、校验不通过四种问题类型。针对每一类问题，系统会进行自动修正和质量控制。

（1）缺数。某一时间点的数据缺失用前一时间点的数据补全。

（2）死数。连续 1h 数据不发生变化即判定为死数，用最近风电机组的数据补全。

图 2-44　风电数据质量统计

（3）错数。数据超出合理范围判定为错数。风速的合理范围为 0～60m/s，小时平均风速的合理范围为 0～40m/s，风向的合理范围为 0～360°，气压的变化范围为 500～1100hPa，湿度的合理范围为 0～100％RH，温度的合理范围为 −40～60℃。功率的合理范围为单机额定功率的 −10％～110％。

（4）校验不通过。测风塔风能资源监测数据应保持一致性，70、50m 和 30m 相邻高度小时平均风速差值小于 2m/s，测风塔相同层高相邻时间的风速差小于 20m/s；风电机组功率总加与汇集线、风电场功率的偏差不超过额定容量的 10％；基于风电机组机舱风速的风电功率曲线外推，计算出的有功功率与风电机组实际功率之间偏差不超过额定容量的 10％。

海量单机数据的质量控制不可能通过人工方式进行修正，为此在风电单机数据管理系统中开发了基础信息数据质量校验模块，通过系统自动判断数据异常，分析数据质量。风电数据质量考核如图 2-45 所示。

四、风电运行特性评价

风电运行消纳是一个综合性的系统工程，由资源状况、设备可靠性、网架建设、电源结构和调度水平等多种因素共同决定。通过对海量的风电单机运行数据进行挖掘，可定量分析每个因素对风电消纳的影响，找到限制消纳的薄弱环节，从而有针对性地进行改进和提升。

（一）设备分析

通过分析，可以精细化统计风电机组主要部件故障对弃风电量的影响，从而揭示设备运行的薄弱环节。为此建立了月度通报机制，每月定期将主要部件弃风电量统计分析结果反馈给风电场，帮助其发现问题原因，深挖消纳潜力，提升运维管理水平。风电运行水平评价如图 2-46 所示。

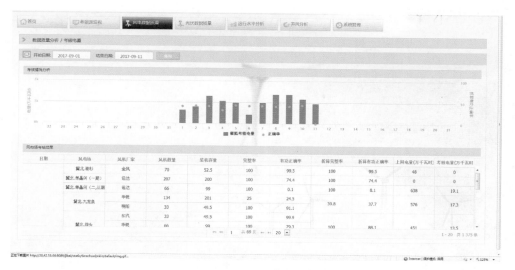

图 2-45　风电数据质量考核

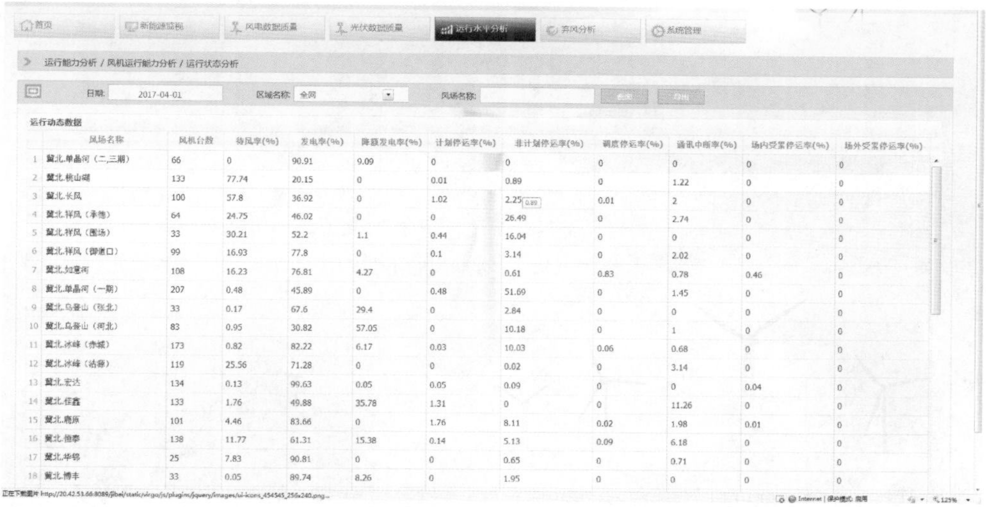

图 2-46　风电运行水平评价

（二）资源评估

以风电为例，进行风能资源评估时，首先要选择最能体现风能资源特性的代表变量。选取的过程是罗列可用于风能资源特性分析的统计变量，根据统计变量与电量的相关性特点选出最佳变量。经过对典型风电场的分析，选择有效风速和有效风电功率密度作为风能资源的代表变量，由此可分析风能资源随时间的变化情况。如图 2-47 所示。

以风速年际和月际变化序列为基础，计算其均值 u，以及标准差 σ，年（月）平均风速大于 $u+\sigma$ 的称为大风年（月），年（月）平均风速小于 $u-\sigma$ 的称为小风年（月）。基于多年仿真和实测数据，进行风速的年际分析（见图 2-48）和月际分析（见图 2-49）。

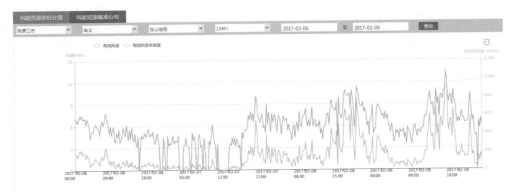

图 2-47　风电资源评估

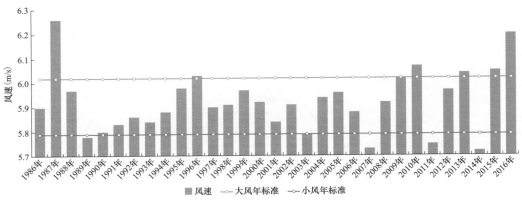

图 2-48　风速年际分析

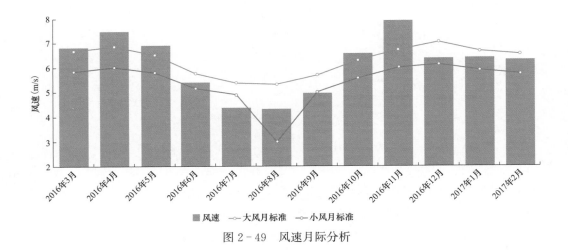

图 2-49　风速月际分析

（三）理论电量计算

获得风电场的理论发电量是进一步评估限电电量、开展场站设备运行分析的基础。基于每台风电机组的机头风速，再结合风电机组功率曲线和风电机组状态就可计算出每台风电机组的理论发电量，并最终得到全场理论发电量。如图 2-50 所示。

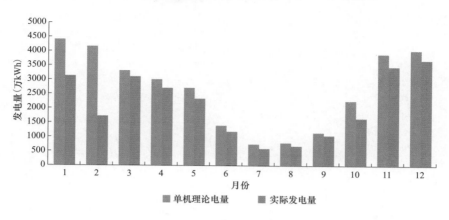

图 2-50　风电理论电量分析

以某风电场为例，该风电场 2016 年总实际发电量 2.55 亿 kWh，使用单机信息法计算的理论电量为 3.20 亿 kWh，二者相差的 0.65 亿 kWh 即为全年损失电量，占总理论电量的 20.5%。

（四）弃风电量分析

根据风电全额保障性收购工作要求，对风电场内、外不同原因导致的弃风电量进行分类统计。风电单机数据管理系统中的弃风电量分析模块即实现该功能，可以对全网、区域、汇集站、场站各维度的弃风电量成分进行分析和展示，也可以从时间维度统计弃风情况。如图 2-51 和图 2-52 所示。

依托风电单机数据管理，实现场外原因（通道/调峰、检修、故障）、场内原因（检修、故障、陪停）导致的弃风电量细分。如图 2-53 和图 2-54 所示。

图 2-51　弃电成分分析

大规模风电接入弱电网运行控制技术

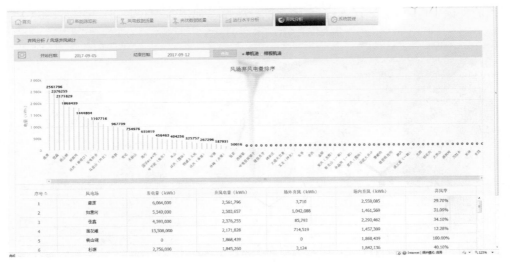

图 2-52　风电消纳水平评价

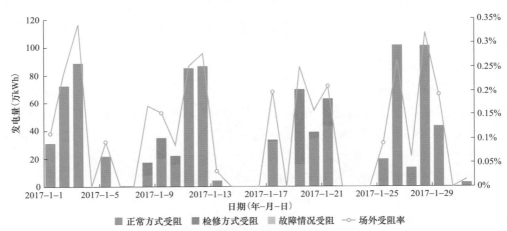

图 2-53　风电场外受阻分析

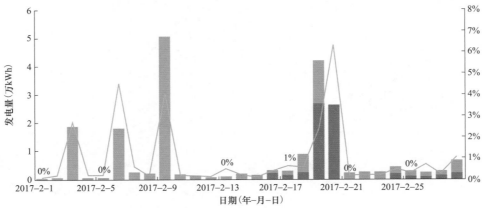

图 2-54　风电场内受阻分析

参 考 文 献

［1］杨茂，王东，严干贵，等．风电功率波动特性中的周期性研究［J］．太阳能学报，2013（11）：2020-2026.

［2］李剑楠，乔颖，鲁宗相，等．大规模风电多尺度出力波动性的统计建模研究［J］．电力系统保护与控制，2012（19）：7-14.

［3］崔杨，穆钢，刘玉，等．风电功率波动的时空分布特性［J］．电网技术，2011，035，（002）：110-115.

［4］肖创英，汪宁渤，陟晶，等．甘肃酒泉风电出力特性分析［J］．电力系统自动化，2010（17）：64-67.

［5］王爱莲．统计学［M］．西安：西安交通大学出版社，2010.

［6］侯佑华，房大中，齐军，等．大规模风电入网的有功功率波动特性分析及发电计划仿真［J］．电网技术，2010（05）：60-67.

［7］杨宗麟，朱忠烈，李睿元，等．江苏省沿海典型风电场出力特性分析［J］．华东电力，2010（03）：388-392.

［8］林卫星，文劲宇，艾小猛，等．风电功率波动特性的概率分布研究［J］．中国电机工程学报，2012（01）：38-47.

第三章 大规模风电无功电压控制技术

第一节 大规模风电接入弱电网无功电压运行特性分析

一、大规模风电汇集地区典型脱网事件分析

(一) 风电典型脱网事件

我国风电具备大规模集中式接入、高电压远距离送出的特点，导致风电汇集区域电压波动频繁，无功电压运行和调整较为困难，严重时会引发风电场大面积脱网，威胁电网安全稳定运行。2010 年以来，河北、甘肃等风电基地已经发生多起风电大面积脱网事件，其中 2011 年和 2012 年发生的若干次典型脱网事件规模如图 3-1 所示。

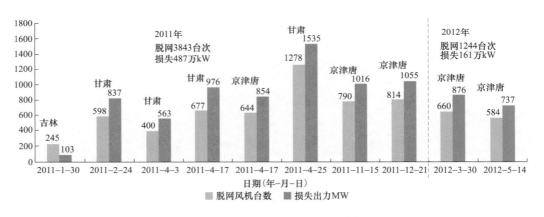

图 3-1 我国历次风电大规模脱网数据统计

通过对我国发生的风电脱网事件分析，事故原因主要分为两类：①由于系统短路故障引发风电汇集地区先出现低电压再高电压，过程中既有风电机组因为低电压脱网，也有风电机组因高电压脱网；②风电大发期间风电场投切电容器导致电网电压骤升，造成风电机组高电压脱网。

1. 短路故障引起的风电脱网事件

(1) 事件概述。2011 年 11 月 16 日 22 时 22 分 44 秒，某地区 500kV 线路发生 B、C 相相间短路故障。当时共有 15 座风电场通过该线路送出，并网风电机组 1081 台，并网容量达到 1591MW。

短路故障发生前，15 座风电场在运风电机组 934 台，风电功率 1091MW，故障造成 14 座风电场发生风电机组脱网，共计 790 台，损失功率 1016MW。

（2）脱网过程分析。该风电场脱网事件分为低电压脱网和高电压脱网两个阶段。

第一阶段，短路故障导致各风电场并网点电压大幅度跌落，导致部分运行风电机组因低电压保护动作脱网。短路故障造成各风电汇集站及其所带风电场并网点电压严重跌落，部分风电场电压低于 0.2p.u.，各风电场并网点电压低于 90% 额定电压的持续时间为 100～150ms，且越临近系统末端的风电场并网点电压跌落幅度越大，导致部分风电机组脱网。

第二阶段，500kV 线路故障在 60ms 后快速切除，系统电压随之恢复，由于大量风电机组脱网，线路无功损耗大大降低，同时由于各风电场在风电大发时用于支撑并网点电压的电容器仍然并网运行，风电场内动态无补偿装置未能按要求进行电压调整，使得系统无功大量过剩，系统电压迅速升高，部分风电场的并网点电压在故障后 200ms 最高已经升高到额定电压的 1.2 倍以上，高电压持续时间均在 5s 以上，部分运行风电机组因高电压保护动作而脱网。

脱网前后汇集站 A 各相电压变化见表 3-1，该汇集站下的某风电场在故障过程中的 B 相电压及功率变化曲线如图 3-2 所示。可见故障前风电场功率约为 87MW，短路故障后风电场并网点电压跌落至 0.2p.u. 以下，部分风电机组因低电压脱网；故障后约 200ms 风电场并网点 B 相电压升幅高至 1.1p.u. 以上，此时风电场功率已经恢复至 10MW 左右，而后风电场电压继续上升，最高上升至 1.2p.u.，风电场剩余风电机组因高电压全部脱网。可见，该风电场在故障过程中既有低电压脱网，又有高电压脱网。

表 3-1 脱网前后汇集站 A 电压变化情况

汇集站 A 电压	故障前	故障期间	
		最低	最高
A 相电压	1.02p.u.	0.11p.u.	1.20p.u.
B 相电压	1.00p.u.	0.09p.u.	1.20p.u.
C 相电压	1.00p.u.	0.12p.u.	1.21p.u.

（3）事件特征总结。2011 年 11 月 16 日是典型的因接近风场位置的某个电气设备短路故障引起的风电机组连锁脱网事件，此类事件有以下几方面的特点：

1）风电场并网点网架相对薄弱，短路比小于 3。案例中的风电场并网点短路容量约 3000MVA，短路比约为 1.7，具有典型的弱电网特征。

2）故障时系统末端电压比故障点电压低，这与该地区纯风电送出的结构有关，且由于双馈风电机组多采用撬棒（Crowbar）的方式实现低电压穿越，低电压穿越时类似于感应发电机，还会吸收大量无功，使得系统末端的电压反而比短路点低。

3）整个故障过程呈现"低电压＋高电压"的特点，即由于系统短路故障造成风电机组进入低电压穿越状态，其中部分风电机组因低电压故障脱网。故障消除后由于风电机组有功功率不能够与电压同步恢复，使得故障消除后系统的无功过剩，出现高电压过程，使

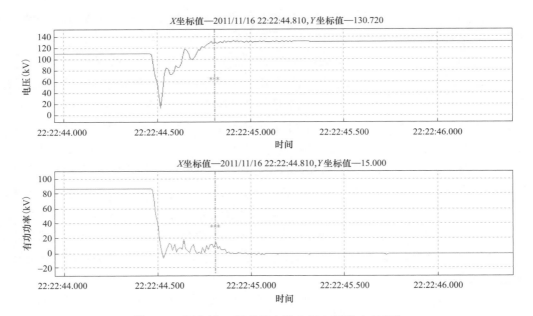

图 3-2 汇集站 A 下某风电场 B 相电压及功率变化

未因低电压脱网的风电机组因高电压脱网。

2. 风电场投切电容器引起的风电脱网事件

（1）事件概述。2012 年 5 月 14 日 13 时，某地区风电功率较大，各汇集站和风电场并网点电压均处于较低水平，风电场和汇集站开始逐次调整其无功补偿装置投退情况。当系统末端的某风电场投入一组容量较大电容器组后，系统电压出现 5s 的持续升高，该风电场接入汇集站电压超过 1.1p.u.，引起接入该地区的风电场梯次发生风电机组脱网，共计 584 台风电机组全部因高电压脱网，损失电力 737.1MW。

（2）脱网过程分析。事件前该地区风电功率较大，为 1297.6MW。13 时 41 分 16 秒，系统电压偏低，末端的汇集站 A 的 220kV 母线电压为 208kV，接入该站的某风电场投入一组 23Mvar 电容器，引起系统电压持续 5s 的次序升高。由于在该过程中，该地区所有风电场的风电机组均为恒功率因数控制模式，无法自动响应电压变化，导致电压大幅攀升没有得到有效的抑制。13 时 41 分 21s 左右，汇集站 A 的 220kV 电压升至 238kV，接入该站的部分风电场内分电机组因高电压而脱网，该地区有功功率急剧下降，无功过剩，电压进一步攀升，脱网开始由汇集站 A 向更大范围蔓延，进而引起了该地区其他汇集站下部分风电机组高电压脱网，3 个主要汇集站 220kV 母线电压最高升至 236、250kV 和 262kV。

脱网前后汇集站 A 的各相电压变化见表 3-2，汇集站 A 的 220kV 母线电压和各风电场送出线有功功率变化曲线如图 3-3 所示。从图 3-3 可以看出，脱网过程，汇集站 A 的 220kV 母线电压最高达到 1.21.p.u.，随着系统电压的升高，风电场风电机组也陆续脱网。

表 3－2　　　　　　　　脱网前后汇集站 A 电压变化情况

汇集站 A 电压	故障前	故障期间	
		最低	最高
A 相电压	0.96p. u.	0.96p. u.	1.21p. u.
B 相电压	0.93p. u.	0.92p. u.	1.20p. u.
C 相电压	0.94p. u.	0.93p. u.	1.20p. u.

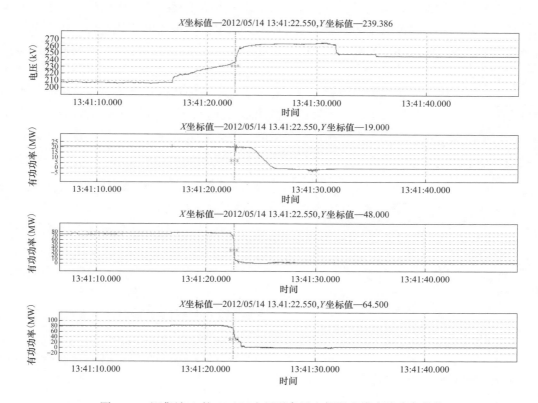

图 3－3　汇集站 A 的 220kV 电压及各风电场送出线有功功率变化

（3）事件特征总结。此次因风电场投入电容器引起汇集站电压急剧升高造成的风电机组脱网事件具有以下几方面特点：

1）风电场并网点网架相对薄弱，短路比小于 3。案例中的风电场并网点短路容量约 3000MVA，短路比约为 1.7，具有典型的弱电网特征。

2）此次风电脱网具有单一的高电压特点，是由于风电大发条件下投切电容器滤波支路所致。

3）脱网前风电处于大风工况，风电汇集系统潮流较重，接近电压稳定极限，微小的有功或无功变化均会引起较大的电压变化。

4）风电机组在电压缓慢上升过程中其无功功率未随电压调整，呈现恒功率因数特性（大部分功率因数为 1）。

（二）风电典型脱网事件机理分析

1. 短路故障引起高电压机理分析

风电汇集地区发生短路故障时的典型特点是先低电压再高电压的连锁反应。事故的主要原因是短路故障使风电机组进入低电压穿越模式，部分风电机组会低电压脱网，短路故障消除后，电压很快恢复，但风电机组有功（电流）恢复较慢，系统无功消耗减小，电压迅速升高，引发风电机组高电压保护动作跳闸。

理论分析和仿真计算均表明，短路故障后即使风电机组能够低电压穿越，事故后不脱网运行，系统仍然面临高电压的风险。主要原因是风电机组进入低穿状态后，风电机组的有功输出不能跟随电压同步恢复（在风电大发状态下，一般需要几秒钟才能恢复到故障前的值），系统无功损耗减小，电压升高迅速，可能很快就达风电机组的高压保护定值。

由于我国风电具有大规模集中式开发、高电压远距离输送的特点，其在电网结构上与单机无穷大系统有一定程度的类似，因此可以用单机无穷大系统定性分析大规模风电汇集地区的送出问题。将系统内风电机组进行等效聚合为一台大容量风电机组，该机组通过一条长距离输电线路向系统供电，其中主网架等值简化成内阻抗为 X_s、内电势为 $\dot{U}_\mathrm{s}$ 的电压源，风电机组并网母线电压为 $\dot{U}_\mathrm{w}$，风电场并网线路阻抗为 X_l，线路导纳为 B_l。

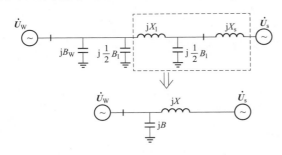

图 3-4　单机无穷大系统接线图

对图 3-4 所示的单机无穷大系统进行星—三角等值变换，其中变换到系统侧的对地电容支路由于无穷大母线电压恒定的特性，对系统无任何影响，可以忽略不计；变换到风电侧的对地电容支路与线路左侧电容支路合并为 B（风电场配置的无功补偿装置 B_w 也等效合并在内），风电并网点和无穷大母线间形成等值阻抗 X。

假设风电机组发出的有功功率为 P，无功功率为 Q，等值阻抗 X 上通过的电流为 $\dot{I}$，并令 $\dot{U}_\mathrm{w}=U_\mathrm{w}\angle\delta$，$\dot{U}_\mathrm{s}=U_\mathrm{s}\angle 0°$，则有

$$\begin{cases} \dot{I}=\dfrac{\dot{U}_\mathrm{w}-\dot{U}_\mathrm{s}}{\mathrm{j}X} \\[2mm] P+\mathrm{j}Q=\dot{U}_\mathrm{w}(\dot{I}+\mathrm{j}\dot{U}_\mathrm{w}B)* \end{cases} \tag{3-1}$$

整理后，得

$$\begin{cases} P=\dfrac{U_\mathrm{w}U_\mathrm{s}}{X}\sin\delta \\[2mm] Q=U_\mathrm{w}^2\left(\dfrac{1}{X}-B\right)-\dfrac{U_\mathrm{w}U_\mathrm{s}}{X}\cos\delta \end{cases} \tag{3-2}$$

由于风电机组一般在恒定功率因数为 1 的方式下运行，因此 $Q=0$，则有

$$\cos\delta = \frac{U_{\mathrm{w}}(1-XB)}{U_{\mathrm{S}}} \tag{3-3}$$

综合式（3-2）、式（3-3），可得

$$\left(\frac{PX}{U_{\mathrm{w}}U_{\mathrm{S}}}\right)^2 + \left[\frac{U_{\mathrm{w}}(1-XB)}{U_{\mathrm{S}}}\right]^2 = 1 \tag{3-4}$$

可以求解等效无功补偿 B 可得

$$B = \frac{U_{\mathrm{w}}^2 - \sqrt{U_{\mathrm{S}}^2 U_{\mathrm{w}}^2 - P^2 X^2}}{X U_{\mathrm{w}}^2} \tag{3-5}$$

由式（3-5）可知，对于确定的系统等效阻抗 X 和系统电压 U_{S}，等效无功补偿 B 是风电机组机端电压 U_{w} 和风电场功率水平 P 的函数，具体如图 3-5 所示。

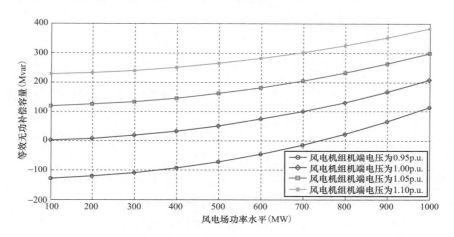

图 3-5　等效无功补偿容量与风电场功率之间的关系

当风电场功率水平 P 确定时，若风电机组机端电压的升高，则风电场的无功补偿装置容量需相应增加，即等效无功补偿 B 增加。

当风电场机端电压确定时，随着风电场功率水平的增加，同样风电场需要补充更多的容性无功，即等效无功补偿 B 增加。

当风电机组进入低电压穿越时，部分风电机组可能因不具备低电压穿越能力而脱网，从而导致电压上升，进而引发具备低电压穿越能力的风电机组通过低电压后而高电压脱网。考虑较为恶劣的情况，假设所有的风电机组在故障过程中全部脱网，即故障后 $P'=0$，此时的风电机组出口电压 U'_{w} 与系统电压 U_{S} 之间的关系可以表示为

$$U'_{\mathrm{w}}B = \frac{U'_{\mathrm{w}} - U_{\mathrm{S}}}{X} \tag{3-6}$$

设 $\Delta U_{\mathrm{w}} = U'_{\mathrm{w}} - U_{\mathrm{w}}$，联合式（3-5）、式（3-6）可得 ΔU_{w} 表达式为

$$\Delta V_w = \left[\frac{1}{\sqrt{1-\left(\frac{PX}{U_{\mathrm{w}}U_{\mathrm{S}}}\right)^2}} - 1\right] U_{\mathrm{w}} \tag{3-7}$$

由式（3-7）可知，对于确定的系统等效阻抗 X 和系统电压 U_S、ΔU_W 与风电机组功率 P、风电机组机端电压 U_W 的关系如图3-6所示。

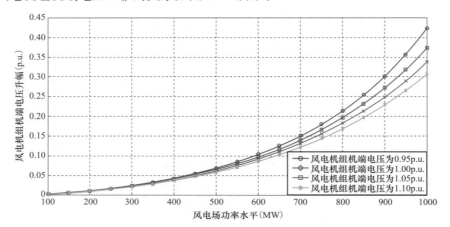

图3-6　风电机组全部脱网引起的压升和风电场功率水平的关系

由图3-6可知，当风电机组机端电压确定时，风电场功率水平增加时，风电机组全部脱网引起的压升随之增加。

当风电机组功率水平确定时，若风电机组初始电压越低，风电机组全部脱网后引起的压升越大。

改变风电场与系统之间的等效阻抗 X，当系统阻抗减小时，风电场与系统之间的电气距离减小，电气联系加强，风电机组全部脱网引起的压升随之降低。当系统阻抗变为原来的50%时，功率水平和机端电压的变化对电压升幅的影响如图3-7所示。将图3-6与图3-7相比较可知，系统阻抗变为原来的50%，相同情况下引起的电压升幅大大减小，最大升幅仅为原来的1/6左右。

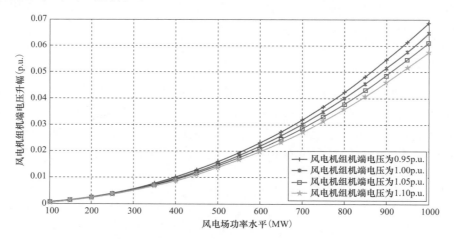

图3-7　系统阻抗变为原来50%风电机组全部脱网引起的压升

当风电机组脱网后，系统无有功功率流动，仅存在无功功率流动导致风场电压升高，

因此为了避免高电压脱网，需满足如下不等式

$$(1+\mu)U_{\mathrm{w}}B<\frac{(1+\mu)U_{\mathrm{w}}-U_{\mathrm{s}}}{X_{\Sigma}} \qquad (3-8)$$

将式（3-5）B 代入式（3-8），解得

$$P_{\mathrm{w}}<\frac{U_{\mathrm{s}}U_{\mathrm{w}}}{X_{\Sigma}}\sqrt{1-\frac{1}{(1+\mu)^{2}}} \qquad (3-9)$$

依据式（3-9），可以根据风场汇集站电压 U_{w}、该汇集站电压上限标幺值（1+μ）计算得到为避免风电机组出现高电压脱网，该汇集站送出功率上限。

2. 电容器投入引起高电压机理分析

根据图 3-4 可以得到等效系统的 PV 曲线如图 3-8 所示，不同补偿容量对应不同的风电送出系统的 PV 曲线，曲线的上方对应稳定运行点，曲线的下方对应不稳定运行点，曲线最右侧为 PV 曲线的拐点，对应系统运行的极限点。

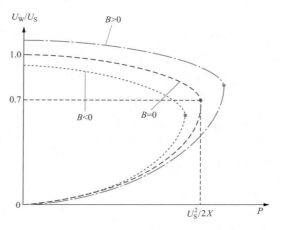

图 3-8 等效系统的 PV 曲线

根据式（3-4）可解得 P 和 U_{w} 之间的关系为

$$\left(\frac{U_{\mathrm{w}}}{U_{\mathrm{s}}}\right)^{2}=\frac{1\pm\sqrt{1-\left[2(1-XB)\dfrac{PX}{U_{\mathrm{s}}^{2}}\right]^{2}}}{2(1-XB)^{2}} \qquad (3-10)$$

由式（3-10）可得单机无穷大系统 PV 曲线拐点处所对应的电压 U_{lim} 和功率 P_{lim} 的关系为

$$\begin{cases}P_{\mathrm{lim}}=\dfrac{U_{\mathrm{s}}^{2}}{2(1-XB)X}\\[3mm] U_{\mathrm{lim}}=\dfrac{\sqrt{2}U_{\mathrm{s}}}{2(1-XB)}\end{cases} \qquad (3-11)$$

由图 3-8 及式（3-11）可以看出，风电送出系统的静态电压稳定极限水平与补偿容量有关，电容补偿容量越大其输送能力越大，临界母线电压也越大（即 PV 曲线的拐点越靠上）；在同一风电机组功率水平下无功补偿越小其电压稳定裕度越小。

大型风电场一般都配置有多组并联补偿电容器组，在不同的负荷特性和风电机组功率水平下，投切电容器所引起的电压变化不同，对系统的冲击也不同。

由式（3-5）得到 B 和 U_{w} 之间的关系，假设系统在当前运行方式下于风电机组并网点处投入了一组电容器 ΔB 后，引起风电机组并网点母线电压出现了 ΔU_{w} 的增幅，则 ΔU_{w} 和 ΔB 满足如下关系式

$$\Delta U_\mathrm{W} = \frac{\mathrm{d}U_\mathrm{W}}{\mathrm{d}B}\Delta B \qquad\qquad (3-12)$$

目前国内主流风电机组为变速恒频双馈异步风力发电机，在投切电容器瞬间，风电机组表现出较强的恒功率模型。对于恒功率模型，投切电容器瞬间 P 保持不变，由式（3-12）可以求得 U_W 和 B 之间的灵敏度关系为

$$\frac{\mathrm{d}U_\mathrm{W}}{\mathrm{d}B} = \frac{XU_\mathrm{W}^3\sqrt{U_\mathrm{S}^2 U_\mathrm{W}^2 - P^2 X^2}}{U_\mathrm{S}^2 U_\mathrm{W}^2 - 2P^2 X^2} \qquad\qquad (3-13)$$

由式（3-13）可以看出，在恒功率负荷模型下，$\mathrm{d}U_\mathrm{W}/\mathrm{d}B$ 随着风电机组功率的增加而增加，并且灵敏度关系式的分母首先趋近于 0，即当风电机组功率水平达到极限时，即使投入较小容量的无功补偿装置，也将引起系统电压的大幅上升。

图 3-9 是恒功率模型下，系统电压为 1.0p.u.，U_W 和 B 之间的灵敏度随风电场功率及风电机组机端电压变化的情况。可见随着风电场出力水平的增加，电压灵敏度迅速增加。风电机组机端初始电压较低时，电压灵敏度较大，并且随着风电机组功率的增加，风电机组机端初始电压对电压灵敏度的影响越来越明显。

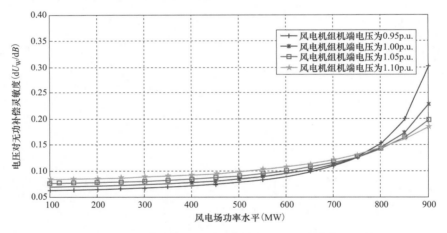

图 3-9　不同功率水平和机端电压下电压对无功补偿的灵敏度

图 3-10 给出了当风电场短路容量变为原来的 2 倍，即系统等效阻抗变为原来的 50% 时，恒功率模型下，系统电压为 1.0p.u.，U_W 和 B 之间的灵敏度随风电场功率及风电机组机端电压变化的情况。与图 3-9 对比发现，系统阻抗变为原来 50% 时，电压对无功补偿装置的灵敏度大大降低，当送出功率为 1000MW，风电场初始电压为 0.95p.u. 时，投入 100Mvar 电容引起的电压变化仅为 0.05p.u.，约为 100% 阻抗的 1/6。

通过上述分析可知，由于国内主流风电机组所表现出的恒功率特性，投入等容量的电容补偿所引起的电压增量随风电机组功率的增大而增大，在风电送出线路接近极限值时即使投入较小容量的电容器组也会引起较大的电压跃升，风电机组存在高电压脱网的风险。

地区网架结构薄弱、风电机组功率较大、投入电容器容量较大是本次风电机组脱网的主要原因。该地区网架结构薄弱造成了在风电功率较大的方式下调压困难的现状，有功和

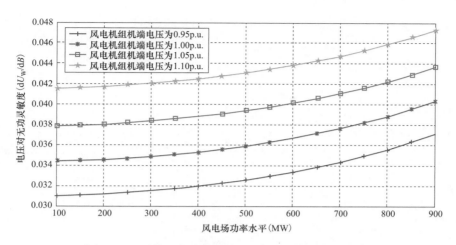

图 3-10　系统阻抗变为原来 50％时无功对电压灵敏度

无功小幅度变化都有可能引起较大的电压变化。此外事故前大多数风电场的电抗器支路退出运行，使得电压在 5s 的缓慢上升过程中没有得到很好的抑制，无功补偿装置的不规范投切造成了电压的进一步升高。

二、风电机组运行情况分析

（一）风电机组低电压穿越特性分析

1. 对称故障下风电机组故障特性分析

三相电压对称跌落时，无功电流 I_q 的控制目标值通常为

$$I_q = K_1(0.9 - U_{pu}) \tag{3-14}$$

式中：U_{pu} 为正序电压标幺值；K_1 为无功调整系数，不同厂家 K_1 值有所差异，但均大于 1.5。

有功电流 I_p 控制目标值通常取式（3-15）和式（3-16）计算结果的最小值

$$I_p = \sqrt{(K_2 I_N)^2 - I_q^2} \tag{3-15}$$

$$I_p = P_{bf}/U_{pu} \tag{3-16}$$

式中：I_N 为额定电流；P_{bf} 为故障前有功功率标幺值；K_2 为总电流限值系数，不同厂家 K_2 值有所差异，但基本在 1.0～1.5 范围内。

风电机组的对称故障低穿特性按故障前运行功率的大小分别进行分析。

（1）大功率。故障前运行在大功率工况发生电压跌落时，无功电流 I_q 与厂家对 K_1 值的设定直接相关；有功电流 I_p 一般取式（3-15）或式（3-16）的计算结果，与厂家对 K_2 值的设定直接相关。

某风电机组 A 满功率时设置电网发生三相电压跌至 0.75p.u.，机端电压、有功电流及无功电流如图 3-11 和图 3-12 所示。可见，故障期间 I_q 为 0.42p.u.，I_p 为 1.18p.u.；由于无功支撑，机端电压在故障期间约为 0.78p.u.。故障期间风电机组发出无功功率 0.35p.u.，有功功率降至 0.9p.u.，如图 3-13 所示。

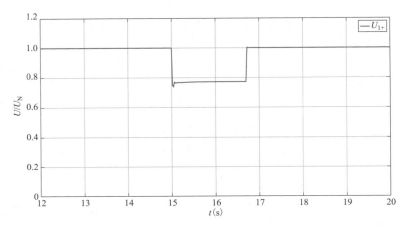

图 3-11　某风电机组 A 满功率时发生三相对称故障的机端电压幅值

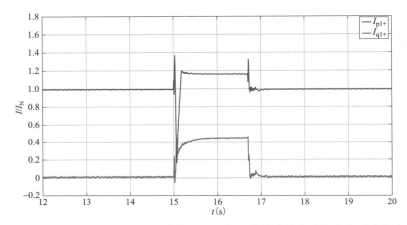

图 3-12　某风电机组 A 满功率时发生三相对称故障的有功电流和无功电流

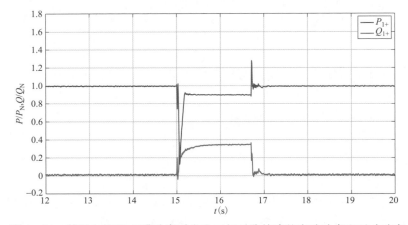

图 3-13　某风电机组 A 满功率时发生三相对称故障的有功功率和无功功率

　　某风电机组 B 满功率时设置电网发生三相电压跌至 0.75p. u.，机端电压、有功电流及无功电流如图 3-14 和图 3-15 所示。故障期间 I_q 为 0.35p. u.，I_p 约为 0.97p. u.。由于无功支撑,机端电压在故障期间约为 0.78p. u. 。故障期间风电机组 B 发出无功功率 0.28p. u. ,发出有功功率约为 0.75p. u. ,如图 3-16 所示。

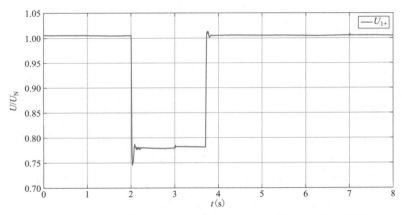

图 3-14 某风电机组 B 满功率时发生三相对称故障的机端电压幅值

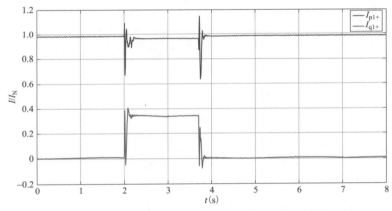

图 3-15 某风电机组 B 满功率时发生三相对称故障的有功电流和无功电流

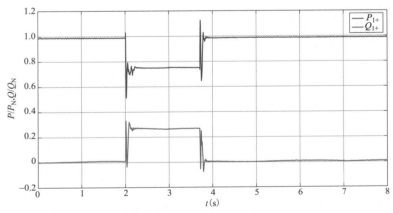

图 3-16 某风电机组 B 满功率时发生三相对称故障的有功功率和无功功率

对比分析风电机组 A 和风电机组 B 可得，风电机组满功率时发生三相对称故障后无功支撑与变流器厂家设置的 K_1 值等系数有关，风电机组 B 变流器控制的 K_1 值与风电机组 A 的稍偏小，故风电机组 B 故障期间发出无功稍偏少；有功电流与变流器厂家设置的 K_2 值等系数有关，风电机组 B 变流器控制的 K_2 值比风电机组 A 的偏小，故风电机组 B 故障期间发出有功偏少。

（2）小功率。故障前运行在小功率工况发生电压跌落时，无功电流 I_q 与厂家对 K_1 值的设定直接相关；有功电流 I_p 一般取式（3-15）或式（3-16）的计算结果，保证故障期间尽可能维持故障前的功率水平。

某风电机组 A 小功率时设置电网发生三相电压跌至 0.75p.u.，机端电压、有功电流及无功电流如图 3-17 和图 3-18 所示。可见，故障期间 I_q 为 0.42p.u.，I_p 从 0.3p.u. 升高至 0.4p.u.；由于无功支撑，机端电压在故障期间约为 0.78p.u.。故障期间风电机组发出无功功率 0.35p.u.，有功功率基本维持不变，如图 3-19 所示。

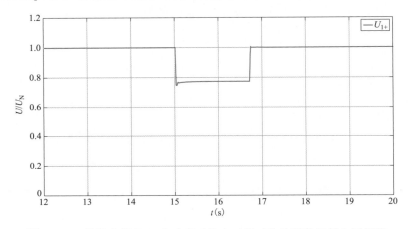

图 3-17　某风电机组 A 小功率时发生三相对称故障的机端电压幅值

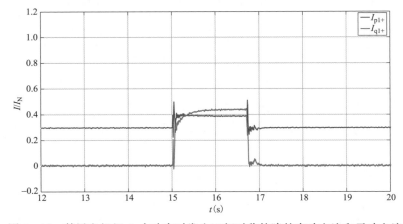

图 3-18　某风电机组 A 小功率时发生三相对称故障的有功电流和无功电流

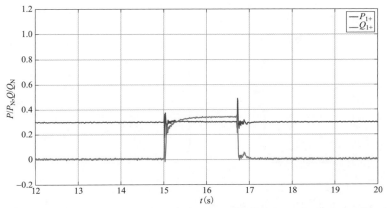

图 3-19　某风电机组 A 小功率时发生三相对称故障的有功功率和无功功率

某风电机组 B 小功率时设置电网发生三相电压跌至 0.75p.u.，机端电压、有功电流及无功电流如图 3-20 和图 3-21 所示。风电机组 B 变流器控制的 I_q 和 I_p 计算公式与风电机组 A 的相近，因此风电机组 B 此工况下低穿特性与风电机组 A 相似，故障期间 I_q 大幅增加，I_p 稍有增加。故障期间风电机组 B 发出无功功率 0.24p.u.，有功功率基本维持不变，如图 3-22 所示。

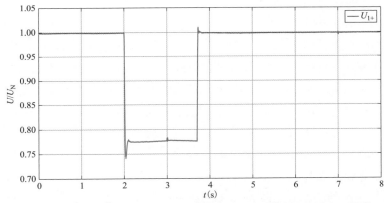

图 3-20　某风电机组 B 小功率时发生三相对称故障的机端电压幅值

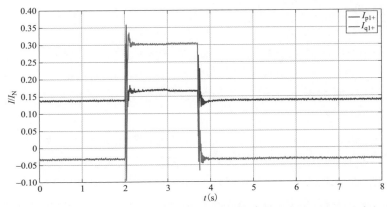

图 3-21　某风电机组 B 小功率时发生三相对称故障的有功电流和无功电流

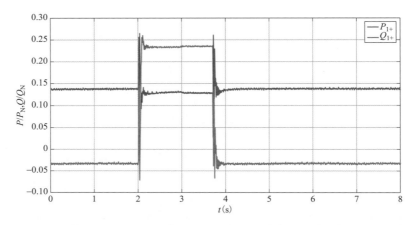

图 3-22 某风电机组 B 小功率时发生三相对称故障的有功功率和无功功率

对比分析风电机组 A 和风电机组 B 可得，风电机组小功率时发生三相对称故障后无功支撑与变流器厂家设置的 K_1 值等系数有关，风电机组 B 变流器控制的 K_1 值与风电机组 A 的稍偏小，故风电机组 B 故障期间发出无功功率稍偏少；有功电流均利用式（3-16）计算，故有功功率均基本维持不变。

2. 不对称故障下风电机组故障特性分析

三相电压不对称跌落时，无功电流 I_q 控制目标值为对称时无功电流设定值或者某个恒定值，由于标准对三相不对称故障的无功支撑没有要求，多数厂家无功电流 I_q 采用某个恒定值。有功电流 I_p 控制目标值为对称时有功电流设定值或者某个恒定值。

风电机组的不对称故障低电压穿越特性按故障前运行功率的大小分别进行分析。

（1）大功率。故障前运行在大功率工况发生电压跌落时，无功电流 I_q 通常与厂家设定恒定值的不同或式（3-14）中 K_1 值的不同而有所差异；有功电流 I_p 由于厂家设定值的不同也可能存在较大差异。

某风电机组 A 满功率时设置电网发生两相电压浅度跌落，机端电压、有功电流及无功电流如图 3-23 和图 3-24 所示。可见，故障期间 I_q 为 0.25p.u.，I_p 为 1.1p.u.，机端正序电压在故障期间约为 0.9p.u.。故障期间风电机组发出无功功率 0.22p.u.，有功功率基本维持不变，如图 3-25 所示。

某风电机组 B 满功率时设置电网发生两相电压浅度跌落，机端电压、有功电流及无功电流如图 3-26 和图 3-27 所示。可见，故障期间没有发出无功电流，I_p 为 0.7p.u.，机端正序电压在故障期间约为 0.9p.u.。故障期间风机无功功率为 0，有功功率约为 0.62p.u.，如图 3-28 所示。

对比分析风电机组 A 和风电机组 B 可得，由于标准对三相不对称故障的无功支撑没做具体要求，不同风电机组变流器厂家对无功的设定逻辑存在较大差异，风电机组 A 故障期间发出了一定的无功，而风电机组 B 则没发无功；有功方面，不同风电机组变流器厂家也存在一定差异，风电机组 A 故障期间的有功基本维持不变，而风电机组 B 的有功功率有所降低。

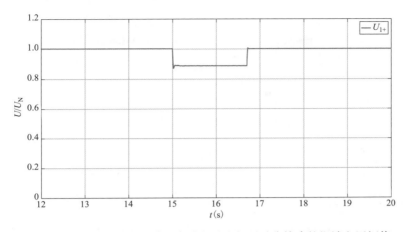

图 3 - 23　某风电机组 A 满功率时发生三相不对称故障的机端电压幅值

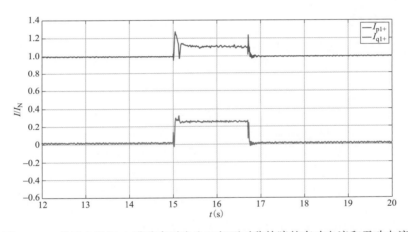

图 3 - 24　某风电机组 A 满功率时发生三相不对称故障的有功电流和无功电流

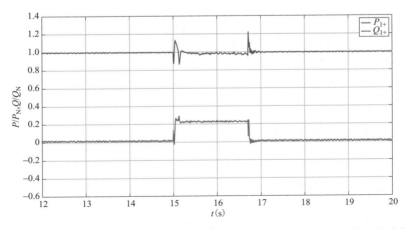

图 3 - 25　某风电机组 A 满功率时发生三相不对称故障的有功功率和无功功率

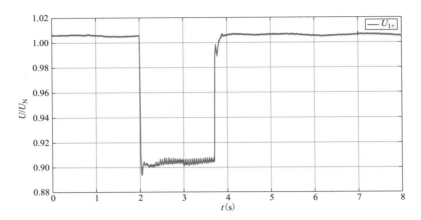

图 3-26 某风电机组 B 满功率时发生三相不对称故障的机端电压幅值

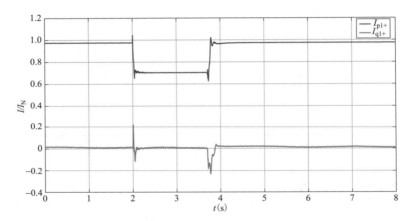

图 3-27 某风电机组 B 满功率时发生三相不对称故障的有功电流和无功电流

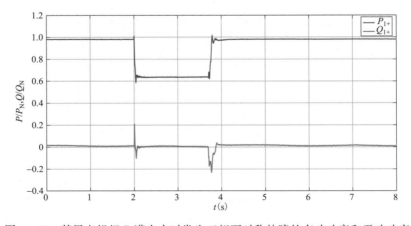

图 3-28 某风电机组 B 满出力时发生三相不对称故障的有功功率和无功功率

（2）小功率。故障前运行在小功率工况发生电压跌落时，与大工况类似，无功电流 I_q 通常与厂家设定恒定值的不同或式（3-14）中 K_1 值的不同而有所差异；有功电流 I_p 由于厂家设定值的不同也可能存在较大差异。

某风电机组 A 小功率时设置电网发生两相电压浅度跌落，机端电压、有功电流及无功电流如图 3-29 和图 3-30 所示。可见，故障期间 I_q 为 0.25p.u.，I_p 为 0.4p.u.，机端正序电压在故障期间约为 0.9p.u.。故障期间风电机组发出无功功率 0.22p.u.，发出有功功率 0.35p.u.，如图 3-31 所示。

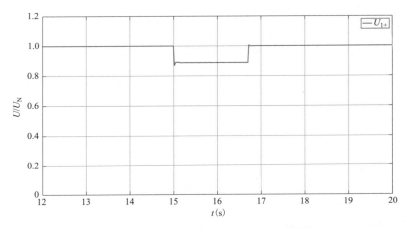

图 3-29　某风电机组 A 小功率时发生三相不对称故障的机端电压幅值

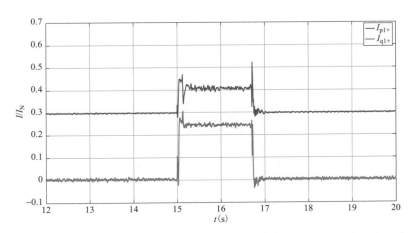

图 3-30　某风电机组 A 小功率时发生三相不对称故障的有功电流和无功电流

某风电机组 B 小功率时设置电网发生两相电压浅度跌落，机端电压、有功电流及无功电流如图 3-32 和图 3-33 所示。可见，故障期间 I_q、I_p 基本维持不变，机端正序电压在故障期间约为 0.9p.u.。故障期间风电机组有功功率、无功功率基本维持不变，如图 3-34 所示。

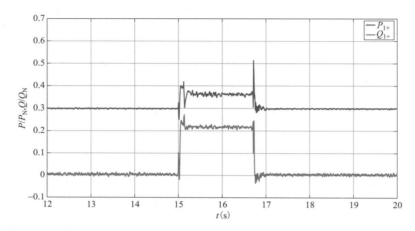

图 3-31　某风电机组 A 小功率时发生三相不对称故障的有功功率和无功功率

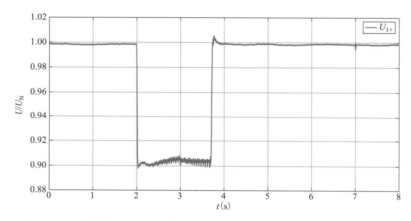

图 3-32　某风电机组 B 小功率时发生三相不对称故障的机端电压幅值

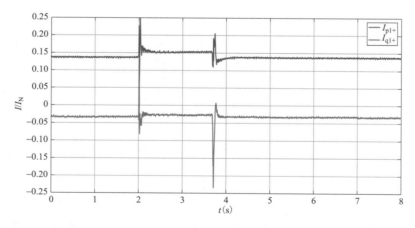

图 3-33　某风电机组 B 小功率时发生三相不对称故障的有功电流和无功电流

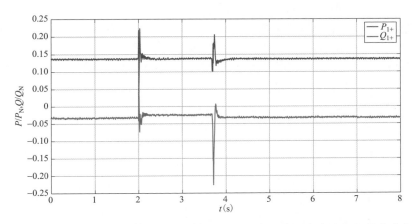

图 3-34 某风电机组 B 小功率时发生三相不对称故障的有功功率和无功功率

对比分析风电机组 A 和风电机组 B 可得，由于标准对三相不对称故障的无功功率支撑没做具体要求，不同风电机组变流器厂家对无功功率的设定逻辑存在较大差异，风电机组 A 故障期间发出了一定的无功功率，而风电机组 B 则没发无功功率；有功功率方面，不同风电机组变流器厂家也存在一定差异，风电机组 A 故障期间的有功功率有所增加，而风电机组 B 的有功功率基本维持不变。

（二）风电机组稳态无功调节能力

GB/T 19963—2011《风电场接入电力系统技术规定》要求，风电机组应满足功率因数在超前 0.95～滞后 0.95 的范围内动态可调，风电场应配置无功电压控制系统，具备无功功率调节及电压控制能力。根据电力系统调度机构指令，风电场自动调节其发出（或吸收）的无功功率，实现对风电场并网点电压的控制，其调节速度和控制精度应能满足电力系统电压调节的要求。但从风电实际运行情况来看，存在部分早期投运的风电场风电机组不具备无功调节能力、机组的动态无功调节能力不满足相关标准对风电机组的无功容量及调节能力的要求等问题，无法在并网点电压异常升高或跌落时提供无功支撑。

三、动态无功补偿装置运行情况分析

（一）动态无功补偿装置实际运行情况

目前大多数风电场都配置了动态无功补偿装置，但是从历次风电机组脱网事件实际运行情况来看，早期投运的动态无功补偿装置在运行中暴露出投运率较低、实际容量与铭牌不符、运行适应性与稳定性较差、动态响应时间较慢等问题，严重影响了风电汇集系统电压稳定水平与风电消纳能力。

1. 动态无功补偿装置投运率较低

在历次风电机组脱网事件中，发现风电场动态无功补偿装置投运率均较低。表 3-3 是 2011～2013 年期间历次风电机组脱网事件中，风电场动态无功补偿装置的投运情况，可见历次事件中风电场动态无功补偿装置平均投运率仅为 28%，最高也仅为 44%。

表 3-3   2011～2013 年历次风电机组脱网事件中动态无功补偿装置投运情况

脱网事件日期	投运装置的风电场	当时并网风电场	投运率
2011 年 11 月 16 日	5 座	15 座	33%
2011 年 12 月 21 日	4 座	15 座	27%
2012 年 03 月 30 日	6 座	20 座	30%
2012 年 05 月 14 日	5 座	23 座	22%
2012 年 11 月 11 日	10 座	23 座	44%
2013 年 08 月 01 日	7 座	26 座	27%
2013 年 08 月 24 日	6 座	26 座	23%

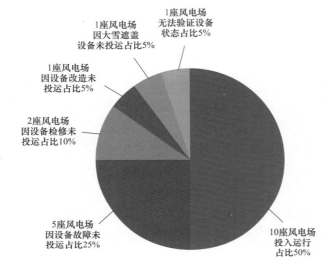

图 3-35   2012 年 11 月 11 日风电机组脱网
事件中动态无功补偿装置投运情况

以 2012 年 11 月 11 日某地区风电机组脱网事件为例，在可确认动态无功补偿装置投运状态的 20 座风电场中，仅 10 座风电场动态无功补偿装置投入运行，占比 50%，其余风电场的动态无功补偿装置均因各种原因未能投运，如图 3-35 所示。

2. 动态无功补偿装置响应性能不满足要求

由 2011～2013 年期间历次风电机组脱网事件中 TCR 型 SVC、MCR 型 SVC、SVG 三种类型动态无功补偿装置的动态响应性能来看，部分动态无功补偿装置不满足响应时间不大于 30ms 的要求。以 2012 年 11 月 11 日某地区风电机组脱网事件为例，各风电场的动态无功补偿装置响应速度如图 3-36 所示。

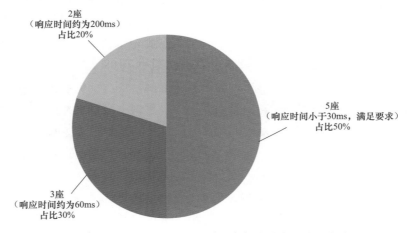

图 3-36   2012 年 11 月 11 日风电机组脱网事件中动态无功补偿装置响应速度

3. 动态无功补偿装置运行可靠性较低

在历次风电机组脱网事件中普遍存在动态无功补偿装置因低压或高压保护跳闸而退出运行的现象,动态无功补偿装置运行可靠性较低。表 3-4 给出了 2011~2013 年期间历次脱网事件中,TCR 型 SVC、MCR 型 SVC、SVG 三种类型动态无功补偿装置运行可靠性对比,可见在风电机组脱网事件中 SVG 运行可靠性最低。

表 3-4　　　　　历次风电机组脱网事件中动态无功补偿装置运行可靠性统计

动态无功补偿装置类型	历次风电机组脱网事件中装置闭锁或退运总台次	历次风电机组脱网事件中装置投运总台次
SVG	10	24
TCR 型 SVC	2	9
MCR 型 SVC	4	25

以 2012 年 11 月 11 日某地区风电机组脱网事件为例,在故障期间投运动态无功补偿装置的 10 座风电场中,只有 4 座风电场的动态无功补偿装置可靠运行且正确响应,具体如图 3-37 所示。

4. 动态无功补偿装置实际最大功率与铭牌额定功率不符

以某风电场 5 次滤波电容器情况为例,该风电场 5 次滤波电容支路铭牌额定功率为 17.5Mvar,实际运行中标称电压下最大容量仅为 7.8Mvar,电容器实际可用最大功率与铭牌值相差较大,如图 3-38 所示。

5. 部分动态无功补偿装置控制策略存在问题

在历次风电机组脱网事件中,部分风电场动态无功补偿装置控制策略存在问题,在故障期间不能正确响应导致无法充分发挥无功调节作用。以 2013 年 8 月 1 日的风电机组脱网事件为例,某风电场的 SVG 在电压跌至 0.85p.u. 时无功功率基本为零,另一个风电场的 1 组

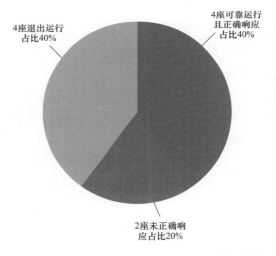

图 3-37　2012 年 11 月 11 日风电机组脱网事件中动态无功补偿装置运行可靠性

SVG 在故障期间输出无功基本无变化,可见上述两座风电场的 SVG 均没有正确响应,在低电压故障期间无法实现有效的无功支撑。

(二)动态无功补偿装置现场检测情况

某地区电网风电场的动态无功补偿装置包含 TCR 型 SVC、MCR 型 SVC、降压式和直挂式 SVG 等类型,通过对各种类型动态无功补偿装置进行现场检测,发现风电场配置的动态无功补偿装置主要存在控制参数整定不当、控制策略缺陷、硬件电路故障等问题,影响无功补偿装置的正常运行。

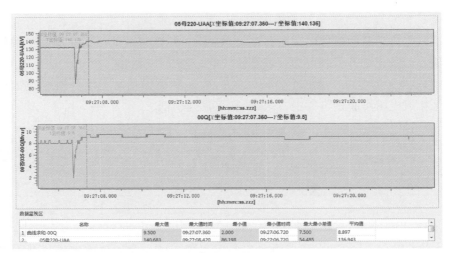

图 3-38 某风电场 5 次滤波电容器情况

1. 控制参数整定不当

　　某风电场动态无功补偿装置由于控制参数中的 PI 调节参数设置不当，导致在进行电压指令阶跃响应时，响应时间过长。通过修改 PI 调节参数，可以提高动态无功补偿装置的响应时间，具体如图 3-39 所示。

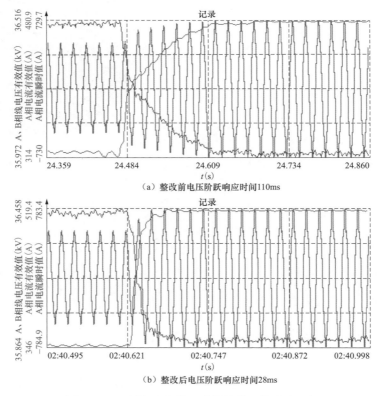

（a）整改前电压阶跃响应时间110ms

（b）整改后电压阶跃响应时间28ms

图 3-39 不同 PI 参数无功补偿装置的响应时间

某风电场动态无功补偿装置在实际运行中处于限容量运行，在测试过程中由于保护参数设置不当，在动态无功补偿装置功率增加的测试过程中，动态无功补偿装置出现过载而保护性停机，如图 3 - 40 所示。

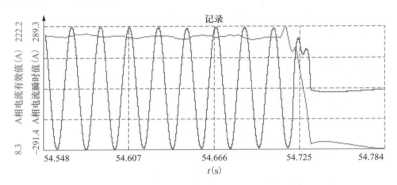

图 3 - 40　动态无功补偿装置保护参数不当跳闸停机

2. 控制策略存在缺陷

在对某风电场动态无功补偿装置进行测试时，由于动态无功补偿装置控制策略存在缺陷，在稳态运行过程中出现输出电流突变的情况，持续时间非常短，为 1～3ms，幅度达到稳定运行的十几倍，导致母线电压发生突变，具体波形如图 3 - 41 所示。

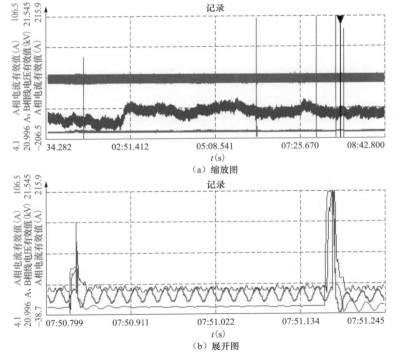

（a）缩放图

（b）展开图

图 3 - 41　动态无功补偿装置因控制策略不当导致稳态工况下出现电流突变

3. 部分装置存在硬件电路缺陷

（1）某风电场动态无功补偿装置驱动电路存在故障，导致动态无功补偿装置运行过程中 IGBT 分压不均，而发生保护性停机。

（2）某风电场动态无功补偿装置由于采样电路存在缺陷，导致动态无功补偿装置输出的电流发生畸变，电能质量不满足国家标准要求，如图 3-42 所示。

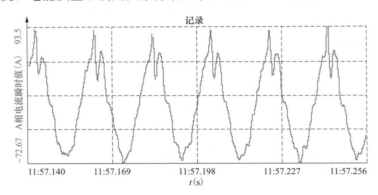

图 3-42　动态无功补偿装置电流畸变严重

第二节　大规模风电接入弱电网无功电压主站控制技术

一、主站侧控制概述

典型大规模风电汇集地区的 AVC 主站系统采用三级电压控制架构，系统总体的优化控制目标采用三级控制中的全局无功优化最优潮流给出，控制目标由二级控制实现。二级控制为分区控制，对包含风电场的分区，需要综合考虑所有的控制手段，包括区内风电场的无功设备及区内变电站的无功设备，进行综合协调控制，使得分区内的母线电压达到三级控制全局优化的目标。对风电接入区域进行二级控制时，需要充分考虑区域内多座风电场之间的协调控制，以及风电场与变电站之间的无功设备协调控制。地区电网的电压控制体系结构如图 3-43 所示。

从控制中心 AVC 主站的角度，每座风电场可等效为一台无功在一定范围内可调的发电机，AVC 主站将该等效后的风场与其他风场和传统电厂、变电站纳入统一的全局优化模型进行求解。通过进行三级电压控制的全局无功优化计算，给出风电汇聚区域的中枢母线的电压设定目标值；在二级电压控制中，对有风电并网的区域，风场接入点的高压母线作为特殊的控制母线，其电压设定值由二级电压控制给出，并下发给风场 AVC 子站，由其通过本地快速控制实时追踪。

二、当前 AVC 控制架构下地区无功不均衡问题分析

（一）无功不均衡现象分析

某地区电网频频出现无功分布不均衡的情况，具体表现为相邻风电场无功反向。图 3-44 和图 3-45 分别为该区域风电大发和小发两种情况下的系统潮流分布。由图 3-44 和

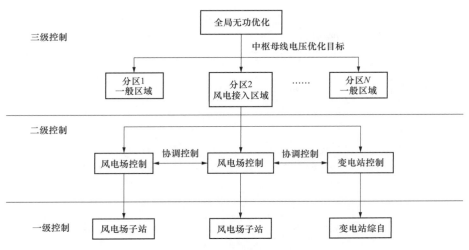

图 3 - 43 地区电网的电压控制体系结构

图 3 - 45 可知，在该地区风电大发或小发的时候，连接于同一条线路上的风电场之间存在无功功率方向不一致的情况。图 3 - 44 的大风工况中，B 风电场发出 9Mvar 无功，C 风电场吸收 7Mvar 无功；F 风电场吸收 8Mvar 无功，相邻的 E 风电场发出 20Mvar 无功。图 3 - 45 的小风工况中，B 风电场发出 4Mvar 无功，C 风电场吸收 26Mvar 无功；F 风电场发出 4Mvar 无功，相邻的 E 风电场吸收 24Mvar 无功。无功在风电场之间流动，会显著增加电网网损，降低系统运行经济性，同时会造成部分风电场无功负载很重，削弱电网调压裕度。

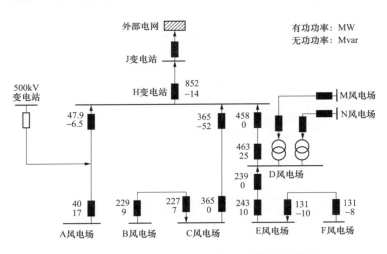

图 3 - 44 风电大发工况下某地区系统潮流分布

（二）机理分析与仿真复现

1. 电网无功不均衡原因初步分析

根据目前该地区 AVC 控制策略，在制定 AVC 主站调节策略时，选取控制电厂低压侧总无功功率调整量作为优化变量，发电机高压侧母线电压在控制系统中作为主站与子站

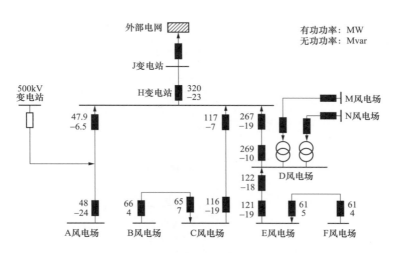

图 3-45　风电小发工况下某地区系统潮流分布

的交互变量存在。主站系统计算得到控制策略后，下发给子站系统的命令不是如何调整低压侧无功，而是给出电厂高压侧母线电压的设定值，而子站系统再根据该设定值去求解发电机、风电机组或 SVC 的调整量，实现一级的闭环控制。这样做主要是为了使主站和子站之间界面清晰，保证即使二者之间的通道出现问题，子站仍能够根据预置曲线独立完成本地控制，从而提高控制的可靠性。

　　AVC 主站策略是对相邻两个控制周期时刻的稳态潮流断面的优化，并未考虑系统是否能够按照预定轨迹从当前运行状态转移到目标稳定状态，当相邻风电场无功调节能力有较大偏差时，就可能出现上述无功不均衡现象。以一个等效系统做初步分析，风电场等效系统如图 3-46 所示。

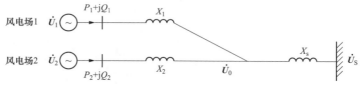

图 3-46　风电场等效系统

对于图 3-46 的系统，建立系统潮流方程，考虑 PQ 分解，$Q-U$ 的关系为

$$\begin{bmatrix}\Delta Q_0\\\Delta Q_1\\\Delta Q_2\end{bmatrix}=\begin{bmatrix}y_1+y_2+y_s&-y_1&-y_2\\-y_1&y_1&\\-y_2&&y_2\end{bmatrix}\begin{bmatrix}\Delta U_0\\\Delta U_1\\\Delta U_2\end{bmatrix}\quad(3-17)$$

根据式（3-17），可以得到任意时刻电压变化与无功调整量的关系为

$$\begin{bmatrix}\Delta U_0\\\Delta U_1\\\Delta U_2\end{bmatrix}=\begin{bmatrix}X_S&X_S&X_S\\X_S&X_1+X_S&X_S\\X_S&X_S&X_2+X_S\end{bmatrix}\begin{bmatrix}\Delta Q_0\\\Delta Q_1\\\Delta Q_2\end{bmatrix}\quad(3-18)$$

假设某一时刻，AVC 主站下达电压调整指令，风电场 1 和风电场 2 需要将并网点电压分别调节 $\Delta U_1^{\mathrm{ref}}$ 和 $\Delta U_2^{\mathrm{ref}}$，根据式（3-17），可以分别计算得到风电场 1 和风电场 2 的无功调整量 $\Delta Q_1^{\mathrm{ref}}$ 和 $\Delta Q_2^{\mathrm{ref}}$。但是实际调整过程中，风电场 1 和风电场 2 的无功调节速度不一致，假设风电场 1 的无功调节速度为 k_1，风电场 2 的无功调节速度为 k_2，即从 T_0 指令时刻风电场 1 无功调节量为 $\Delta Q_1^{T_0+\Delta} = k_1 \Delta t$，风电场 2 无功调节量 $\Delta Q_2^{T_0+\Delta} = k_2 \Delta t$，假设 $T_1 = \dfrac{\Delta Q_1^{\mathrm{ref}}}{k_1} < T_2 = \dfrac{\Delta Q_2^{\mathrm{ref}}}{k_2}$，即风电场 1 会先于风电场 2 达到无功调整目标值，但是此时风电场 2 无功调整尚未调整到位，即 $\Delta Q_2^{T_0+T_1} = k_2 T_1 < \Delta Q_2^{\mathrm{ref}}$，将 $\Delta Q_1^{\mathrm{ref}}$ 与 $\Delta Q_2^{T_0+T_1}$ 代入式（3-18），会发现由于风电场 2 无功尚未调整到目标值，使风电场 1 和风电场 2 的电压均未达到目标值，风电场 1 虽然无功已调整到位，但是仍然需要进一步调节其无功。

AVC 主站优化的参数是各风电场无功调节量，但是下达的是并网点电压参考值，由于相邻风电场调节速度的差异，使得调节速度快的风电场分担了调节速度慢的风电场的无功调节量，使得最终系统无功分布偏离 AVC 主站优化结果，严重时将会出现电压不均衡情况。

图 3-47 为等值系统仿真结果，图中虚线为参考值，实线为实际值，绿线为风电场 1 参数，红线为风电场 2 参数。在 20s 时风电场 1 接到电压上调 2.64kV，风电场 2 接到电压上调 3.30kV 的指令，根据式（3-17），风电场 1 需增加容性无功 6.02Mvar，风电场 2 需增加容性无功 20.07Mvar。但是由于风电场 1 无功调节速度较快，在风电场 1 无功增加

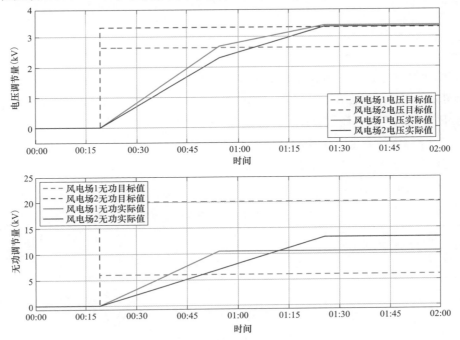

图 3-47　电压不均衡现象仿真示意图

6.02Mvar 时，两座风电场电压均未达到目标值，风电场 1 继续增加其容性无功，最终风电场 1 容性无功增加 10.50Mvar，风电场 2 容性无功增加 13.2Mvar，最终无功分布偏离预期的运行点。

2. 典型断面潮流复现

为了分析该地区无功功率分布不均衡的情况，在电力系统仿真软件 DIgSILENT 中搭建该地区的电网仿真模型，对典型潮流断面进行仿真复现。在搭建仿真模型时，将 J 变电站 220kV 母线外部电网进行等值，风电场作为 PQ 节点，由于潮流复现侧重于分析风电场注入系统有功、无功变化，对于风电场内部电压和无功分布并不关心，因此将汇集于 D 风电场的 M 风电场和 N 风电场等值至 D 风电场。

（1）大风工况潮流复现。在 DIgSILENT 中按照大风工况进行设置，潮流计算得到风电场的有功、无功和电压如表 3-5 所示。

表 3-5　　　　　　　　　　220kV 母线有功、无功和电压值

风电场	有功（MW）	无功（Mvar）	母线电压（kV）	
			仿真值	实际值
A 风电场	40	16.4（发）	225.7	225.75
B 风电场	229	8.8（发）	226.4	229.65
C 风电场	137.9	−6.9（吸）	224.2	226.54
D 风电场	131	23.9（发）	226.5	225.33
E 风电场	112	17.1（发）	229.5	228.62
F 风电场	131	−8（吸）	229.8	229.20
H 变电站	—	—	223.6	223.63

仿真结果基本复现了该地区大风工况时的电压分布，以及无功功率不均衡的现象。从表 3-5 可知，B 风电场发出 9.3Mvar 无功，其中 7.7Mvar 被 C 风电场吸收。同样，D 风电场、E 风电场、F 风电场也存在类似的现象，无功功率在同一条线路的风电场之间进行了交换。

（2）小风工况潮流复现。在 DIgSILENT 中按照小风工况进行设置，潮流计算得到风电场的有功、无功和电压如表 3-6 所示。

表 3-6　　　　　　　　　　220kV 母线有功、无功和电压值

风电场	有功（MW）	无功（Mvar）	母线电压（kV）	
			仿真值	实际值
A 风电场	48	−24（吸）	226.7	227.35
B 风电场	66	4.2（发）	227.8	228.82
C 风电场	51	−25.1（吸）	227.3	228.16
D 风电场	146.9	8.9（发）	227.5	227.65
E 风电场	60	−24.6（吸）	227.9	228.1

风电场	有功（MW）	无功（Mvar）	母线电压（kV）	
			仿真值	实际值
F 风电场	61	4（发）	228.1	228.88
H 变电站	—	—	226.9	226.86

仿真结果基本复现了该地区小风工况时的电压分布，以及无功功率不均衡的现象。从表 3-6 可知，B 风电场和 C 风电场的无功功率存在方向不一致的现象，系统侧输送 19.2Mvar 无功，B 风电场发出 4.2Mvar 无功，全部被 C 风电场吸收。同样，D 风电场、E 风电场、F 风电场也存在类似的现象，无功功率在相邻风电场之间进行了交换。

三、地区无功不均衡问题解决措施

（1）对地区风电场的无功调节速度和能力进行摸底排查。督促 AVC 调节性能差的风电场进行整改，优化调节性能，避免相邻风电场间无功调节速度差异过大。

（2）核查 AVC 主站模型中变电站、风电场的主变挡位是否与实际运行挡位一致，保证 AVC 主站最优潮流计算与下发电压指令的准确性。

（3）优化 AVC 主站控制策略，增强 AVC 策略的普适性。可在策略中进行以下优化，抑制由于风电场无功调节速度差异引起的无功不均衡现象：

1）AVC 主站增加无功不均衡抑制策略。当 AVC 主站监测到某些风电场出现无功不均衡现象时，在前 5min 下发电压指令周期之内，重新计算并下发电压指令给这些风电场，使得这些风电场在下一轮 5min 电压指令到来前重新分配无功，抑制无功不均衡现象。

2）AVC 主站同时下发电压指令和无功指令给各 AVC 子站。当各风电场的电压或者无功调节到目标值后，则该风电场不再继续调节，避免调节能力好的风电场分担调节能力差的风电场的无功调节任务。

第三节　大规模风电接入弱电网无功电压子站控制技术

一、子站侧控制概述

（一）无功电压控制模式

风电场无功电压控制系统主要的控制模式包括恒电压控制模式、恒无功控制模式、恒功率因数模式。

（1）恒电压控制模式。以风电场并网点电压为控制目标，通过升压站监控系统接收调度主站下发的风电场并网点电压指令，根据目标电压计算出风电场应输出的无功功率，根据风电机组和无功补偿装置可调无功裕度进行调节，使风电场并网电压跟踪目标电压指令，电压控制流程如图 3-48 所示。

（2）恒无功控制模式。以风电场并网点无功为控制目标，通过升压站监控系统接收调

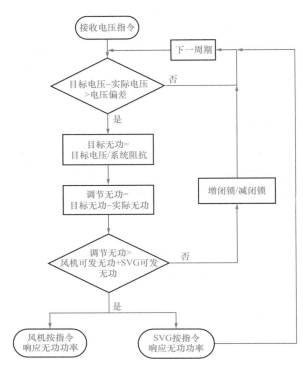

图 3-48　风电场无功电压控制系统流程图

度主站下发的风电场并网点无功功率指令，根据风电机组和无功补偿装置可调无功裕度进行指令调节，使风电场并网无功跟踪目标无功指令。

（3）恒功率因数控制模式。以风电场并网点功率因数为控制目标，通常保持并网点功率因数为 1，通过调节风电机组或无功补偿装置无功输出，使风电场与电网不发生无功交换。

（二）被控无功单体设备及电压控制运行现状

风电场被控无功设备包括风电机组、动态无功补偿装置、电容器组三种类型设备。其中风电机组通过有功、无功的分别控制，可向电网提供一定的无功功率，但部分实际运行中风电机组功率因数达不到标准要求的 ±0.95，造成调节过程中存在无功可调偏差；动态无功补偿装置主要包括静止无功补偿装置（static var compensator，SVC）和静止无功发生器（static var generator，SVG）两种类型，通过分析现场检测数据，发现部分动态无功补偿装置存在实际容量与铭牌不符、动态响应性能不满足要求等问题，导致实际无功调节偏差较大；电容器组只能进行固定无功的投入，在实际运行中 AVC 很少控制，现场只通过手动的方式进行投入或切除操作。

首先，现有风电场 AVC 控制策略大多从常规发电移植过来，按照常规研究思路将风电机群等效为一台等值风电机组，着重研究等值风电机组和集中补偿设备之间的无功配合，未考虑实际风电场中许多风电机组在空间上的分散性，造成实际运行效果不佳。

其次，风电场大多采用分期建设，以某千万千瓦风电基地为例，超过 80% 的并网风电场包含多种类型风电机组，超过 60% 的风电场包含多期扩建项目，多种类风电机组及多能量管理平台在同一风电场的应用，造成了各层级系统间的通信延迟，增加了无功电压协调控制难度。

最后，受益于技术进步和管理重视，场站 AVC 运行水平有一定进步，但仍有较大的提升空间，某风电汇集区域 2015 年 AVC 平均调节合格率为 80.98%，2016 年平均调节合格率为 87.53%，均低于风电两个细则管理中"风电场 AVC 电压调节合格率不低于 96%"的要求，需要针对性进行提升。

二、风电场无功设备及自动电压控制系统综合检测技术

(一) 风电场无功电压控制性能检测总体方案

风电场无功电压控制性能主要由风电场内动态无功补偿装置和无功电压控制系统决定。通过建立风电场无功电压控制性能综合检测体系，提出结合现场试验和实验室半实物仿真的性能综合评估方法，可以全面评估风电场动态无功补偿装置和无功电压控制系统的控制性能和安全性能，并通过工程应用进行验证、补充、完善，最终形成具有工程应用价值的性能评估方案。

风电场无功电压控制性能检测总体方案如图 3-49 所示。

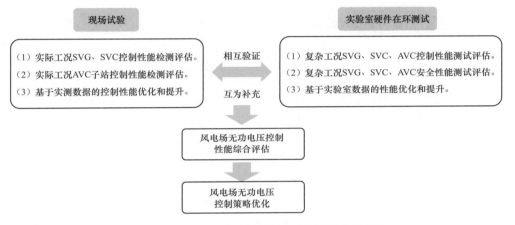

图 3-49 风电场无功电压控制性能检测总体方案

1. 现场试验技术

依据风电场动态无功补偿装置和无功电压控制系统的测试标准，结合现场实际测试工况，对风电场无功电压控制性能进行现场测试，主要包括：

(1) 实际工况下动态无功补偿装置（SVG、SVC）控制性能检测评估。

(2) 实际工况下风电场无功电压控制系统（AVC 子站）控制性能检测评估。

(3) 基于实测数据的风电场无功电压控制性能优化和提升。

2. 实验室硬件在环测试技术

依据风电场动态无功补偿装置和无功电压控制系统的测试标准，结合现场实际测试工况，对风电场无功电压控制性能进行现场测试，主要包括：

(1) 复杂工况下动态无功补偿装置（SVG、SVC）的控制性能、安全性能测试评估。

(2) 复杂工况下风电场无功电压控制系统（AVC 子站）的控制性能、安全性能测试评估。

(3) 基于实验室测试数据的风电场无功电压控制性能优化和提升。

(二) 风电场无功设备及自动电压控制系统现场检测技术

1. 风电场无功电压控制系统架构解析

大型风电场无功电压控制系统按控制过程顺序可分为三个层级，如图 3-50 所示。

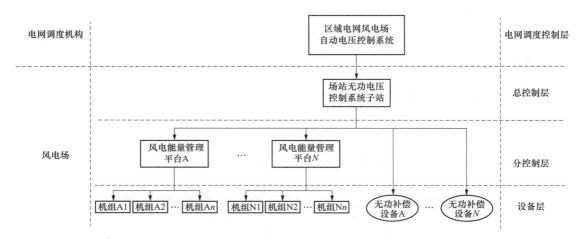

图 3-50　风电场无功电压控制系统架构图

（1）总控制层。总控制层直接接收调度机构的电压指令，参考遥测的场站实时总无功功率、并网点电压，将计算后的无功指令或电压指令分配至各风电机组能量管理平台或动态无功补偿设备。

（2）分控制层。各风电机组能量管理平台接收到总控制层下发的无功指令或母线电压指令后，参考各机组群的实时运行情况，再将计算后的机组无功指令发送至各风电机组。

（3）设备层。风电机组接收到指令后，在资源允许条件下，利用机组控制系统将无功功率调节至指令值。无功补偿设备在接收到指令后，将母线电压或无功功率调节至指令值。

风电场功率控制系统的主要通信架构为以太网架构，多台风电机组通过光纤串联组成通信双环网或单环网，环网的首尾两台风电机组分别与升压站的交换机连接，同时，SCADA系统、有功自动控制系统、电压自动控制系统、功率预测系统等各类应用服务器也通过光纤或者双绞线接入该以太网。

相对于传统电站，风电场监控系统的通信架构具有以下特点：

（1）机组分布面积广。风电场机组分布面积远大于传统发电站，地理对角线跨度根据装机容量和地形大多分布在 5～50km。

（2）机组间物理距离远。为保障机组发电能力，减少尾流的影响，风电场机组之间合理距离在 1km 以上。

（3）通信协议多样化。不同设备厂家或者不同类型的风电机组采用多类型的通信规约，对于种类较少的风电场，可以采用多个监控系统，每个监控系统对一部分机组进行监视和控制。如果机组类型较多，需要统一的监控系统兼容多样化的通信协议。

2. 风电场无功电压控制性能全环节实测技术

（1）无功电压控制性能全环节实测技术。针对风电场无功电压控制性能缺乏高效的全环节性能现场测试技术，尤其是针对含多期扩建工程的大型风电场可能出现控制精度偏差、多系统间协调控制等问题，可以采用基于卫星授时的风电场无功电压控制性能分布式测试方法，如图 3-51 所示。

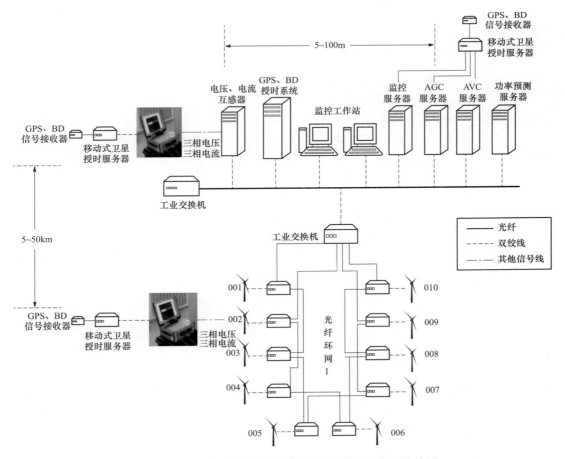

图 3-51 风电场无功电压控制性能分布式测试物理接线图

    基于场站控制系统架构的解析和时钟同步技术的分析，风电场无功电压控制系统的测试系统包括数台电气测量录波设备和时钟同步装置，其中风电场集中监控系统、子监控系统和 AGC/AVC 系统分别通过以太网与变电站授时服务器或移动授时服务器连接，达到同步时钟的目的；布置在多个物理测量点的测试设备可通过接入 GPS 授时设备进行卫星授时。此方法可实现多组设备在统一时标下的测试，能够验证场站功率控制性能，确定缺陷环节。

    风电场无功电压控制系统性能测试中，根据控制层级和指标的不同，测试分为单机试验、分系统试验和全站试验，如图 3-52 所示。

    1）设备层试验。单机试验是从风电机组、动态无功补偿设备监控系统向设备单体下达无功功率指令。测试指标包括机组调节范围、机组调节精度、超调量、计算和通信时间、机组响应时间、机组调节时间等。

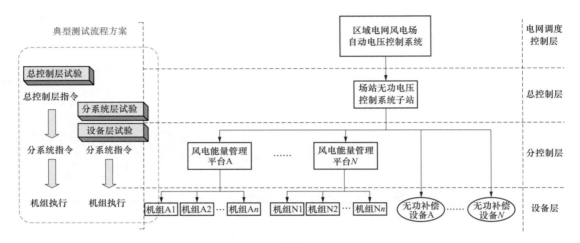

图 3-52　典型测试方案流程图

2）分控制层试验。分控制层试验是从风电分系统（能量管理平台）直接下发分系统或某机组群的无功功率指令。测试指标包括分系统调节范围、分系统调节精度、超调量、计算和通信时间、分系统响应时间、分系统调节时间等。

3）总控制层试验。总控制层试验是从联合监控系统向全站下发无功电压指令，测试工况包括不同的运行模式或气象资源。测试指标包括系统调节精度、超调量、计算和通信时间、系统响应时间、系统调节时间等。

主要测试指标可以通过记录量测信号和各指令时刻来获得。如图 3-53 所示，在全站试验中，计算和通信时间为全站指令下发时刻至全站开始响应时刻所用时间，系统响应时间为指令下发时刻至全站响应到位时刻所用时间，系统调节时间为指令下发时刻至全站调节到位时刻所用时间。另外，调节范围、调节精度、超调量等其他指标可以通过记录的波形进行判断计算。

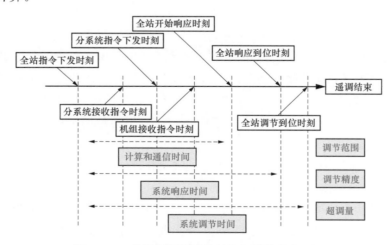

图 3-53　总控制层测试关键指标计算全流程图

（2）动态无功补偿装置现场测试技术。

1）测试内容。测试在风电场功率较小情况和规定电压运行曲线之间时进行，主要内容包括：

a. 无功调节试验。测试无功补偿装置在恒无功模式下的稳态输出特性，即装置的最大输出能力、连续调节能力及调节精度是否满足要求。

b. 电压调节试验。测试无功补偿装置在恒电压模式下对电压控制点的电压调节精度是否满足要求。

c. 动态响应特性试验。测试进行指令阶跃或电网产生扰动时，无功补偿装置的系统响应时间及系统调节时间是否满足要求。

d. 控制模式切换试验。测试无功补偿装置在装置恒无功、系统恒无功、系统恒电压三种控制模式间相互切换是否满足要求。

e. 无功电压综合控制模式验证试验。测试无功补偿装置是否具备无功电压综合控制模式。

f. 损耗试验。测试无功补偿装置的损耗是否满足要求。

2）性能评价。

a. 无功调节试验。

——无功输出能连续平滑地从容性满发变化到感性满发，从感性满发变化到容性满发。

——恒无功运行模式且系统稳态下，无功输出和设定值之间偏差的绝对值不大于设定值的 5%，或不大于额定感性输出容量的 2%。

b. 电压调节试验。恒电压运行模式且系统稳态下，并网点电压与设定值（考虑调差影响后的目标值）的控制偏差的绝对值不大于设定值的 1%。

c. 动态响应特性试验。

——无功补偿装置扰动检测时间不大于 15ms。

——无功补偿装置控制系统响应时间不大于 15ms。

——无功补偿装置系统响应时间不大于 30ms。

——无功补偿装置系统调节时间不大于 100ms。

d. 控制模式切换试验。无功补偿装置可在恒无功、恒电压及恒系统无功控制模式之间灵活、平稳切换。

e. 无功电压综合控制模式验证试验。无功补偿装置具备无功电压综合控制模式。

f. 损耗试验。无功补偿装置可调部分最大功率下本体损耗不超过额定容量的 2.5%。

（3）无功电压控制系统现场测试技术。

1）测试内容。在保证并网点母线频率和电压运行在安全范围内情况下，按照图 3-54 的曲线，在无功电压控制系统中依次下调并网点电压指令，直至并网点电压达到调度要求的母线电压下限值或风电场减无功功能闭锁；依次上调并网点电压指令，直至电压达到调度要求的母线电压上限值或风电场增无功功能闭锁。

2）性能评价。风电场无功电压控制能力指标要求如下：

a. 风电场无功电压控制系统电压控制误差绝对值不超过 0.5%。

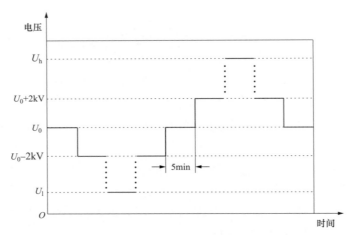

图 3-54 风电场无功电压控制能力测试曲线

b. 风电场无功电压控制系统稳态控制响应时间不超过 30s。

3. 风电场无功电压控制性能全环节实测应用

(1) 动态无功补偿装置性能测试。某风电场 SVG 额定容量 12Mvar，SVG 运行于装置恒无功模式，下发无功指令阶跃时，SVG A 相电流有效值波形与 35kV 侧 AB 线电压有效值波形如图 3-55 所示。

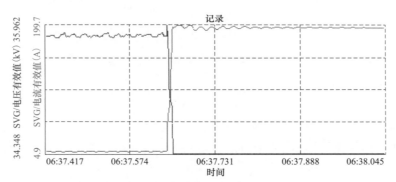

图 3-55 SVG A 相电流有效值与 35kV 侧 AB 线电压有效值

SVG 输出无功阶跃变化情况及响应时间见表 3-7。

表 3-7 SVG 输出无功阶跃变化情况及响应时间

功率指令阶跃 (Mvar)	SVG A 电流有效值 (A)		35kV 母线电压 (kV)		系统调节时间 (ms)
	跃变前	跃变后	跃变前	跃变后	
0~12	9.3	195.2	35.9	34.0	11.2

通过切除电容器组模拟系统侧无功扰动。图 3-56 为切除电容器时，SVG A 相电流有效值波形与 110kV 侧 AB 线电压有效值波形。

系统恒无功控制模式下系统侧无功扰动 SVG 响应情况见表 3-8。

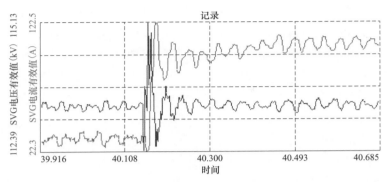

图 3-56 切除电容器时，SVG A 相电流有效值与 110kV AB 线电压有效值波形

表 3-8 系统恒无功控制模式下系统侧无功扰动 SVG 响应情况

操 作	110kV 母线电压 （kV）		SVG 无功功率 （Mvar）		扰动检测与系统响应 时间（ms）	系统调节时间 （ms）
切除电容器	切除前	切除后	切除前	切除后	25.6	96.4
	113.3	113.4	−1.93	−6.21		

（2）无功电压控制系统性能测试。某风电场无功电压控制能力测试数据如图 3-57 和表 3-9 所示。风电场无功电压控制精度为 0.12%，小于风电场标称电压的 0.5%。风电场无功电压控制系统稳态控制响应时间最大为 10s，小于 30s，符合要求。

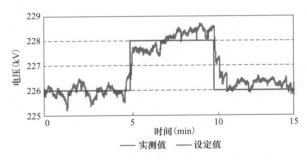

图 3-57 无功电压控制能力测试曲线

表 3-9 无功电压控制能力测试数据

无功电压控制系统 指令下发时刻	指令设定值 （kV）	实测平均值 （kV）	控制偏差 （kV）	控制精度	稳态控制响应时间 （s）
14：28：32	226	225.98	−0.02	−0.01%	—
14：33：58	228	228.09	0.09	0.04%	3
14：39：14	226	226.28	0.28	0.12%	10

（三）无功电压控制系统实验室硬件在环测试技术

1. 实验室硬件在环测试平台搭建

风电场的无功电压控制系统 RT−LAB 控制器硬件在环测试平台拓扑结构如图 3-58

所示，其中网侧等值系统、风电场模型（包括风电机组、SVG/SVC、电容器/电抗器、能量管理平台等）由 RT－LAB 搭建仿真模型实现，而 AVC 子站系统运行控制、保护等部分由 AVC 子站控制器硬件提供。RT－LAB 中数字仿真模型与 AVC 子站实物控制器通过网线、串口等接口相连，采用 IEC 101/IEC 104/RS 485/Modbus 等协议通信，进行遥调、遥信、遥测数据信息的交互。

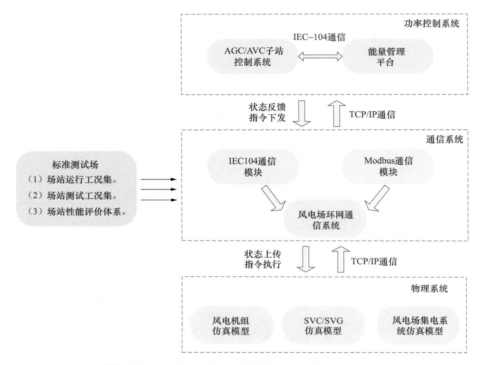

图 3-58　无功电压控制系统实验室测试平台拓扑图

2. 实验室硬件在环测试方法

根据测试工况的不同，风电场无功电压控制系统的实验室硬件在环测试主要分为控制性能测试和安全性能测试。

（1）控制性能测试。测试工况主要包括风电机组/光伏逆变器单机控制性能测试、AGC/AVC 子站单周期阶跃指令测试、AGC/AVC 子站长周期控制性能测试等，用于测试单机有功/无功调节性能（调节精度、响应时间等）、AGC/AVC 子站调节精度、响应时间、长周期调节合格率、站内无功电压分布合理性等综合调节性能。

（2）安全性能测试。测试工况主要包括集电线路短路故障扰动测试、送出线路短路故障扰动测试、高电压故障扰动测试、AGC/AVC 子站闭锁功能测试等，用于对出现电网短路故障、高电压故障等扰动时 AGC/AVC 子站的响应情况进行综合评估，降低特殊工况时 AGC/AVC 子站的安全风险。

3. 实验室硬件在环测试实例

以某风电场无功电压控制性能实验室硬件在环测试为例，该风电场总装机容量

99MW，包含两个安装33台1.5MW双馈风电机组的子风电场，每个子风电场各配置一套风电机组能量管理平台，同时配置一套20Mvar的SVG。考虑简化，将两个子风电场各等值为双馈风电机组机群，则AVC子站共有3个控制对象，搭建的测试系统如图3-59和图3-60所示。

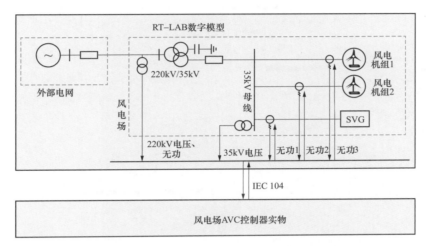

图3-59　AVC系统RT-LAB控制器硬件在环测试电路

图3-60　AVC控制系统RT-LAB控制器硬件在环测试平台

（1）AVC电压指令阶跃性能测试。图3-61为AVC子站电压指令由228kV阶跃为230kV时的测试结果。由图3-61（a）可知，由于AVC子站控制策略中系统阻抗计算不准确，导致AVC子站调节时间达到166s，不满足标准要求。通过对控制策略中的阻抗计算方法进行优化后，电压指令阶跃调节时间变为13s，有较大提升，如图3-61（b）所示。

（2）AVC通信故障性能测试。图3-62为AVC子站与SVG通信出现故障后再次恢复的测试波形。由图3-63可知，某时刻SVG与AVC通信出现故障，此时AVC不再调节SVG指令，SVG无功保持-20Mvar输出；当SVG与AVC通信恢复后，AVC下发给SVG无功指令为0Mvar，导致并网点电压出现4kV骤升，电压波动过大，严重时可能引起风电机组和风电场脱网。

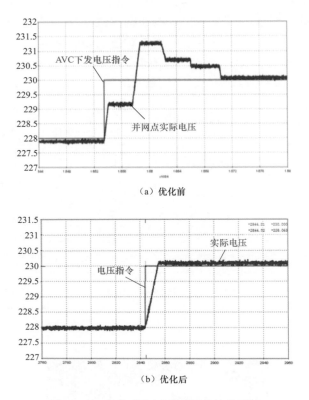

（a）优化前

（b）优化后

图 3-61 单指令电压阶跃调节性能测试

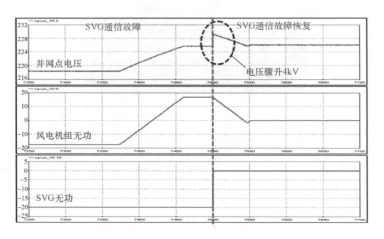

图 3-62 AVC 与 SVG 通信故障安全性测试结果

（3）AVC 长周期测试。改变风电场内部功率及外部电网等值系统中风电场功率时，AVC 子站在不同电压控制指令下的测试结果如图 3-63 和表 3-10 所示。由图可知，大部分工况下系统电压稳态控制响应时间大于 30s。这是由于大部分工况下 AVC 计算得到的系统阻抗不准确，导致 AVC 调节时间过长。

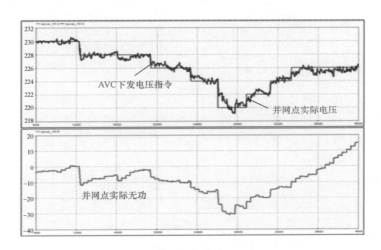

图 3-63　AVC 电压调节性能长周期测试结果

表 3-10　　　　　　　　　　　　AVC 无功控制性能测试结果

目标电压（kV）	实际电压（kV）	稳态控制响应时间（s）	控制误差	系统阻抗（Ω）
230	229.81	—	−0.1%	37.4
228	227.78	41.2	−0.1%	100
226	226.18	15.7	0.1%	100
224	224.27	85.1	0.1%	100
220	220.30	96.7	0.1%	100
222	222.17	44.6	0.1%	80.0
224	224.30	4.9	0.1%	100
226	225.56	84.7	−0.2%	—

三、基于实测的风电场无功电压控制性能优化技术

（一）风电场无功电压控制系统主要存在问题

1. 风电场 AVC 控制流程及影响因素

风电场 AVC 控制流程、三级控制过程及主要的影响因素如图 3-64 所示。

2. 风电场 AVC 控制策略存在问题

风电场所接电网系统架构一般比较薄弱，加上风电自身的波动性，使其并网点阻抗具有时变特性，电压、无功对应关系很难计算，影响风电场 AVC 控制性能。此外，风电机组在空间上具有一定分散性，而风电机组与无功补偿装置响应特性存在差异，使风电场内部多无功源的协调控制变得更加困难。影响风电场 AVC 控制性能的因素主要包括以下方面：

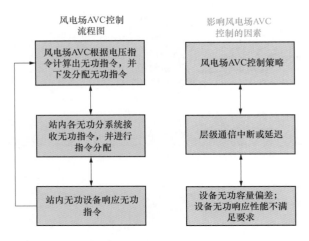

图 3-64　子站 AVC 控制流程及各环节影响因素

（1）并网点电压灵敏度的准确性。电压灵敏度表征并网点无功与电压对应关系。目前风电场并网点电压灵敏度计算方法主要包含离线计算法和在线动态计算法两种。

离线计算法通过记录调试阶段现场电容器投切操作时无功—电压对应关系，计算出风电场并网点的电压灵敏度，然后输入到 AVC 控制程序中，电压灵敏度保持固定不变。

在线动态计算法是风电场 AVC 在线记录并网点电压、无功功率，根据电压变化量与无功功率变化量的关系计算出风电场并网点的电压灵敏度，然后根据每次电压指令，来计算所需要的无功功率。

由于风电接入弱电网时阻抗具有时变特性，离线计算不准确，在线动态计算难度更大，导致接入弱电网的风电场 AVC 控制性能很难满足标准要求。

对某风电场的 AVC 电压控制性能进行测试，通过 AVC 下发电压指令，记录判断实际电压控制效果，测试结果如表 3-11 和图 3-65 所示。由测试结果可知，在指令调节过程中，AVC 第一次计算电压调节到位所需无功明显偏小，导致 AVC 出现了二次调节，致使 AVC 控制响应时间不满足标准要求。

表 3-11　　　　　　　　　　　　风电场 AVC 电压调节实测数据

调节 电压（kV）	实测电压（kV）		响应 时间（s）
	指令下发时刻为 10：57：45：873	响应到位时刻为 10：58：33：729	
230～228	229.8	228.4	47.8

（2）内部多无功源协调合理性。风电场 AVC 在进行场站内部无功功率分配时，需要考虑站内各无功设备的安全边界条件（包括过压、过流等）、站内电压分布合理性等多种条件，如果边界条件校核不准确或者指令分配不合理，会导致风电场内部出现无功环流或者站内发生无功频繁波动。

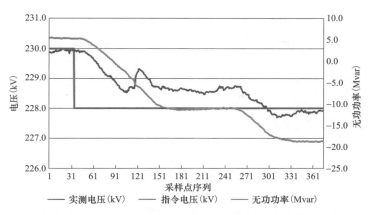

图 3-65 电压调节 230kV 至 228kV 的电压与无功响应波形

某风电场有两条 35kV 母线，每条母线上安装一套 SVG，实际运行中两条 35kV 母线存在 0.8kV 电压偏差，风电场 AVC 控制策略未考虑母线电压存在的偏差，在指令分配时导致了不同母线电压下两套 SVG 一个发感性无功一个发容性无功，站内出现了无功环流，增大了损耗，如图 3-66 所示。

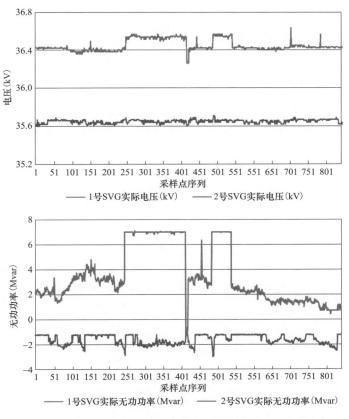

图 3-66 风电场内部 35kV 母线电压及两套 SVG 无功功率

图 3-67 显示在风电场电压稳态时 SVG 出现了无功振荡，通过分析发现风电场 AVC 指令与 SVG 可识别的指令存在问题，风电场 AVC 未考虑 SVG 在功率接近零时的调节死区，当 SVG 接收到零无功指令时，SVG 无功功率在感性最小无功和容性最小无功之间跳变，出现了无功振荡，增加了系统发生振荡的风险。

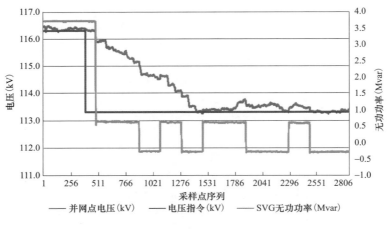

图 3-67　风电场内部 SVG 无功功率振荡

（3）层级通信延迟或中断。风电场 AVC 与风电机组能量管理平台、无功补偿装置采用网络通信架构进行数据传输，AVC 需实时采集站内被控无功设备的运行状态，进行无功指令的计算及分配，如果风电场 AVC 与无功设备通信中断或者通信延迟，会造成 AVC 无功指令计算及分配的错误、响应迟滞，影响风电场 AVC 的控制性能。

对某风电场 AVC 进行测试，发现风电场 AVC 与风电机组能量管理平台通信延迟较长，甚至大于风电场 AVC 的调节周期，无功设备已响应 AVC 下发的无功指令，但风电场并网点电压测量值未及时送至 AVC 控制系统，导致风电场无功调节出现了反复、多轮调节，风电场 AVC 响应时间不满足标准要求。如图 3-68 所示。

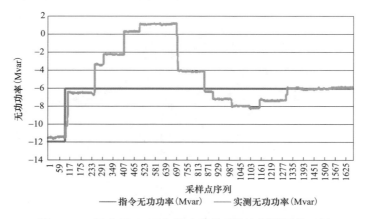

图 3-68　风电场 AVC 与站内监控系统之间的通信时间

对某风电场 AVC 进行测试，发现风电场 AVC 与站内风电机组监控系统通信时间较长，在 AVC 下发指令之后，SVG 可迅速响应无功指令，而风电机组监控系统需要 81s 之后才响应 AVC 的无功指令，导致 AVC 响应时间不满足标准要求。如图 3-69 所示。

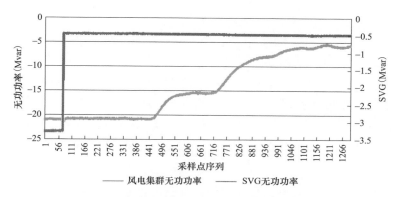

图 3-69　AVC 与风电机组监控系统之间通信延迟较长

（4）站内无功设备性能不满足要求。

1）站内设备无功容量存在偏差。GB/T 19963—2011《风电场接入电力系统技术规定》要求风电机组具备功率因数在超前 0.95～滞后 0.95 的范围内动态可调。部分风电机组因早期技术引进、设备性能不完善等原因，风电机组的无功功率并未开放，或功率因数 ±0.98 范围内动态可调，甚至更低，导致了风电场实际的无功调节能力不满足要求。

依据 Q/GDW 11064—2013《风电场无功补偿装置技术性能和测试规范》，测试发现部分场站无功补偿装置实测容量小于铭牌标称容量，如某风电场 SVC 实测容量只有额定容量的 50%，见表 3-12。另外部分场站存在人为将无功补偿装置进行了限容量运行，无功补偿装置实际可发最大无功为额度容量的 80% 或更低，导致场站实际无功调节能力不满足要求。

表 3-12　　　　　　　　某风电场 SVC 各支路实测容量与标称容量

类型	测量功率（Mvar）	铭牌功率（Mvar）	实际容量占铭牌功率比值
TCR 支路	23.5	50	47.00%
H3 支路	7.6	11.4	66.67%
H5 支路	7.9	17.5	45.14%

2）风电机组控制性能较差。不同风电机组无功响应特性差异较大，部分风电机组的无功响应性能不满足标准要求，主要表现在风电机组的响应时间和控制精度不满足要求，风电机组的响应性能最终会影响场站的无功电压控制性能，表 3-13 列举了三种不同风电机组的无功响应特性。

表 3-13 不同风电机组的无功响应特性

风电机组厂家	功率指令	无功偏差 (kvar)	控制精度	超调量	响应时间 (s)	调节时间 (s)
A 风电机组	0 阶跃至 $-100\%Q_N$	-23.5	3.48%	2.65%	4.32	9.51
B 风电机组	0 阶跃至 $100\%Q_N$	73.1	9.14%	26.8%	0.63	0.93
C 风电机组	0 阶跃至 $-100\%Q_N$	7.91	0.53%	0.87%	0.39	0.72

3）无功补偿装置性能较差。Q/GDW 11064—2013《风电场无功补偿装置技术性能和测试规范》中要求动态无功补偿装置的响应时间不大于 45ms，系统调节时间不大于 100ms，而实际运行中部分无功补偿装置响应时间不满足要求。通过实际测试的 55 套动态无功补偿装置，其中 29 套无功补偿装置控制性能满足要求，26 套无功补偿装置仍存在响应时间超标、控制精度不满足要求等问题，无功补偿装置的不合格率达为 47.3%。

（二）场站并网点电压精准快速控制优化方法

1. 计及有功变化的场站电压控制改进策略仿真验证

当没有 AVC 时不考虑动态无功补偿装置和风电机组的无功调节能力，风电场并网点电压变化如图 3-70 所示，可见电压在 0.89～1.01p.u. 范围内变化，变化幅度较大，且在有功功率较大时电压变化较为剧烈。

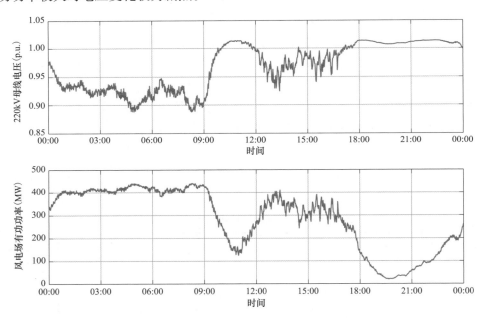

图 3-70 无 AVC 时风电场有功功率和并网点电压情况

采用经典的下垂控制策略确定风电场所需的无功调节需求，然后按照等比例的原则分配各风电场内风电机组和无功补偿装置，根据经典公式

$$\Delta U \approx \frac{\Delta Q}{S} \tag{3-19}$$

电压对无功的灵敏度约为该点短路容量的倒数，不考虑风电场内设备提供短路电流，短路容量应有

$$S = \frac{U^2}{X_{PCC}}$$ 　　　　　　　(3-20)

合并式（3-19）和式（3-20），可得总的无功调节需求为

$$\Delta Q = \frac{U_N^2}{X_{PCC}}(U_{ref} - U_{PCC})$$ 　　　　　(3-21)

式中：U_N 为额定电压；U_{ref} 为指令电压；U_{pcc} 为实测电压；X_{pcc} 为风电场送出阻抗。

结果如图 3-71 所示，1 表示调节不合格。统计结果显示该策略下风电场 AVC 日调节合格率仅为 88.89%，距离考核要求的 96% 仍然有相当差距。

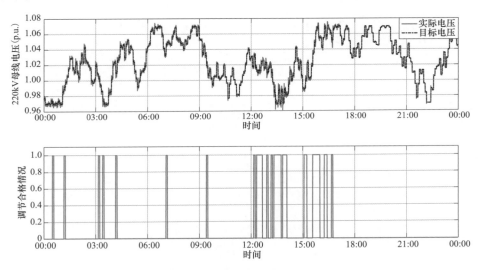

图 3-71　经典策略下 AVC 调节情况

由图 3-72、图 3-73 可以看出电压不合格主要集中在 12：00～18：00，这个时段功率水平不如 0：00～9：00 高，但是功率波动性非常大，有功波动较为剧烈，属于风速快速波动的工况。

两节点系统示意图如图 3-74 所示。

根据公式 $U_2 - U_1 = \dfrac{PR + QX}{U_1}$，当节点 2 的电压并网点电压与目标电压存在电压偏差时，节点 2 需要的无功调节量由两部分组成

$$\Delta Q_2 = \frac{1}{X}\left[U_1(U_2^{ref} - U_2) + \Delta PR\right]$$ 　　　(3-22)

通常情况下 $R \ll X$，因此忽略 ΔPR 部分，下垂控制系数取 $k \approx 1/X$。当有功出现剧烈变化时，ΔPR 部分不能忽略。

假设 $R/X = 1/10$，风电场所在位置的短路电流为 $I_s = 2.6kA$，电压控制死区设为 300V，当 $\Delta P = 7.8MW$ 时，式（3-22）两部分相等。

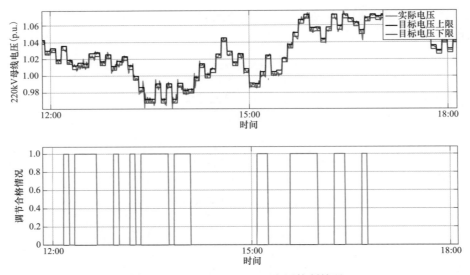

图 3-72 12：00~18：00 电压控制情况

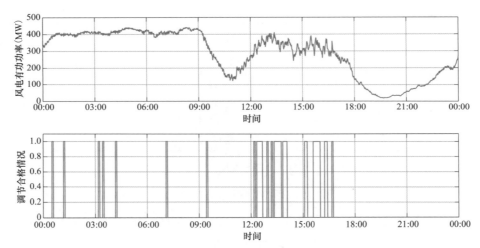

图 3-73 电压控制与有功功率情况对比

图 3-74 两节点系统示意图

因此对于风速快速波动时段，需要考虑有功波动对无功调节的影响，本项目采用改进型线性外推的方法确定未来 $t_0 \sim t_0 + T$ 时段内的功率值。改进型线性外推的方法为

$$P(t_0 + \Delta t) = P(t_0) + \alpha \Delta t = 2P(t_0) - P(t_0 - \Delta t) \qquad (3-23)$$

式中：$P(t_0 + \Delta t)$ 为常规线性外推得到的 $t_0 + \Delta t$ 时刻风电功率预测值；$P(t_0)$ 为 t_0 时刻风

电功率实际值；α 为 $t_0 - \Delta t \sim t_0$ 时刻功率变化率，由于 Δt 较小，可以近似认为 $\alpha = [P(t_0) - P(t_0 - \Delta t)]/\Delta t$。

由于常规线性外推方法在功率拐点处精度较低，故采用滑动平均法对常规线性外推的结果进行修正，修正方法为

$$P'(t_0 + \Delta t) = \frac{1}{N} \Big[\sum_{k=1}^{N-1} P(t_0 - k\Delta t) + P(t_0 + \Delta t) \Big] \qquad (3-24)$$

式中：N 为滑动窗长度；$P(t_0 - k\Delta t)$ 为 $t_0 - k\Delta t$ 时刻风电功率实际值。

采用改进型线性外推法得到的实时功率预测值和实际值的对比如图 3-75 所示。

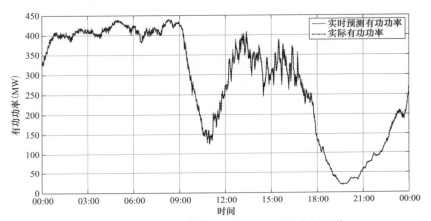

图 3-75　用改进型线性外推得到实时功率预测值

在无功需求确定环节增加有功变化引起的无功调节量，对经典策略的无功需求进行修正，图 3-76 展示了两部分无功调节量的对比，可以看出无功调节量在有功变化较为迅速的时候较大，但幅值相对较小，集中在 $-2 \sim 2$Mvar 区间内，在 12：00～18：00 区间内最大可达到 -6Mvar。

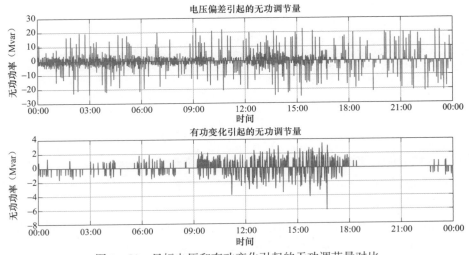

图 3-76　目标电压和有功变化引起的无功调节量对比

考虑有功实时修正后电压控制效果明显提升，常规定比例系数的下垂控制电压调节合格率88.89%，改进策略下AVC调节合格率增加为97.57%。改进策略下风电场电压控制效果如图3-77所示。

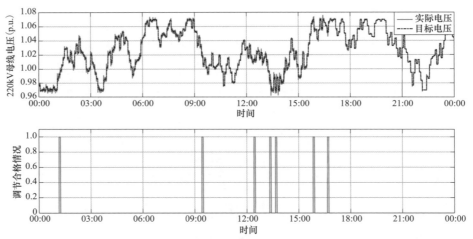

图3-77 改进策略下风电场电压控制效果

2. 基于实测的场站单体设备与分系统调节性能分析

（1）单体设备动态响应特性。根据相关技术标准要求，风电场无功电压控制响应时间应不大于30s，因此单体设备的响应性能必须也满足上述要求，设备单体的响应特性可按照图3-78进行分析。

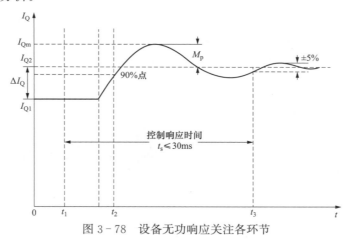

图3-78 设备无功响应关注各环节

以某风电场为例，该场站配置两种型号的风电机组和两套SVG，现场对两种风电机组和两套SVG进行性能测试，分析单体设备的响应时间、超调量、通信时间、功率偏差、控制精度等多个技术指标，为场站指令分配提供技术参考。

对该场站的A类风电机组、B类风电机组和C类风电机组无功调节性能进行测试分析，见表3-14～表3-16。从测试数据可知，A类风电机组有明显的超调量，控制偏差较大，设备通信时间较短，响应比较迅速。而 C 类风电机组超调量较小，控制偏差小，但设备通信时间较长，响应相对较慢。

表 3 - 14　　　　　　　　　A 类风电机组无功调节性能技术分析

目标无功 （kvar）	实测无功 （kvar）	功率偏差 （kvar）	控制偏差	超调量	通信时间 （s）	响应时间 （s）
0	—	—	—	—	—	—
−600	−520.79	79.21	13.2%	7.5%	1.076	1.558
−300	−239.41	60.59	20.2%	38.33%	1.043	2.044
0	63.81	63.81	—	—	0.709	1.249
400	463.98	63.98	15.99%	35.5%	0.032	0.641
800	875.54	75.54	9.44%	21%	0.056	0.532

表 3 - 15　　　　　　　　　B 类风电机组无功调节性能技术分析

目标无功 （kvar）	实测无功 （kvar）	功率偏差 （kvar）	控制偏差	超调量	通信时间 （s）	响应时间 （s）
0	−15.93	—	—	—	—	—
−1500	−1494.17	5.83	0.39%	0.33%	1.546	0.624
1500	1494.81	−5.19	0.35%	0.53%	1.700	0.862
0	−16.06	−16.06	—	—	1.784	0.844

表 3 - 16　　　　　　　　　C 类风电机组无功调节性能技术分析

目标无功 （kvar）	实测无功 （kvar）	功率偏差 （kvar）	控制偏差	超调量	通信时间 （s）	响应时间 （s）
0	−18.14	—	—	—	—	—
−1500	−1492.09	7.91	0.53%	0.87%	4.327	4.715
−750	−771.24	21.24	2.83%	2%	4.249	4.849
0	−18.54	18.54	—	—	4.822	5.402
750	735.57	14.43	1.92%	3.07%	4.711	4.766
1500	1493.81	6.19	0.41%	1.07%	4.805	4.864

对该场站的 1 号 SVG 和 2 号 SVG 无功调节性能进行测试分析如表 3 - 17 所示。从测试数据可知，1 号 SVG 存在控制偏差，但其响应时间较短，2 号 SVG 控制精度较高，但其响应时间较长。

表 3 - 17　　　　　　　　　SVG 输出无功阶跃变化情况及响应时间

试验对象	电压指令 （kV）	实测电压 （kV）	控制偏差	超调量	响应到 90% 时间（ms）	调节时间 （ms）
1 号 SVG	36.4	36.1	0.8%	0	—	—
	35.4	35.6	0.6%	0	28.5	51.5

续表

试验对象	电压指令 (kV)	实测电压 (kV)	控制偏差	超调量	响应到90% 时间（ms）	调节时间 (ms)
2号SVG	35	35.0	0	0.6%	—	—
	35.7	35.7	0	0.2%	67.6	83.3

（2）分系统动态响应特性。对两种类型的风电分系统进行性能测试分析，该场站的 A 类、B 类、C 类风电机组分系统无功电压调节性能进行测试分析见表 3-18～表 3-20。从测试数据可知，A 类风电机组分系统控制精度较差，但响应比较迅速，而 C 类风电机组分系统控制精度高，但响应相对较慢。

表 3-18   A 类风电机组分系统无功调节性能技术分析

指令目标值 (kV)	控制偏差	从指令下发到场站开始响应 (s)	响应时间 (s)
226	0.9%	13.73	15.61
225	1.0%	7.86	27.28
224	0.9%	3.687	17.64

表 3-19   B 类风电机组分系统无功调节性能技术分析

指令目标值 (kV)	控制偏差	从指令下发到场站开始响应 (s)	响应时间 (s)
225→227	0.4%	9.3	21
226→224	0.3%	13.8	26.9

表 3-20   C 类风电机组分系统无功调节性能技术分析

指令目标值 (kV)	控制偏差	从指令下发到场站开始响应 (s)	响应时间 (s)
226.3→223.3	0.2%	8	96
223.3→226.3	0.3%	14	135

（3）场站并网电压控制性能。目前该风电场 AVC 系统内部设置场站无功调节步长 10Mvar，电压调节步长 0.1kV，SVG 的调节步长设定为 4Mvar，无功/电压灵敏度设定为 7.6，在此控制参数下，测试该场站的控制性能，测试波形及数据分析见表 3-21 和图 3-79。测试结果表明目前该场站 AVC 的控制性能无法满足标准要求。

表 3-21   场站整体控制性能测试分析

电压指令阶跃	实测功率平均值 (kV)	控制偏差	超调量	通信时间 (s)	响应时间 (s)	调节时间 (s)
227	227.1	0.04%	—	—	—	—
229	228.9	0.04%	0.2%	0.321	145.434	201.434

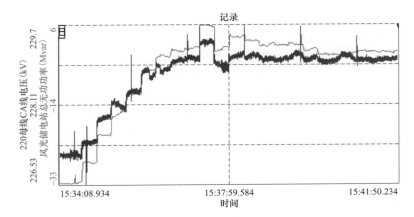

图 3-79 AVC 调节步长为 10Mvar 时无功电压响应波形

通过开展多组现场测试分析，得到该风电场各环节、单体设备、集群系统的性能平均值，通过多组测试，消除了风电场单次测试引入的不确定性，现场数据分析见表 3-22，通过现场测试分析数据为后续该风电场的控制性能仿真及优化提供技术依据。

表 3-22　　　　　　　　　　　该风电场全性能测试分析

被测对象	控制偏差平均值	通信时间平均值 (s)	响应速度平均值 (s)
A 类风电机组	16.8%	0.7	1.4
B 类风电机组	1.78%	4.6	4.9
C 类风电机组	0.39%	4.7	4.9
A 类风电分系统	0.9%	4.5	26
B 类风电分系统	0.2%	2.7	25.7
C 类风电分系统	0.2%	10	93
1 号 SVG	0.7%	—	0.03
2 号 SVG	0	—	0.073

3. AVC 系统控制性能的关键参数优化

（1）指令周期。正常运行状态下，主站 AVC 根据固定周期下发控制指令到风电场，子站 AVC 也存在自己的指令周期，按照自己的指令周期将控制指令进行分解，然后下发至各控制单元（风电机组分系统、光伏分系统、SVG 监控系统）。

指令周期太大会造成控制延时，导致响应滞后，影响跟踪调节效果；指令过于密集则可能在上次调节未完成的情况下又下发新的指令，造成调节对象的过度调节，且对控制效果提升无明显意义，应根据机组无功性能即响应速度和精度设定场站指令周期，主要策略包括：

1）主站与控制子站间应实现配合，即子站执行周期应小于主站指令周期，保证主站指令能及时转发到子站控制设备。

2）子站与场站内各分控制系统间应实现配合，即各分系统执行周期应小于场站指令周期，保证场站指令能及时转发到控制设备。

3）各控制对象指令周期的设置应考虑其响应特性，在前期试验检测统计数据基础上，对各控制对象的调节性能进行分类评价，针对调节性能优异的控制对象可设置较小的指令周期或较大的分担系数，使其调节能力得到合理利用。

依据上述指令周期制定原则将场站指令周期从 20s 调整至 30s，保证多数被控无功源在该指令周期内可以调节到位。

（2）调节步长。理论上场站无功调节步长越大（场站可调无功上限设定为调节步长），调节速度越快，但过大的调节步长可能会造成系统的超调甚至振荡。采用过小的调节步长，系统调节过程比较稳定，但调节速度会受影响，因此需要根据场站的可调无功容量及各类无功源的调节速度、当前状态制定合理的调节步长。

根据上述指令步长制定原则，结合场站各环节的测试数据，将场站调节步长从 10Mvar 调整至 20Mvar，无功补偿装置的调节步长从 4Mvar 调整至 8Mvar，同时在线监测风电集群的可调无功，在小风电功率时增大无功补偿装置的调节步长，保证整站的调节性能。

4. 场站电压精准快速控制实例分析

根据上述 AVC 系统关键参数优化分析结果，将该风电场 AVC 指令周期从 20s 调整至 30s，调节步长从 10Mvar 调整至 20Mvar。对场站 AVC 的调节性能进行测试，如表 3-23 和图 3-80 所示，测试结果表明采用该场站并网控制性能得到明显提升。

表 3-23　　　　　　　　　　场站 AVC 参数调整后的整体控制性能测试分析

电压指令阶跃	实测电压平均值（kV）	控制精度	超调量	通信时间（s）	响应时间（s）	控制调节时间（s）
227	227.1	0.04%	—	—	—	—
229	229.0	0	0.09%	0.652	81.212	101.212

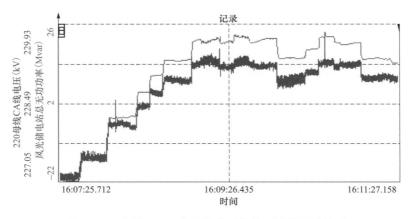

图 3-80　场站 AVC 参数优化后的控制性能测试波形

（三）站内多源无功协调控制问题及改进方法

1. 计及动态无功裕度的无功置换控制策略

动态无功补偿装置具备快速响应电网电压波动的能力，通过调节其无功的输出来跟踪电网电压的快速变化。在系统电压发生波动时通过 SVG 的快速调节能力，实现电压的快速跟踪控制，在电压控制性能响应到位之后，应充分利用新能源场站的风电机组、光伏单元等发电设备的无功调节能力，通过发电设备的无功与动态无功补偿装置进行无功置换，降低动态无功补偿装置的动态无功负载率，使新能源场站为暂态故障预留充裕的动态无功裕度，同时也可缓解有功功率切除后的无功过剩问题，提升场站并网点控制性能和内部协调控制性能。

（1）无功置换控制策略。根据不同无功源的调节特性设计无功置换的顺序原则，主要置换原则采用：先置换运行于恒电压模式的 SVG，再置换运行于恒无功模式的 SVG，最后用风电机组、光伏逆变器等发电单元提供无功支撑。

现场无功功率置换策略包括：

1）无功模式 SVG 与电压模式 SVG 无功置换。当电压模式 SVG 无功功率超过预设的门槛值时，进行无功模式与电压模式 SVG 无功置换。

无功置换模式是在保持总体无功输出不变的前提下，对多种无功源功率进行重新分配，使 SVG 的动态无功备用最大化。具体步骤如下：

a. SVG 电压控制目标保持不变，即总体无功输出不变，电压调节量为 0。

b. 确定无功模式 SVG 的无功调节量 ΔQ_{sg}。

在无功置换模式下应满足

$$Q_{sg} + \Delta Q_{sg} = Q_{mg}^{rev} \tag{3-25}$$

$$\Delta Q_{mg} + \Delta Q_{sg} = 0 \tag{3-26}$$

式中：Q_{mg}^{rev} 为电压模式 SVG 备用最大时的无功运行点；Q_{sg} 为无功模式 SVG 的无功输出，ΔQ_{mg} 为电压模式 SVG 的无功调节量。

综合式（3-25）、式（3-26）可以得出

$$\Delta Q_{sg} = Q_{mg} - Q_{mg}^{rev} \tag{3-27}$$

令 $Q_{mg}^{rev} = 0$，则无功模式 SVG 调节量与电压模式 SVG 当前无功功率相同，即应调节的无功模式 SVG 容量与电压模式 SVG 当前无功功率相当。

其动态调节过程是：场站 AVC 下发无功模式 SVG 调节量，当无功模式 SVG 调节到位后，电压模式 SVG 无功功率逐渐下降到 0。

2）机组与无功模式 SVG 无功置换。无功模式 SVG 与电压模式 SVG 无功置换完成后，继续进行风电机组、光伏逆变器等新能源发电设备与无功模式 SVG 之间的无功置换。在置换过程中，电压模式 SVG 等效为一个恒压源，维持电压满足限值约束。如果所有 SVG 均处于恒无功运行模式，则新能源机组与无功模式 SVG 无功置换过程中应满足电压约束。

与无功置换 1）中类似，无功置换模式下新能源机组无功调节量与无功模式 SVG 当前

无功功率相同，即满足

$$\Delta Q_{fgc} = Q_{sg} \tag{3-28}$$

但动态调节过程与电压模式下有所区别，采用指令交替下发的方式，本周期下发新能源机组无功调节量，则下周期新能源机组无功调节量为0，只下发无功模式SVG无功调节量，同时保证无功置换步长不能对电压造成大的扰动，防止产生电压越限。

（2）无功置换现场应用与实测。选取风光储电站为试验对象，在其AVC控制策略中增加无功置换控制策略，在现场进行控制指令阶跃测试，测试风光储电站AVC系统无功置换的控制效果，现场测试结果表明该控制策略可以正确实现无功置换，提高动态无功补偿装置的无功储备。其中4号SVG运行于系统恒电压控制模式，5～7号SVG运行装置恒无功控制模式。

在AVC控制系统下发电压调节指令227kV→229kV，采用全环节测试方法，测量并网点、各SVG的无功功率情况，进行电压指令调节时，场站AVC控制系统首先快速响应电压指令，调节整场无功，使电压达到控制目标，如图3-81所示。

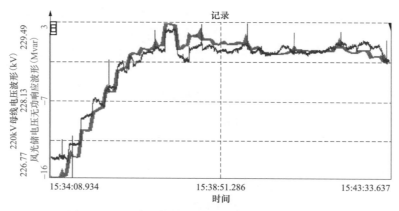

图3-81 联合监控系统在电压指令调节时的响应波形

在完成电压调节之后，AVC通过无功置换策略，调整恒电压控制模式SVG与恒无功控制模式进行无功置换，最终目标即将4号SVG无功近似保持在最小无功输出状态，同时保证并网点电压稳定，如图3-82所示。

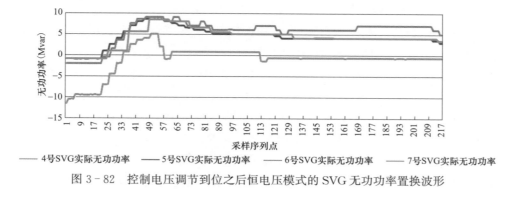

图3-82 控制电压调节到位之后恒电压模式的SVG无功功率置换波形

随着恒电压模式的 SVG 无功置换之后，对恒无功控制模式的 SVG 进行无功置换，无功置换波形如图 3‐83 所示。通过风电机组、光伏逆变器等发电设备的无功调节，使动态无功补偿装置降低动态无功负载率，使其留有充分的无功裕度，同时降低了 SVG 的有功损耗，提高了风光储电站经济效益。

根据动态无功负载率计算公式 $\Psi_{svg} = Q_{svg} / Q_{svg}^{cap}$，其中 Q_{svg}^{cap} 为 SVG 额定容量。以 5 号 SVG 和 7 号 SVG 为例进行计算，5 号 SVG 和 7 号 SVG 额定容量为 15Mvar，在电压调节到位时，5 号 SVG 无功功率 7.99Mvar，7 号 SVG 无功功率 8Mvar，因此两套无功补偿装置的动态无功负载率为 53.3%。置换之后 5 号 SVG 无功功率 0.92Mvar，7 号 SVG 无功功率 0.98Mvar，动态无功负载率为 6.67%，动态无功负载率下降了 46.63%。

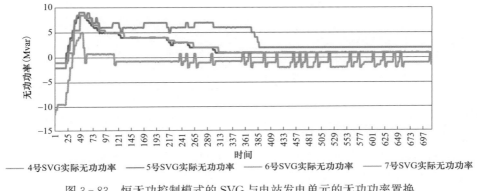

图 3‐83　恒无功控制模式的 SVG 与电站发电单元的无功功率置换

2. 多台 SVG 协调控制优化

某风电场两套无功补偿装置运行在系统恒电压控制模式，由于两套 SVG 控制参数、调节性能不完全一样，在响应电压的实际运行过程中发生无功抢发的现场，而产生振荡，现场测试波形如图 3‐84 所示，将一套 SVG 退出运行之后振荡消失。

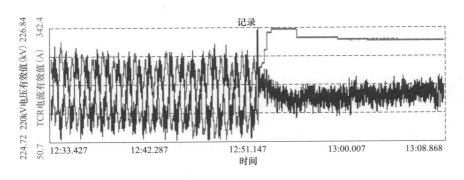

图 3‐84　站内两套运行于系统恒电压模式 SVG 发生振荡

通过修改两套无功补偿装置的控制模式，将一套无功补偿装置设置为恒无功控制模式，站内无功补偿装置振荡消失。但由于 SVG 无功指令识别存在问题，即 AVC 下发 0Mvar 无功时，其默认为最小无功进行执行，但未定义为容性最小无功还是感性最小无功，SVG 在实际执行过程中会出现多次感性与容性的跳变，导致母线电压出现波动，进而引起恒电压控制模式 SVG 出现跟踪调整，表现为两套 SVG 无功反复调节现象，如图 3-85 所示。

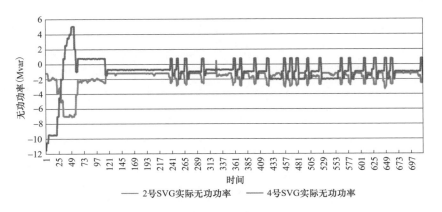

图 3-85　站内无功指令不合理导致 SVG 发生振荡

根据实测数据分析两套 SVG 的响应特性，将恒电压控制模式的 SVG 电压死区从 ±0.2kV 调整至 ±0.3kV，将恒无功控制模式的 SVG 最小无功指令从 0Mvar 调整至 ±0.5Mvar，指令优化后的测试波形如图 3-86 所示，无功反复调节现象消失，避免了场站内部的无功振荡。

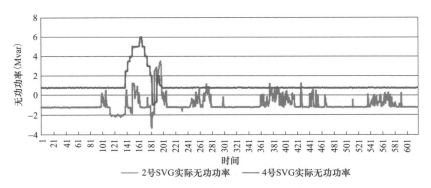

图 3-86　指令优化后的站内无功补偿装置运行曲线

参 考 文 献

[1] 肖运启，贺贯举，王昆朋，等. 电网约束下变速风电机组的限负荷控制策略 [J]. 电网技术，2014，38（2）：456-462.

[2] 徐大平，肖运启，吕跃刚，等. 基于模糊逻辑的双馈型风电机组最优功率控制 [J]. 太阳能学报，2008，29（6）：644-651.

[3] 丁磊，尹善耀，王同晓，等. 结合超速备用和模拟惯性的双馈风电机组频率控制策略 [J]. 电网技

术，2015，39（9）：2385-2391.

[4] 刘涛，叶小晖，吴国旸，等．适用于电力系统中长期动态仿真的风电机组有功控制模型［J］．电网技术，2014，38（5）：1210-1215.

[5] 苏子卿，王印松，苏杰．变桨距直驱风电机组 AGC 仿真研究［J］．可编程控制器与工厂自动化（PLC FA），2014（7）：58-60.

[6] 汤奕，王琦，陈宁，等．采用功率预测信息的风电场有功优化控制方法［J］．中国电机工程学报，2012，32（34）：1-7.

[7] 刘吉臻，柳玉，曾德良，等．单一风电场的短期负荷调度优化策略［J］．中国科学，2012，4（42）：437-442.

[8] 林俐，谢永俊，朱晨宸，等．基于优先顺序法的风电场限出力有功控制策略［J］．电网技术，2013，37（4）：960-966.

[9] 乔颖，鲁宗相．考虑电网约束的风电场自动有功控制［J］．电力系统自动化，2009，33（22）：88-93.

[10] 邹见效，李丹，郑刚，等．基于机组状态分类的风电场有功功率控制策略［J］．电力系统自动化，2011，35（24）：28-32.

[11] 梅华威，米增强，李聪，等．采用机组风速信息动态分类的风电场有功控制策略［J］．中国电机工程学报，2014，34（34）：6058-6065.

[12] 杨硕，王伟胜，刘纯，等．双馈风电场无功电压协调控制策略［J］．电力系统自动化，2013，37（12）：1-6.

[13] 惠晶，顾鑫．大型风电场的集中功率控制策略研究［J］．华东电力，2008，36（6）：57-61.

[14] 徐倩．风光储联合发电系统动态特性分析及仿真建模技术研究［D］．济南：山东大学，2013.

[15] 戚永志，刘玉田．风光储联合系统输出功率滚动优化与实时控制［J］．电工技术学报，2014，29（8）：265-274.

[16] 尹小花．基于多目标优化的风电场功率分配策略的设计及实现［D］．成都：电子科技大学，2013.

[17] 王松岩，朱凌志，陈宁，等．基于分层原则的风电场无功控制策略［J］．电力系统自动化，2009，33（13）：83-88.

[18] 孙伟伟，付蓉，陈永华．计及无功裕度的双馈风电场无功电压协调控制策略［J］．电力自动化设备，2014，34（10）：81-86.

[19] 邹见效，李文，郑刚，等．有功调整提升模式下风电场优化控制策略研究［J］．太阳能学报，2013，34（1）：13-21.

[20] E·V·拉森，R·A·沃林，K·克拉克．风电场的电压控制［P］．中国：CN 101719676 A.2019-10-09.

[21] 鲁效平，吴树梁，赵磊，等．风电场仿真测试平台及其测试方法［P］．中国：CN 103558771 A.2013-11-05.

[22] 戈阳阳，朱钰，刘劲松，等．基于工控机的风电机组并网性能测试系统及方法［P］．中国：CN 103018670 A.2012-12-04.

[23] 柳玉，白恺，等．新能源电站的控制性能的测试系统［P］．中国：CN 204789810 U.2017-08-11.

[24] 张金平，秦世耀，等．一种风电场 AGC 和 AVC 功能就地测试系统及其实现方法［P］．中国：CN 102749914 A.2012-10-24.

[25] 钱敏慧，姜达军，等．一种风电场功率控制策略的测试系统及方法［P］．中国：CN 103605360 A. 2016 - 08 - 17.

[26] 门艳娇，谷海涛，等．一种风电场功率综合分配方法［P］．中国：CN 102856925 B. 2015 - 03 - 04.

[27] 范子恺，李辰龙，等．一种风电场涉网试验智能测试系统及其方法［P］．中国：CN 104007341 A. 2016 - 10 - 19.

第四章 大规模风电集群有功控制技术

第一节 大规模风电集群有功控制技术的发展

一、大规模风电集群有功控制技术需求及架构

（一）风电消纳制约因素分析

风电消纳可能同时受多方面影响因素的影响，但最终决定电网消纳能力的是最薄弱环节，表 4-1 展示了我国主要地区风电消纳限制因素，调峰与通道受限是造成弃风的主要原因。

表 4-1　　　　　　　　　我国主要地区风电消纳限制因素

序号	电 网 名 称	风电消纳限制因素
1	冀北电网	断面限制和调峰约束并存，各地区表现形式不一
2	吉林电网	调峰约束限制风电消纳
3	江苏电网	小方式下调峰约束限制风电消纳
4	甘肃电网	电网断面传输功率限制风电消纳
5	广东电网	消纳能力较强，小方式下调峰约束限制风电消纳
6	云南电网	丰水季没有多余的负荷用于消纳风电
7	蒙西电网	供热季调峰约束限制风电消纳

1. 调峰能力不足导致弃风

风能资源的不确定性导致风电出力具有波动性，可预测性差，需要其他电源提供备用和调峰服务，以保障电力实时平衡。当系统内风电所占比例较小时，调度机构可通过降低其他电源出力来实现系统实时平衡。随着风电并网规模的不断增加，风电占最小负荷的比例逐步提高，局部地区风电出力甚至可能超过负荷需求，在其他电源降出力达到极限后，为了保持系统的安全稳定，必须对风电出力进行限制。"三北"地区以火电机组为主，水电、燃气机组等调峰性能较好的机组较少，在冬季供热机组的调峰裕度受限，调峰因素对风电消纳的制约更加明显。

2. 输电容量不足导致弃风

回顾我国风电发展历程，由于缺乏统一的电力系统发展规划，风电独立于传统电源规划体系之外，没有形成完整和统一的风电—电网发展规划，使得电网规划无法统筹考虑风电送出，风电送出工程建设时序难以妥善安排。目前风电开发项目核准与配套电网送出工程核准相脱节，往往是"先核风、再核网甚至不核网"，进一步加剧了风电送出和消纳的困难。

(二) 提升风电消纳的有功控制技术

造成风电弃电的原因，在调度运行中表现为电网接纳空间小于新能源发电功率，电网接纳空间可以是断面安全约束确定的区域新能源最大出力，也可以是电网调峰约束确定的全网风电最大出力。以断面约束为例，为确保风电出力不超过断面约束，早期做法是按照断面内风电场装机容量占比确定各风电场出力上限。但是由于风电场地理位置的差异，各个风电场出力在时间上不同步，会出现部分风电场发电指标用不完、部分风电场有出力裕度却不能发电的情况。为了充分利用电网的清洁能源接纳空间，风电资源丰富的省份普遍采用了基于发电指标动态调整的风电有功控制技术。

目前有功控制系统主要针对断面控制或调峰控制模式，上述控制模式主要基于发电指标动态分配的思想。该策略对所有受控风场进行功率分配时，根据各风电场指令跟踪情况进行分群，允许风力暂时较强或调节性能优秀的风电场群先占用电网接纳空间，待风力或性能次之的风电场群具备能力时再让出空间，通过上述策略实现剩余发电指标在各个风电场之间的动态转移，从而尽可能最大化利用风电消纳空间。

常规风电有功控制策略将风电场按照受限与否及受控情况划分为 4 类，并在控制系统逐一建模。4 类风电场划分如下：

(1) Ⅰ类风电场。正常情况下按照计划值下发指令，但是受断面约束。

(2) Ⅱ类风电场。不跟踪计划值，但是受断面约束。

(3) Ⅲ类风电场。跟踪计划值，不受断面约束。

(4) Ⅳ类风电场。不可控。

在进行断面控制时，断面内所有风电场将被分配一个基准发电指标，该指标根据风电场装机容量占断面内所有风电场装机份额确定，计算方法为

$$P_{\text{order},i} = \frac{P_{N,i}}{\sum_{i=1}^{n} P_{N,i}} P_{\max} \tag{4-1}$$

式中：$P_{\text{order},i}$ 为第 i 座风电场发电指标；$P_{N,i}$ 为第 i 座风电场额定装机容量；$P_{\max}$ 为断面出力限制。

在确定了各个风电场的基准发电指标以后，根据风电场受控状态进行划分，对于Ⅳ类不参与有功控制的风电场，则其按照基准发电指标为上限控制其出力，当其无法充分使用分配的发电指标时，剩余发电份额将由参与有功控制的风电场无偿占用。在实际运行中该策略具体实现如图 4-1 所示，当受控断面的功率与限值存在偏差时，则进入有功控制环节。

计算出控制断面的控制偏差，该控制偏差为断面输出潮流限值与断面实际潮流值的差值，并考虑一定的稳定裕度。对于参与有功控制的风电场，根据风电场跟踪下达的动态发电指标的情况划分为 A 类与 B 类风电场。当风电场出力与上一周期有功指令偏差在一定范围内时，则认为该风电场为 A 类风电场，否则为 B 类风电场。对于 B 类风电场而言，其出力指令维持上一周期不变，对于 A 类风电场，则将受控断面偏差按照给定原则分配给 A 类风电场，下一控制周期 A 类风电场出力指令为

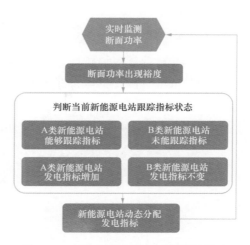

图 4-1　风电场发电指标动态调整策略

$$P_{i,t+1}=P_{i,t}+\frac{P_{N,i}}{\sum\limits_{i=1}^{n}P_{N,i}}(P_{\max}-P_t)\quad i\in A \qquad (4-2)$$

式中：$P_{i,t}$、$P_{i,t+1}$ 分别为第 i 座风电场在第 t 个指令周期和第 $t+1$ 个指令周期的发电指标；$P_{N,i}$ 为第 i 座风电场额定装机容量；$P_{\max}$ 为断面出力限制；P_t 为第 t 个指令周期断面有功出力。

通过上述过程可实现剩余发电指标的动态调整，重复上述过程，直至断面保持接近极限的水平运行。

图 4-2 为某典型日有功控制系统投入与否 A 地区外送断面的出力情况对比。若不投入有功控制系统，A 地区主变压器断面大多数时段均不能够满功率运行，造成输送通道的浪费，投入有功控制系统后通道利用率得到了显著提高，风电场也因此受益。

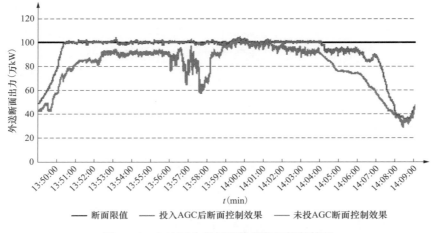

图 4-2　A 地区主变压器外送断面控制情况

二、大规模风电集群有功控制系统运行特性分析

（一）新能源场站有功控制系统运行水平指标体系

为了进一步优化新能源场站有功控制系统的运行，实现有功控制系统精细化管理的目标，迫切需要建立合理的评价体系深入风电有功控制情况。以风电场、风电集群为对象，建立风电有功控制运行评价指标体系。每类指标描述不同的运行特性，并与不同的时间维度、空间维度进行衍生，形成了一套完整的指标评价体系，如图 4-3 所示。

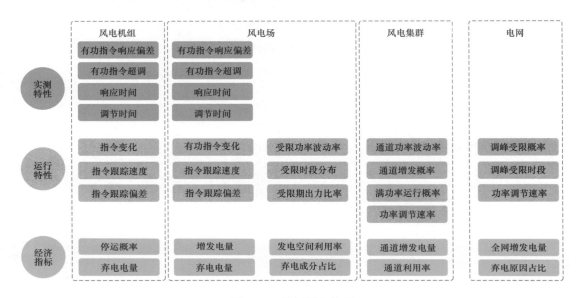

图 4-3　指标评价体系

风电机组有功控制评价指标体系从空间维度上可以分为风电机组—风电场—风电集群—全网四个层级，从时间维度上可以分为分钟—小时—天—月—年，从目标维度上可以分为实测特性、运行特性、经济特性。

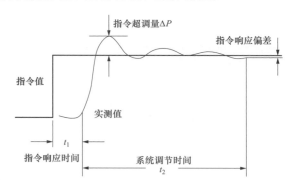

图 4-4　风电机组有功控制特性评价指标

1. 风电机组有功控制特性评价指标

风电机组有功控制特性评价指标（见图 4-4）包括：

（1）指令响应偏差。定义为风电机组接收到有功控制指令，完成调整并进入稳态后与指令值之间的偏差。

（2）指令超调率。定义为风电机组接收到有功控制指令，进行动态调整时，其超过指令值部分与指令值的比值。

（3）指令响应时间。定义为风电机组从接收到有功控制指令到风电机组开始进行调节之间的时间。

（4）系统调节时间。定义为风电机组从接收到有功控制指令后开始调节到完成调节之

间的时间。

2. 风电场有功控制特性评价指标

（1）风电场增发电量。定义为统计周期内，风电场发电功率大于基准功率值的发电量。

$$W_{\text{aug}} = \frac{T}{60} \sum_{j=1}^{m} p_{i,j}^{\text{aug}} \tag{4-3}$$

其中

$$p_{i,j}^{\text{aug}} = \begin{cases} 0 & p_{i,j} \leqslant p_i^{\text{base}} \\ p_{i,j} - p_i^{\text{base}} & p_{i,j} > p_i^{\text{base}} \end{cases} \tag{4-4}$$

式中：W_{aug} 为统计周期内风电场增发电量，MWh；$p_{i,j}$ 为统计周期内第 i 个风电场、第 j 个发电功率采样点的功率值，MW；p_i^{base} 为统计周期内第 i 个风电场的基准功率值，MW；$p_{i,j}^{\text{aug}}$ 为统计周期内第 i 个风电场、第 j 个采样点的增发功率值，MW；T 为风电场发电功率采样周期，min；m 为统计周期内风电场发电功率采样点数量。

（2）风电场增发概率。定义为统计周期内，存在增发情况的采样点数量与总采样样本数量之比。

$$\eta_{\text{aug}} = \frac{1}{m} \sum_{j=1}^{m} s_j \tag{4-5}$$

其中

$$s_j = \begin{cases} 0 & p_{i,j} \leqslant p_i^{\text{base}} \\ 1 & p_{i,j} > p_i^{\text{base}} \end{cases} \tag{4-6}$$

式中：η_{aug} 为统计周期内风电场增发概率；s_j 为统计周期内风电场第 j 个发电功率采样点的增发情况，0 表示未出现增发，1 表示出现增发。

（3）风电场发电指标利用率。定义为统计周期内，实际发电量与以 AGC 指令值累计得到发电量之比。

$$\eta_{\text{agc}} = \sum_{j=1}^{m} \frac{p_{i,j}}{p_{i,j}^{\text{agc}}} \tag{4-7}$$

式中：η_{agc} 为统计周期内风电场发电指标利用率；$p_{i,j}^{\text{agc}}$ 为统计周期内第 i 个风电场、第 j 个采样点的 AGC 指令功率，MW。

（4）风电场超发电量。定义为统计周期内，高于 AGC 指令功率发电的发电量。

$$W_{\text{over}} = \frac{T}{60} \sum_{j=1}^{m} p_{i,j}^{\text{over}} \tag{4-8}$$

其中

$$p_{i,j}^{\text{over}} = \begin{cases} 0 & p_{i,j} \leqslant p_{i,j}^{\text{age}} \\ p_{i,j} - p_{i,j}^{\text{agc}} & p_{i,j} > p_{i,j}^{\text{agc}} \end{cases} \tag{4-9}$$

式中：W_{over} 为统计周期内风电场超发电量，MWh；$p_{i,j}^{over}$ 为统计周期内第 i 个风电场、第 j 个采样点的超发功率值，MW；T 为风电场发电功率采样周期，min。

（5）风电场指令变化分布。定义为风电场在 $t+1$ 时刻的 AGC 指令值与 t 时刻出力值之差的分布。

（6）风电场爬坡速率。定义为单位时间风电场发电功率的增量。

$$v_{climb} = \frac{p_{i,j+M} - p_{i,j}}{MT} \tag{4-10}$$

式中：M 为采样间隔。

（7）指令跟踪概率分布。定义为某一时刻风电场 AGC 出力指令数据与风电场发电功率之差的概率分布。

（8）受限时段分布。定义风电场发电功率与 AGC 出力指令之差小于给定阈值时为受限时段。受限时段分布为受限时间在统计周期内的分布情况。

（9）受限波动概率分布。定义为风电场发电功率在 AGC 出力指令变化期间的概率分布。定义风电场发电功率与 AGC 出力指令之差小于给定阈值时为受限时段，如式（4-11）中集合 S 所示

$$S = \{ p_{i,j} : | p_{i,j} - p_{i,j}^{agc} | < \varepsilon \} \tag{4-11}$$

式中：ε 为受限界定阈值。

（10）受限期指标分配系数。定义为在受限时段内，某一风电场增发功率与所有受限风电场增发功率之和的比值。

$$\eta^{restrict} = \frac{p_{i,j}^{restrict}}{\sum_{i=1}^{n} p_{i,j}^{restrict}} \tag{4-12}$$

$$p_{i,j}^{restrict} = \begin{cases} 0 & p_{i,j} \leqslant p_{i,j}^{base} \\ p_{i,j} - p_{i,j}^{base} & p_{i,j} > p_{i,j}^{base} \end{cases} \tag{4-13}$$

式中：$\eta^{restrict}$ 为受限期指标分配系数；$p_{i,j}^{restrict}$ 为统计周期内第 i 个风电场、第 j 个发电功率采样点的受限功率值，MW。

（11）满功率运行时段分布。定义为风电场发电功率达到该场站装机容量时刻的分布。

（12）增发时段分布。定义为风电场发电功率大于基准功率时刻的分布。

3. 风电集群有功控制特性评价指标

（1）风电集群增发电量。定义为统计周期内，所有受控风电场发电功率大于基准功率值的发电量之和。

$$W_{aug}^{cluster} = \frac{T}{60} \sum_{i=1}^{n} \sum_{j=1}^{m} p_{i,j} \tag{4-14}$$

其中

$$p_{i,j}^{aug} = \begin{cases} 0 & p_{i,j} \leqslant p_i^{base} \\ p_{i,j} - p_i^{base} & p_{i,j} > p_i^{base} \end{cases} \tag{4-15}$$

式中：$W_{\mathrm{aug}}^{\mathrm{cluster}}$ 为统计周期内风电集群增发电量，MWh；$p_{i,j}$ 为统计周期内风电集群中第 i 个风电场、第 j 个采样点的功率值，MW；p_i^{base} 为统计周期内风电集群中第 i 个风电场的基准功率值，MW；$p_{i,j}^{\mathrm{aug}}$ 为统计周期内风电集群中第 i 个风电场、第 j 个采样点的增发功率值，MW；T 为风电场发电功率采样周期，min；n 为风电集群中风电场数量；m 为统计周期内风电场发电功率采样点数量。

（2）风电集群增发概率。定义为统计周期内，所有受控风电场在各采样周期内存在增发情况数量与总采样样本数之比。风电集群在某一采样周期内的增发情况取决于其下各风电场在该采样周期内的增发情况。若所有风电场在该采样周期内均无增发，则风电集群在该采样周期为无增发；若存在一个及以上风电场在该采样周期内增发，则认为风电集群在该采样周期内为有增发。

$$\eta_{\mathrm{aug}}^{\mathrm{cluster}} = \frac{1}{m}\sum_{j=1}^{m} s_j \tag{4-16}$$

其中

$$s_j = \begin{cases} 0 & \forall p_{i,j} \in \{p_{k,q} : k=1,2,\cdots,n, q=j\}, \{\text{使 } p_{i,j} \leqslant p_i^{\mathrm{base}} \\ 1 & \exists p_{i,j} \in \{p_{k,q} : k=1,2,\cdots,n, q=j\}, \{\text{使 } p_{i,j} > p_i^{\mathrm{base}} \end{cases} \tag{4-17}$$

式中：$\eta_{\mathrm{aug}}^{\mathrm{cluster}}$ 为统计周期内风电集群增发概率；$p_{k,q}$ 为统计周期内风电集群中第 k 个风电场、第 q 个采样点的功率值，MW；s_j 为统计周期内风电集群第 j 个采样点的增发情况，0 表示未出现增发，1 表示出现增发；p_i^{base} 为统计周期内风电集群中第 i 个风电场的基准功率值，MW。

（3）消纳空间利用率。定义为统计周期内，所有受控风电场实际发电量与极限功率累计得到的发电量之比。

$$\eta_{\mathrm{channel}}^{\mathrm{cluster}} = \frac{\displaystyle\sum_{i=1}^{n}\sum_{j=1}^{m} p_{i,j}}{m P_{\mathrm{limit}} T} \tag{4-18}$$

式中：$\eta_{\mathrm{channel}}^{\mathrm{cluster}}$ 为统计周期内消纳空间利用率；P_{limit} 为风电消纳极限功率，MW。

（4）AGC 超限率。定义为统计周期内，所有 AGC 受控风电场总发电功率超过 AGC 约束功率的采样点个数与总采样样本数之比。

$$\eta_{\mathrm{over}}^{\mathrm{cluster}} = \frac{1}{m}\sum_{j=1}^{m} s_j \tag{4-19}$$

其中

$$s_j = \begin{cases} 0 & \displaystyle\sum_{i=1}^{i} p_{i,j} \leqslant P_{\mathrm{limit}} \\ 1 & \displaystyle\sum_{i=1}^{i} p_{i,j} > P_{\mathrm{limit}} \end{cases} \tag{4-20}$$

式中：$\eta_{\mathrm{over}}^{\mathrm{cluster}}$ 为统计周期内风电 AGC 超限率。

（5）AGC 超限时长概率分布。定义为所有 AGC 受控风电场总发电功连续高于 AGC 极限功率的时间长度，单位为分钟（min）。根据实际情况，将超限时长划分为 N 个区间。

AGC 超限时长概率分布为统计周期内超限时长落在各区间内的概率。

（6）AGC 超限幅度概率分布。定义为所有 AGC 受控风电场总发电功高于 AGC 极限功率的幅值，单位为兆瓦（MW）。根据实际情况，将 AGC 超限幅度划分为 N 个区间。AGC 超限幅度概率分布为统计周期内 AGC 超限幅度落在各区间内的概率。

（7）AGC 超限后恢复速率。定义为在某一次 AGC 连续越限期间，超限幅度最大值与超限时长之比。

$$v_{\text{recover}} = \frac{P_{\text{over\_max}}}{\Delta t_{\text{over}}} \quad (4-21)$$

式中：v_{recover} 为风电集群 AGC 超限后恢复速率；$P_{\text{over\_max}}$ 为风电集群中各风电场有功出力之和在某一次连续超越极限功率期间的最大功率值；Δt_{over} 为风电集群中各风电场有功出力之和在某一次连续超越极限功率期间的时间长度。

（8）满极限功率运行时间。定义为所有 AGC 受控风电场发电功率之和与 AGC 极限之差小于给定阈值的时间长度。

$$T_{\text{max\_period}} = T \sum_{j=1}^{m} s_j \quad (4-22)$$

$$s_j = \begin{cases} 0 & \left| \sum_{i}^{n} p_{i,j} - P_{\text{limit}} \right| \geqslant \varepsilon, \ \sum_{i}^{n} p_{i,j} < P_{\text{limit}} \\ 1 & \left| \sum_{i}^{n} p_{i,j} - P_{\text{limit}} \right| < \varepsilon \end{cases} \quad (4-23)$$

式中：$T_{\text{max\_period}}$ 为满极限功率运行时间；ε 为受限界定阈值。

（9）超发概率。定义为统计周期内，所有 AGC 受控风电场发电功率之和超过 AGC 极限的样本数与总采样样本数之比。

$$\eta_{\text{exceed}}^{\text{cluster}} = \frac{1}{m} \sum_{j=1}^{m} s_j \quad (4-24)$$

其中

$$s_j = \begin{cases} 0 & \sum_{i=1}^{n} p_{i,j} \leqslant P_{\text{limit}} \\ 1 & \sum_{i=1}^{n} p_{i,j} \leqslant P_{\text{limit}} \end{cases} \quad (4-25)$$

式中：$\eta_{\text{exceed}}^{\text{cluster}}$ 为统计周期内风电集群超发概率。

4. 全网有功控制特性评价指标

（1）调峰受限概率。定义为调峰受限概率为统计周期内，上级调度下达调峰指令的时间样本数与总采样样本数之比。

$$\eta_{\text{peak}} = \frac{1}{m} \sum_{j=1}^{m} s_j \quad (4-26)$$

其中

$$s_j = \begin{cases} 0 & \text{电网未下达调峰指令} \\ 1 & \text{电网下达调峰指令} \end{cases} \tag{4-27}$$

式中：η_{peak} 为统计周期内调峰受限概率。s_j 为统计周期内第 j 个采样点的调峰受限状态，0 表示未受限，1 表示受限；m 为统计周期内电网有功控制采样点数量。

（2）调峰受限时段分布。定义为电网处于调峰时段的时间及时长概率分布。

（3）调峰受限时段增发电量。定义为调峰受限时段增发电量为统计周期内，全网所有风电场发电功率大于调峰基准功率值的发电量之和。

$$W_{\text{peak}} = \frac{T}{60} \sum_{i=1}^{n} \sum_{j=1}^{m} p_{i,j}^{\text{aug}} \tag{4-28}$$

其中

$$p_{i,j}^{\text{aug}} = \begin{cases} 0 & p_{i,j} \leqslant p_i^{\text{peakbase}} \\ p_{i,j} - p_i^{\text{base}} & p_{i,j} > p_i^{\text{peathbase}} \end{cases} \tag{4-29}$$

式中：W_{peak} 为统计周期内全网增发电量，MWh；$p_{i,j}$ 为统计周期内全网第 i 个风电场、第 j 个采样点的功率值，MW；p_i^{peakbase} 为统计周期内全网第 i 个风电场的调峰基准功率值，MW。$p_{i,j}^{\text{aug}}$ 为统计周期内全网第 i 个风电场、第 j 个采样点的增发功率值，MW；T 为风电场发电功率采样周期，min；n 为全网风电场数量。

（二）新能源有功控制运行特性分析

1. 风电机组有功控制特性分析

不同风电场采用的风电机组型号不尽相同，同一个风电场也有可能采用不同种类的风电机组。不同厂家、不同型号风电机组之间的性能存在着巨大的差异。这种差异会使得不同装机容量、不同型号占比的风电场形成每个场站独特的有功控制特性。A～C 型风电机组有功控制能力测试曲线如图 4-5～图 4-7 所示。

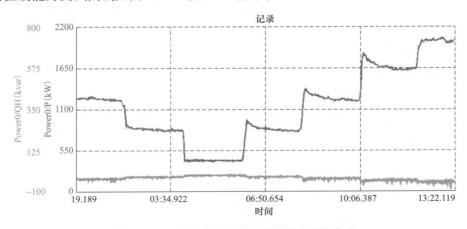

图 4-5　A 型风电机组有功控制能力测试曲线

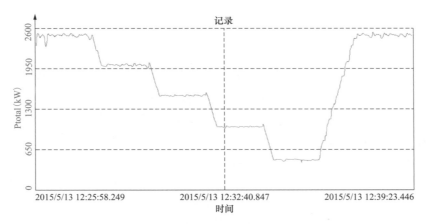

图 4 - 6　B 型风电机组有功控制能力测试曲线

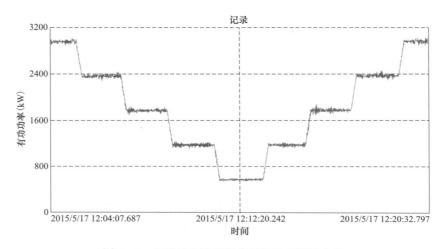

图 4 - 7　C 型风电机组有功控制能力测试曲线

由风电机组实测数据的对比可以看出，不同厂家对于速度与精度侧重点不同。A 型风电机组在控制调节时间、响应时间、通信时间上远低于其他两种风电机组，但其超调量也比较高。特别在图 4 - 5 中可以看到，A 型风电机组在跟踪有功控制指令时有超调现象，另外两种风电机组则与之相反。

2. 风电场有功控制特性分析

（1）风电场增发概率分析。增发概率为风力发电功率超过该风电场基准功率的概率。用以表征在有功控制系统的作用下，风电场相对于以基准发电功率为限所获得的额外发电机会的多寡。

2016 年场站增发概率为 15%～20%，差距相对较小。2017 年，A 地区各风电场增发概率与 2016 年相比略有下降，但与其他风电场站差距在逐渐缩小；B 地区风电场增发概率为10%～20%。2017 年 B 地区断面增发概率也略有下降，但与其他风电场间的差异也在缩小，说明随着风电场规模的增加，富裕发电指标在减少，同时风电场间竞争更加激烈。

月度增发概率表示风电场增发概率随时间维度的分布。风电场增发概率有着明显的季度性。1～5月、10～12月为风电场的增发高峰期，6～9月增发概率则相对较低。增发概率的季度性差异表明，增发机会与风能资源有着直接的关系。在一定范围内，风能资源越丰富，增发机会越多。

（2）增发电量与等效增发利用小时数分析。增发电量为风力发电功率超过该风电场基准功率部分的电量。其表征的是风电场在有功控制系统的调控下，将增发机会转化为实际电量的能力。整体上，增发电量与增发概率具有类似的趋势。A地区断面风电场的增发电量明显大于B地区断面。

等效增发利用小时数为各风电场增发电量与风电场容量的比值。相对于增发电量，等效增发利用小时数能更好地在同一尺度下，对各风电场的增发能力进行对比。A、B地区增发电量与等效增发利用小时数分别如图4－8和图4－9所示。与增发电量略有不同，某些增发电量较高的风电场，其等效增发利用小时数却没有达到与之匹配的数值。如A地区的场站6、场站9，B地区的场站2、场站3、场站9、场站10等。这种不匹配有可能是因为当地的风能资源量与风电场装机容量不匹配造成的。

图4－8 A地区增发电量与等效增发利用小时数

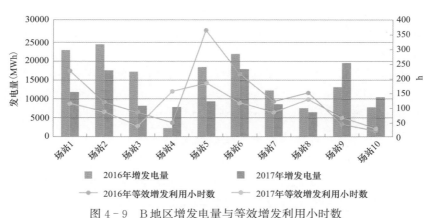

图4－9 B地区增发电量与等效增发利用小时数

2017 年与 2016 年相比，除少数风电场增发电量与等效增发利用小时数略高于 2016 年外，大部分风电场比 2016 年有不同程度的下降。

（3）风电场发电指标利用率。发电指标利用率是风电场实际发电量与指令发电量之比。可以表征风电场充分利用所配指标的能力。2016 年与 2017 年 A 地区、B 地区两断面发电指标利用率统计如图 4-10 和图 4-11 所示。

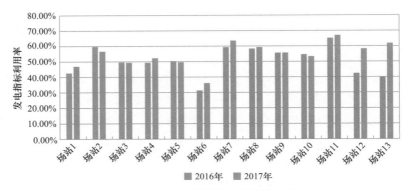

图 4-10　A 地区发电指标利用率

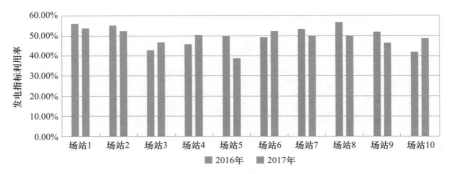

图 4-11　B 地区发电指标利用率

从整体来看，同一断面下，各风电场之间发电指标利用率的差异不大。从地理分布上来看也是如此，各风电场对各自发电指标的利用相对一致。2017 年与 2016 年相比，A 地区发电指标利用率略有提高，B 地区略有下降，但变化并不显著。而 A 地区断面下各风电场发电指标利用率比 B 地区断面高约 10%。

（4）风电场增发时段分布。增发时段分布为各风电场增发工况所在时间段的分布情况，是各场站增发能力在时间维度的综合表现。A 地区风电场增发的时段分布如图 4-12 所示，B 地区风电场增发的时段分布如图 4-13 所示。可见对于 A 地区而言，夜间增发的概率相对较高，而 B 地区增发概率在下午相对较高。

3. 风电集群有功控制特性分析

统计 2016～2017 年 A、B 地区风电集群有功控制特性，其中断面增发概率如图 4-14 所示，增发电量如图 4-15 所示，通道利用率如图 4-16 所示。

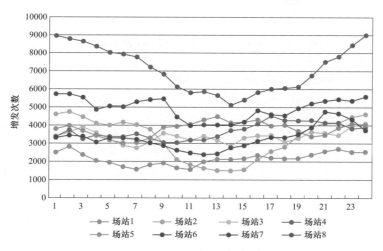

图 4-12　A 地区风电场增发时段分布

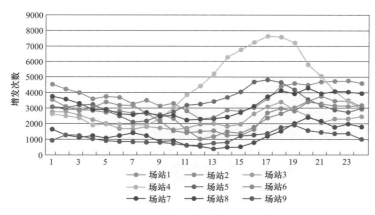

图 4-13　B 地区风电场增发时段分布

图 4-14　断面增发概率

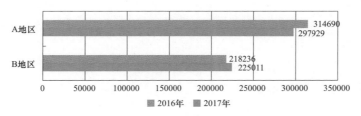

图 4-15　断面增发电量

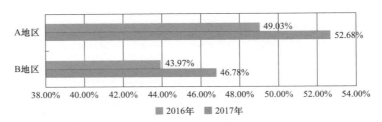

图 4-16　断面通道利用率

2017 年与 2016 年相比，断面增发概率有小幅增加。断面增发电量基本持平，A 地区、B 地区各有增减。断面通道利用率有所提高，约 3%；对于 A 地区，虽然增发电量略有下降，但其增发概率与通道利用率却有着不同程度的提高，说明各风电场的增发状态在时间维度上分布得更为均匀。

A 地区与 B 地区断面相比，增发情况明显大于 B 地区断面。尤其在增发电量方面，2016 年与 2017 年，A 地区断面增发电量比 B 地区断面分别多 31% 和 24%。

满通道利用概率为断面下风电场发电功率之和达到 AGC 极限的概率，如图 4-17 所示。在有功控制系统的控制下，A 地区满通道利用概率提高了 8.70%，B 地区满通道利用率提高了 6.45%，说明风电有功控制系统显著地提高了断面通道的利用效率和风电场的发电量，有效降低了弃风电量。

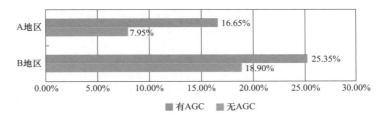

图 4-17　断面满通道利用概率

4. 地区间控制特性差异分析

由上述分析可以看到，无论风电场级还是断面整体对比，B 地区的增发情况总是显著地低于 A 地区。A、B 地区装机容量分别为 2341MW 与 1985MW，通道极限分别为 1100MW 与 950MW，装机容量与通道限值基本一致，但增发情况却有着明显差距。由图 4-18 可以看到，B 地区断面光伏发电量约为 A 地区光伏发电量的 2 倍。A 地区与 B 地区断面下风电场地理距离较近，风能资源禀赋不存在根本性差异。因此，在装机容量与通道极限相似的情况下，光伏发电与风电对输送通道的争抢可能是造成 A、B 地区增发情况存在较大差异的原因。

三、大规模新能源集群有功控制面临的新问题

随着光伏发电等新能源快速发展及电源结构的变化，新能源集群有功控制面临以下难题：

（1）风光资源特性迥异，随着光伏发电的迅速发展，风光同断面甚至风光同站的情况

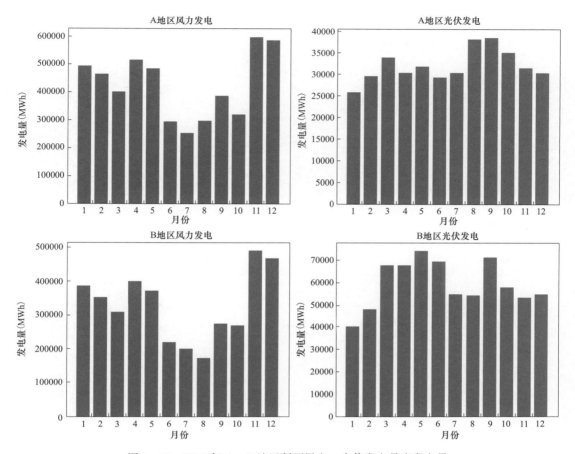

图 4-18　2017 年 A、B 地区断面风电、光伏发电月度发电量

越来越多，由于光伏发电受太阳辐照的制约，在夜间无法发电，因此在白天需合理设置光伏发电的权重系数，使得提升新能源场站发电效益的同时兼顾风电场与光伏电站之间的公平。

（2）随着新能源装机容量占比越来越高，系统调峰压力越来越大，新能源送出约束由单一断面安全约束逐渐过渡为调峰和断面约束并存，区域与全网的均衡难以协调统一。

选取 2015 年 1～12 月某地区 10 座风电场功率数据，总容量 1336.5MW，并对因线路故障造成为 0 的功率数据进行重构后得到各风电场相关基础信息。对各风电场出力按装机容量进行归一化处理，并构建相应概率分布曲线如图 4-19 所示。

同样选取 2015 年 1～12 月某地区 5 座光伏电站功率数据，总容量 185MW。并对因新并网调试未整场运行的功率数据进行处理后得到各光伏电站基础信息。对各光伏电站出力按装机容量进行归一化处理，并构建相应概率分布曲线如图 4-20 所示。较风电场而言，各光伏电站出力更趋一致性。

根据以上归一化数据，按照 B 地区风电装机容量 1888MW、光伏发电装机容量 384MW 的基数，模拟 B 地区相应风电、光伏发电出力数据，其中，B 地区通道容量为

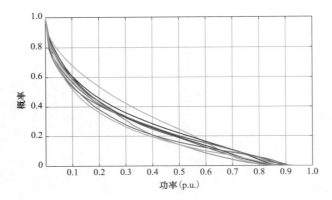

图 4-19　风电场归一化出力概率分布曲线

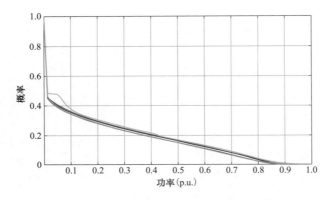

图 4-20　光伏电站归一化出力概率分布曲线

950MW，占风电、光伏发电总装机容量的 41.8%。计算得到在不考虑通道约束情况下，风电总出力的最大同时率为 0.846，光伏发电总出力的最大同时率为 0.898，风电、光伏发电总出力的最大同时率为 0.823。

对 B 地区风电、光伏发电总出力按装机容量进行归一化处理，并构建相应概率分布曲线，如图 4-21 所示。

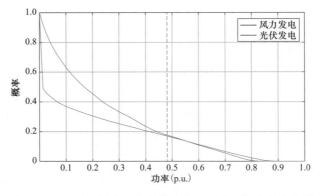

图 4-21　B 地区风电、光伏发电归一化出力概率分布曲线

图 4-21 中，概率分布曲线所围绕的面积等效于风电、光伏发电的理论发电量，当断面容量为红虚线时，在没有有功控制系统情况下，红虚线左边面积（8760h×装机容量）为实际发电量，红虚线右边面积等效于风/光的弃电量。同时可以看到，光伏发电大出力的概率大于风电。

随着通道容量增加，风电、光伏发电弃电率呈现下降趋势，但在同一通道容量/新能源装机比例下，光伏发电弃电率整体高于风电弃电率，如图 4-22 所示。

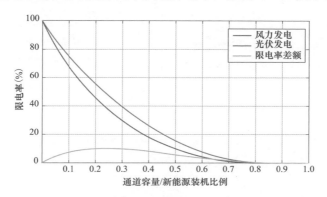

图 4-22　不同通道容量/新能源装机比例下弃电率情况

分别计算 B 地区每天风电总出力和光伏发电总出力的相关系数，并构建相关系数概率密度如图 4-23 所示。其中，风电、光伏发电出力负相关的天数为 202 天，占全年的 55.3%，即风电、光伏发电出力呈现较弱的互补性。

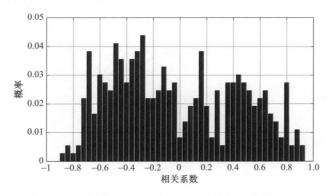

图 4-23　风力发电、光伏发电出力相关系数概率密度

第二节　基于多级协同的新能源集群有功均衡控制策略

一、新能源集群有功均衡控制架构

针对新能源集群面临的控制约束复杂、风电场和光伏电站特性差异大的问题，在现有基于发电指标动态调整策略的基础上进行改造。通过地区间和地区内两级优化，实现新能

源的最大化消纳。地区电网多级协同控制架构如图 4-24 所示。

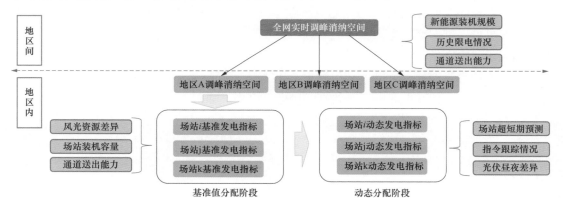

图 4-24　地区电网多级协同控制架构

（1）地区间优化分配。基于累计均衡指标的地区间调峰消纳空间动态分配策略，综合考虑各地区新能源装机规模、历史限电情况及通道送出能力将全网调峰空间逐级分解到各地区。

（2）地区内优化分配。"机会均等、鼓励竞争"的两阶段有功滚动优化控制策略，通过两阶段滚动优化，将地区发电指标分解到各场站。

每个分配阶段具有不同的优化计算周期，如图 4-25 所示。在 t_0 时刻，地区间优化策略统筹全网实时消纳空间，并结合新能源装机容量、通道送出能力，对各区域有功指令进行优化求解，此过程周期为 T_{region}。求解得到某区域有功指令后，将对其进行两阶段优化计算。

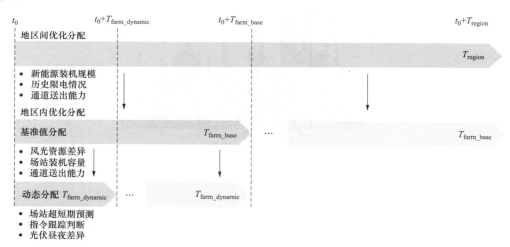

图 4-25　地区电网多级协同控制时序

第一阶段为地区内优化分配，优化周期为 T_{farm_base}，基于理论出力的弃电率均衡优化，将区域有功分配至各场站，保证了场站的基本发电权益。但在实际运行期间，各场站间的弃电率仍会存在差异。

第二阶段为动态分配阶段，优化周期为 $T_{\text{farm\_dynamic}}$，由于理论出力概率的第一阶段分配必然会出现偏差，为了更加充分地利用通道裕量，动态分配阶段采用鼓励竞争的方式，以场站超短期预测与场站对指令跟踪的偏差情况为依据进行动态分群，选择具备增发能力的场站，给予更多的发电指标，从而提高通道指标的利用率。

二、基于累计均衡指标的地区间调峰消纳空间动态分配策略

（一）限电均衡方式

为保障风电场、光伏电站的公平性，从利用小时数均衡、发电效益均衡和限电水平均衡三个角度进行了探讨，最终确定以限电水平均衡作为制定风光有功分配权重系数的目标函数。

1. 利用小时数均衡

根据各地区风电、光伏发电的最低保障收购年利用小时数分别确定其基准利用小时数 H_{wb} 和 H_{vb}。为保障风电、光伏发电的利用小时数均衡，其目标函数为

$$\min F = \min \left| \frac{Q_{\text{wf}}}{C_{\text{w}} H_{\text{wb}}} - \frac{Q_{\text{rf}}}{C_{\text{v}} H_{\text{vb}}} \right| \tag{4-30}$$

式中：Q_{wf}、Q_{vf} 分别为风电、光伏发电年发电量；C_{w}、C_{v} 分别为风电、光伏发电装机容量；H_{wb}、H_{vb} 分别为风电、光伏发电基准利用小时数，可分别设定为 2000、1400h。

利用小时数均衡模式下，无法合理设定风电、光伏发电的基准利用小时数，且对于不同地区存在资源不平衡的情况，较难满足公平性要求。

2. 发电效益均衡

发电效益均衡主要体现为单位装机容量风电、光伏发电产生发电效益的一致性，为保障风电、光伏发电的发电效益均衡，其目标函数为

$$\min F = \min \left| \frac{Q_{\text{wf}} p_{\text{w}}}{C_{\text{w}}} - \frac{Q_{\text{vf}} p_{\text{v}}}{C_{\text{v}}} \right| \tag{4-31}$$

式中：p_{w}、p_{v} 分别为风电、光伏发电上网电价。

发电效益均衡模式下，发电效益的影响因素众多，只考虑上网电价可能无法均衡各方利益，而考虑众多因素则不利于策略实施。

3. 限电水平均衡

限电水平均衡主要体现为风电、光伏发电资源利用率的一致性，为保障风电、光伏发电的限电水平均衡，其目标函数为

$$\min F = \min \left| \frac{Q_{\text{wq}}}{Q_{\text{wf}} + Q_{\text{wq}}} - \frac{Q_{\text{vq}}}{Q_{\text{vf}} + Q_{\text{vq}}} \right| \tag{4-32}$$

式中：Q_{wq}、Q_{vq} 分别为风电、光伏发电年限电量。

限电水平均衡模式下，对于资源不平衡的地区可以保持一视同仁，且操作简单、易于落实，因此以下从限电水平均衡角度确定风光有功分配权重系数。

（二）地区间调峰消纳空间动态分配策略

调峰约束下新能源消纳区域指令分配策略的目的是在以区域为单位的地区间合理分配

消纳空间，使得调峰约束下，如果不得不出现弃风，各地区弃电量的分配能够相对公平。

记第 i 个场站在 t 时刻的出力为 $x_{i,t}$，则消纳空间分层优化的优化模型可以表示为

$$\max \sum_{i=1}^{N} x_{i,t} - \sum_{i=1}^{N} |x_{i,t} - x_{i,t-1}| \qquad (4-33)$$

$$\sum_{t=1}^{N} x_{i,t} \leqslant M_t \qquad (4-34)$$

$$x_{i,t} \leqslant P_{i\max} \qquad (4-35)$$

$$\max\left[\left(\sum_{j=1}^{t-1} x'_{i,j} + x_{i,t}\right)\bigg/\sum_{j=1}^{t} P_{i,j}^{Th}\right] - \min\left[\left(\sum_{j=1}^{t-1} x'_{i,j} + x_{i,t}\right)\bigg/\sum_{j=1}^{t} P_{i,j}^{Th}\right] \leqslant \varepsilon \qquad (4-36)$$

式（4-33）为优化目标函数，前项为第 i 个场站出力的最大化约束，后项为周期间指令变化惩罚函数。式（4-34）～式（4-36）分别为调峰约束、断面约束及累计弃电率偏差约束，ε 为给定阈值，是一个常数。N 表示需要进行有功分配的区域数量。由于采用弃电率偏差最小为约束条件，在求解过程中，会在阈值区间内出现无穷多组可行解。为此，在最大化消纳目标函数中加入指令变化惩罚函数，使得周期调峰指令变化尽量小的同时，解决了迭代求解过程中的多解问题。要解这个优化问题，可以使用拉格朗日乘子法，将优化问题转化为求如式（4-37）所示的拉格朗日函数的最小值。

$$L = -\left[\max \sum_{i=1}^{N} x_{i,t} - \sum_{i=1}^{N} |x_{i,t} - x_{i,t-1}|\right] + \lambda_1\left(\sum_{i=1}^{N} x_i - M_t\right) +$$

$$\lambda_2\left\{\max\left[\left(\sum_{j=1}^{t-1} x'_{i,j} + x_{i,t}\right)\bigg/\sum_{j=1}^{t} P_{i,j}^{Th}\right] - \min\left[\left(\sum_{j=1}^{t-1} x'_{i,j} + x_{i,t}\right)\bigg/\sum_{j=1}^{t} P_{i,j}^{Th}\right] - \varepsilon\right\} \qquad (4-37)$$

式中：λ_1、λ_2 分别为两不等式约束的系数。由式（4-38）所示的方程组可知，消纳空间分层优化模型满足卡罗需—库恩—塔克（Karush-Kuhn-Tucker，KKT）条件

$$\begin{cases} \dfrac{\partial L}{\partial x_i} = 0, \ i = 1, \cdots, N \\[2mm] \dfrac{\partial L}{\partial r} = 0 \\[2mm] \lambda_1\left(\sum_{i=1}^{N} x_i - M_t\right) = 0, \ \lambda_1 \geqslant 0 \\[2mm] \lambda_2(x_i - P_{i\max}) = 0, \ \lambda_2 \geqslant 0 \end{cases} \qquad (4-38)$$

（三）实际应用效果

根据接入通道情况，有功控制系统中将可再生能源场站分成 5 个场站群，其中 4 个场站群受断面约束。图 4-26 为 2016 年 11 月某天全网发电指标和 5 个场站群有功功率曲线。

0：00～6：00，随着负荷不断下降，可再生能源进入调峰限电时段。为充分利用调峰空间，有功控制系统滚动计算可再生能源发电指标，并按相应权重系数分配给 5 个场站群。

例如，1：30 时刻计算全网发电指标为 3980MW，根据相应权重系数计算场站群 1 和

场站群 2 应分配发电指标为 1336MW 和 1212MW，均大于所属通道最大消纳能力，因此其发电指标修正为 1000MW 和 950MW；但场站群 2 由于资源原因场站功率上调能力不足，因此再次根据前一周期实际功率修正其发电指标为 791+2670×0.05MW＝925MW，剩余发电指标按权重系数进行跨场站群转移。表 4-2 为 1：30 时刻可再生能源发电指标分配情况，其中装机容量、通道容量为电网已知条件；权重系数每月计算一次。

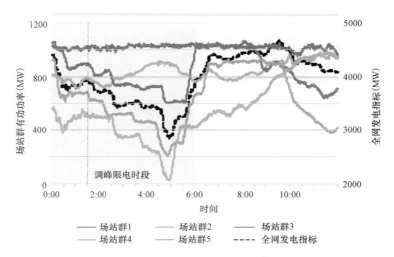

图 4-26　各可再生能源场站群（区域）有功功率曲线

表 4-2　　　　　　　　　各场站群可再生能源发电指标分配情况

群组	装机容量（MW）	通道极限（MW）	11 月权重系数	前一周期实际功率（MW）	发电指标初次分配（MW）	发电指标最终分配（MW）
场站群 1	2820	1000	4.28	1032	1000	1000
场站群 2	2670	950	4.10	791	950	925
场站群 3	1920	1000	3.04	907	917	928
场站群 4	1350	900	2.85	638	604	612
场站群 5	3240	—	1.00	518	509	515

　　图 4-27 所示为弃电时段，即 0：00～6：00，所提策略较原有策略可再生能源增发效果。原有策略在保留一定安全裕度的情况下，按照装机容量比例分配发电指标，且通过人工方式下发调峰指令曲线，指令下发次数有限且调节幅度较大，不利于可再生能源消纳；所提策略实时监视全网调峰能力，动态分解可再生能源发电指标，实现场站有功指令优化配置，提升了可再生能源消纳的广度和深度，当天调峰弃电期间，所提策略较原有策略增加可再生能源消纳 1088MWh。

　　此外，通过发电指标在断面下各场站间优化转移，保障断面安全稳定运行的同时，有效提高断面通道利用率，在新能源大发时段，通道利用率达到 98% 以上。

　　2015 年和 2016 年各场站群累计弃电率对比情况如图 4-28 所示。2015 年，有功控制系统按照装机比例分配可再生能源发电指标，受不同场站群接入断面受限程度的影响，各场站群年弃电率偏差较大，对于断面约束严重的场站群 1 弃电率达 15.4%，而没有断面约束的场站群 5 弃电率仅为 4.0%；2016 年有功控制系统应用本策略后，给各场站群配置合理权重系数，各场站群年弃电率偏差仅为 1.9%。其中，对于仍存在弃电率偏差的问题，一方面是由于可再生能源发电存在较大的不确定性，基于风光资源配置权重系数的方法不能实现无差控制；另外一方面是由于该省电网调峰弃电时段不长，符合优化配置场站群发电指标的条件有限。

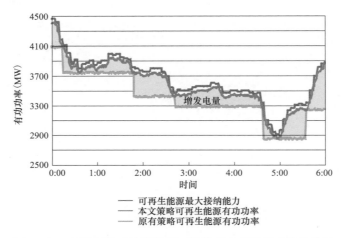

图 4-27　新能源有功协调控制二阶段动态分配策略增发效果

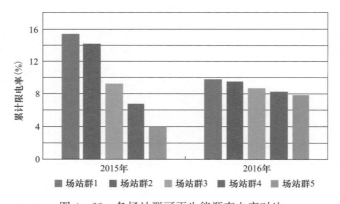

图 4-28　各场站群可再生能源弃电率对比

　　图 4-29 展示了考虑均衡性有功控制策略的结果，该图为 2016 年可再生能源场站群 3 所属风电场和光伏电站累计弃电率对比情况。策略投运之初缺少足够数据积累，所设定的权重系数与资源不匹配，风光资源弃电率存在 3.1% 的偏差。但随着系统运行数据的积累、逐月滚动修正优化风光权重系数后，年底风光弃电率偏差仅为 0.1%。

三、基于两阶段滚动优化的多场站有功协调控制策略

(一)"机会均等、鼓励竞争"的控制原则

　　由于风电和光伏发电特性在时间尺度上有较大差异，且同类型新能源场站调节性能也存在较大差异。在风光等新能源集中接入地区，调度既要尽可能多的消纳新能源电力，又要遵循"三公"调度的基本原则。在实际运行中，新能源消纳空间最大化利用这一目标可以有无穷多个出力组合方式实现，整体效率和个体公平存在一定协调优化的空间。

　　从提升消纳的角度来看，发电指标应尽可能分配给那些资源丰富、具有稳定出力能力和调节能力的场站，但该原则显然欠缺公平性，尤其是处于风速场下游、受局部小气候影响资源条件差的场站难以获得发电指标，甚至可能影响基本保障小时数的实现。

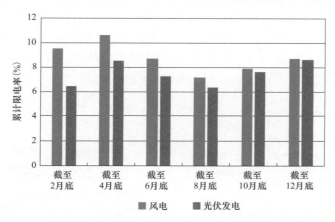

图 4-29　场站群 3 风电和光伏发电弃电率对比

　　从公平性角度出发，如按照装机容量平分发电指标在实际应用中最为常见，但容易造成可消纳潜力（发电指标）的浪费。部分资源条件差、调节较慢的场站可能无法完成自身发电指标，不利于提升消纳。

　　针对上述问题，可采用"机会均等、鼓励竞争"的两阶段有功滚动优化控制策略，该策略将新能源有功控制分为两个阶段，其基本逻辑如图 4-30 所示。

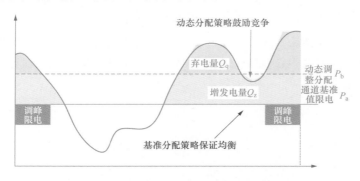

图 4-30　两阶段有功滚动优化控制基本逻辑

　　（1）基准分配阶段。基准分配阶段确定各场站基本发电空间，这是该场站参与全网新能源有功控制自然具备的发电权利。以发电效率最大化为目标兼顾各场站弃电率均衡，根据各场站理论出力概率密度函数确定各场站权重系数，进而设定各发电单元（场站或集群）的发电基准值，分配对象为实时调峰约束与断面确定的实时接纳空间。各发电单元在没有收到增发指令时，出力不得超过该基准值。

（2）动态分配阶段。当电网实时接纳空间出现富裕时，通过动态分配环节二次分配，鼓励控制性能好的场站优先占用富裕指标。通过这一阶段，发电指标可在集群与集群之间、场站与场站之间、风电与光伏发电之间转移，保证电网的消纳能力得到最大利用；那些资源较好、控制特性较好的风电场、光伏电站或其集群将获得更多的发电机会，从而鼓励发电单元通过技术改进提升发电能力，获取更多的发电指标。

在基准分配阶段，以发电效率最大化为目标兼顾各场站弃电率均衡，根据各场站理论出力概率密度函数确定各场站权重系数；动态分配阶段鼓励控制性能好的场站优先占用富裕指标，基于场站超短期预测、上周期指令跟踪情况进行场站分群，实时分配电网接纳空间，取代现有判断增发能力的方法，可有效提高有功控制的效率。两阶段有功滚动优化的策略流程如图 4 - 31 所示。

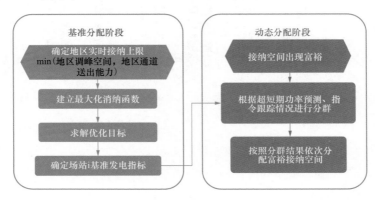

图 4 - 31　两阶段有功滚动优化控制策略

（二）基准分配阶段

记不受限的新能源出力为一个随机变量 X_{w_i} ，若基准值上限为 x_i ，则新能源实际出力也为随机变量，具体值为 $\min(X_{w_i}, x_i)$ 。对新能源实际出力这一随机变量求期望，即得到在这一较长时间尺度内新能源平均实际出力。于是基准值分配的目标——最大化新能源消纳，可以表示为

$$\max \sum_{i=1}^{N} E[\min(X_{w_i}, x_i)] \qquad (4-39)$$

计算基准值分配上限的优化问题以式（4-39）为优化目标，约束条件包括如式（4-40）、式（4-41）所示的限电公平性约束

$$\sum_{i=1}^{N} x_i \leqslant M \qquad (4-40)$$

$$\left| \frac{E[\min(X_{w_i}, x_i)]}{E[X_{w_i}]} - \frac{E[\min(X_{w_j}, x_j)]}{E[X_{w_j}]} \right| < \varepsilon, i \neq j \qquad (4-41)$$

式中：M 为区域实时有功上限；N 为区域内新能源场站数量；ε 为阈值，保证式中两项足够接近。

式（4-41）所示的限电公平性约束是新能源出力概率形式表达。要解这个优化问题，可以使用拉格朗日乘子法，将优化问题转化为求如式（4-42）所示的拉格朗日函数的最小值。

$$L = -E\left[\sum_{i=1}^{N} \min(X_i, x_i)\right] + \lambda\left(\sum_{i=1}^{N} x_i - M\right) + \sum_{i=1}^{N} \mu_i \left\{\frac{E[\min(X_i, x_i)]}{E[X_i]} - r\right\}$$

(4-42)

式中：λ、μ 分别为为了应对不等式约束和等式约束的系数；r 为区域各自的弃风率，是一个常数。

由 KKT 条件，最优值满足式（4-43）所示的方程组

$$\left.\begin{aligned} &\frac{\partial L}{\partial x_i} = 0, i = 1, \cdots, N \\ &\frac{\partial L}{\partial r} = 0 \\ &\frac{E[\min(X_i, x_1)]}{E[X_i]} = r \\ &\lambda\left(\sum_{i=1}^{N} x_i - M\right) = 0, \lambda \geqslant 0 \end{aligned}\right\}$$

(4-43)

计算式（4-43）的微分形式如式（4-44）所示

$$\left.\begin{aligned} &\frac{\partial L}{\partial x_i} = \lambda + \left[\frac{\mu_i}{E(x_i)} - 1\right]\frac{\partial E[\min(X_i, x_i)]}{\partial x_i} \\ &\frac{\partial L}{\partial r} = -\sum_{i=1}^{N} \mu_i = 0 \end{aligned}\right\}$$

(4-44)

其中，$E[\min(X_i, x_i)]$ 可以表示为

$$E[\min(X_i, x_i)] = x_i + \int_0^{x_i} (x - x_i) f_i(x) dx$$

(4-45)

式中，$f_i(x)$ 表示的是片区 i 的风电出力的概率密度函数。因此式（4-45）所示的期望形式对 x_i 求偏导的结果可以化简，如式（4-46）所示

$$\frac{\partial E[\min(X_i, x_i)]}{\partial x_i} = 1 + x_i f_i(x_i) - x_i f_i(x_i) - F_i(x_i) = 1 - F_i(x_i) \quad (4-46)$$

将式（4-46）代入式（4-44）可得

$$\frac{\partial L}{\partial x_i} = \lambda + \left[\frac{\mu_i}{E(x_i)} - 1\right][1 - F_i(x_i)] = 0$$

(4-47)

若其中的 λ 为 0，则如式（4-48）所示的关系，即

$$\mu_i = E(x_i) > 0, \quad i = 1, \cdots, N$$

(4-48)

这与式（4-44）中 $-\sum_{i=1}^{N} \mu_i = 0$ 矛盾。于是可知 λ 不等于 0，也就是说，在将所有调峰容量不做保留地分配给全部下属片区时取得最优解。于是式（4-43）可以转化为方程组

$$\left.\begin{aligned} &x_1 + \cdots + x_N = M \\ &E[\min(X_{w_i}, x_i)] - E(X_{w_i})r = 0, \quad i = 1, \cdots, N \end{aligned}\right\}$$

(4-49)

写成矩阵形式如式（4-50）所示

$$V[x^{(\text{iter})}] = \begin{bmatrix} \sum_{i=1}^{N} x_i - M \\ E[\min(X_{w_1}, x_1)] - E(X_{w_1})r \\ E[\min(X_{w_N}, x_N)] - E(X_{w_N}) \end{bmatrix} \qquad (4-50)$$

方程组包含对于期望的计算，而计算期望时需要对非线性的概率分布进行积分运算，因此是一个非线性方程组。使用牛顿迭代法解该方程组，迭代过程为

$$x^{(\text{iter}+1)} = x^{(\text{iter})} - \{V'[x^{(\text{iter})}]\}^{-1} V[x^{(\text{iter})}] \qquad (4-51)$$

其中

$$x^{(\text{iter})} = \begin{bmatrix} x_1 \\ \vdots \\ x_N \\ r \end{bmatrix}$$

$V'[x^{(\text{iter})}]$ 指的是雅克比矩阵，可以通过 $V[x^{(\text{iter})}]$ 求偏导获得，求得的雅克比矩阵如式（4-52）所示

$$V'[x^{(\text{ikr})}] = J = \begin{bmatrix} 1 & 1 & \cdots & 1 & 0 \\ 1-F_1(x_1) & 0 & \cdots & 0 & -E_1 \\ 0 & 1-F_2(x_2) & \cdots & 0 & -E_2 \\ \vdots & \vdots & \ddots & \vdots & \vdots \\ 0 & 0 & \cdots & 1-F_N(x_N) & -E_N \end{bmatrix} \qquad (4-52)$$

其中，$E_i = E[\min(X_{w_i}, x_i)]$，且 $F_i(x_i)$ 表示第 i 个区域风电理论出力的累积概率密度分布，记为

$$F_i(x_i) = P(X_{w_i} \leqslant x_i) \qquad (4-53)$$

此雅克比矩阵非奇异，可以解出其逆矩阵的具体形式，记为

$$\{V'[x^{(\text{ier})}]\}^{-1} = P = \{P_{j,k}\} \qquad j,k = 1,\cdots,N+1 \qquad (4-54)$$

其中，$P_{j,k}$ 的具体形式如式（4-55）~式（4-58）所示

$$P_{j,1} = \frac{\dfrac{E_j}{1-F_j(x_j)}}{\displaystyle\sum_{i=1}^{N} \dfrac{E_i}{1-F_i(x_i)}} \qquad j=1,\cdots,N \qquad (4-55)$$

$$P_{N+1,1} = \frac{1}{\displaystyle\sum_{i=1}^{N} \dfrac{E_i}{1-F_i(x_i)}} \qquad (4-56)$$

$$P_{N+1,k} = \frac{-1}{[1-F_{k-1}(x_{k-1})]\left[\displaystyle\sum_{i=1}^{N} \dfrac{E_i}{1-F_i(x_i)}\right]} \qquad k=2,\cdots,N \qquad (4-57)$$

$$P_{j,k} = \begin{cases} \dfrac{\displaystyle\sum_{i=1}^{N}\dfrac{E_i}{1-F_i(x_i)} - \dfrac{E_{j-1}}{1-F_{j-1}(x_{j-1})}}{\left[1-F_{k-1}(x_{k-1})\displaystyle\sum_{i=1}^{N}\dfrac{E_i}{1-F_i(x_i)}\right]}, j=k-1 \\[4em] \dfrac{-\dfrac{E_{j-1}}{1-F_{j-1}(x_{j-1})}}{\left[1-F_{k-1}(x_{k-1})\displaystyle\sum_{i=1}^{N}\dfrac{E_i}{1-F_i(x_i)}\right]}, j\neq k-1 \end{cases} \quad j,k=2,\cdots N+1 \quad (4-58)$$

综合以上分析可知，式（4-51）所示的迭代形式可以具体写为如式（4-59）所示的迭代形式

$$\bm{x}^{(\text{iter}+1)} = \bm{x}^{(\text{iter})} - \bm{P}\left[x^{(\text{iter})}\right] \cdot \bm{V}\left[x^{(\text{iter})}\right] \tag{4-59}$$

（三）动态分配阶段

基准值分配之后，基本的均衡发电权益得到了保障，然而区域通道余量、调峰容量的余量仍然需要通过进一步的动态分配下分给各场站，从而提高风电和光伏的利用率，减少弃风、弃光，促进可再生能源的消纳。

为此需要将此指令下发至区域内的风电和光伏发电。在下发具体指令的时候，需要考虑区域内风电和光伏发电集群的出力基准值，为了保证区域内部风电和光伏发电出力的公平性，在日间，也就是风电和光伏发电均有非零出力的时候，指令值最低不能低于风电和光伏发电在基准值分配中算出的出力基准值。在夜间，也就是当光伏发电无法出力时，将根据通道剩余电量进行动态分配后的区域指令值全部分给风电，将光伏发电的指令值设为0。

目前现行的动态分配方法在初始时刻以基准值作为每个场站的指令，要求每个场站的出力不得高于指令值。接下来考察指令值完成情况，将成功完成指令的具有增发能力的场站列为增发电量的候选对象，对于这些候选对象，按照它们的装机容量分配当前通道的可增发量。对于这些有增发能力的候选区域，下一时刻的指令值为增发功率加上基准值；而对于其他对象，在下一时刻的指令值设为在当前出力的基础上试探性地增加。另外，所有场站的指令值均不小于场站基准值，从而可以保证其基本发电权益。

这种动态有功分配方法虽然能够有效提高通道利用率，但是在分配通道余量阶段仅考虑各个场站的风电装机容量，而并没有考虑指令值需要平衡场站之间的弃风率，因此分配结果会带来一定的弃风不公平性。特别地，当对于风电功率出力的实际概率密度大幅度偏离计算基准值时所用的概率密度时，基准值计算不准带来的弃风率不公平问题无法通过动态有功分配方法加以校正，甚至经过动态分配后不公平的现象可能会更为严重。

因此必须改进现有的动态分配方法，综合考虑当前的弃风不平衡性，进行通道余量的分配。

改进的动态分配阶段，根据新能源场站超短期功率预期、指令跟踪情况将场站分为四类，见表4-3。依次将富裕消纳空间分配给各类场站；同时，考虑光伏电站出力随辐照度变化的规律，基于历史运行数据提炼光伏场站出力最大包络线（见图4-32），作为光伏电站参与发电指标分配时的基准容量。考虑功率预测的有功动态分配策略如图4-33所示。

大规模风电接入弱电网运行控制技术

表 4 - 3   动态分配阶段场站分群原则

	功率变化趋势	指令跟踪情况
Ⅰ类新能源场站	超短期预测大于当前值	指令偏差小于死区
Ⅱ类新能源场站	超短期预测大于当前值	指令偏差大于死区
Ⅲ类新能源场站	超短期预测小于当前值	指令偏差小于死区
Ⅳ类新能源场站	超短期预测小于当前值	指令偏差大于死区

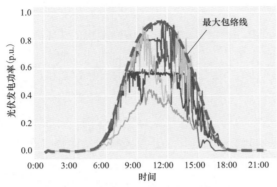

图 4 - 32 光伏出力最大包络线

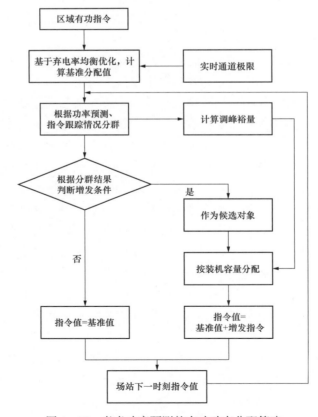

图 4 - 33 考虑功率预测的有功动态分配策略

（四）实际应用效果

1. 风电场基本情况

选择某地区三个相距较远的风电场 A、B、C 的 2015 年出力实测数据中验证满足电网调峰需求的改进型有功分配策略。三座风电场装机容量见表 4-4。

表 4-4　　　　　　　A、B、C 风电场 2015 年装机容量

风 电 场	2015 年装机容量（MW）
A	95
B	150
C	183

为了方便比较这三个装机容量不等的风电场的风电出力特性，将这三个风电场视为三个片区，首先将它们按照各自装机归一化至 [0，1] 区间。归一化后，三个风电场各自的累积概率密度函数曲线如图 4-34 所示，可以看出 B 风电场的累积概率密度函数末端斜率仍然很大，也就是 B 风电场经常接近满发。而 C、A 风电场的归一化后累积概率密度函数曲线的末端较为平滑，也就是它们很少出现满发或接近满发的情况，风能资源状况相对较差。另外，由于三个风电场之间有一定的距离，地理环境有一定的差异，他们的风能资源状况也不太相同，因此所示的风电出力累积概率密度函数曲线形态也有一定的差异。

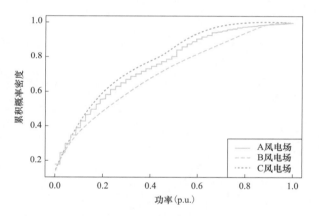

图 4-34　三个风电场 2015 年全年出力概率密度分布函数

2. 传统有功控制策略的控制效果

（1）基准值计算结果。由于算例中三个风电场的累积概率密度函数差异很大，如果仅按照容量划分基准值，则很容易出现按照基准值划分的调峰容量在区域间不均衡现象，难以保证基本发电权益的公平性。分析不同调峰上限时三个风电场的基准值变化情况，如图 4-35 所示。

可以看出，由于三个风电场的出力累积分布函数（Cumulative Distribution Function，CDF）形状差异大，按照容量分配的基准值与考虑均衡性的优化问题算出的基准值差异明显，尤其是在调峰容量为 200～250MW 的情况下，可以明显看出 B、C 风电场按照容量和按照区域均衡性划分的基准值分配结果相差较远。由于 A 风电场装机容量较小，而图 4-37 所示的基准值分配结果没有进行归一化，所以 A 风电场按照

装机容量和按照区域均衡性解优化问题划分出的基准值分配结果看起来相差较其他两个风电场较小。

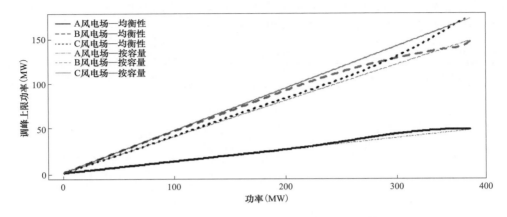

图 4-35 不同调峰上限时三个风电场的基准值

（2）弃风率比较。得到基准值后，若没有动态分配这一步骤，仅按照基准值作为静态分配阶段的出力上限，可以计算出各个片区的出力上限。分别比较不同调峰容量的情况下，按照容量划分基准值和考虑均衡性解优化问题进行静态的调峰容量划分这两种情况下的基准值分配阶段弃风率之间的差异，如图 4-36 所示。

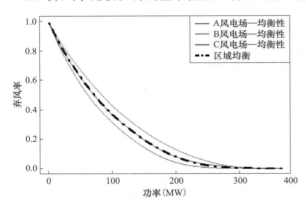

图 4-36 调峰上限与弃风率的关系

由图 4-36 中可以看出，在调峰上限处于中等水平的情况下，如调峰上限处于 100～200MW 时，若单纯按照容量进行基准值的划分，

所得的三个风电场的弃风率之间差异较为明显，区域之间明显调峰容量分配不均，公平性明显得不到保证。如果考虑区域之间的均衡性，通过解优化问题求解基准值，则可以解决这一问题，获得三个区域完全相等的弃风率，公平性得到了保障。

3. 改进型有功控制策略控制效果对比

虽然第一阶段分配时进行基准值的划分可以保证各个片区发电基本权益的公平性，然而若不进行第二阶段的动态电量增发，则弃风率仍然会比较高，虽然达到了公平，但是发电效率比较低。因此还需要进行动态分配从而降低整体弃风率、提高风电利用率至关重要。

动态分配的基础是第一阶段的基准值分配，基准值分配不仅限定了片区的发电权益，也决定了动态分配阶段可供分配的调峰余量。因此，不同的基准值分配策略计算出的不同基准值分配结果不可避免地会对动态分配之后的弃风率等指标造成影响。比较两种基准值分配策略对于动态分配的影响：按照容量分配基准值和考虑区域均衡性按照累积概率密度函数曲线进行基准值划分，然后采取现行动态分配方法这种比较简便易行的动态分配方法，比较区域发电率［式（4－60）］如图4－37所示。

$$发电率＝1－弃风率 \tag{4-60}$$

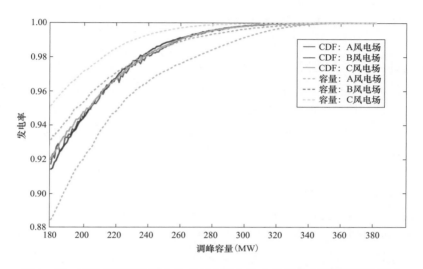

图4－37　不同基准值分配方法对三个风电场动态分配之后弃风率的影响

从图4－37中可以看出，若采用按照容量划分基准值的方法之后再进行动态分配，则三个风电场的弃风率在调峰上限低于320MW时差异非常明显，甚至在调峰容量比较低时候，如在调峰容量为180MW时，最多会出现7％的弃风率的区别。然而，若采用按照累积概率密度函数曲线进行基准值划分的第一阶段分配策略，然后进行动态分配，则三个风电场弃风率差别始终较小，图4－37的三条实现基本上重叠，公平性较好。

第三节　新能源场站有功控制性能测试及优化

一、新能源场站控制性能技术要求及现场测试

（一）新能源有功功率控制性能技术要求

1. 风电机组有功功率控制性能要求

风力发电机组应具备有功功率控制能力，接收并自动执行风电场下发的有功功率指令。

GB/T 18451.1—2012《风力发电机组　设计要求》规定：风力发电机组应具备主动或被动的方式控制风力发电机组的运行方式，并使风力发电机组的功率运行在正常范围内。NB/T 31003—2011《大型风电场并网设计技术规范》规定：风力发电机组应具有有

功功率控制能力，接收并自动执行风电场发送的有功功率控制信号；当风力发电机组有功功率在额定出力的 20% 以上时，其应具备有功功率连续平滑调节的能力；风力发电机组应具有就地和远端有功功率控制的能力。

IEC 61400—21《Measurement and assessment of electrical characteristics Wind turbines》和 NB/T 31078—2016《风电场并网性能评价方法》规定了风电机组的有功功率控制性能检测方法和评价指标，通过下发调节指令验证风电机组的有功功率调节性能，制定控制精度、超调量、响应时间等技术指标来评价风电机组的有功功率控制性能。

风电机组有功功率控制性能的指标和评价方法如下：

（1）风电机组有功功率设定值控制允许的最大偏差不超过风电机组额定功率的 5%。

（2）风电机组有功功率设定值控制超调量不超过风电机组额定功率的 10%。

（3）$\Delta P=0.2P_N$（P_N 为风电机组额定功率）时，响应时间不超过 10s；$\Delta P=0.8P_N$，响应时间不超过 30s。ΔP 为上一个有功功率设定值与下一个设定值的绝对差值。

2. 风电场有功功率控制性能要求

GB/T 19963—2011《风电场接入电力系统技术规定》规定：风电场应配置有功功率控制系统，具备有功功率调节能力；当风电场有功功率在总额定出力的 20% 以上时，对于场内有功出力超过额定容量的 20% 的所有风电机组，能够实现有功功率的连续平滑调节，并参与系统有功功率控制；风电场应能够接收并自动执行电力系统调度机构下达的有功功率计有功功率变化的控制指令，风电场有功功率及功率变化应与电力系统调度机构下达的给定值一致。

在测试工况方面，NB/T 31078—2016《风电场并网性能评价方法》推荐的有功阶跃测试工况如图 4-38 所示。在性能指标方面，NB/T 31078—2016《风电场并网性能评价方法》规定：风电场有功功率设定值控制允许的最大偏差不超过风电场装机容量的 5%；风电场有功功率控制系统响应时间不超过 120s；有功功率控制系统超调量 σ 不超过风电场装机容量的 10%。

（二）风电场有功控制性能现场测试

1. 现场测试接线及要求

风电场有功、无功控制能力测试主要采集信号包括：

（1）风电场并网点三相电压、三相电流信号。

（2）风电机组并网开关三相电压、三相电流信号。

（3）无功补偿装置并网开关三相电压、三相电流信号。

风电场有功、无功控制能力测试接线示意图如图 4-39 所示。在试验接线时应避免电压互感器（TV）二次侧短路，电流互感器（TA）二次侧开路。

现场测试设备接线信息见表 4-5。

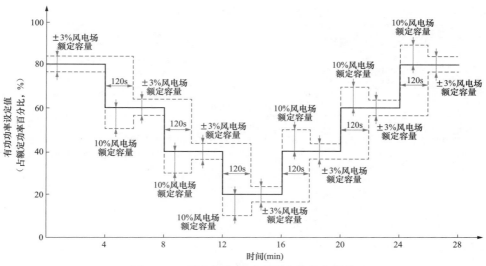

图 4-38 风电场有功功率设定值指令调节

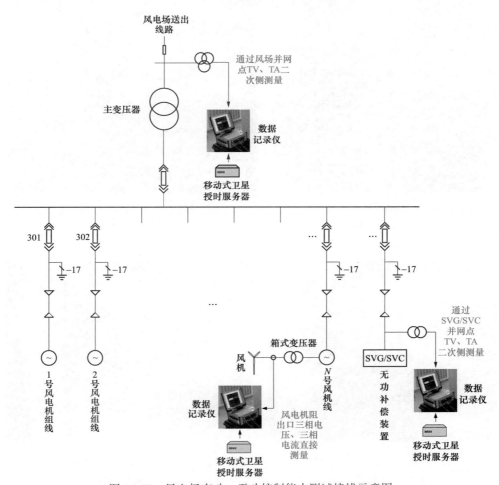

图 4-39 风电场有功、无功控制能力测试接线示意图

表 4-5　　　　　　　　　　风电场有功/无功控制能力测试接线信息表

序号	被测对象	测量地点	测 量 方 式
1	风电场并网点	电站二次设备间，风电场并网开关测量 TV、TA 二次端子排	三相电压通过电压测试线将 TV 二次端子与测试设备相连（见图 4-40）。 三相电流通过电流卡钳将 TA 信号转换为电压信号后与测试设备相连（见图 4-41）
2	风电机组并网点	风电机组就地并网开关	三相电压直接在风电机组并网开关母排上测量（见图 4-42）。 三相电流通过柔性电流钳在并网开关母排上测量（见图 4-43）
3	无功补偿装置并网点	电站二次设备间，无功补偿装置并网开关测量 TV、TA 二次端子排	三相电压通过电压测试线将 TV 二次端子与测试设备相连（见图 4-40）。 三相电流通过电流卡钳将 TA 信号转换为电压信号后与测试设备相连（见图 4-41）

图 4-40　二次设备间 TV 端子信号
测量点及接线方式

图 4-41　二次设备间 TA 端子信号
测量点及接线方式

图 4-42　风电机组就地并网开关三相电压
测量点及接线方式

图 4-43　风电机组就地并网开关三相电流
测量点及接线方式

2. 测试内容

风电场有功、无功控制能力测试内容见表 4-6。

表 4-6　　　　　　　　　　　风电场有功、无功控制能力测试内容

序号	试验项目	测试目的	试 验 内 容
1	风电场有功功率控制能力测试	测试风电场有功功率控制系统的控制性能是否满足标准要求	测试风电场有功功率变化率是否满足标准要求；测试风电场的有功功率控制系统的控制性能，包括控制精度、超调量、响应时间等
2	风电场无功控制能力测试	测试风电场无功功率控制能力	将风电场无功电压控制系统设定为无功指令控制模式，按照不同设定值下发控制指令，测试风电场的无功功率控制精度、调节时间
3	风电场电压控制能力测试	测试风电场电压控制能力	将风电场无功电压控制系统设定为电压指令控制模式，按照不同设定值下发控制指令，测试风电场的无功功率控制精度、调节时间

（三）新能源场站有功功率控制存在的问题

1. 场站控制性能尤其是控制精度水平偏低

新能源电站控制的精度和速度根本达不到理论仿真效果，甚至相差巨大，尤其对于结构复杂、机组众多的大型新能源电站。这是因为多种异构电源联合控制必然存在控制特性的差异，造成调节速度和控制精度的不同。随着新能源电站的机组种类和数量增加，控制分层增加，会造成机组的调节特性发挥不出来，电站控制目标达不到，进而造成新能源联合电站有功控制的响应迟滞"拖尾现象"。

2. 场站控制系统组态类型多样化，问题环节不能快速锁定

由于我国新能源行业不重视电站自动控制系统技术研发、产品技术标准空白，实际各新能源电站运行的场站控制系统厂家众多、型号庞杂、性能差异大，尤其出现多厂家的分系统共同构成场站有功控制系统，多系统的协调控制问题同样制约了场站控制性能。当出现场站有功控制性能劣化问题，由于现场的新能源场站控制系统多由多个子系统组合而成，现有的测试方法和优化策略无法准确、快速地锁定问题环节。

3. 应对复杂群体性响应特性的有功控制优化策略有待改进

目前针对新能源场站的有功控制性能标准主要涉及并网点的控制性能，一旦并网点的控制精度和调节时间无法达到要求，场站内部的设备性能或协调控制策略可能存在缺陷。

新能源场站控制能力不等于所有设备的控制能力的简单叠加。虽然外观上容量可能相同，但它不能与同等容量的常规设备控制相应外特性相比拟，也不能与单一设备外特性按容量比例扩大。例如，即使单一风电机组、光伏模块的有功控制对阶跃指令的外部响应接近一阶系统的阶跃响应，全站的有功响应也不同于一阶系统阶跃响应。

新能源场站的外部响应特性呈现出复杂的群特响应特征，这是因为：

（1）各机组、组件由于型号、出场厂家乃至批次的不同，其外部响应特性不完全一致。

（2）即使是同厂家、同型号、同批次的风电机组或光伏组件，其工况也随周围的风速、辐照等气象条件的不同而不同。由于设备是非线性的，不存在一模一样的控制模型。

（3）不同设备的内部指令周期不同。

（4）由于工况不同、不同设备内部执行逻辑对于场站中央控制系统而言是个黑匣子，指令执行存在一定的不确定性。指令可能被丢弃或者只执行了一部分。

（5）不同设备的控制精度不一，甚至有数量级的差异。

二、场站有功控制"拖尾现象"及改进措施

（一）场站有功控制系统架构及原理

新能源场站控制系统一般以风电机组、光伏组件 SCADA 和变电站 SCADA 为一体，并在此基础上实现自动闭环，协调控制新能源场站内所有可调有功设备以满足新能源场站并网综合需求的监控管理系统。

从新能源场站角度来看，控制系统就是新能源场站这个小网络的调度中心，进行功率预测，远程监控风电机组、光伏组件、储能、馈线、升压站、集中补偿电容器等设备，在确保新能源场站安全经济运行的同时，使公共接入点状态满足电网调度需求。

从电网角度来看，控制系统使新能源场站成为一个行为可预测、状态可控制且具有较高可靠性的发电单元。电网可以发送指令，使其参与频率和电压的调整、甚至紧急控制，从而实现全网的安全稳定与优化运行。

新能源场站的电网拓扑结构、通信架构及系统构成千差万别，但其控制系统大多遵循类似的通用架构。依据控制信息理论，可以总结为：新能源场站控制系统是一个依据信息决策结果，按特定指令周期动作、分层控制的多设备协调、多模式切换的闭环控制系统。新能源场站控制系统是控制领域的新兴事物，与同等容量的常规机组的控制系统相比有显著不同，其突出特点如下：

（1）指令周期控制。系统以 SCADA 采样为基础，控制策略完全由决策单元 N 决定。决策单元可以设定控制周期、控制逻辑切换、策略切换、优化控制目标等。在尽可能不弃风、弃光的前提下提升有功功率控制水平。

（2）集群控制。场站控制系统考虑风电机组、光伏组件、储能的群体效应和集中补偿设备的协同效果、以提高新能源场站整体输出特性为设计依据。不需要更改现有风电机组控制器设计，而是利用简单远程指令（如定无功、定功率因数、有功输出限制和起停等）的有机组合来实现调频、调峰、调压等复杂的新能源场站控制。

（3）多目标协调控制。场站控制系统不仅在风电机组与集中补偿设备之间协调，也在紧急控制与校正控制之间、有功控制与无功控制等不同控制目标进行协调。

（4）事件驱动型控制。由于风能、太阳能的随机性与波动性，新能源场站的最优运行点、稳定域边界也时刻变化。新能源场站控制系统采用离散事件驱动型控制，将有悖并网要求的越限状态、新能源场站安全裕度降低和电网调度指令等都视为触发控制的基本事件，激发相应设备动作。

当然，在具体实现层面新能源场站控制系统可能呈现不同的形式，如图4-44展示了新能源场站AGC的三层模型。在AGC模型中，能量管理层配合新能源场站出力进行储能管理，削弱风电反调峰给电网带来的不利影响；新能源场站调度层动态选定AGC执行机组并下达相应指令，确保整场输出特性满足电网调度需求；风电机组控制层依据新能源场站调度指令执行输出限制控制、平滑控制等具体功能。其中新能源场站调度层是风电机组AGC控制的核心层。

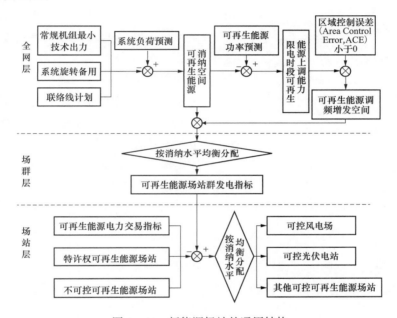

图4-44　新能源场站的通用结构

（二）场站有功控制"拖尾现象"机理及实测分析

1. 场站有功控制"拖尾现象"机理分析

假设某电站有A、B两个子站（同样适用于某子站下有A、B两个发电机组群），两子站的控制特性差异，造成两子站有功调节速度k_A、k_B和响应误差e_A、e_B不同。有功指令按照实时运行状态分配，假设$k_A > k_B$，$e_A > e_B \approx 0$，则可得某时刻A、B子站和全站的有功指令响应曲线如图4-45所示。

t_0时刻全站的有功指令下发，子站第一轮有功调节指令也几乎同时分配和下发，t_1和t_2时刻分别为A、B子站开始响应时间，t_3时刻为子站第二轮有功调节指令分配和下发，t_4时刻全站进入稳态。

由图4-45可知，一方面由于A、B子站的有功调节速度差异，使得B子站在第一轮调节中无法完成调节目标，A、B子站在第二轮调节中调节完成的时刻相差很大，拖长了全站进入稳态的时间；另一方面A子站的响应误差未能及时消除，拉低全站的控制精度。

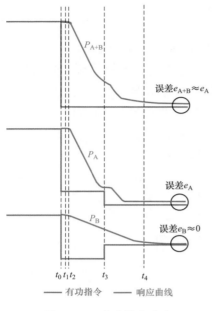

图4-45 有功指令响应
"拖尾现象"示意图

此类有功指令调节时间被拖长或控制精度被拉低的现象可定义为联合电站有功协调控制的响应迟滞"拖尾现象"。

对于大型新能源联合电站，由于不同发电机组群或不同子站有功闭环传递函数的参数差异，以及指令周期、通信延迟时间等的不同，在一定有功指令分配策略下，造成不同机组群或子站有功调节完成时间不同步（相差较大）或响应误差消除不及时，使得全站有功指令响应时间被拖长或控制精度被拉低的现象，称为联合电站有功协调控制的响应迟滞"拖尾现象"。

有功协调控制的响应迟滞"拖尾现象"的实质是联合电站有功控制策略未充分考虑不同机组群和不同子站有功控制性能和指令下发过程的差异，导致联合电站有功控制不够快速和准确。

响应迟滞"拖尾现象"存在于全站和子站两个层面。响应迟滞"拖尾现象"的鲜明特征是子站或发电机组群有功调节完成时间不同步或响应误差消除不及时，具备其中一个即为响应迟滞"拖尾现象"。

2. 场站有功控制"拖尾现象"实测分析

某大型新能源电站的装机容量为风电500MW、光伏发电100MW。

新能源场站全站有功阶梯试验响应曲线如图4-46所示，全站有功功率由190MW降至140MW，图中纵轴单位为MW，横轴单位为"小时：分钟：秒"。图4-46分别给出了

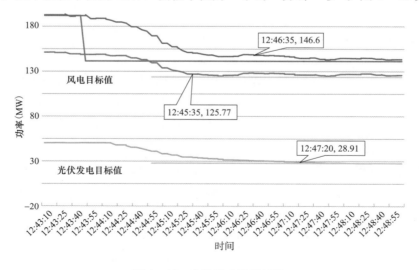

图4-46 全站有功阶梯试验

全站、风电子站、光伏子站的有功出力曲线，以及全站出力指令值和风电、光伏子站出力的目标值。指令下发时刻为 12：43：46，风电子站在 12：45：35 时刻进入稳态，而光伏子站则在 12：47：20 时刻进入稳态，全站进入稳态时刻为 12：46：35。

（1）从子站调节完成时间上看，风电子站和光伏子站有功调节完成时间相差 105s，造成全站有功调节完成时间滞后于风电子站 60s。可将全站有功调节过程分为风电和光伏子站共同调节阶段和光伏子站调节阶段。

（2）从控制精度上看，由于风电出力的波动，造成响应后期（12：45：35 时刻之后）全站有功输出波动较大，影响了全站有功控制精度。

由以上分析可得，全站有功调节时间被拖长，控制精度被拉低，全站呈现出有功协调控制的响应迟滞"拖尾现象"。联合电站的某风电机组群 1、2、3 分别只安装了风电机组 1、2、3。以风电机组 3 为例，其额定功率为 3MW，其单机 20％P_N 有功阶梯试验结果如图 4-47 所示，可以看出单机的有功控制响应曲线平滑、响应速度快、控制效果好。

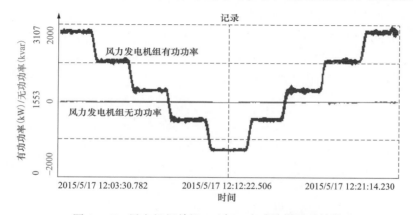

图 4-47 风电机组单机 20％P_N 有功阶梯试验结果

某时刻三个风电机组群的响应曲线如图 4-48 所示，指令下发时刻为 13：01：05，风电机组群 1、2、3 的有功调节份额分别为－13、－7、－24MW。风电机组群 1、2、3 出

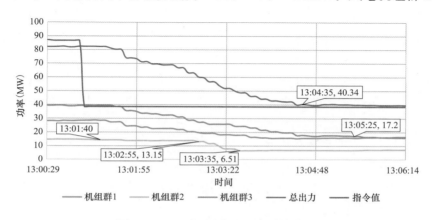

图 4-48 三类风电场的叠加响应曲线

力进入稳态的时刻分别为 13：03：45、13：03：35、13：05：25，三个风电机组群的总出力进入稳态的时刻为 13：04：35。

由于风电机组群 3 的总调节时间较长，造成总出力进入稳态时间较风电机组群 1、2 分别晚了 50、60s，总出力（子站）呈现出有功协调控制的响应迟滞"拖尾现象"。

可见，响应迟滞"拖尾现象"不仅存在于全站层面，也存在于子站层面。

（三）考虑场站有功控制"拖尾现象"的改进策略

1. 有功指令实时优化分配策略

现行的有功指令分配主要参考子站或发电机组群的实时有功出力，进行加权平均，这种方案的优点在于简单易行，但问题在于未考虑机组群的有功调节能力和实际的有功约束等，很可能造成指令分配不合理，产生全站有功协调控制的响应迟滞"拖尾现象"。

针对有功指令分配不合理的问题，介绍实时有功指令分配算法，在计及出力上下限约束的前提下，考虑各个发电机组群的有功调节能力，引入发电机组群的有功指令分配系数使所有机组群的调节能力得到充分发挥，进而提高有功指令响应速度。

有功指令分配系数是根据发电机组群的实时状态、有功调节能力、额定容量、上下约束和经济成本等设置分配权重，表达形式是 $x_1 : x_2 : \cdots : x_i : \cdots : x_n$，其中 x_i 为第 i 个机组群的分配系数。根据实时出力和分配系数可计算得到第 i 个机组群有功调节份额 ΔP_i 为

$$\begin{cases} \Delta P_i = \Delta P \dfrac{x_i P_{\text{real}.i}}{\sum (x_i P_{\text{real}.i})} \\ P_{\text{ref}.i} = P_{\text{real}.i} + \Delta P_i \end{cases} \qquad (4-61)$$

式中：下标 i 指第 i 个发电机组群；$P_{\text{real}.i}$ 为发电机组群的实时出力；$P_{\text{ref}.i}$ 为发电机组群的指令值；ΔP 为全站有功指令值与实时有功出力的差值。

分配系数和有功指令值的计算过程经过三轮。

（1）第一轮：实时分配

$$x_i = \frac{P_{\text{N}.i}}{t_{\text{test}.i}} k_{(\text{N-M}).i} k_{\text{bd}.i} \qquad (4-62)$$

式中：$P_{\text{N}.i}$ 为第 i 个发电机组群的额定功率；$t_{\text{test}.i}$ 为第 i 个发电机组群的单机 $20\% P_{\text{N}}$ 有功阶梯试验总调节时间的中位数；$k_{(\text{N-M}).i}$ 为第 i 个发电机组群的 N－M 经济系数；$k_{\text{bd}.i}$ 为第 i 个发电机组群的边界约束系数。

发电机组的 $20\% P_{\text{N}}$ 有功阶梯试验总调节时间是发电机组有功调节能力的直接体现，且易于获得，可由发电机组的有功测试报告直接得到。发电机组群均为同一类发电机组，所以可由单台发电机组的有功控制测试结果表征发电机组群的有功调节能力。

发电机组群的 N－M 经济系数是在实际运行中，考虑到经济因素等有时需要某一个或几个发电机组群保持出力不变，不参与或少参与有功出力调节，即 N－M 经济模式。N－M 经济模式常常与不同发电形式上网电价和不同发电机组控制成本有关，如光伏上网电价高于风电。$k_{(\text{N-M})}$ 取值在 ［0，1］ 区间。

发电机组群的边界约束系数的初始值为 1，当发电机组群出力达到上限或下限时，在

下一轮的有功调节中不再参与，则使其边界约束系数赋值为 0。在第一轮分配系数开始计算时边界约束系数初始值全部为 1。

（2）第二轮：引入上下限约束。针对机组启停问题和有功指令合理分配的问题，根据发电功率预测数据，引入发电机组群的有功指令调节的上下限约束。引入发电机组群的有功指令上下限约束，一方面可以提高指令分配的效率，减少需要的闭环调节次数，提高响应速度和控制精度；另一方面，可以减少机组启停，降低电站运营成本。

根据发电机组群的发电功率超短期预测数据或短期预测数据，计算其出力上限 $P_{\max,i}$ 为

$$\begin{cases} P_{\max.i} \leqslant k_{fc.i} P_{fc.i} \\ P_{\max.i} \leqslant P_{N.i} \end{cases} \tag{4-63}$$

式中：$P_{fc.i}$ 为预测发电功率；$k_{fc.i}$ 为预测可靠系数，可取 1.05～1.2。

$P_{trip.i}$ 为发电机组群保持所有发电机组均不停机的最小有功功率，可设置其出力下限 $P_{\min.i}$ 为

$$P_{\min.i} \geqslant k_{trip.i} P_{trip.i} \tag{4-64}$$

式中：$k_{trip.i}$ 为不脱网系数，可取 1.2～1.5。

由式（4-67）、式（4-68）可得发电机组群的有功指令值 $P_{ref.i}$ 应满足

$$\begin{cases} P_{ref.i} \geqslant k_{trip.i} P_{trip.i} \\ P_{ref.i} \leqslant k_{fc.i} P_{fc.i} \\ P_{ref.i} \leqslant P_{N.i} \end{cases} \tag{4-65}$$

（3）第三轮：迭代计算。通过式（4-65）、式（4-66）计算得到第一轮所有发电机组群的有功调节份额 $\Delta P_{r1.i}$，然后根据式（4-69）判定机组群指令值是否超出出力上下限约束，若超出上下限约束则将其边界约束系数 $k_{bd.i}$ 置 0，并计算机组群指令值超出其出力上下限约束的部分 $\Delta P_{bd.i}$

$$\Delta P_{bd.i} = \begin{cases} P_{real.i} + \Delta P_{r1.i} - P_{\min.i}, \Delta P < 0 \\ P_{real.i} + \Delta P_{r1.i} - P_{\max.i}, \Delta P > 0 \end{cases} \tag{4-66}$$

若未超出上下限约束，则将对应机组群的 $\Delta P_{bd.i}$ 置 0。计算所有发电机组群超出上下限约束的部分之和

$$\Delta P_{bd} = \sum \Delta P_{bd.i} \tag{4-67}$$

然后使用更新的边界约束系数，重新计算分配系数后，将 ΔP_{bd} 按照新的分配系数进行分配，得到发电机组群第三轮分配的调节份额 $\Delta P_{r3.i}$。若仍有机组群存在超出上下限约束的调节份额，则将相应超出上下限约束的发电机组群的边界约束系数 $k_{bd.i}$ 置 0 后，再进行迭代计算，直到无机组群超出出力边界。将每次超出约束的调节份额累加得到 $\Delta P_{\Sigma bd.i}$，将每次第三轮分配的调节份额累加得到 $\Delta P_{\Sigma r3.i}$。

最终可得发电机组群的有功指令值为

$$P_{ref.i} = P_{real.i} + \Delta P_i = P_{real.i} + (\Delta P_{r1.i} + \Delta P_{\Sigma bd.i} + \Delta P_{\Sigma r3.i}) \tag{4-68}$$

全站经过三轮的计算得到各个发电机组群的有功指令值，然后将各子站对应的发电机组群的指令值叠加即可得子站的有功指令值。在全站一个指令周期内，子站也采用同样的有功指令分配算法进行多次闭环调节。

2. 实例分析

以某一风光联合电站为例，在 MATLAB 或 Simulink 环境下进行仿真分析和验证，该电站装有 136MW 的风电，22MW 的光伏发电。其中光伏发电机组仅有一种，风电机组则有三类，三类风电机组装机容量分别为 48、48、40MW。

新能源电站的有功指令响应曲线如图 4-49 所示，全站有功由 0.75p.u.（118.5MW）调节到 0.55p.u.（86.9MW）然后调节回到 0.75p.u.，全站进入稳态的时间分别为 52.2、115.9s，总调节时间分别为 12.2、15.9s。

根据对风光联合电站的有功指令分配策略和指令周期进行优化，优化后的有功指令响应曲线如图 4-50 所示。优化后全站进入稳态时间分别为 46.8、111.3s，其总调节时间分别为 6.8、11.3s，对比优化前分别减少了 44% 和 29%。同时，对比图 4-49 和图 4-50 的有功输出波动，可以发现优化后有功输出平滑，跟踪指令效果更佳。可见实时有功分配算法和指令周期调整方法能够显著提高联合电站的有功指令响应速度和控制精度。

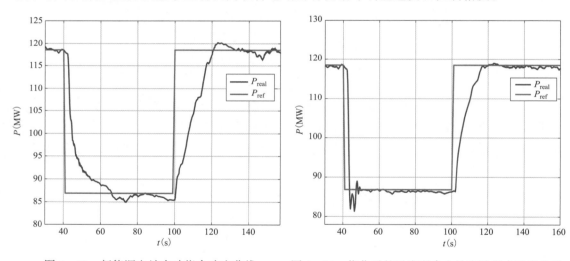

图 4-49　新能源电站有功指令响应曲线　　图 4-50　优化后的风光联合电站有功指令响应曲线

三、考虑储能参与的新能源场站有功控制优化策略

（一）目前风电场参与有功控制的不足

风电场参与有功控制时受风能资源情况的限制，不具有灵活性。当理论出力大于调度下达的风电指标时则跟踪发电指令，当理论出力低于发电指标时则放弃跟踪，跟踪缺少灵活性。引入储能后可提高风电跟踪发电指标的灵活性，但常规策略通常根据风电实际出力与指令值的偏差去协调控制储能及新能源的出力情况，而未统筹考虑储能未来通道调节需求，缺乏选择性。

针对上述问题，需要进一步优化风储联合发电系统跟踪动态发电指标的策略。

图 4-51 中红色虚线为风电场不限电时刻的出力，当没有储能参与调节时，在 10：10，由于风电未能跟踪上主站下达的有功控制指令，10：10～10：15 的周期内有功指令较上一个指令周期下降，但是当储能参与调节时，风储联合系统的出力能够一直跟踪计划曲线，因此可以在后续周期内不断增加发电份额，从而提升了风电的发电效率。图 4-60 中黄色区域为储能出力，网格状区域为由于储能参与带来的风电增发电量。

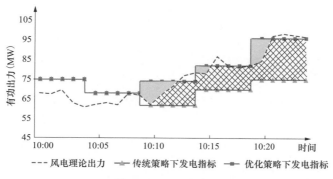

图 4-51 储能参与发电指标跟踪的调节效果

由图 4-51 可知，不同时刻储能参与发电指标跟踪的效率是不同的，对于图中 10：10 这样的运行点，储能放电不仅通过削峰填谷增加了发电量，还通过储能与风电有功的置换，起到了带动风电多发电的效果。因此需要对储能参与有功控制策略进行优化，通过对于价值更大的运行点的辨识，使储能有选择性的去参与有功控制，可以进一步提高风电的发电效益。

（二）基于三阶段滚动优化的动态发电指标智能跟踪策略

1. 基于三阶段滚动优化策略框架

储能在风电爬坡阶段参与发电指标跟踪，通过储能与风电的功率置换，可以达到 1+1 ＞2 的效果，因此需改变传统策略仅依据当前运行工况的决策方式，在长时间尺度上统筹考虑储能的充放电策略，选择在价值高的运行点参与发电指标跟踪。针对上述问题，同时考虑风电功率预测误差对决策的影响，介绍基于三阶段滚动优化的动态发电指标智能跟踪策略，以日为单位制定储能充放电计划，为关键运行点预留足够的储能电量；通过日前、日内、实时三阶段的滚动优化，降低功率预测误差带来的偏差，改善风储联合发电系统跟踪发电指标的效果。该策略的主要内涵包括：

（1）日前计划阶段。根据日前短期风电功率预测划分风电功率变化的场景，为风电爬坡场景预留足够储能电量，确定各个时段储能荷电状态（State of Charge，SOC）的可行范围。

（2）日内修正阶段。根据超短期预测结果，每 1h 滚动更新一次未来 4h 的储能 SOC 可行范围，降低短期功率预测精度低带来的误差。

（3）实时跟踪阶段。采用改进型线性外推方法确定未来 1min 的风电出力，根据实时功率预测结果、SOC 运行范围以及实际发电指标优化储能出力。

2. 基于日前短期功率预测储能出力计划

根据风电功率短期预测数据，选取 0~24h 每 15min 一个点的预测数据，采用线性插值的方法，得到未来一天 1440 个点的数据序列。如上述分析，风电功率处于上升趋势且预测出力大于基准发电指标时才是有价值的运行点。因此日前计划的基础是风电爬坡事件的预测，定义 τ 时刻风电功率的坡度指标 $grad_\tau$ 为

$$grad_\tau = \frac{P'_{\tau+T} - p'_\tau}{T} \qquad (4-69)$$

式中：p'_τ 为 τ 时刻的风电功率预测值；$p'_{\tau+T}$ 为 $\tau+T$ 时刻的风电功率预测值；T 为有功控制的周期。

t 时刻的爬坡判据可用未来一个控制周期内坡度指标的平均值表示为

$$\overline{grad_t} = \sum_t^{t+T-1} grad_\tau / T \qquad (4-70)$$

由于 $\overline{grad_t}$ 对风电功率波动非常灵敏，为了避免功率快速波动造成辨识错误，需考虑一定的阈值。根据各个时刻的爬坡判据和功率值，可以将未来时刻风电场景划分为三类。

$$Scene(t) = \begin{cases} 0 & P'_{t+T} < P^b_{lim} \\ 0.5 & (\overline{grad_t} < grad_{lim}) \& (P'_{t+T} \geqslant P^b_{lim}) \\ 1 & (\overline{grad_t} \geqslant grad_{lim}) \& (P'_{t+T} \geqslant P^b_{lim}) \end{cases} \qquad (4-71)$$

式中：$Sence(t)$ 为 t 时刻的风电场景判据；P'_{t+T} 为 $t+T$ 时刻的风电功率预测值；P^b_{lim} 为该风储联合发电系统的基准发电指标，由风储联合发电系统风电装机容量占所有参与有功控制的风电场总容量的比例确定；$grad_{limit}$ 为爬坡判据阈值。

$Sence(t) = 1$ 的爬坡场景表示 t 时刻功率预测值高于基准发电指标且功率处于上行趋势，$Sence(t) = 0.5$ 的下行场景表示虽然功率预测值高于基准发电指标但是功率处于下降趋势，$Sence(t) = 0$ 的自由发电场景表示功率预测值低于基准功率指标，风电可以按照最大功率跟踪模式发电。

图 4-52 为某一风电场景辨识的示意结果。可见通过爬坡判据和功率点，可以有效的区分风电爬坡事件，便于储能进行充放电策略决策。

在完成风电场景划分后，需要确定未来 24h 的风电场发电指标。但是由于风能资源分布的时空差异性，风电场很难预测同通道下其他风电场的出力，也就无法预测风电产发电指标调整情况，历史数据显示，发电指标在相邻指令周期的变化幅度在 0~0.1P_N 范围内均匀分布，因此采用最小二乘法进行线性拟合，即 t 时刻的发电指标预测值为

$$P'_{lim,t} = P'_{lim,b} + k(P'_t - P^b_{lim}) \ , P'_t \geqslant P^b_{lim} \qquad (4-72)$$

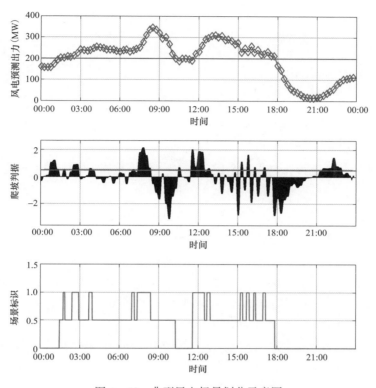

图 4-52　典型风电场景划分示意图

式中：$P'_{\mathrm{lim},t}$ 为 t 时刻下一周期的发电指标预测值；$P'_{\mathrm{lim},b}$ 为基准发电指标对应的下一周期发电指标预测值；k 为比例系数，由线性拟合得到。P'_t 为 t 时刻的功率预测值。

对于上升和下降时段可以分别进行拟合，得到不同的拟合曲线用于发电指标的预测。

（1）风电爬坡场景，$Scene(t)=1$。比较 $t+T$ 时刻风电预测出力和 t 时刻预测下一周期的发电指标，存在三种情况，如图 4-53 所示。

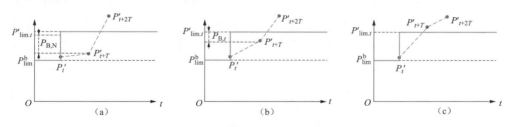

图 4-53　日前计划阶段储能预测出力

对于图 4-53 中（a）所示的情况，预测发电指标与预测风电出力之差大于储能的额定功率，则储能在该时段计划出力为其额定功率。当预测发电指标与预测风电出力之差介于 0 和储能额定功率之间时，储能计划出力为二者之差，如图 4-53（b）所示。当预测风电出力大于预测发电指标时，储能预留出力设为 0。即有

$$P'_{\text{B},t} = \begin{cases} P_{\text{B,N}} & P'_{\text{lim},t} - P'_{t+T} \leqslant P_{\text{B,N}} \\ P'_{\text{lim},t} - P'_{t+T} & 0 \leqslant P'_{\text{lim},t} - P'_{t+T} < P_{\text{B,N}} \\ 0 & P'_{\text{lim},t} - P'_{t+T} < 0 \end{cases} \qquad (4-73)$$

式中：$P'_{\text{B},t}$ 为日内阶段储能在 t 时刻的计划出力；$P_{\text{B,N}}$ 为储能额定容量；P'_{t+T} 为 $t+T$ 时刻风电的预测出力。

（2）风电下行场景，$Scene(t) = 0.5$。由于未来一个周期内风电预测出力处于下行趋势，不能够实现风电和储能功率的置换，储能参与发电指标后不能带来额外的增发效果，因此储能在这个阶段可进行充电以为后续爬坡场景预留足够电量，类似于图 4-62 的分析方法，可以得到下行场景时储能的出力计划，即有

$$P'_{\text{B},t} = \begin{cases} -P_{\text{B,N}} & P'_{t+T} - P'_{\text{lim},t} \geqslant P_{\text{B,N}} \\ P'_{t+T} - P'_{\text{lim},t} & 0 \leqslant P'_{t+T} - P'_{\text{lim},t} < P_{\text{B,N}} \\ 0 & P'_{t+T} - P'_{\text{lim},t} < 0 \end{cases} \qquad (4-74)$$

（3）风电自由发电场景，$Scene(t) = 0$。风电自由发电场景下，储能可根据 SOC 状态自由选择是否放电，即当前状态并不会对 SOC 可行运行范围产生影响，因此在日前计划时将风电自由发电场景下的储能计划出力设为 0。

通过对每个时刻风电场景进行判断，可以得到日前阶段储能的计划出力序列，进而得到电化学储能 SOC 的可行运行范围。

$$SOC'_t = \frac{\sum\limits_{t}^{t_{\text{N}}} \eta P'_{\text{B},t} \times T}{E_{\text{B}}} + SOC_{\text{min}} \qquad (4-75)$$

式中：SOC'_t 为储能在 t 时刻的 SOC 可行下限；η 为储能充放电效率，当 $P'_{\text{B},t} > 0$ 时为放电效率，$\eta > 1$，当 $P'_{\text{B},t} < 0$ 时为放电效率，$\eta < 1$；E_{B} 为储能容量；SOC_{min} 为储能最小 SOC。

3. 基于内日超短期功率预测储能出力计划修正

由于短期风电功率预测的误差较大，为提高储能预留能量的必要性，本策略根据超短期风电功率预测数据对日前得到的储能出力计划进行修正。修正时仅针对超短期预测周期内的储能出力计划，超出时段仍然采用日前计划结果。考虑目前超短期预测周期为未来 4h，即 $[t_0, t_0+4\text{h})$ 时段内的电化学储能 SOC 可行范围根据超短期预测结果确定，$[t_0+4\text{h}, t_{\text{N}}]$ 的 SOC 运行下限仍然采用短期预测结果。利用超短期预测数据，重复式（4-69）～式（4-75），可以得到未来 4h 根据超短期预测数据修正后的储能计划出力序列，记为 $P''_{\text{B},t}$，则修正后储能的 SOC 可行范围 SOC''_t 可由式（4-80）计算得到

$$SOC''_t = \begin{cases} \sum\limits_{t_0+4\text{h}}^{t_{\text{N}}} \eta P'_{\text{B},t} \times T/E_{\text{B}} + SOC_{\text{min}} & t \in [t_0+4\text{h}, t_{\text{N}}] \\ \sum\limits_{t_0}^{t_0+4\text{h}} \eta P''_{\text{B},t} \times T/E_{\text{B}} + SOC_{t_0+4\text{h}} & t \in [t_0, t_0+4\text{h}) \end{cases} \qquad (4-76)$$

4. 实时跟踪阶段储能充放电策略

实时跟踪阶段，在 t_0 时刻调度下达的发电指标和风电实时功率已知，需要采用实时功率预测技术，判断未来周期内风电功率变化趋势，进而决定储能充放电策略。

采用改进型线性外推的方法确定未来 $t_0 \sim t_0 + T$ 时段内的风电功率序列。传统线性外推的方法为

$$P(t_0 + \Delta t) = P(t_0) + \alpha \Delta t = 2P(t_0) - P(t_0 - \Delta t) \tag{4-77}$$

式中：$P(t_0 + \Delta t)$ 为常规线性外推得到的 $t_0 + \Delta t$ 时刻的风电功率预测值；$P(t_0)$ 为 t_0 时刻的风电功率实际值；α 为 $t_0 - \Delta t$ 到 t_0 时刻功率变化率，由于 Δt 较小，因此可以近似认为 $\alpha = [P(t_0) - P(t_0 - \Delta t)] / \Delta t$。

由于常规线性外推方法仅用相邻运行点进行计算，在功率拐点处精度较低，因此采用滑动平均的方法对常规线性外推的结果进行修正，修正方法为

$$P'(t_0 + \Delta t) = \frac{1}{N} \left[\sum_{k=1}^{N-1} P(t_0 - k\Delta t) + P(t_0 + \Delta t) \right] \tag{4-78}$$

式中：N 为滑动窗的长度；$P(t_0 - k\Delta t)$ 为 $t_0 - k\Delta t$ 时刻的风电功率实际值。

重复上述方法 $2n$ 次，可以得到 $t_0 \sim t_0 + 2T$ 的功率实时预测值。参照式（4-72）所述方法对风电 t_0 时刻场景进行划分，进而根据场景判据、$t_0 + T$ 时刻的功率实时预测值及当前时刻的发电指标值确定储能系统的控制策略。

（1）当 $Scene(t) = 1$ 时，意味着风电出力处于上升阶段，此时不考虑 SOC 的限制，储能采取跟踪发电指标的策略，即有

$$P_{B,t} = \begin{cases} -P_{B,N} & P_{\lim,t_0} - P_t \leqslant -P_{B,N} \\ P_{\lim,t_0} - P_t & -P_{B,N} < P_{\lim,t_0} - P_t \leqslant P_{B,N} \\ -P_{B,N} & P_{\lim,t_0} - P_t < P_{B,N} \end{cases} \tag{4-79}$$

式中：$P_{B,t}$ 为 t 时刻储能实际功率控制指令；P_t 为 t 时刻的风电功率实时预测值，$t \in (t_0 + T]$；$P_{\lim,t_0}$ 为 t_0 时刻调度下达的指令值。

（2）当 $Scene(t) \neq 1$ 时，若 $SOC_t > SOC''_t$，储能出力策略为

$$P_{B,t} = \begin{cases} -P_{B,N} & P_{\lim,t_0} - P_t \leqslant -P_{B,N} \\ P_{\lim,t_0} - P_t & -P_{B,N} < P_{\lim,t_0} - P_t \leqslant P_{B,N} \\ 0 & P_{\lim,t_0} - P_t > P_{B,N} \end{cases} \tag{4-80}$$

若 $SOC_t < SOC''_t$，储能出力策略为

$$P_{B,t} = \begin{cases} -P_t & P_t < P_{B,N} \\ -P_{B,N} & P_t \geqslant P_{B,N} \end{cases} \tag{4-81}$$

（三）仿真算例

以某风光联合电站为背景进行测算，风电装机容量为 448.5MW，基准发电指标基值为 225MW，储能按照 20MW/80MWh 考虑，风电短期预测、超短期、实时功率曲线如图 4-54 所示。

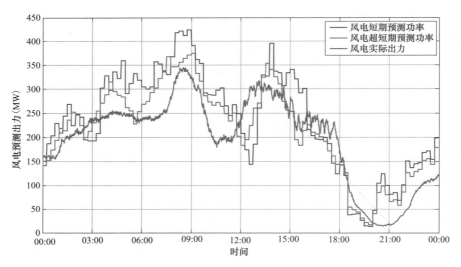

图 4-54　风电短期、超短期及实时功率序列

以该风储电站 2015 年实际运行数据进行拟合，下一个指令周期有功指令值的拟合结果如图 4-55 所示。在上升曲线斜率略大于 1，下降曲线斜率略小于 1。

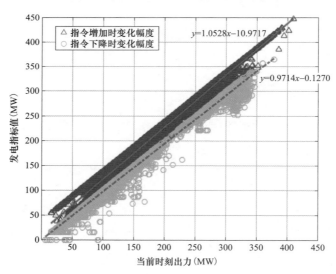

图 4-55　基于实际运行数据的发电指标拟合

在此基础上对储能出力计划 SOC 下限进行测算，结果如图 4-56 所示。假设储能最小 SOC 为 0.2，可见 SOC 下限随着风电运行场景的不同而变化。

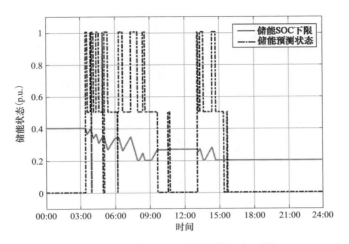

图 4 - 56 日前计划阶段储能运行下限

在考虑日内超短期预测数据后，在未来 4h 内的 SOC 范围会有一定的变化，以 3：00 时刻序列为例，3：00～7：00 时段内 SOC 范围如图 4 - 57 中红色曲线所示，由超短期数据序列确定，7：00～24：00 时段内 SOC 范围仍然由短期预测曲线确定。

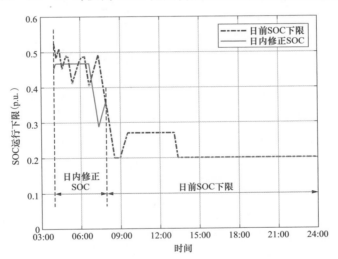

图 4 - 57 基于内日超短期功率预测储能 SOC 范围修正

按照日前、日内、实时三个阶段对储能充放电策略进行优化，可以得到不同策略下，风储联合发电系统跟踪发电指标结果如图 4 - 58 所示。

红色曲线为优化结果，蓝色曲线是常规的风储联合运行曲线，可见采用优化策略后，储能选择在风电爬坡阶段发电，使得发电指标高于常规策略，风储联合运行的意义更大，当没有储能时风电发电量为 3898.5MWh，常规跟踪策略下风储联合发电量为 3979.2MWh，发电量增加 2.07%。采用优化策略后风储联合发电量为 4003.7MWh，发电量增加 2.70%，储能的增发效率提高 30.3%。

大规模风电接入弱电网运行控制技术

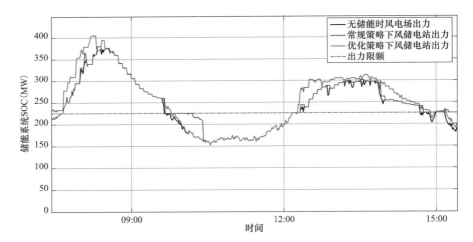

图 4-58　考虑三阶段优化后风储联合发电系统出力曲线

参 考 文 献

[1] 乔颖，鲁宗相．考虑电网约束的风电场自动有功控制［J］．电力系统自动化，2009，33（22）：88-93.

[2] 任洛卿，白泽洋，于昌海，等．风光储联合发电系统有功控制策略研究及工程应用［J］．电力系统自动化，2014，38（7）：105-111.

[3] Lin L，Li D，Zhu C，et al. An active power control application in a utility wind farm cluster［C］. Pes General Meeting │ Conference & Exposition. IEEE，2014：1-5.

[4] 卓峻峰，金学洙，邓波，等．考虑断面安全约束的大规模风电有功控制［J］．电网技术，2015，39（4）：1014-1018.

[5] 林俐，谢永俊，朱晨宸，等．基于优先顺序法的风电场限出力有功控制策略［J］．电网技术，2013，37（4）：960-966.

[6] 叶小晖，刘涛，宋新立，等．适用于全过程动态仿真的光伏电站有功控制模型［J］．电网技术，2015，39（3）：587-593.

[7] Spudić V. Coordinated optimal control of wind farm active power［J］. Hrvatska znanstvena bibliografija i MZOS-Svibor，2012.

[8] 刘涛，叶小晖，吴国旸，等．适用于电力系统中长期动态仿真的风电机组有功控制模型［J］．电网技术，2014，38（5）：1210-1215.

[9] Wu D，Wang Y，Guo C，et al. An economic dispatching model considering wind power forecast errors in electricity market environment［J］. Automation of Electric Power Systems，2012，36（6）：23-28.

[10] Yang M，Fan S，Lee W J. Probabilistic short-term wind power forecast using componential Sparse Bayesian Learning［C］. Industrial & Commercial Power Systems Technical Conference. IEEE，2012：1-8.

[11] 于昌海，吴继平，王运，等．适应发电权交易的可再生能源有功控制策略 [J]．电力系统自动化，2017，41 (9)：71-76.

[12] 武晗，鲁宗相，白恺，等．风光储联合电站有功控制的响应迟滞 "拖尾现象" 分析与改进 [J]．电网技术，2017，41 (4)：1068-1075.

[13] Chen X，Gao C．Active power control strategy for wind farm considering fixed and variable pitch wind turbines combined control [J]．Power System Technology，2015.

[14] Li C，Liu X，Mei H．Active power control strategy for wind farm based on wind turbine dynamic classified [C]．IEEE International Conference on Power System Technology．IEEE，2013：1-5.

[15] Chen N，Wang Q，Tang Y，et al．An optimal active power control method of wind farm using power prediction information [M]．2012.

[16] Mu Y，Lu Z，Qiao Y，et al．Optimized active power control of DFIG wind farm [C]．International Universities Power Engineering Conference．IEEE，2012：1-5.

[17] 翟丙旭，王靖然，杨志刚，等．调峰约束下考虑发电优先级的风电有功控制策略 [J]．电力系统自动化，2017 (23)：83-88.

[18] 王靖然，王玉林，杨志刚，等．考虑嵌套断面约束的大规模集群风电有功控制策略 [J]．电力系统自动化，2015 (13)：16-21.

[19] 邓鹤鸣，汤亮亮，吴晓刚，等．基于风机调控能力排序的风电场实时有功控制策略 [J]．电网技术，2018，42 (8)：2577-2584.

[20] 屠友强，周妮娜，余焱．风电场场站级有功控制策略研究 [J]．电力与能源，2018，39 (2)：231-234，238.

[21] 郭洪梅，李旭，杨超，等．大规模风电场集中有功控制策略研究 [J]．陕西电力，2013，41 (11)：24-27.

[22] 沈春．多时间尺度下考虑机组变桨动作优化的风电场有功控制系统研究 [D]．南京：南京理工大学，2017.

[23] 崔正湃，王东升，孙荣富，等．风电调度运行有功控制系统，CN205283155U [P]．2016.

[24] 高宗和，滕贤亮，张小白．适应大规模风电接入的互联电网有功调度与控制方案 [J]．电力系统自动化，2010，34 (17)：37-41.

[25] 陈宁，于继来．基于电气剖分信息的风电系统有功调度与控制 [J]．中国电机工程学报，2008，28 (16)：51-58.

[26] 李雪明，行舟，陈振寰，等．大型集群风电有功智能控制系统设计 [J]．电力系统自动化，2010，34 (17)：59-63.

[27] 行舟，陈永华，陈振寰，等．大型集群风电有功智能控制系统控制策略（一）风电场之间的协调控制 [J]．电力系统自动化，2011，35 (20)：20-23.

[28] 张伯明，陈建华，吴文传．大规模风电接入电网的有功分层模型预测控制方法 [J]．电力系统自动化，2014，38 (9)：6-14.

[29] 徐瑞，滕贤亮，张小白，等．大规模光伏有功综合控制系统设计 [J]．电力系统自动化，2013，37 (13)：24-29.

[30] 陈振寰，陈永华，行舟，等．大型集群风电有功智能控制系统控制策略（二）风火电 "打捆" 外送协调控制 [J]．电力系统自动化，2011，35 (21)：12-15.

［31］ 石一辉，张毅威，闵勇，等．并网运行风电场有功功率控制研究综述［J］．中国电力，2010，43
（6）：10 - 15.

［32］ Zhang Z S，Sun Y Z，Gao D W，et al. A Versatile Probability Distribution Model for Wind Power
Forecast Errors and Its Application in Economic Dispatch［J］． IEEE Transactions on Power Sys-
tems，2013，28（3）：3114 - 3125.

［33］ Wang C，Zongxiang L U，Ying Q，et al. Short - term Wind Power Forecast Based on Non - para-
metric Regression Model［J］． Automation of Electric Power Systems，2010，34（16）：78 - 82.

［34］ 陈建华，吴文传，张伯明，等．风电受限态下的大电网有功实时控制模型与策略［J］．中国电机工
程学报，2012，32（28）：1 - 6.

［35］ 赵瑜，周玮，于芃，等．风电有功波动功率调节控制研究［J］．中国电机工程学报，2013，33
（13）：85 - 91.

［36］ 林俐，朱晨宸，郑太一，等．风电集群有功功率控制及其策略［J］．电力系统自动化，2014，38
（14）：9 - 16.

［37］ Qiao Y，Lu Z. Wind farms active power control considering constraints of power grids［J］． Automa-
tion of Electric Power Systems，2009，33（22）：88 - 93.

［38］ Aho J，Buckspan A，Laks J，et al. A tutorial of wind turbine control for supporting grid frequency
through active power control［C］． American Control Conference. IEEE，2012：3120 - 3131.

［39］ 刘兴杰，李聪，梅华威．基于机组动态分类的风电场有功控制策略研究［J］．太阳能学报，2014，
35（8）：1349 - 1354.

［40］ Zhao H，Wu Q，Guo Q，et al. Distributed Model Predictive Control of a Wind Farm for Optimal
Active Power ControlPart I：Clustering - Based Wind Turbine Model Linearization［J］． IEEE Trans-
actions on Sustainable Energy，2017，6（3）：831 - 839.

［41］ Shi Y H，Zhang Y W，Min Y，et al. Review on active power control researches of a grid - connected
wind farm［J］． Electric Power，2010.

［42］ Jingkun L I，Yao X，Kuang R，et al. Wind Farm Active Power Control Strategy and Implementation
in Xinjiang［J］． Automation of Electric Power Systems，2011，35（24）：44 - 46.

［43］ Liu D，Guo J，Huang Y，et al. An active power control strategy for wind farm based on predictions
of wind turbine's maximum generation capacity［J］． Journal of Renewable & Sustainable Energy，
2013，5（1）：050401 - 583.

第五章　风电机组高电压穿越技术

第一节　风电机组高电压穿越技术标准及案例分析

一、国内外风电机组高电压技术标准要求

随着我国风电装机规模的不断扩大，以及接入电力系统形态的多样化，风电接入电力系统故障后的高电压特征愈发突出，对风电机组高电压穿越能力提出了更加细化的要求。为保障风电接入电力系统的安全稳定运行，欧美等传统风电强国已经制定了新的并网技术规定，对风电机组并网的高电压穿越技术指标和测试提出了具体要求。中国作为世界第一风电装机大国，随着对风电并网运行的认识和调度经验不断丰富，对风电机组高电压穿越技术要求正在逐步清晰，相关的技术和测试标准正在陆续出台。

国际电工委员会（IEC）在 2013 年发布的 IEC 61400 - 21 - 1：2013《Measurement and assessment of electrical characteristics - Wind turbines》中首次明确了风电机组开展高电压穿越技术指标的原则性要求，如图 5 - 1 和表 5 - 1 所示。

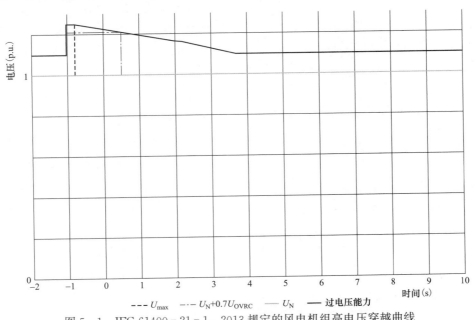

图 5 - 1　IEC 61400 - 21 - 1：2013 规定的风电机组高电压穿越曲线

表 5-1   高电压穿越水平与类型技术要求

电压骤升情况	线电压幅值	持续时间 (s)
对称三相电压骤升	$U_{max}{}^{+0}_{-0.05U_N}$	—
对称三相电压骤升	$(U_N + 0.7U_{OVRC}) \pm 0.05U_N$	—

注 U_N 为机端额定电压；U_{OVRC} 为规定的耐压限值。

IEC 61400-21-1：2013 标准明确了将对称三相电压骤升作为高电压故障的模拟类型，提出了两级骤升电压幅值的计算方法，但并未明确最大电压骤升幅值及持续时间，给世界各国高电压穿越技术标准的制定留出了发挥空间。

在 IEC 61400-21-1：2013 国际标准的基础上，世界各国立足于本国、地区电网结构、传统电力与新能源发电的配比等实际情况，制定了差异化的风电机组高电压穿越能力技术指标。表 5-2 给出了世界风电发达国家的高电压穿越技术标准。

表 5-2   国内外高电压穿越技术标准

国　　家	最大骤升幅值	持续时间 (ms)
德国	1.3p.u.	100
丹麦	1.2p.u.	200
澳大利亚	1.3p.u.	60
美国	1.2p.u.	1000
西班牙	1.3p.u.	250
加拿大	1.4p.u.	33
南非	1.2p.u.	160
中国	1.3p.u.	500

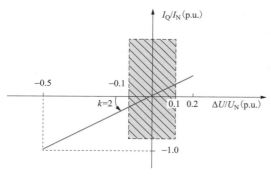

图 5-2　德国并网规范对风电机组无功电流的约束

（1）德国电器电子协会（VDE）并网导则高电压规范。并网风电机组应具备最高 1.3p.u. 连续运行 100ms 的能力，1.25p.u. 连续运行 60s 的能力，1.15p.u. 正常运行；并且当风电场并网点电压高于 1.1p.u. 时，风电机组能够按照电网电压每升高 1%，输出不小于 2% 最大额定电流的无功电流支撑要求，高电压穿越期间无功电流与电压的具体要求如图 5-2 所示。

（2）丹麦风电机组高电压穿越曲线如图 5-3 所示。风电场并网点电压升高至 1.2p.u. 时风电机组应持续 200ms 不脱网连续运行，1.15p.u. 时保持 60s 不脱网连续运行，1.1p.u. 及以下正常运行。

（3）澳大利亚风电机组高电压穿越边界要求如图 5-4 所示。风电机组在并网点电压骤升至 1.3 倍标称值时至少不脱网运行 60ms，且当并网点电压处于 110%～130% 标称电压时，风电机组应至少保持 900ms 以上不脱网连续运行，应满足反时限要求，即在区域 B 范围内不脱网连续运行。

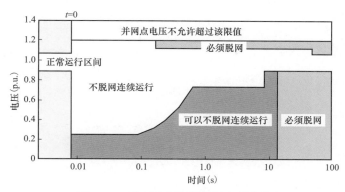

图 5-3 丹麦风电机组电压穿越曲线

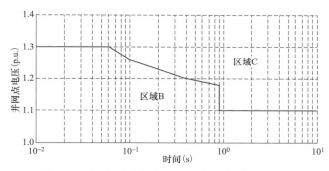

图 5-4 澳大利亚风电机组高电压穿越边界要求

（4）中国风电并网技术规定。GB/T 19963—2011《风电场接入电力系统技术规定》中仅对风电场的电压运行适应性提出了要求，未提及高电压穿越能力要求，目前 GB/T 19963 正在修订中，其中对风电场的高电压穿越耐受能力和故障期间的无功支撑能力都做了具体的要求。GB/T 36995—2018《风力发电机组 故障电压穿越能力测试规程》明确要求风电机组在三相电压对称故障和三相电压不对称故障工况下，最高应具备 1.3p.u. 连续运行 500ms 的高电压穿越能力，并对故障穿越期间的有功功率、无功功率响应提出了要求，包括支撑幅值和响应时间等。具体的高电压穿越技术曲线如图 5-5 和表 5-3 所示。

表 5-3　　　　　　GB/T 36995—2018 提出的高电压穿越技术指标

电压升高故障类型	并网点工频正序电压值	运行时间
对称三相电压升高	1.20p.u.	10s
	1.25p.u.	1s
	1.30p.u.	500ms
不对称三相电压升高	1.20p.u.	10s
	1.25p.u.	1s
	1.30p.u.	500ms

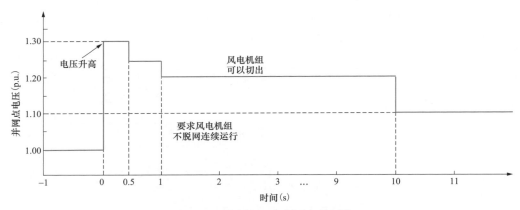

图 5-5　风电机组高电压穿越要求

GB/T 36995—2018 规定了电压升高期间风电机组容性无功电流注入的技术曲线，如图 5-6 所示。

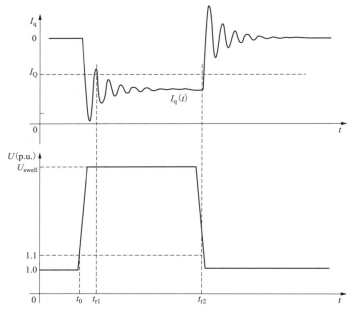

图 5-6　风电机组容性无功电流注入的技术要求

I_Q—无功电流注入参考值的 90%；I_q（t）—t 时刻风电机组无功电流；I_q—电压升高期间风电机组无功电流平均值；

t_o—电压升高至 1.1p. u. 开始时刻；t_{r1}—电压升高期间风电机组无功电流注入持续大于 I_Q 的起始时刻；

t_{r2}—电压升高期间风电机组无功电流注入持续大于 I_Q 的结束时刻；U_{swell}—测试点电压升高标幺值

二、国内风电汇集地区高电压脱网案例分析

（一）电气设备短路故障引发"先低电压—后高电压"

我国"三北"地区风电呈现资源与负荷逆向分布的特点，区域负荷较小，大规模风电需要通过特高压或超高压线路远距离送到中东部负荷集中地区，造成风电送端区域电网结构相对薄弱，电压波动频繁。从 2011 年起，风电场因电气设备短路故障导致的大规模脱

网事件频发，主要表现为"先低电压-后高电压"的特征。表 5-4 列举了某地区 3 次较大规模风电场脱网事件。

表 5-4　　　　　　　　　某地区较大规模风电机组脱网事件

发生时间	事件诱因	损失功率（万 kW）	电压特征	脱网原因
2011 年 11 月 16 日	500kV×××线发生 B、C 相间短路故障	102	最低 0.20p.u. 最高 1.20p.u.	先低电压脱网 再高电压脱网
2011 年 12 月 21 日	220kV××线发生 B、C 相间短路故障	120	最低 0.48p.u. 最高 1.23p.u.	先低电压脱网 再高电压脱网
2012. 年 3 月 30 日	220kV××线发生 B、C 相间短路故障	88	最低 0.26p.u. 最高 1.20p.u.	先低电压脱网 再高电压脱网

比较历次风电场"低电压＋高电压"脱网事故过程，可发现如下类似特点：

（1）脱网诱因为电气设备故障或线路短路故障，造成风电场并网点电压降低，部分风电机组由于不具备低电压穿越能力而脱网。

（2）电路故障消除后，线路输送有功功率下降造成无功功率过剩，电网电压升高速度快，均为在几十至几百毫秒升至最高点，电压骤升幅值均为 1.2p.u. 左右，部分风电场并网点最高达到 1.23p.u.，部分风电机组由于不具备高电压穿越能力而脱网。

（二）特高压直流闭锁引发并网点电压骤升

2014 年 1 月，我国某特高压直流线路因保护动作致使直流换流阀单极闭锁。直流闭锁后，交流滤波器切除前向电网注入大量无功功率，造成暂态过电压现象，电压瞬时即升高至最高点，高电压持续时间约 160ms。换流站 750kV 母线电压最高升至 1.17p.u.，换流站 500kV 母线电压最高升至 1.26p.u.，单相瞬时电压达到 1.3p.u. 高电压。图 5-7 给出了故障期间直流换流站 750kV 母线电压的同步相量测量（phasor measurement unit，PMU）曲线和故障录波器曲线。

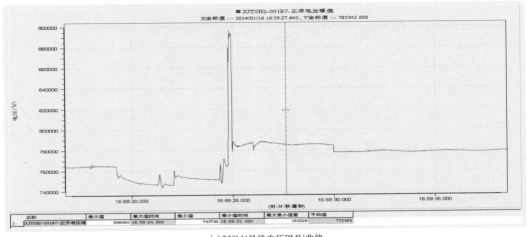

(a)750kV 母线电压PMU曲线

图 5-7　特高压换流站正序电压变化情况（一）

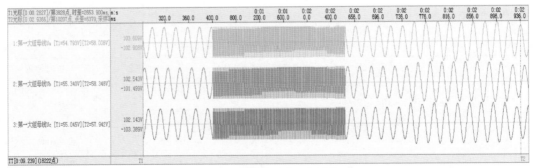

(b) 500kV母线电压故障录波器曲线

图 5-7　特高压换流站正序电压变化情况（二）

第二节　双馈风电机组高电压穿越控制技术

一、双馈风电机组高电压穿越暂态过程机理分析

（一）转子侧变流器（RSC）的暂态过程

双馈风电机组定子直接与电网连接，转子侧采用背靠背连接的交-直-交电压型 PWM 变换器—网侧变换器（grid side converter，GSC）和转子侧变换器（rotor side converter，RSC）进行交流励磁，以此实现变速恒频运行和最大风能追踪控制。首先从故障前后转子开路电压分析入手，评估电压骤升故障对双馈风电机组的影响。

图 5-8 所示为经典的（dq）+坐标系下双馈风电机组等效电路。

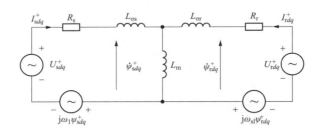

图 5-8　正转同步速（dq）+坐标系下双馈风电机组等效电路

根据图 5-8 可得定、转子电压方程

$$\begin{cases} \boldsymbol{U}_{sdq}^{+} = R_s \boldsymbol{I}_{sdq}^{+} + \mathrm{d}\boldsymbol{\psi}_{sdq}^{+}/\mathrm{d}t + \mathrm{j}\omega_1 \boldsymbol{\psi}_{sdq}^{+} \\ \boldsymbol{U}_{rdq}^{+} = R_r \boldsymbol{I}_{rdq}^{+} + \mathrm{d}\boldsymbol{\psi}_{rdq}^{+}/\mathrm{d}t + \mathrm{j}\omega_{sl} \boldsymbol{\psi}_{rdq}^{+} \end{cases} \tag{5-1}$$

以及磁链方程

$$\begin{cases} \boldsymbol{\psi}_{sdq}^{+} = L_s \boldsymbol{I}_{sdq}^{+} + L_m \boldsymbol{I}_{rdq}^{+} \\ \boldsymbol{\psi}_{rdq}^{+} = L_m \boldsymbol{I}_{sdq}^{+} + L_r \boldsymbol{I}_{rdq}^{+} \end{cases} \tag{5-2}$$

式中：U_{sdq}^+、U_{rdq}^+ 分别为定、转子电压矢量；I_{sdq}^+、I_{rdq}^+ 分别为定、转子电流矢量；$\boldsymbol{\psi}_{sdq}^+$、$\boldsymbol{\psi}_{rdq}^+$ 分别为定、转子磁链矢量；R_s、R_r 分别为定、转子电阻；$L_s=L_{\sigma s}+L_m$、$L_r=L_{\sigma r}+L_m$ 分别为定、转子绕组全自感；L_m、$L_{\sigma s}$ 和 $L_{\sigma r}$ 分别为定子与转子之间的互感、定子漏感和转子漏感；ω_1 为同步电角速度；ω_r 为转子电角速度；$\omega_{sl}=\omega_1-\omega_r$ 为滑差电角速度。

以上转子各量均已折算至定子侧（下文同）。

重写式（5-2）中的转子磁链方程

$$\boldsymbol{\psi}_{rdq}^+=\frac{L_m}{L_s}\boldsymbol{\psi}_{sdq}^++\frac{L_sL_r-L_m^2}{L_s}\boldsymbol{I}_{rdq}^+ \tag{5-3}$$

将 $L_s=L_m+L_{\sigma s}$、$L_r=L_m+L_{\sigma r}$ 代入式（5-3）后可得

$$\boldsymbol{\psi}_{rdq}^+=\frac{L_m}{L_s}\boldsymbol{\psi}_{sdq}^++\frac{(L_{\sigma s}+L_{\sigma r})L_m+L_{\sigma s}L_{\sigma r}}{L_s}\boldsymbol{I}_{rdq}^+$$
$$\approx\frac{L_m}{L_s}\boldsymbol{\psi}_{sdq}^++(L_{\sigma s}+L_{\sigma r})\boldsymbol{I}_{rdq}^+ \tag{5-4}$$

将式（5-4）代入式（5-1）中的转子电压方程得到

$$\boldsymbol{U}_{rdq}^+=\left(\frac{\mathrm{d}}{\mathrm{d}t}+\mathrm{j}\boldsymbol{\omega}_{sl}\right)\frac{L_m}{L_s}\boldsymbol{\psi}_{sdq}^++(R_r+L_{\sigma s}+L_{\sigma r})\boldsymbol{I}_{rdq}^+ \tag{5-5}$$

如忽略转子电阻和定、转子漏感中的压降（或假定转子绕组开路），则稳态运行时转子电压幅值可估算为

$$\boldsymbol{U}_{rdq}^+\approx\omega_{sl}\frac{L_m}{L_s}\boldsymbol{\psi}_{sdq}^+\approx s\frac{L_m}{L_s}\boldsymbol{U}_{sdq}^+ \tag{5-6}$$

式（5-6）表明，双馈风电机组稳态运行时转子电压约为定子电压的 s（s 为转差率）倍。当并网点电压发生对称骤升故障时，由于双馈风电机组定子磁链不能突变，必然会在电压骤升瞬间感生出一个抵制磁链突变的直流分量。设故障前后（dq）+坐标系下定子磁链可表示为

$$\boldsymbol{\psi}_{sdq}^+=\begin{cases}\boldsymbol{\psi}_{sdq0}^+ & (t\leqslant t_0)\\(1+D)\boldsymbol{\psi}_{sdq0}^+-D\boldsymbol{\psi}_{sdq0}^+\mathrm{e}^{-\mathrm{j}\omega_1 t}\mathrm{e}^{-(t-t_0)/\tau} & (t>t_0)\end{cases} \tag{5-7}$$

式中：$\boldsymbol{\psi}_{sdq0}^+$ 为电网故障发生前的磁链矢量；D 为电压骤升幅度；t_0 为故障发生时刻。

由式（5-7）可知，电网电压对称骤升故障发生后，定子磁链的直流分量在（dq）+坐标系下表现为一个 50Hz 的交流分量，并以时间常数 τ 作指数规律衰减（如双馈风电机组转子绕组开路，则 $\tau=L_s/R_s$）。由于兆瓦级双馈电机定子时间常数近乎秒级，该定子磁链直流分量的自然衰减过程将十分缓慢。

将式（5-7）代入式（5-5），重新计算电网电压骤升故障后的转子开路电压，可得

$$\boldsymbol{U}_{rdq}^+=\left(\frac{\mathrm{d}}{\mathrm{d}t}+\mathrm{j}\boldsymbol{\omega}_{sl}\right)\frac{L_m}{L_s}\left[(1+D)\boldsymbol{\psi}_{sdq0}^+-D\boldsymbol{\psi}_{sdq0}^+\mathrm{e}^{-\mathrm{j}\omega_1 t}\mathrm{e}^{-(t-t_0)/\tau}\right]$$
$$=\frac{L_m}{L_s}\left[\mathrm{j}\boldsymbol{\omega}_{sl}(1+D)\boldsymbol{\psi}_{sdq0}^++(\mathrm{j}\boldsymbol{\omega}_1-\mathrm{j}\boldsymbol{\omega}_{sl})D\boldsymbol{\psi}_{sdq0}^+\mathrm{e}^{-\mathrm{j}\omega_1 t}\mathrm{e}^{-(t-t_0)/\tau}+\frac{1}{\tau}D\boldsymbol{\psi}_{sdq0}^+\mathrm{e}^{-\mathrm{j}\omega_1 t}\mathrm{e}^{-(t-t_0)/\tau}\right] \tag{5-8}$$

由式（5-8）可知，故障发生后的转子电压由三部分组成：①第一部分由定子磁链强迫分量决定，即 $j\omega_{sl}(1+D)\psi_{sdq0}^+ L_m/L_s$，约为故障后电网电压的 s 倍；②第二部分由定子磁链自由分量的幅值决定，即 $(j\omega_1 - j\omega_{sl})D\psi_{sdq0}^+ e^{-j\omega_1 t} e^{-(t-t_0)/\tau}$，约为电网电压骤升幅度的 $(1-s)$ 倍；③第三部分由定子磁链的衰减速率决定，即 $1/\tau D\psi_{sdq0}^+ e^{-j\omega_1 t} e^{-(t-t_0)/\tau}$，因其幅值较小，可以忽略。基于以上分析，式（5-8）可简化为

$$
\begin{aligned}
\boldsymbol{U}_{rdq}^+ &\approx \frac{L_m}{L_s}\left[j\omega_{sl}(1+D)\boldsymbol{\psi}_{sdq0}^+ + (j\omega_1 - j\omega_{sl})D\boldsymbol{\psi}_{sdq0}^+ e^{-j\omega_1 t} e^{-(t-t_0)/\tau}\right] \\
&\approx \frac{L_m}{L_s}\left[s(1+D)\boldsymbol{U}_{sdq0}^+ + (1-s)D\boldsymbol{U}_{sdq0}^+ e^{-j\omega_1 t} e^{-(t-t_0)/\tau}\right]
\end{aligned}
\tag{5-9}
$$

依据式（5-9），图5-9给出了不同转差率（转速）下，电网电压分别骤升10%、20%、30%时计算出的转子开路电压幅值，分析可见：

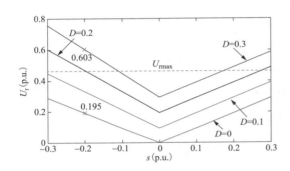

图5-9　不同电网电压骤升幅值下转子
开路电压的幅值

（1）电压骤升幅值越大，同样转速下转子开路电压越高。例如，同在 $s=-0.2$ 时电压骤升至标称值的1.3倍后，转子开路电压（0.603p.u.）比正常电网条件下（$D=0$）之值（0.195p.u.）高出2倍多。

（2）同一电压骤升幅值下，超同步运行（$s<0$）比亚同步运行（$s>0$）时转子开路电压略高。显然，过高的转子电压（主要是定子直流磁链引起）一方面限制了双馈风电机组的瞬时有功、无功功率输出能力；另一方面，可能会引起转子侧变流器（RSC）过流，影响转子侧变流器的正常运行。

以上分析均针对电网三相电压对称骤升的故障工况。实际上单相短路或相间短路故障恢复瞬间会伴随不对称故障的发生，下文主要对电网不对称骤升故障对双馈风电机组运行的影响做简要分析。

与电网电压不对称跌落类似，电网电压不对称骤升时定子磁链中的强迫分量由正序磁链分量和负序磁链分量两部分组成。同时定子磁链中还可能存在直流磁链，其大小与故障类型、故障发生时刻有关。据此式（5-7）应修正为

$$
\boldsymbol{\psi}_{sdq}^+ = \begin{cases}
\boldsymbol{\psi}_{sdq0}^+ & (t \leqslant t_0) \\
D_1\boldsymbol{\psi}_{sdq0}^+ - D_2\boldsymbol{\psi}_{sdq0}^+ e^{-2j\omega_1 t} - D_3\boldsymbol{\psi}_{sdq0}^+ e^{-j\omega_1 t} e^{-(t-t_0)/\tau} & (t > t_0)
\end{cases}
\tag{5-10}
$$

式中：D_1、D_2、D_3 分别为定子磁链中正序分量、负序分量和直流分量占故障前磁链基波分量 $\boldsymbol{\psi}_{sdq0}^+$ 的百分比。

将式（5-10）代入式（5-5），求得不对称电压骤升时转子开路电压为

$$\boldsymbol{U}_{rdq}^{+}=\left(\frac{\mathrm{d}}{\mathrm{d}t}+\mathrm{j}\boldsymbol{\omega}_{\mathrm{sl}}\right)\frac{L_{\mathrm{m}}}{L_{\mathrm{s}}}\left[D_1\boldsymbol{\psi}_{sdq0}^{+}-D_2\boldsymbol{\psi}_{sdq0}^{+}\mathrm{e}^{-2\mathrm{j}\boldsymbol{\omega}_1 t}-D_3\boldsymbol{\psi}_{sdq0}^{+}\mathrm{e}^{-\mathrm{j}\boldsymbol{\omega}_1 t}\mathrm{e}^{-(t-t_0)/\tau}\right]$$

$$=\frac{L_{\mathrm{m}}}{L_{\mathrm{s}}}\left[\mathrm{j}\boldsymbol{\omega}_{\mathrm{sl}}D_1\boldsymbol{\psi}_{sdq0}^{+}+(2\mathrm{j}\boldsymbol{\omega}_1-\mathrm{j}\boldsymbol{\omega}_{\mathrm{sl}})D_2\boldsymbol{\psi}_{sdq0}^{+}\mathrm{e}^{-2\mathrm{j}\boldsymbol{\omega}_1 t}\right] \qquad (5-11)$$

$$+\frac{L_{\mathrm{m}}}{L_{\mathrm{s}}}\left[D_3(\mathrm{j}\boldsymbol{\omega}_1-\mathrm{j}\boldsymbol{\omega}_{\mathrm{sl}})\boldsymbol{\psi}_{sdq0}^{+}\mathrm{e}^{-\mathrm{j}\boldsymbol{\omega}_1 t}\mathrm{e}^{-(t-t_0)/\tau}+\frac{1}{\tau}D_3\boldsymbol{\psi}_{sdq0}^{+}\mathrm{e}^{-\mathrm{j}\boldsymbol{\omega}_1 t}\mathrm{e}^{-(t-t_0)/\tau}\right]$$

式（5-5）中转子电压幅值需修正为

$$\boldsymbol{U}_{rdq}^{+}\approx\frac{L_{\mathrm{m}}}{L_{\mathrm{s}}}\left[\mathrm{j}\boldsymbol{\omega}_{\mathrm{sl}}D_1\boldsymbol{\psi}_{sdq0}^{+}+(2\mathrm{j}\boldsymbol{\omega}_1-\mathrm{j}\boldsymbol{\omega}_{\mathrm{sl}})D_2\boldsymbol{\psi}_{sdq0}^{+}\mathrm{e}^{-2\mathrm{j}\boldsymbol{\omega}_1 t}+D_3(\mathrm{j}\boldsymbol{\omega}_1-\mathrm{j}\boldsymbol{\omega}_{\mathrm{sl}})\boldsymbol{\psi}_{sdq0}^{+}\mathrm{e}^{-\mathrm{j}\boldsymbol{\omega}_1 t}\mathrm{e}^{-(t-t_0)/\tau}\right]$$

$$\approx\frac{L_{\mathrm{m}}}{L_{\mathrm{s}}}\left[sD_1\boldsymbol{U}_{sdq0}^{+}+(2-s)D_2\boldsymbol{U}_{sdq0}^{+}\mathrm{e}^{-2\mathrm{j}\boldsymbol{\omega}_1 t}+D_3(1-s)\boldsymbol{U}_{sdq0}^{+}\mathrm{e}^{-\mathrm{j}\boldsymbol{\omega}_1 t}\mathrm{e}^{-(t-t_0)/\tau}\right]$$

$$(5-12)$$

式（5-12）表明，电网电压不对称骤升故障发生后，(dq)＋坐标系中转子电压不仅含有直流分量，还含有 2 倍频、1 倍频的交流分量。由于两种交流成分的频率相对转差频率较高，其幅值分别被放大（$2-s$）倍、（$1-s$）倍，势必会大幅提高转子开路电压。

（二）网侧变流器（GSC）的暂态过程

直流母线电压的稳定是电网电压骤升时确保双馈风电机组不脱网运行的前提，因此电压骤升对网侧变流器（GSC）工作特性的影响研究十分关键。

正转（dq）＋坐标系下 GSC 的稳态电压方程为

$$\begin{cases}U_{gd}=R_{\mathrm{g}}i_{gd}-\omega_1 L_{\mathrm{g}}I_{gq}+U_{gd1}\\ U_{gq}=R_{\mathrm{g}}i_{gq}+\omega_1 L_{\mathrm{g}}I_{gd}+U_{gq1}\end{cases} \qquad (5-13)$$

式中：U_{gd}、U_{gq} 分别为电网电压的 d 轴、q 轴分量；U_{gd1}、U_{gq1} 分别为 GSC 三相全控桥交流侧输出电压的 d 轴、q 轴分量；I_{gd}、I_{gq} 分别为 GSC 输入电流的 d 轴、q 轴分量；R_{g}、L_{g} 分别为 GSC 进线电阻和电感。

按式（5-13）可得图 5-10 所示 GSC 稳态电压空间相量图，图中 φ 为功率因数角。由图 5-10 可知，若 GSC 的功率因数角一定，则其输出电压相量 $\boldsymbol{U}_{\mathrm{g}}$ 的末端必然落在阻抗（直

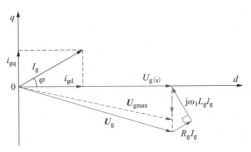

图 5-10　GSC 稳态电压相量空间位置关系

角）三角形的斜边上，且其最大值 U_{gmax} 受到母线电容额定工作电压的严格限制。这时由于根据电压空间相量调制理论，调制比 m 需满足

$$m=\sqrt{U_{gd1}^2+U_{gq1}^2}/(U_{\mathrm{dc}}/2)\leqslant 2/\sqrt{3} \qquad (5-14)$$

当采用电网电压 d 轴分量定向时，有 $U_{gd}=U_{\mathrm{g}}$、$U_{gq}=0$，其中 U_{g} 为相电压峰值。如忽略进线电阻 R_{g} 上的压降，则由式（5-13）进一步可得

$$
\begin{cases}
U_{gd1} = U_g + \omega_1 L_g I_{gq} \\
U_{gq1} = -\omega_1 L_g I_{gd}
\end{cases}
\tag{5-15}
$$

将式（5-15）代入式（5-14），有

$$
U_{dc} \geqslant \sqrt{3}\sqrt{(U_g + \omega_1 L_g I_{gq})^2 + (-\omega_1 L_g I_{gd})^2}
\tag{5-16}
$$

式（5-16）给出了 GSC 正常工作状态下直流母线电压与电网相电压峰值、进线电感及负载电流间的关系。据此可知，当 GSC 工作在单位功率因数，即 $I_{gq}=0$ 时，直流母线电压 U_{dc} 的值不应低于电网线电压的峰值，这是由升压斩波电路（Boost 电路）的升压特性本质所决定的。

（三）双馈风电机组高电压穿越能力的关键影响因素分析

综合以上分析，从机组安全运行需要和并网技术标准要求看，影响双馈风电机组高电压运行能力的因素主要有两个方面：①电压骤升将导致母线电压骤升，危及直流母线电容的安全，同时定子磁链中的直流、负序分量（不对称骤升故障时）将导致双馈风电机组转子开路电压过高，易引起转子侧变流器过流，因此电压骤升故障下机组自保的压力较大；②并网技术标准要求机组需对故障电网提供一定的无功支持，增加了机组并网运行的难度。

因此，改进双馈风电机组控制以实现高电压穿越运行的可行思路是：

（1）维持网侧变流器（GSC）的可靠运行及母线电容器的安全。

（2）加速定子直流、负序磁链的衰减，为无功电流输出创造条件。

（3）评估电网故障条件下双馈风电机组的无功、有功输出能力，在满足并网导则要求的前提下，优化机组功率输出特性。

从实现手段上看，实现风力发电机组高电压穿越能力的方法主要从更换直流母线 chopper 模块、改进系统控制策略和优化保护参数等方面入手，下文将主要阐述双馈风电机组高电压穿越控制策略。

二、双馈风电机组高电压穿越控制策略

（一）基于谐振控制器的双馈风电机组高电压穿越控制策略

由前文分析可知，电网电压骤升期间定子磁链会出现直流磁链、负序磁链，这必将导致双馈风电机组转子绕组电流中出现谐波分量，制约双馈风电机组的无功电流输出能力。因此，电网故障发生后应设法加速双馈风电机组定子磁链中直流和负序分量的衰减，实施灭磁控制，以便为无功电流的输出创造条件。因此提出带有主动灭磁功能的高电压穿越控制策略，具体为在不改变机组平均有功、无功功率控制结构的基础上，构建一条辅助的定子磁链直流、负序分量控制环，从而加速上述两类磁链分量的衰减。

如前所述，在 dq 坐标系下，定子磁链的直流、负序分量分别表现为频率为 50Hz 和 100Hz 的交流成分。此时，受控制带宽的限制，传统 PI 调节器显然难以实现对两类交流成分的快速无静差调节。为此，本章引入一对谐振频率分别为 50Hz 和 100Hz 的谐振（Resonant，R）控制器，作为定子磁链辅助控制环的调节器，其在 s 域下的传递函数为

$$
G_R(s) = \frac{2k_{r1}\omega_{c1}s}{s^2 + 2\omega_{c1}s + \omega_1^2} + \frac{2k_{r2}\omega_{c2}s}{s^2 + 2\omega_{c2}s + (2\omega_1)^2}
\tag{5-17}
$$

式中：k_{r1}、k_{r1} 分别为两个谐振器的谐振系数；ω_{c1}、ω_{c2} 分别为其对应的截止频率。

图 5-11 给出了 $k_{r1} = k_{r2} = 100$，$\omega_{c1} = \omega_{c2} = 5\mathrm{rad/s}$ 时，式（5-17）所示谐振控制器的幅频相频特性曲线。

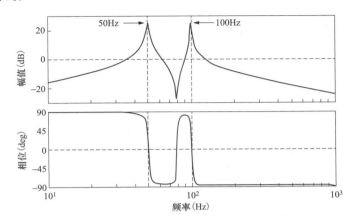

图 5-11　谐振控制器的幅频相频特性曲线

从图 5-11 中可以看出，谐振控制器具有较好的频率选择特性，只对谐振频率附近的信号产生理想增益，而对远离该谐振点的信号增益近乎为零。利用这一特性，可在定子磁链控制时省去磁链的相序分离步骤，直接将包含正序、直流和负序分量在内的定子磁链作为控制对象，从而提高辅助控制环的动态响应速度。

设置定子电流辅助控制环改进后的控制结构如图 5-12 所示，图中谐振控制器包含有频率分别为 50Hz 和 100Hz 的两个谐振控制器。需要特别指出的是，谐振控制器对定子直流和负序磁链的抑制能力受机侧变流器电压裕量的限制。

正转同步速旋转（dq）坐标系下网侧变流器、机侧变流器的调制电压 U_{gdq1}、U_{rdq1} 可分别计算为

$$U_{gdq1} = -G_{PI}(s)(\boldsymbol{I}_{gdq}^* - \boldsymbol{I}_{gdq}) + \boldsymbol{U}_{gdq} - R_g \boldsymbol{I}_{gdq} - j\omega_1 L_g \boldsymbol{I}_{gdq} \tag{5-18}$$

$$U_{rdq1} = G_{PI}(s)(\boldsymbol{I}_{rdq}^* - \boldsymbol{I}_{rdq}) + R_r \boldsymbol{I}_{rdq} + \omega_{sl}[j\sigma L_r \boldsymbol{I}_{rdq} + \boldsymbol{U}_{sdq} L_m/(\omega_1 L_s)] \tag{5-19}$$

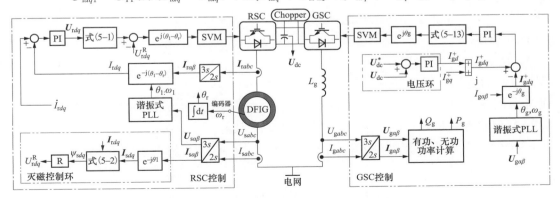

图 5-12　基于谐振控制器的双馈风电机组 HVRT 控制结构原理图

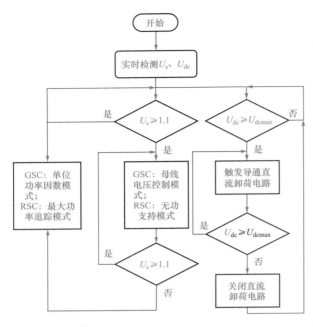

图 5-13 双馈风电机组 HVRT 控制工作流程图

图 5-13 给出了考虑动态无功支持的双馈风电机组的高电压穿越软件控制和硬件保护系统工作流程，可简述为：当电网电压低于其正常浮动上限（设定为 1.1p.u.）时，网侧变流器工作在单位功率因数控制模式、机侧变流器工作在最大风能追踪模式；一旦检测到电网电压骤升至 1.1p.u. 及以上时，网侧变流器瞬即切换至母线电压控制模式，即按式（5-18）所述原则实施无功、有功功率分配；机侧变流器切换至无功支持模式，即按式（5-19）所述原则作无功、有功功率适配控制；为抑制电压骤变瞬间可能出现的母线电压泵升，直流母线上并联有一个 Chopper 卸荷电路，可在母线电压高于其允许最大可连续

操作电压，即电压上限 U_{dcmax} 时触发导通，以此确保直流环节的安全。

（二）电网电压骤升期间双馈风电机组无功电流优化分配策略

1. 双馈风电机组定子侧、网侧输出功率间的约束关系

为了分析电网电压骤升对双馈风电机组（double fed induction generator，DFIG）功率分布的影响，评估电压骤升期间机组向电网注入感性无功电流的能力，首先需建立双馈风电机组网侧变流器和转子侧变流器功率潮流模型，导出其有功、无功电流匹配关系。

图 5-14 所示为双馈风电机组系统结构和功率潮流分布（按电动机惯例），图中，P_s、Q_s 分别为双馈风电机组定子侧输出的有功、无功功率；P_g、Q_g 分别为网侧输出的有功、无功功率；

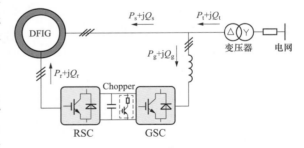

图 5-14 双馈风电机组风电系统结构及功率潮流分布框图

P_r、Q_r 分别为从 RSC 馈入双馈风电机组的有功、无功功率；P_t、Q_t 分别是为双馈风电机组系统总的输出有功、无功功率。据图 5-14 有

$$\left.\begin{array}{l} P_t = P_s + P_g \\ Q_t = Q_s + Q_g \end{array}\right\} \qquad (5-20)$$

忽略双馈风电机组定、转子绕组铜损、铁损，式（5-20）中有功功率方程同时满足

$$P_s = \frac{P_t}{1-s} \\ P_g = -\frac{sP_t}{1-s} \Bigg\} \tag{5-21}$$

式（5-20）、式（5-21）给出了双馈风电机组定子侧 P_s、网侧输出功率 P_g 与机组总输出功率 P_t 之间的关系，因此可在此基础上分别讨论电网电压骤升期间，GSC、RSC 输出有功、无功电流及功率的分配原则。需说明的是，这里讨论的无功电流分配原则主要针对电网电压对称骤升工况。

2. 网侧变流器（GSC）的电流适配原则

如前文所述，电网电压骤升期间保证直流母线电压的稳定是确保机组不脱网的前提和关键，须首先讨论故障期间 GSC 稳定控制问题。由式（5-21）可知，有两个方案可确保电压骤升期间 GSC 的正常工作：①提高母线电容器件及 GSC 开关元件的耐压等级；②利用 GSC 进线电抗实现分压降压，即令 GSC 工作在输出一定的感性无功电流的状态。显然方案②不仅经济实用，还能对故障电网提供一定的动态无功支持。

根据式（5-16）可导出 GSC 正常工作时输出无功电流最小值与电网相电压峰值以及有功电流间的关系

$$I_{gq\min} = \frac{1}{\omega_s L_g}\left[\sqrt{U_{dc}^2/3 - (-\omega_s L_g I_{gd})^2} - U_g\right] \tag{5-22}$$

式（5-22）表明，电网电压骤升期间 GSC 输出感性无功电流的大小不仅取决于电网相电压 U_g，还受其输出有功电流 I_{gd} 的约束。图 5-15 给出了不同电压骤升幅度下 2MW 风电机组 GSC 的无功电流指令随有功电流值变化关系。可以看出，电网电压骤升期间为满足 Boost 电路工作特性，GSC 需输出的无功电流大小主要取决于电压骤升幅度，而几乎不受变流器输出有功电流的影响。这样，式（5-22）可进一步简化为

$$I_{gq} = \frac{k}{\omega_s L_g}(U_{dc}/\sqrt{3} - U_g) \tag{5-23}$$

为便于工程应用，式（5-23）中引入了一个防过调制系数 k，且应满足 $1.05 \leqslant k \leqslant 1.1$（下文仿真实验中 k 均取 1.05）。

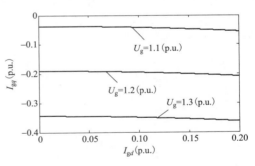

图 5-15　不同电压骤升幅度下 GSC 无功电流随有功电流变化曲线

3. 转子侧变流器（RSC）的电流分配原则

根据双馈风电机组定子侧输出无功功率方程，可知此时 RSC 无功电流 I_{rq} 应为

$$I_{rq} = -\frac{L_s I_{sq}}{L_m} - \frac{U_s}{\omega_s L_m} \\ \geqslant \frac{L_s}{L_m}[-2\times(1-U_s)I_N + I_{gq}] - \frac{U_s}{\omega_s L_m} \tag{5-24}$$

需要指出的是，电网电压骤升期间，在满足式（5-24）所示无功优先输出的原则下，如 RSC 容量仍有容量裕度，则还应实施有功功率输出控制，以防发生机组转速飙升和系统频率振荡。此时定子侧输出有功功率的大小可按下述原则来整定。

根据图 5-14 所示功率流向，为实现直流环节输入、输出功率的平衡，有

$$P_{\mathrm{g}} = P_{\mathrm{r}} \approx -sP_{\mathrm{s}} \tag{5-25}$$

鉴于工程实际中机侧变流器的容量一般会高于网侧变流器，故电压骤升期间机侧变流器输出有功功率 P_{r} 的大小主要受限于此时 GSC 所能输入的最大有功功率 P_{gmax}。正转同步速旋转（dq）坐标系下双馈风电机组定子有功功率 P_{s} 可表示为

$$P_{\mathrm{s}} = -\frac{L_{\mathrm{m}}}{L_{\mathrm{s}}} U_{\mathrm{s}} I_{\mathrm{r}d} \tag{5-26}$$

按图 5-14 所示系统结构有 $U_{\mathrm{s}} = U_{\mathrm{g}}$，联立式（5-25）、式（5-26）可得电压骤升期间机侧变流器允许输出的有功电流值为

$$I_{\mathrm{r}d} = -\frac{P_{\mathrm{gmax}} L_{\mathrm{s}}}{sU_{\mathrm{s}} L_{\mathrm{m}}} \tag{5-27}$$

同时，为不超出机侧变流器的电流耐量 I_{rmax}，双馈风电机组转子有功电流还需满足

$$I_{\mathrm{r}d} \leqslant \sqrt{I_{\mathrm{rmax}}^2 - I_{\mathrm{r}q}^2} \tag{5-28}$$

综合式（5-27）、式（5-28），可得高电压期间机侧变流器的输出有功电流指令最大值应为

$$I_{\mathrm{r}d\max} = \min\left\{-\frac{P_{\mathrm{gmax}} L_{\mathrm{s}}}{sU_{\mathrm{s}} L_{\mathrm{m}}}, \sqrt{I_{\mathrm{rmax}}^2 - I_{\mathrm{r}q}^2}\right\} \tag{5-29}$$

式中：min 代表取小值运算。

综上可知，式（5-23）、式（5-24）、式（5-27）分别构成了电网电压骤升期间网侧、转子侧变流器的无功、有功电流约束条件。

三、双馈风电机组高电压穿越控制参数灵敏度分析

（一）变流器 PI 调节参数的灵敏度分析

一般地，相量控制方案中 PI 控制器的带宽越大（或比例系数越大），系统的动态性能越好，鲁棒性也越强。为了考察 PI 控制器参数对双馈风电机组高电压穿越性能的影响，图 5-16、图 5-17 分别给出了不同电压环比例系数下机组高电压穿越波形。两图仿真中直流卸荷电阻 Chopper 的阻值均为 2Ω。其中，图 5-16（a）中，电压外环比例、系数分别设定为 $K_{\mathrm{pv}} = 0.5$、$K_{\mathrm{iv}} = 10$；图 5-16（b）中，电压外环比例、系数分别设定为 $K_{\mathrm{pv}} = 1$、$K_{\mathrm{iv}} = 10$；图 5-17（a）中，电压外环比例、系数同图 5-16（b）；图 5-17（b）中，电压外环比例、系数分别设定为 $K_{\mathrm{pv}} = 3$、$K_{\mathrm{iv}} = 10$。U_{dp} 表示电网基波电压有效值，P、Q 分别表示机组输出有功、无功功率，I_d、I_q 分别表示机组输出有功、无功电流，Chopper 表示直流卸荷电阻的通断信号（其值为 1 表示开通，为 0 表示关断），U_{dc} 表示直流母线电压。

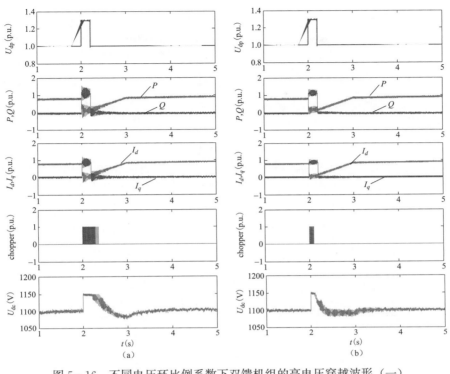

图 5-16 不同电压环比例系数下双馈机组的高电压穿越波形（一）

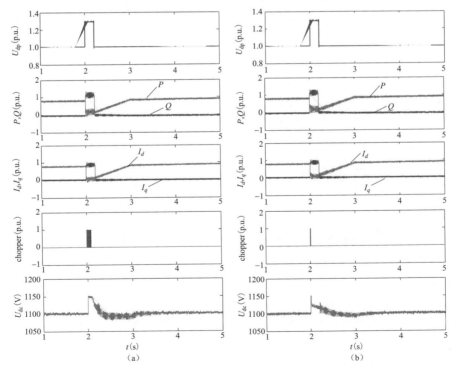

图 5-17 不同电压环比例系数下双馈机组的高电压穿越波形（二）

随着电压环比例系数的增大，母线电压波动的幅度变小、波动周期缩短，Chopper 电路的开通次数也逐渐减少、导通时间明显缩短，表明电压外环的可控性逐渐加强。因此，高电压穿越过程中适当提高 PI 控制器的带宽（或比例系数），有助于提高机组的故障穿越运行能力。同理，高电压穿越期间，适当提高电流环的带宽（或比例系数），也会在一定程度上改善机组的故障穿越运行性能。

（二）直流 Chopper 电阻阻值的灵敏度分析

一般地，直流卸荷电阻 Chopper 的阻值越小，直流母线电压的骤升抑制效果越好（卸荷速度越快），但卸荷电阻阻值较小时，流经卸荷电阻的电流也越高，换言之，卸荷电阻的瞬时功率也会越高。为了考察直流卸荷电阻阻值对双馈风电机组高电压穿越性能的影响，图 5 - 18 给出了不同直流卸荷电阻阻值下机组的高电压穿越波形。其中，图 5 - 18（a）中直流卸荷电阻 Chopper 的阻值为 2Ω，图 5 - 18（b）中直流卸荷电阻 Chopper 的阻值为 0.6Ω。

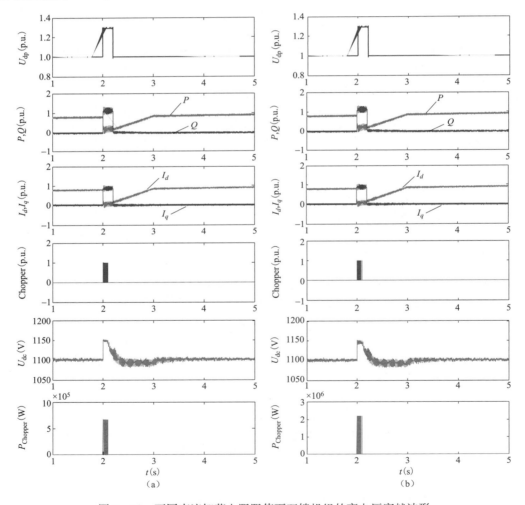

图 5 - 18 不同直流卸荷电阻阻值下双馈机组的高电压穿越波形

相比图 5-18（a），图 5-18（b）中 Chopper 阻值减小后，卸荷电路的开通次数相对减少、导通时间明显缩短，但其瞬时功率 $P_{chopper}$ 也会大幅增加（由 650kW 增加至 2200kW）。因此，从节约成本上、器件散热等角度看，直流卸荷电路 Chopper 的阻值也不宜过小。

第三节　直驱风电机组高电压穿越控制策略

一、直驱风电机组高电压穿越暂态过程机理分析

对直驱风电机组（permanent magnet synchronous generator，PMSG）而言，由于中间直流母线的存在，使其机侧与网侧变流器可以实现解耦控制。只有网侧变流器与电网直接相连，在电网电压骤升时可以认为其不会直接影响到机侧变流器的正常运行，因此只需分析网侧变流器在电压骤升时的暂态特性。

电网电压骤升首先影响到变流器的耐压能力，同时由于电网电压骤升，会影响到有功功率的正常送出，导致直流母线电压升高，影响变流器的安全稳定运行。

正转（dq）＋坐标系下网侧变流器的稳态电压方程为

$$\begin{cases} U_{gd} = R_g i_{gd} - \omega_1 L_g I_{gq} + U'_{gd} \\ U_{gq} = R_g i_{gq} + \omega_1 L_g I_{gd} + U'_{gq} \end{cases} \tag{5-30}$$

式中：U_{gd}、U_{gq} 为电网电压的 d 轴、q 轴分量；U'_{gd}、U'_{gq} 为 GSC 三相全控桥交流侧输出电压的 d 轴、q 轴分量；I_{gd}、I_{gq} 为 GSC 输入电流的 d 轴、q 轴分量；R_g、L_g 分别为 GSC 进线电阻和电感。

按式（5-30）可得图 5-19 所示网侧变流器稳态电压空间矢量图，图中 φ 为功率因数角。从图可知，若 GSC 的功率因数角一定，则其输出电压矢量 U'_g 的末端必然落在阻抗（直

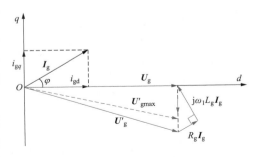

图 5-19　GSC 稳态电压矢量空间位置关系

角）三角形的斜边上，且其最大值 U'_{gmax} 受到母线电容额定工作电压的严格限制。根据电压空间矢量调制理论，调制比 m 需满足

$$m = \sqrt{U'^2_{gd} + U'^2_{gq}} / (U_{dc}/2) \leqslant 2/\sqrt{3} \tag{5-31}$$

当采用电网电压 d 轴分量定向时，有 $U_{gd} = U_g$、$U_{gq} = 0$，其中 U_g 为相电压峰值。如忽略进线电阻 R_g 上的压降，则由式（5-30）进一步可得

$$\begin{cases} U_{gd} = U_g + \omega_1 L_g I_{gq} \\ U_{gq} = -\omega_1 L_g I_{gd} \end{cases} \tag{5-32}$$

将式（5-32）代入式（5-31），有

$$U_{dc} \geq \sqrt{3} \sqrt{(U_g + \omega_1 L_g I_{gq})^2 + (-\omega_1 L_g I_{gd})^2} \qquad (5-33)$$

式（5-33）给出了网侧变流器正常工作状态下直流母线电压与电网相电压峰值、进线电感以及负载电流间的关系。据此可知，当网侧变流器工作在单位功率因数即 $I_{gq} = 0$ 时，直流母线电压 U_{dc} 的值不应低于电网线电压的峰值，否则有功功率无法正常送出，这是由升压斩波电路（Boost 电路）的升压特性本质所决定的。正常电网条件下电网线电压峰值为 $690 \times \sqrt{2} = 976$（V），然而当电网电压骤升至 1.3p. u. 时，若网侧变流器还继续采用恒功率因数控制，直流母线电压也将被抬升至 1269V 以上，已经超出了直流母线电容的耐受极限。

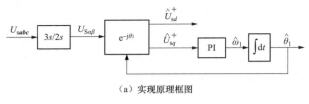

（a）实现原理框图

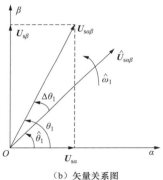

（b）矢量关系图

图 5-20　软件锁相原理图

目前在并网型 PMSG、双馈风电机组变流器控制中，普遍采用锁相环（phase-locked loop，PLL）技术来获取电网电压的频率和相位。随着数字处理技术的快速发展，电压同步信号的检测一般都采用了软件 PLL 技术，当前广泛采用的三相软件 PLL 原理如图 5-20 所示，通过采集 abc 三相电压，然后通过克拉克（clark）、派克（park）变换，得到旋转坐标系的电压，即可获得电网电压的相位。

理想电网条件下当 PLL 处于锁定状态时，PLL 输出电压矢量 $\hat{U}_{s\alpha\beta}$ 与实际电网电压矢量 $U_{s\alpha\beta}$ 应当重合，但当电网电压相位突然变化时，这两个矢量之间将出现差异，如图 5-20（b）所示，此时两矢量之间的夹角可表示为

$$\Delta\theta_1 = (\theta_1 - \hat{\theta}_1) = \arctan\left(\frac{U_{s\beta}}{U_{s\alpha}}\right) - \hat{\theta}_1 \approx \sin(\theta_1 - \hat{\theta}_1) = U_{s\beta}\cos\hat{\theta}_1 - U_{s\alpha}\sin\hat{\theta}_1 \qquad (5-34)$$

将电网电压由两相静止 $\alpha\beta$ 坐标系变换到同步速旋转 dq^+ 坐标系后，可得

$$\begin{bmatrix} \hat{U}_{sd}^+ \\ \hat{U}_{sq}^+ \end{bmatrix} = \begin{bmatrix} \cos\hat{\theta}_1 & \sin\hat{\theta}_1 \\ -\sin\hat{\theta}_1 & \cos\hat{\theta}_1 \end{bmatrix} \begin{bmatrix} U_{s\alpha} \\ U_{s\beta} \end{bmatrix} \qquad (5-35)$$

其中

$$\hat{U}_{sq}^+ = U_{s\beta}\cos\hat{\theta}_1 - U_{s\alpha}\sin\hat{\theta}_1 \tag{5-36}$$

比较式（5-34）和式（5-36）可知，电网电压的相角跳变 $\Delta\theta_1$ 可用同步速旋转 dq^+ 坐标系中电网电压 q 轴分量 $\hat{U}_{sq}^+$ 来描述，在理想电网电压条件下，电网电压矢量的 d、q 分量 U_{sd}^+、U_{sq}^+ 为直流量，采用 PI 调节器对 U_{sq}^+ 实现无静差调节即可准确跟踪电网电压空间矢量。

当电网电压发生不对称骤升故障时，电网电压相角会发生突变，同时电网电压发生畸变，此时 U_{sq}^+ 除含有直流性质的正序基波分量 U_{sq+}^+ 外，还含有以 2 倍电网频率波动的负序交流成分 $U_{sq-}^-e^{-j2\omega_1 t}$，使图 5-20（a）中所示的 PLL 中的 PI 调节器无法对其实现无静差调节，从而无法准确跟踪电网电压基波正序分量的频率及相位。锁相失败，导致并网电流发生振荡过流，从而风电机组脱网。

综上所述，电网电压骤升首先影响电力电子器件的耐压水平，容易导致功率器件的电压击穿，随着电网电压的升高导致网侧变流器无法正常将有功功率输送至电网，从而使直流母线电压升高。当直流母线电压超过直流母线电容的耐压极限时，会损坏变流器电容器件。同时，电网电压的骤升突变会导致常规锁相环无法快速跟踪电网电压的相角，容易导致网侧变流器的过流。因此，对于正常运行的直驱风电机组来说，电网电压骤升可导致直流母线过电压以及网侧变流器报过流故障。

二、直驱风电机组高电压穿越控制策略

（一）基于广义积分锁相环的高电压穿越控制策略

为了排除基波负序、谐波分量及电压相位的突变对基波正序电压频率和相位检测的影响，本章介绍一种基于广义积分器的改进型 PLL 锁相环。其控制原理结构如图 5-21 所示。

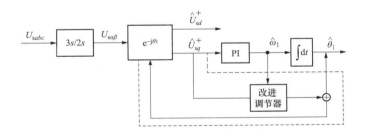

图 5-21 基于广义积分器的 PLL 原理框图

基于广义积分的 PLL 采用双闭环控制结构，其内环采用改进型控制器来消除被控对象 U_{sq}^+ 中的谐波交流信号，同时增大系统带宽来提高动态响应速度，如图 5-21 中虚框部分所示。外环使用常规 PI 控制器以调节 U_{sq}^+，由于 U_{sq}^+ 已是直流信号，PI 控制器能够对其实施有效控制，确保 PI 控制器检测出的正序基波电压频率稳定，进而保证所测基波正序电压相位 θ_1 的准确性，同时由于将检测到的基波电压正序分量角速

度 ω_1 实时回馈至谐振控制器，确保了电网频率的变化不会影响广义积分控制器的调节效果。

（二）网侧变流器无功控制策略优化

由上文分析可知在电网电压骤升时如果采用原有控制策略，直流母线电压会超过电容极限电压而损坏电容器，因此在电网电压骤升时如何保持直流母线电压的稳定是风电机组稳定运行的前提。在电网电压骤升期间，风电机组通过无功功率的输出，加速电网电压的恢复是风电机组具备高电压穿越能力的关键。为此需合理优化直流制动单元、网侧变流器有功和无功电流的给定值，图 5-22 给出了综合考虑直流制动单元和网侧变流器控制逻辑之后的 HVRT 控制框图。

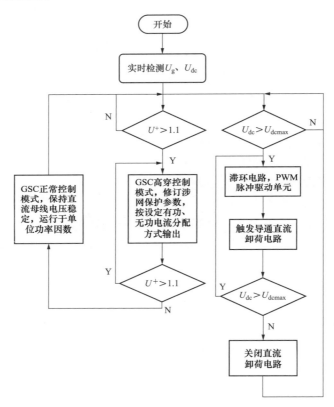

图 5-22　直驱风电机组高电压穿越控制流程

风电机组变流器网侧电压监测模块实时监测电网电压的变化，当电网电压正序分量低于 1.1p. u. 时，风电机组变流器工作于正常模式；当电网电压正序分量高于 1.1p. u. 时，变流器发出 HVRT 标志位，风电机组进入高电压穿越模式，变流器按照电网电压骤升幅度分配有功电流、无功电流；同时实时采集直流母线电压，当直流母线电压高于母线电压设定最大值时，触发直流卸荷单元，将多余的能量通过卸荷电阻释放，保证母线电压的安全稳定。

在高电压穿越过程中，变流器根据电网电压的骤升幅度发出感性无功，对电网提供无

功支撑，加速电网电压的稳定，无功电流给定指令设定为

$$I_{reactive} = 4 \times (U_T^n - U_T^+) I_N \qquad (5-37)$$

式中：U_T^+ 为三相电网电压的正序分量、U_T^n 为额定电压、I_N 为风电机组额定电流、$I_{reactive}$ 为无功电流。

同时为保证风电机组变流器的安全稳定运行，在高电压穿越期间，采用优先无功电流控制策略，在保证无功电流要求后，设定有功电流给定指令

$$I_{active} = \sqrt{I_{max}^2 - I_{reactive}^2} \qquad (5-38)$$

其中，$I_{max} = 1.3 \times I_N$。

三、直驱风电机组高电压穿越控制参数灵敏度分析

（一）PI 控制器参数的影响

一般地，在矢量控制策略中为保证系统的动态性能，将 PI 控制参数中的比例系统（K_p）适当放大，以增大控制系统的带宽，但过度的增大带宽会造成系统的不稳定，因此设置合适的带宽会使系统在保证动态性能的情况下，增大鲁棒性。为了考察 PI 控制器参数对永磁直驱风电机组高电压穿越性能的影响，图 5-23、图 5-24 分别给出了不同电压环比例系数下机组高电压穿越波形。两图仿真中直流卸荷电阻 Chopper 的阻值均为 0.67Ω。其中图 5-23（a～d）中，电流环比例、积分系数分别设定为 $K_p = 0.1$，$K_i = 0.02$；图 5-23（e～h）中，电流环比例、积分系数分别设定为 $K_p = 1$，$K_i = 0.02$；图 5-24（a～d）中，电流环比例、积分系数同图 5-24（e～h）；图 5-24（e～h）中，电流环比例、积分系数分别设定为 $K_p = 2.5$，$K_i = 0.02$。两图中，从上至下依次为并网有功、无功功率，并网电流，直流母线电压，直流 Chopper 卸荷电阻通断信号（其值为 1 表示开通，为 0 表示关断）。

如图 5-23 所示，随着电流环比例系数的增大，并网有功功率、直流母线电压在电网电压恢复阶段的波动幅度变小、波动周期缩短，表明电流环的带宽增大可以提升系统的动态性能。如图 5-24 所示，将电流环增大到一定值之后，系统会发生振荡，造成系统的不稳定。因此，高电压穿越过程中适当提高 PI 控制器的带宽（或比例系数），有助于提高机组的故障穿越运行能力。

（二）直流卸荷电阻阻值的影响

直驱风电机组采用全功率变流器，在中间直流侧增加 Chopper 电路，在电网故障期间，为保证直流母线电压的稳定，将多余的能量通过直流 Chopper 电路泄放。为了考察直流卸荷电阻阻值对直驱风电机组高电压穿越性能的影响，图 5-25 给出了不同直流卸荷电阻阻值下机组的高电压穿越波形。图 5-25（a～c）中直流卸荷电阻 Chopper 的阻值为 0.67Ω，图 5-25（d～f）中直流卸荷电阻 Chopper 的阻值为 2Ω。

相比图 5-25（a～c），图 5-25（d～f）中 Chopper 阻值增大到 2Ω 后，在电网电压骤升之后，直流 Chopper 无法快速泄放多余的能量，导致直流母线电压骤升至 1.42kV，损坏直流电容器。

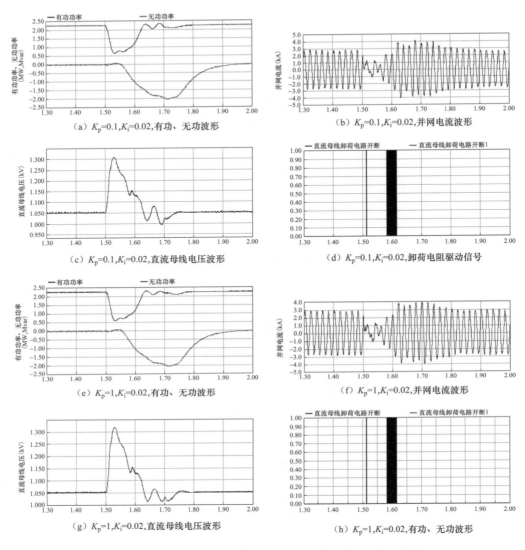

图 5-23　不同电压环比例系数下直驱机组的高电压穿越波形

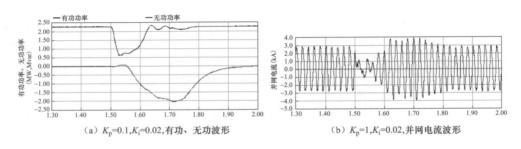

图 5-24　不同电压环比例系数下直驱机组的高电压穿越波形（一）

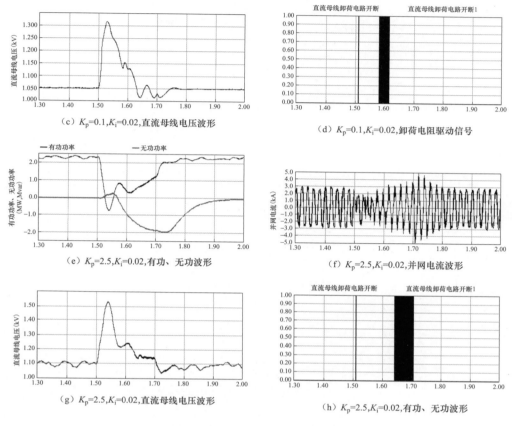

（c）$K_p=0.1,K_i=0.02$,直流母线电压波形

（d）$K_p=0.1,K_i=0.02$,卸荷电阻驱动信号

（e）$K_p=2.5,K_i=0.02$,有功、无功波形

（f）$K_p=2.5,K_i=0.02$,并网电流波形

（g）$K_p=2.5,K_i=0.02$,直流母线电压波形

（h）$K_p=2.5,K_i=0.02$,有功、无功波形

图5-24　不同电压环比例系数下直驱机组的高电压穿越波形（二）

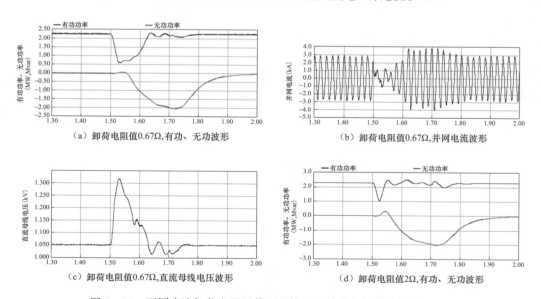

（a）卸荷电阻值0.67Ω,有功、无功波形

（b）卸荷电阻值0.67Ω,并网电流波形

（c）卸荷电阻值0.67Ω,直流母线电压波形

（d）卸荷电阻值2Ω,有功、无功波形

图5-25　不同直流卸荷电阻阻值下双馈机组的高电压穿越波形（一）

199

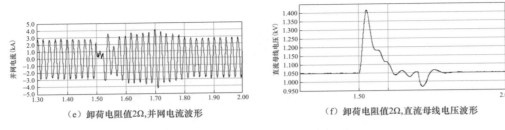

（e）卸荷电阻值2Ω，并网电流波形　　　　　　（f）卸荷电阻值2Ω，直流母线电压波形

图5-25　不同直流卸荷电阻阻值下双馈机组的高电压穿越波形（二）

第四节　风电机组高电压穿越工程现场实施与测试验证

一、风电机组高电压穿越工程实现方案

（一）双馈风电机组高电压穿越工程实现方案

1. 硬件实施方案

根据电压骤升指标，风电机组最高需承受电压骤升至 1.3p.u. 的冲击，涉及硬件的改进主要考虑主控系统、偏航系统、变桨系统和变流器的用电回路器件的耐压能力，同时考虑变流器 Chopper 电阻、Crowbar 电阻 IGBT 器件的驱动元件和参数是否满足投切控制要求。

（1）主控系统。对于风电机组电控系统来说，主控硬件系统（及柜外负载）为用电设备，当电网电压升高时，首先需考虑系统内部各个器件的电压适应性，电压升高时必须满足《风力发电机组　故障电压穿越能力测试规程》（GB/T 36995—2018）。同时，由于电压的升高会导致系统内交流回路电流发生变化，因此，还需要考虑系统内部各个器件的电流适应性。通过对风电机组内部所有电子器件的耐压、电流适应性进行评估，发现主控部分开关器件需进行更换，更换器件及更换说明如表 5-5 所示。

表 5-5　　　　　　　　　　　　主控系统更换器件说明

序号	名称	替换前			替换后		
		型号	更换原因	数量	型号	更换原因	数量
1	三相监视继电器	CM-MPS.21	最大允许电压280V，不满足1.3p.u.要求	1	CM-MPS.31	选择耐压更高的器件	1
2	空气开关	S201-K6	电压升高后，其额定电流不满足要求	1	S201-K10	选取电流更大的断路器	1
3	继电器	PLC-RSP-24DC/21HC	单触点可耐受电流不满足要求	1	通过将继电器两触点并联运行，提升可耐受电流值		

（2）变流器。首先考虑变流器器件是否可以承受电压骤升。根据最高 1.3p.u. 的电压骤升指标，对变流器电气回路开展厂内静态耐压测试，测试结果显示其硬件回路均未出现问题，证明目前设计主回路的耐压等级可以满足要求。其次，分析如何抑制电压骤升对变流器过流、过压的影响。通过分析可知变流器在高电压穿越时使用直流母线 DBR 电路

用于抑制电网电压骤升而导致网侧变流器能量逆向流动引起的直流侧电压上升。同时通过投切风电变流器转子侧主动 Crowbar 电路从而使得电压骤升导致的直流磁链分量迅速衰减，加快电压骤升造成的暂态过渡过程。为避免在高电压开关时产生过高的电压尖峰损坏元件，对变流器 DBR 电路和 Crowbar 电路中的 IGBT 驱动电路元件和参数进行调整，如表 5－6 所示。

表 5－6　变流器更换器件说明

序号	更换器件名称	更换器件型号
1	驱动板	5XJFTS－FSK 063 017.001 V1.0
2	驱动适配板	5XJFTS－LSK 063 002 V1.0
3	驱动适配板	5XJFTS－LSK 063 003 V1.0

2. 软件实施方案

风电机组原有控制策略是通过判断电网电压，当电网电压在 0.9p.u.～1.1p.u. 之间时，风电机组保持正常运行，满足电网电压稳态波动的适应性要求。但电网电压出现骤升超过 1.1p.u. 时，风电机组原控制策略未增加高电压穿越控制模式，风电机组报电网电压超限故障停机。因此，要实现风电机组的高电压穿越功能，应首先考虑在风电机组主控策略中增加高电压穿越控制模式，使风电机组在电压骤升时判断进入高电压穿越控制模式，同时参照本章第二节提出的变流器控制策略，在该模式中相应优化调整主控、变桨和偏航系统的控制参数、保护参数，实现主控系统与变流器在高电压穿越器件的协调控制，达到从整体上抑制电压骤升对风电机组带来的潜在危险。

（1）主控系统高电压穿越控制逻辑。主控系统通过采集风电机组吸收的功率，以转矩指令下发至变流器，控制风电机组的输出功率，同时通过调节变桨系统来保证风电机组吸收功率的最大化。电网电压骤升时，由于输出电流和桨距角不会发生突变，机组存在过功率的风险。因此，主控系统需要增加高电压穿越控制模式，优化高电压穿越控制模式中的控制参数和逻辑，同时调整变桨系统保证风电机组吸收功率的平衡，保证机组不会在高电压穿越期间报故障停机。主控系统实现风电机组高电压穿越能力的控制逻辑如下：

1）增加高电压穿越控制标志位。为提高风电机组电压暂态变化过程的适应性，主控系统增加高电压穿越控制标志位，有两个判断条件：①风电机组机端电压瞬时值超过 1.15p.u.；②机侧变流器电流达到 1200A，Crowbar 动作。风电机组满足上述两个判断条件，变流器向主控系统发送高电压穿越标志位，风电机组进入高电压穿越暂态控制模式。

2）增加主动强制变桨功能。主控系统进入高电压穿越控制模式后，开始判断发电机转速信号与输出功率信号，当发电机转速超过 1700r/min 或输出功率超过 0.53p.u. 的额定功率时，主控系统给变桨系统发出强制变桨指令，同时将顺桨速度设置为 7°/s，风电机组快速收桨。主控系统以风轮加速度为判断依据，确定强制变桨的持续时间，最长持续1s，降低风力机吸收的机械功率。

3）增加高电压穿越标志位结束后的有功恢复功能。主控系统接收到高电压穿越结束标志位，主控恢复向变流器输出转矩指令，但转矩指令值将为 20% 额定转矩值，通过控制转矩恢复速率达到有功功率逐步恢复的目的。在功率爬升阶段，主控转矩指令按 18% 的斜率逐渐增加给定转矩。功率恢复完成后，维持给定额定转矩指令。

4）主控保护参数整定。由于电压的骤升对风电机组电子器件存在过电压及过流的冲击，此时可以认为是一种暂时的故障状态，在风电机组可承受的范围内通过调整保护参数，使风电机组不脱网运行，在电压骤升结束之后风电机组保护参数恢复至正常运行状态。为避免风电机组在高电压期间因为故障停机，需在考虑设备安全的前提下屏蔽部分故障，并对表 5-7 所示的保护参数重新整定。

表 5-7　　　　　　　　　　　直驱风电机组保护参数调整表

保 护 名 称	原有整定值	时间延时（s）	高电压穿越期间
过电压保护	$1.15U_N$（V）	2	4s
高频保护	52.5～53Hz	暂时屏蔽	不变
低频保护	47.5～46Hz	暂时屏蔽	不变
电压不平衡保护（稳态运行）	50V	3	暂时屏蔽
电流不平衡保护（稳态运行）	$(0.05P+300)$A　P 为功率瞬时值	3	暂时屏蔽
过电流保护	2600A	3	暂时屏蔽
无功超限故障	±900kvar	3	暂时屏蔽

（2）变流器高电压穿越控制逻辑。双馈风电机组变流器主要依靠转子侧 Crowbar 电阻和直流母线 Chopper 电阻来抑制电压骤升期间的过电压和过电流。变流器给主控系统发出标志位后，变流器脱离主控系统的控制，在电网电压骤升期间变流器控制逻辑的优化有四个目的：①通过调节 IGBT 开关信号的占空比来控制直流 Chopper 电阻的投切时间，达到稳定直流母线电压的目的；②优化机侧变流器 Crowbar 电阻投切开关的转子电流判断依据，达到抑制转子过流的目的；③调节变流器在电网电压骤升期间的无功电流控制策略，达到吸收无功电流拉低机端电压的目的；④重新整定变流器的保护参数，避免高电压穿越期间触发保护停机。因此，变流器主要从以下四个方面改进控制策略：

1）修改直流 Chopper 电阻控制策略。机端电压骤升期间，转子电流升高，若转子电流没有达到 Crowbar 电阻的启动电流，转子电流仍向直流母线充电，同时机端电压升高会使得电流无法全部输出至电网，甚至可能会从电网向直流母线回灌潮流。直流母线电压会升高较快，存在击穿直流母线电容的风险。因此，有必要将母线卸荷电压触发值升高，从 1150V 调整为 1180V，避免 Chopper 频繁投切；并在 1180～1300V 之间自动调节 IGBT 开关的 PWM 脉冲宽度，控制卸荷时间，综合稳定高电压穿越期间的直流母线电压。

2）修改 Crowbar 电阻投切控制策略。Crowbar 电阻的投切与直流 Chopper 电阻的投切为分别独立控制，主要依据发电机转子电流的变化。为抑制电压骤升在发电机转子侧感应出来的直流、负序暂态分量，将 Crowbar 投切的触发电流由 1350A 调整为 1200A，提前投入 Crowbar 电阻，实现电压骤升期间转子过流与直流母线过压的综合控制。同时为保护变流器，增加机侧变流器闭锁技术，当转子电流超过950A时闭锁机侧IGBT控制脉冲，达到1250A时硬件跳闸脱网。当电网恢复正常后，能够迅速投入控制并输出功率。

3) 修改双馈变流器无功控制策略。变流器增加高电压判断逻辑，当机端电压超过1.1p.u.时，变流器向电网吸收无功电流。将原有的仅网侧提供无功支撑的策略修改为机侧、网侧变流器同时向电网提供无功支撑，增大无功支撑电流的幅值，拉低风电机组机端电压。其注入电流的计算公式为

$$I = I_N \times 4 \times (U_d - 1.1) \qquad (5-39)$$

式中：U_d 为电网电压 d 轴正序分量；I_N 为双馈变流器的额定电流。

式（5-39）包含两部分内容，在网侧提供无功电流时，该式可以表述为

$$I = I_{Ng} \times 4 \times (U_d - 1.1) \qquad (5-40)$$

式中：I_{Ng} 为网侧变流器的额定电流；其一般为双馈风电机组额定电流的 $1/4 \sim 1/5$。

在机侧提供无功电流时，该式可以表述为

$$I = I_{Nr} \times 4 \times (U_d - 1.1) \qquad (5-41)$$

式中：I_{Nr} 为机侧变流器的额定电流；其一般为双馈风电机组额定电流的 $1/4 \sim 1/3$。

（二）直驱风电机组高电压穿越工程实现方案

1. 硬件实施方案

根据高电压穿越技术指标，需要评估风电机组各部分元器件、电控部件是否满足以上高电压穿越要求，对2.5WM风电机组主控系统以及与之相关的电气设备的耐压水平进行评估，判断其能否满足耐压要求。

主控系统包括塔底主控柜、机舱柜和变桨柜。每个柜体电气设备分为 400/230V AC 电气动力系统和24V DC控制系统。三个系统既包含共有的电气元器件又各自含有不同电气设备，对共有的电气设备不在各个柜体中重复考核。主控柜电源的负荷变压器经电网电压690V变压得到400V。电网电压的变化直接作用于主控变压器输出，因此与400V AC 电气动力系统直接相连的电气设备都在电压耐压考核之列，主要包括各种低压开关器件、开关电源、熔断器、110kVA变压器、140kVA变压器、微型断路器、风扇及过滤器、避雷器、电动机保护断路器、漏电保护开关、接触器、UPS电源、散热风扇、防雷保护器、直流开关电源、偏航电机、液压泵、冷却电机风扇、变桨充电器、塔筒照明灯、机舱照明灯、航空灯等，非直接连接的设备需要考察上一级设备在过压情况下的输出能力。通过耐压能力评估以上2.5MW风电机组所有关键电控器件可以在1.2倍额定电压下工作1s，主控变压器、变桨充电器、偏航电机和液压泵、塔筒防爆灯无法在电压骤升至1.3倍额定电压时正常工作。

电控部件可以承受1.25p.u.以下的电压骤升，在电压骤升至1.25p.u.和1.3p.u.时，需对变桨系统、变流器和主控系统的电控部件进行考察，可能存在损坏的风险。

（1）变桨系统。通过器件耐压能力评估，得知变桨电容充电器、防雷器、变桨柜加热器、变桨电机散热风扇等部件的耐压能力为1.2p.u.，极限耐压能力为1.3p.u.，靠近高电压穿越测试指标的临界值。因此将以上部件作为备件，测试过程中观察其是否损坏，如

表 5-8 所示。

表 5-8 变 桨 系 统 硬 件 改 造

序号	名 称	型 号
1	变桨电容充电器	SG675V25A
2	防雷器	VAL CP 3S 350
3	加热器	Ventstar I，230250VSALO
4	变桨电机散热风扇	Radiallufter，230V，1.05A

（2）变流器。高电压穿越期间，直流侧 Chopper 电阻不仅要吸收机侧多余的能量，还要吸收由于电压骤升造成的网侧能量回流，为防止由于变流器内部直流母线电压过高，损坏电力电子器件，对直流母线制动单元进行改造，使其能够更快速和精确的检测直流母线电压的变化。因此，变流器硬件改造主要是对直流母线制动单元进行改造，根据本章第三节的仿真结果，需要调整 Chopper 电阻的阻值，同时更换 Chopper 电阻的驱动电路。变流器制动单元具体改造如下所示：

1）更换制动单元，同时更换制动单元所有外围辅件，更改直流母线电压检测电路；

2）将驱动板的 11kΩ 的限流电阻替换成 51kΩ 的限流电阻；

3）更换网侧变流器功率模块驱动板。

2. 软件实施方案

直驱风电机组采用全功率变流器，网侧和机侧通过直流母线实现解耦隔离，在电网电压骤升时直接影响网侧变流器，机侧变流器因为直流母线的隔离作用，其控制策略不受电网电压骤升的影响。因此，在对直驱风电机组控制策略进行修改时只对网侧变流器控制策略进行改造，机侧变流器的控制策略在电网电压骤升期间不发生变化，因此高电压期间的变桨控制策略也不发生变化。同时，需要调整主控系统的控制参数和保护整定值，实现其与变流器之间在高电压穿越过程中各个区间的协调控制。

（1）主控系统高电压穿越控制策略：

1）增加高电压穿越控制标志位。变流器检测机端三相电压正序有效值作为参考电压值，当正序电压高于 1.05p.u. 时，变流器向主控系统发送 HVRT 标志位。当主控系统收到变流器的 HVRT 标志位，风电机组进入高电压穿越状态。

2）升级主控控制策略。高电压穿越期间，屏蔽一些可能因电压波动引起工作状态不正常的器件故障，如发电机冷却变频器状态反馈等。主控软件升级的主要功能如下：

a）修改高电压穿越故障延迟时间：1.2p.u. 延迟 11s、1.25p.u. 延迟 1200ms、1.3p.u. 延迟 600ms；

b）修改网侧电流高故障延迟时间：延迟为 2s；

c）修改网侧电流不平衡故障延迟时间：由 1s 修改为 2s；

d）增加高电压穿越状态标志位，并增加动作记录；

e）高电压穿越时，不允许偏航，不允许液压站建压；

f) 修改无功控制程序，调整无功电流调节系数，对发无功控制程序进行优化。

3) 调整主控保护定值。由于电压的骤升对风电机组存在过流的冲击，此时可以认为是一种暂时的故障状态，在风电机组可承受的范围内通过调整保护参数，使风电机组不脱网运行，在电压骤升结束之后风电机组保护参数恢复至正常运行状态。为避免风电机组在高电压期间因为故障停机，需在考虑设备安全的前提下屏蔽部分故障，并对表 5-9 所示的保护参数进行重新整定。

表 5-9　　　　　　　　　　　　直驱风电机组保护参数调整表

保 护 名 称	原有整定值	时间延时（s）	高电压穿越期间
过电压保护	1.1 p.u.	2	长期运行
	1.15 p.u.	暂时屏蔽	长期运行
	1.2～1.3p.u.	暂时屏蔽	1.2p.u. 延迟 11s、1.25p.u. 延迟 1200ms、1.3p.u. 延迟 600ms
高频保护	52.5～53Hz	暂时屏蔽	不变
低频保护	46～47.5Hz	暂时屏蔽	不变
电压不平衡保护（稳态运行）	50V	3	暂时屏蔽
电流不平衡保护（稳态运行）	$(0.05P+300)$ A P 为功率瞬时值	3	暂时屏蔽
过电流保护	2600A	3	暂时屏蔽
无功超限故障	±900kvar	3	暂时屏蔽

（2）变流器高电压穿越控制策略：

1) 变流器进入高电压穿越状态。风电机组变流器网侧电压监测模块实时监测电网电压的变化，提取三相电网电压的正序分量与额定电压的 1.05p.u. 做对比。机端电压高于 1.05p.u. 额定电压时，延迟 100ms，风电机组进入高电压穿越控制模式。

2) 增加广义积分锁相环。根据本章第四节提出的直驱风电机组高电压穿越控制策略，在网侧变流器中增加广义积分锁相环，实现了电网电压骤升时变流器快速准确锁定电压相位，确保了电压骤升时高次谐波的变化不会影响变流器的调节效果，避免因锁相偏差导致的过电流问题，同时增大系统带宽来提高动态响应速度，总体提升了变流器的高电压穿越水平。

3) 修改直流 Chopper 电阻投切控制策略。机端电压骤升期间，机侧变流器控制策略不变，发电机仍向直流母线充电，机端电压升高会使得电流无法全部输出至电网，甚至可能会从电网向直流母线回灌潮流。直流母线电压会升高较快，存在击穿直流母线电容的风险。因此，将母线卸荷电压触发值调整为 1045V 开始导通，提前调节直流母线电压，并在 1180～1300V 之间自动调节 IGBT 开关的 PWM 脉冲宽度，控制卸荷时间，综合稳定高电压穿越期间的直流母线电压。

4) 变流器有功/无功电流分配策略。在高电压穿越过程中采用了优先无功电流的控制策略。变流器根据电网电压正序分量的抬升程度发出感性无功，拉低电网电压，无功电流

给定指令为

$$i_{reactive} = 5.85 I_N \frac{U_{pos} - U_N}{U_N} \tag{5-42}$$

式中：U_{pos} 为三相电网电压的正序分量；U_N 为额定电压；I_N 为额定电流；$i_{reactive}$ 为无功电流。

受到变流器容量的限制，为避免高电压期间无功电流过大影响机组的有功输出，将变流器无功电流的最大限制设为 0.857p.u. 的额定电流。

在高电压穿越过程中，先满足无功电流的要求后，根据变流器的最大电流（$I_{max} = 1.3 I_N$）计算出有功电流给定指令

$$i_{active} = \sqrt{I_{max}^2 - I_{reactive}^2} \tag{5-43}$$

二、双馈风电机组高电压穿越能力现场测试与优化

依据双馈风电机组高电压穿越性能的软、硬件实现方案，选定双馈风电机组进行高电压穿越性能改造。运用高、低电压穿越能力测试系统，对 2MW 双馈风电机组的高电压穿越性能进行现场测试。测试装置及工况如图 5-26 和表 5-10 所示。

图 5-26　风电机组高、低电压穿越能力一体化测试系统

表 5-10　　　　　　　　　　　　　风电机组高电压穿越测试工况

测试工况	电压骤升方式	线电压骤升幅值	测试次数	备注
$10\%P_N \leqslant P \leqslant 30\%P_N$	对称三相电压骤升/两相电压骤升	1.2 p.u.	2	高标准
$P > 90\%P_N$	对称三相电压骤升/两相电压骤升	1.2 p.u.	2	高标准
$10\%P_N \leqslant P \leqslant 30\%P_N$	对称三相电压骤升/两相电压骤升	1.25 p.u.	2	高标准
$P > 90\%P_N$	对称三相电压骤升/两相电压骤升	1.25 p.u.	2	高标准
$10\%P_N \leqslant P \leqslant 30\%P_N$	对称三相电压骤升/两相电压骤升	1.3 p.u.	2	高标准
$P > 90\%P_N$	对称三相电压骤升/两相电压骤升	1.3 p.u.	2	高标准

测试过程中风电机组多次高电压穿越失败，这暴露了被试风电机组仍存在的缺陷，对已有高电压穿越性能实现方案进行多次优化，最终使被试风电机组具备了 1.3p.u. 的高电

压穿越能力。为了保证风电机组高电压穿越能力改造不会影响机组正常运行，在完成高电压穿越测试之后，对机组进行低电压穿越能力验证试验，确保高电压穿越性能改造不会对机组的低电压穿越能力造成负面影响。

（一）测试过程中整机控制策略的优化

改造后的双馈风电机组测试过程中发生 8 次脱网，通过对测试数据的分析，找出了风电机组脱网的根本原因，并在此基础上进一步优化了风电机组的整机控制策略。主要脱网原因可总结为四种类型：

a）风电机组保护定值设置不当；

b）主控与变流系统协调控制策略不当；

c）主控控制参数设置不当；

d）变桨控制参数设置不当。

下面针对风电机组历次脱网的数据分析，对其高电压穿越失败的原因与控制策略优化方法进行分析。

1. 风电机组保护定值设置不当

第一次脱网是对称三相电压骤升至 1.1p.u.，持续 20s 的小负荷工况下的高电压穿越能力试验。在进行 1.1p.u. 小负荷测试时，电压最高骤升至 1.092p.u.。试验前有功功率为 $0.23P_N$，试验过程中有功功率随风速正常变化，最大吸收无功为 $0.27P_N$，3.73s 时发生脱网。整个过程中直流母线电压没有发生明显变化，桨距角没有因电压骤升发生明显变化，脱网后迅速收桨。脱网报故障为"电压过高故障"。风电机组在高电压穿越期间的外特性试验波形如图 5-27 所示。因为风电机组过压保护定值设置为 740V/200ms，不满足 1.1p.u. 要求，导致测试报出"电压过高故障"。将过压保护定值设为 820V，并在高电压穿越期间将该故障屏蔽。

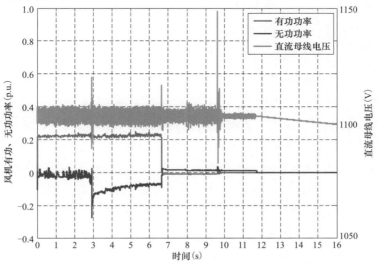

图 5-27　三相电压骤升至 1.10p.u. 小负荷风电机组外特性曲线

第二次脱网是对称三相电压骤升至 1.15p.u. 的小负荷工况下的高电压穿越能力试验，第二次试验时电压最高骤升至 1.134p.u.，试验前有功功率为 $0.15P_N$，试验过程中有功功率随风速正常变化，最大吸收无功功率为 $0.40P_N$，3.19s 时发生脱网。风电机组脱网报故障为"电网故障（三相监测继电器）"。风电机组在高电压穿越期间的外特性试验波形如图 5-28 所示。分析原因为原程序将三相继电器的过压设定为"1.1p.u. 延迟 3s 保护动作"，导致风电机组脱网。将该保护设定值从 3s 延长为 6s 以屏蔽该故障。但在第三次进行 1.1p.u.、持续时间 20s 的试验时，由于电网电压存在波动，电压超过 1.1p.u. 导致再次报出"电网故障（三相监测继电器）"，为彻底屏蔽该故障，将其过电压设定为 1.2p.u.，延迟时间 6s，在以后试验中未再发生该故障。

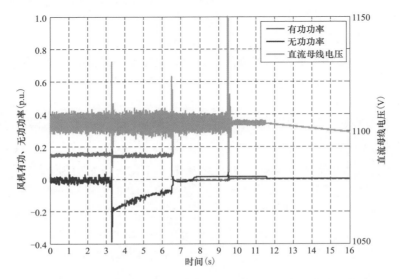

图 5-28 三相电压骤升至 1.15p.u. 小负荷风电机组外特性曲线

第四次脱网是对称三相电压骤升至 1.2p.u. 的大负荷工况下的高电压穿越能力试验，在进行 1.2p.u. 大负荷第一次测试时，电压最高骤升至 1.17p.u.。试验前有功功率为 $0.97P_N$，试验过程中有功功率最大升高至 $1.70P_N$，其有功功率最高达到 3400kW，之后最低降低至 $0.2P_N$，最大吸收无功为 $1.27P_N$，电压骤升后 1.48s 风电机组报出"有功功率过大"故障发生脱网。风电机组在高电压穿越期间的外特性试验波形如图 5-29 所示。分析原因为有功功率最大保护设定值为 2250kW，已超出功率保护设定值，因此将该保护值在高电压穿越期间进行屏蔽，以保证风电机组的不脱网运行。但在第五次试验进行 1.15p.u.、持续时间 4s 的试验时，由于电网电压未达到风电机组触发高电压穿越标志位的条件，变流器未对有功功率上限进行屏蔽，此时风电机组有功功率达到 2290kW，超出风电机组正常有功功率设定的 2250kW 上限值，在分析该设定值对风电机组的影响之后，将风电机组正常运行的功率保护上限调至 2350kW，在以后的试验中未再报该故障。

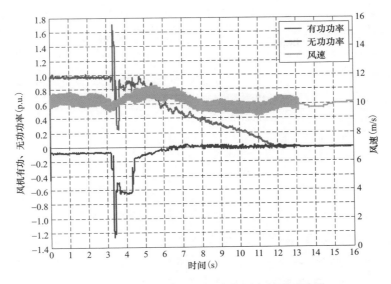

图 5 - 29　1.2p.u.、400ms 高电压穿越试验波形

2. 主控与变流系统协调控制策略不当

第六次脱网是两相电压骤升至 1.15p.u. 的小负荷工况下的高电压穿越能力试验，在进行 1.15p.u. 两相大负荷测试时，电压最高骤升至 1.13p.u.，如图 5 - 30 所示。试验前有功功率为 $0.9P_N$，试验过程中有功功率最大升高至 $1.65P_N$，之后最低降低至 $0.2P_N$，最大吸收无功为 $1.01P_N$。主控在接收到高电压穿越标志位后开始执行变桨，由于变桨速度较大，发电机转速波动，造成传动链晃动值接近 70，超过保护设定值 30，主控报"传动链晃动"故障。风电机组在高电压穿越期间的外特性试验波形如图 5 - 31 所示。由于风电机组在高电压穿越期间不可避免的发生变桨调节，因此在接收到高电压穿越标志位时，将该故障屏蔽。

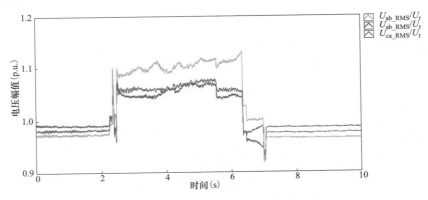

图 5 - 30　1.15p.u.、4s 大风试验时的电压有效值

3. 主控控制参数设置不当

第七次脱网是两相电压骤升至 1.15p.u. 的大负荷工况下的高电压穿越能力试验，在

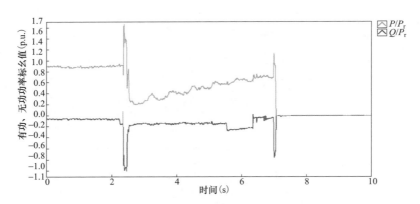

图 5 - 31　1.15p.u.、4s 大风试验时的有功、无功波形

进行 1.15p.u. 两相大负荷测试时，电压最高骤升至 1.14p.u.。试验前有功功率为 $0.97P_N$，试验过程中有功功率最大升高至 $1.85P_N$，之后最低降低至 $0.2P_N$，最大吸收无功为 $1.08P_N$，由于电压发生波动，电压骤升时刻，变流器第一次给出标志位；电压恢复时刻，变流器第二次给出标志位，两次高电压穿越标志位间隔 4s，小于 30s 控制参数，风电机组报"重复激活电网故障"。风电机组在高电压穿越期间的外特性试验波形如图 5 - 32 所示。分析该故障的原因，该故障保护设定不合理，通过修改主控程序，将两次高电压穿越标志位的间隔时间由 30s 改为 2.7s，以后试验中未再报该故障。

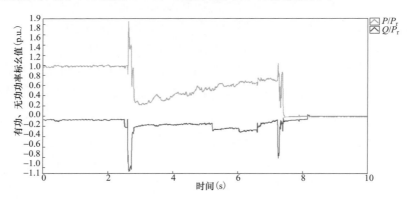

图 5 - 32　1.15p.u.、4s 大风高电压穿越试验波形

4. 变桨控制参数设置不当

第八次脱网是对称三相电压骤升至 1.3p.u. 的大负荷工况下的高电压穿越能力试验。风电机组在高电压穿越期间的外特性试验波形如图 5 - 33 所示。在进行 1.30p.u. 大负荷测试时，电压最高骤升至 1.26p.u.。试验前有功功率为 $1.0P_N$，试验过程中有功功率最大升高至 $2.3P_N$，之后快速降低至 $0.6P_N$，最大吸收无功为 $1.63P_N$，电压骤升后 295ms 风电机组报出"电机超速"故障。分析数据发现变桨系统速度设定值较慢，发电机超速保护值设定为 1970r/min，测试期间实际转速达到 2015r/min，触发超速保护，报出"电机超速"故障。为避免该故障再次发生，修改高电压穿越期间的变桨控制参数，将变桨控制

速度由 7°/s 提高到 8°/s，快速减少高电压穿越期间的风能捕获，同时修改变桨系数的取值范围，在主控收到标志位后使叶片快速收桨。

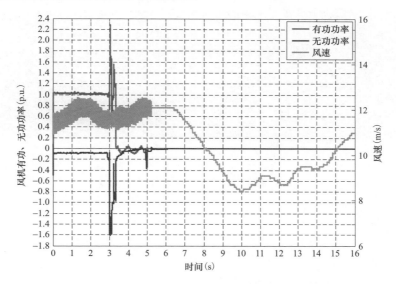

图 5-33　1.3p.u.、200ms 大风高电压穿越试验波形

（二）典型试验波形分析

通过各个工况的高电压穿越测试试验，完成了 8 次脱网原因分析和控制策略优化，使被试风电机组具备了 1.3p.u. 的高电压穿越能力。通过试验数据的深入分析，得到了各个工况下双馈风电机组的电压暂态响应波形和无功电流响应波形，验证了双馈风电机组在电压骤升期间不仅具备高电压穿越能力，而且能够向电网提供无功电流支撑，辅助电压恢复。下面重点阐述 1.3p.u. 高电压穿越测试过程中双馈风电机组的典型外特性试验波形。

图 5-34 给出了对称三相电压骤升至 1.3p.u. 时，大负荷工况下的风电机组外特性响应波形。

由图 5-34 可以看出以下内容：

（1）无功与电压变化。从试验波形可以看出，电网电压瞬时值已经达到 1.3p.u.，试验过程中三相线电压从 1.0p.u. 开始骤升至 1.22p.u.，无功电流经过 12ms 吸收至 1.20p.u.，使得机端电压无法骤升至 1.3p.u.，又经过 31ms 无功电流吸收至 1.34p.u.，使得机端电压进一步降低至 1.1p.u.；无功电流在 1.34p.u. 持续 73ms，又减小至 0.7p.u.，导致机端电压上升至 1.2p.u.。

（2）有功恢复速率。从电压恢复时刻开始，有功功率经过 5.5s，从 0.19p.u. 恢复到 1.0p.u.，满足 0.1p.u./s 的有功恢复速率要求。

（3）桨距角变化。在高电压穿越过程中风速没有明显变化，但桨距角由 0° 变化至 14°，存在明显收桨。

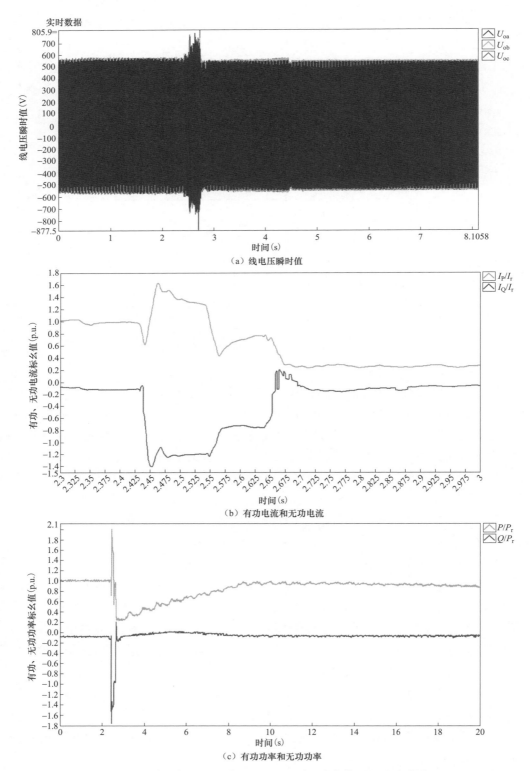

图 5-34 对称三相电压骤升至 1.3p. u. 时，大负荷工况试验波形（一）

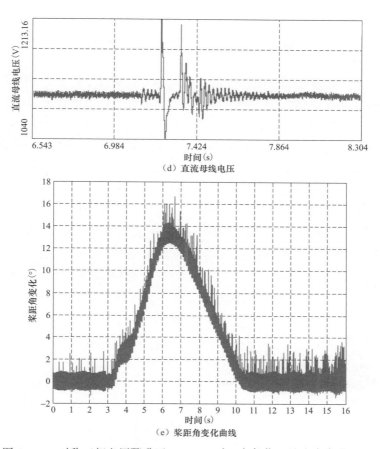

图 5-34 对称三相电压骤升至 1.3p.u. 时，大负荷工况试验波形（二）

（4）直流母线电压变化。从直流母线电压变化情况来看，存在两次母线 Chopper 电路的投切时刻，一是在电压骤升时刻起，直流母线电压上升到 1185V，变流器投入 Chopper 电路，将母线电压拉低至 1022V，此时 Crowbar 电路投入，机侧变流器闭锁；二是经过 75ms 左右，机侧变流器恢复运行，此时仍处于高电压阶段，直流母线电压上升到 1181V，投入 Chopper 电路，将母线电压拉低至 1100V。

从整个高电压穿越过程来看，具有如下五个特点：

（1）由于机端电压达到 1.22p.u.，高于 1.15p.u.，并且机组输出有功大于 0.53p.u.，变流器向主控发出高电压穿越标志位，机组进入高电压穿越控制模式。

（2）电压骤升时刻起，由于转子电流过大，导致主动 Crowbar 电阻动作，机侧变流器闭锁，发电机以鼠笼异步机方式运行，从电网吸收大量无功功率，导致机端电压降低至 1.1p.u.；经过 75ms 后 Crowbar 退出，机侧变流器恢复运行，风电机组重新受控，依靠机侧和网侧变流器吸收无功，因此，风电机组吸收的无功电流从 1.34p.u. 减小至 0.7p.u.，符合本章第三节提出的无功电流分配策略。

（3）电压骤升时刻起，直流母线电压两次超过 1180V，Chopper 电阻均能有效投入，

213

稳定母线电压。

（4）由于主控接收到变流器发出的高电压穿越标志位，执行强制收桨功能，桨距角变化速率约为 7°/s～8°/s。

（5）同样由于主控接收到变流器发出的高电压穿越标志位，在电网电压恢复时刻起，主控的转矩指令降低至 0.2p.u.，并按照约为 0.15p.u./s 的恢复速率逐步增加。

综上所述，对比两种工况下的风电机组的典型外特性，一方面验证了前述双馈风电机组高电压穿越控制策略，另一方面也表明风电机组主控系统执行不同的控制过程依据为：是否接收到高电压穿越标志位。

三、直驱风电机组高电压穿越能力现场测试及优化

依据直驱风电机组高电压穿越性能的软、硬件实现方案，对直驱风电机组进行高电压穿越性能改造。改造完成后，运用高低电压穿越能力一体化测试系统，对 2.5MW 直驱风电机组的高电压穿越性能进行现场测试。测试过程中，直驱风电机组由于保护参数设置不当，发生过 1 次脱网，通过优化保护参数，通过了所有工况的高电压穿越测试，最终使被试风电机组具备了 1.3p.u. 的高电压穿越能力。为了保证风电机组高电压穿越能力改造不会影响机组正常运行，在完成高电压穿越测试之后，对机组进行低电压穿越能力验证试验，确保高电压穿越性能改造不会对机组的低电压穿越能力造成负面影响。

（一）测试过程中整机控制策略的优化

针对直驱风电机组脱网的数据分析，对其高电压穿越失败的原因进行分析，提出了针对性的优化控制方法。图 5-35 给出了对称三相电压骤升至 1.15p.u./4s 时，大负荷工况下的风电机组外特性波形。

风电机组过电流保护定值为 2600A/3s。由图 5-35 可以看出，电压骤升期间从 3.5s 开始，风电机组输出电流达到 1.28p.u.（2676A），到 6.5s 时刻由于电压恢复，无功电流在 200ms 内恢复正常，1.28p.u. 过电流持续 3s，触发过电流保护动作，风电机组报出"电流过高"故障，导致风电机组脱网。

经过与设备厂家研讨，由于有功电流和无功电流的优化分配控制已经更新到变流器主控程序中，两者共同受到 1.3p.u. 额定电流的限制，已经存在一个约束条件，评估可以在风电机组主控系统接收到高电压穿越标志位后，在高电压穿越控制模式中暂时屏蔽该项保护。更新主控系统程序后，风电机组能够通过该工况下的高电压穿越能力测试，不再报出过电流故障。

（二）典型试验波形分析

通过各个工况的高电压穿越测试试验，使被试风电机组具备了 1.3p.u. 的高电压穿越能力。通过试验数据的深入分析，得到了各个工况下直驱风电机组的电压暂态响应波形和无功电流响应波形，验证了直驱风电机组在电压骤升期间不仅具备高电压穿越能力，而且能够向电网提供无功电流支撑，辅助电压恢复。下面重点阐述 1.3p.u. 高电压穿越测试过程中直驱风电机组的典型外特性试验波形。

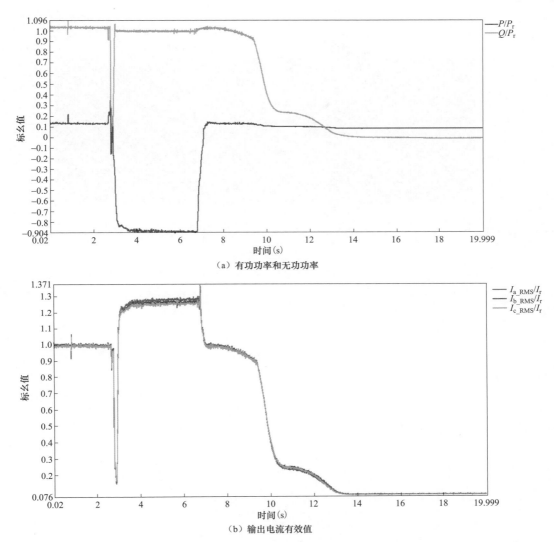

（a）有功功率和无功功率

（b）输出电流有效值

图 5-35 对称三相电压骤升至 1.15p.u./4s 时的大负荷工况试验波形

图 5-36 给出了对称三相电压骤升至 1.3p.u. 时，大负荷工况下的风电机组外特性响应波形。

由图 5-36 可以看出，能够看出以下几个方面：

（1）无功与电压变化：试验过程中三相电压瞬时值升高至 1.3p.u.，三相线电压有效值从 0.98p.u. 骤升至 1.22p.u.，无功电流经过 16ms 吸收至 0.19p.u.，使得机端电压无法骤升至 1.3p.u.，该过程持续 47ms，此区间段电压维持在 1.22p.u. 左右；之后无功电流在 152ms 内增大至 0.84p.u.，使得机端电压进一步降低至 1.18p.u.。由于无功响应速度慢，未能将机端电压明显拉低。电压故障恢复后，同样由于无功电流响应速度问题，风电机组无功电流经过 152ms 才恢复至正常，表明电压恢复后风电机组仍在吸收无功功率，导致机端电压拉低至 0.88p.u.，有可能导致风电机组进入低电压穿越状态。

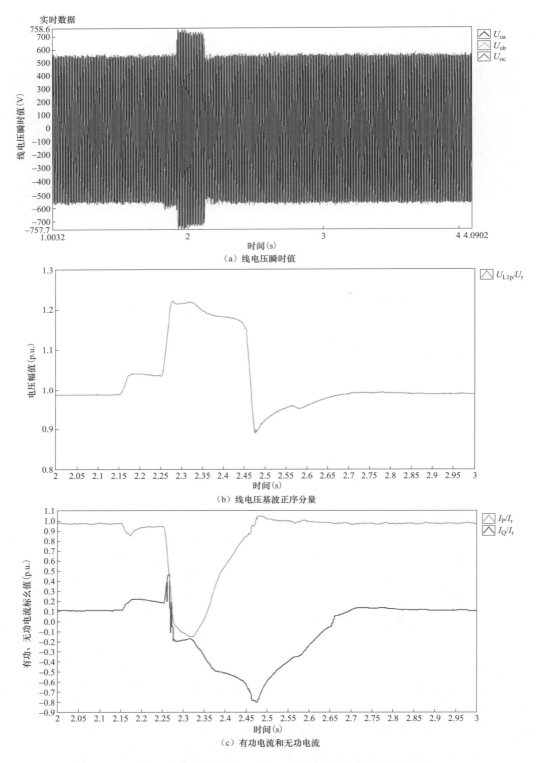

图 5-36 对称三相电压骤升至 1.3p.u. 时，大负荷工况试验波形（一）

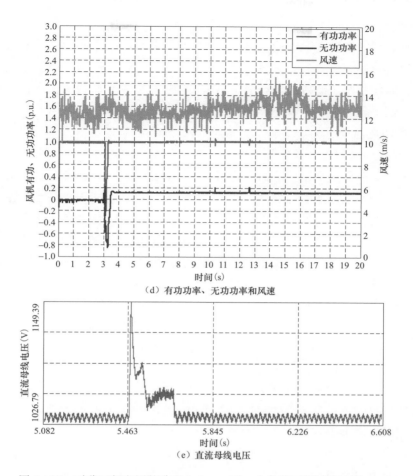

图 5-36　对称三相电压骤升至 1.3p.u. 时，大负荷工况试验波形（二）

（2）有功恢复速率：高电压穿越期间风电机组有功功率降至-0.15p.u.，表明有功功率从电网倒灌，Chopper 电阻投入泄放有功功率。从电压恢复时刻开始，有功功率恢复速度较快。

（3）直流母线电压变化：从直流母线电压变化情况来看，存在两次母线 Chopper 电路的投切时刻，一是在电压骤升时刻起，直流母线电压上升至 1149V，变流器投入 Chopper 电路，将母线电压拉低至 1072V，之后母线电压再次上升至 1088V，再次触发 Chopper 电路动作，随着 Chopper 电路的投入，直流母线电压稳定在 1056V 左右，大约持续 110ms，至电网电压骤升结束，母线电压降至电压故障前的稳定值 1030V 左右。

（4）桨距角变化：变桨系统同样没有参与高电压穿越控制。由于风速在 14s 时刻由 12m/s 增加到 14m/s，机侧变流器处于恒功率控制阶段，变桨系统执行自然顺桨。

从整个高电压穿越过程来看，具有如下两方面的特点：

（1）由于无功电流响应速度慢，在电压恢复后，风电机组仍然吸收大量无功电流，导致将机端电压拉低至 0.88p.u.，容易进入风电机组的低电压控制模式。

（2）风电机组有功功率在电压恢复后能够快速恢复正常，并且变桨系统始终不参与高

217

电压穿越控制。

综上所述，对比两种工况下的风电机组的典型外特性，一方面验证了前述的直驱风电机组高电压穿越控制策略，另一方面也表明，由于无功电流响应速度的问题，风电机组在 200ms 内无法将机端电压有效拉低，但在电压恢复后反而会拉低机端电压，造成不同工况下外特性波形的差异。

四、风电机组高电压穿越性能整机实现策略及测试验证

（一）双馈风电机组高电压穿越性能整机实现策略

双馈风电机组高电压穿越性能的影响因素主要包括高电压期间的转子过电压、直流母线过电压以及辅助电气回路耐压能力。针对转子过电压问题，提出了基于谐振控制器的高电压穿越控制策略；针对直流母线过电压问题，通过 Chopper 电阻的灵敏度分析，确定的最佳电阻值，并优化了直流母线 Chopper 电阻的投切策略和控制参数；针对辅助电气回路的耐压能力，一方面将不满足 1.3p.u. 耐压的电气回路元件更换，另一方面采用风电机组吸收无功电流将机端电压拉低的方法，避免辅助电气回路元件长时间工作在大幅过电压的条件下，增加了机组运行的稳定性。

基于理论分析和仿真验证，仅仅是对风电机组变流器的控制策略和参数进行了优化，并未考虑到主控系统、变桨系统的控制参数与保护定值的约束，同时也未考虑主控、变桨与变流器之间的协调控制。因此，通过多工况下的现场测试，改进优化了主控和变桨系统的控制参数，对保护参数进行重新整定，并实现了主控、变桨与变流器之间的协调控制。

综上所述，得到具有普适性的双馈风电机组高电压穿越性能最优实现方法，如下：

（1）变流器硬件方面：

1）考虑高电压期间的转子过电压倍数与热容量的约束条件，更换转子侧 Crowbar 电阻，其阻值约 0.38Ω；

2）考虑高电压期间的直流母线电压过电压倍数和热容量的约束条件，更换 Chopper 电阻，其阻值约 0.6Ω。

（2）变流器软件方面：

1）不同型号双馈风电机组在高电压穿越期间的暂态过程相似，在转子侧变流器电流控制环中增加谐振控制器，针对 100Hz 的负序分量和 50Hz 的直流分量进行灭磁，实现迅速衰减；

2）考虑转子侧和网侧变流器的容量裕度约束，以电网正序电压有效值为依据，更改变流器的无功电流控制策略，使转子侧变流器和网侧变流器在电压骤升期间优先吸收无功电流，无功电流补偿系数依据风电机组出口的短路容量而定，一般为 4～5.5，以求最大限度拉低机端电压；

3）依据网侧正序电压，增加变流器发出高电压穿越标志位的功能，主控系统接收到高电压穿越标志位后，变流器脱离主控系统控制；

4）变流器发出高电压穿越标志位后，考虑 Chopper 电阻的热容量约束条件，降低变流器直流母线 Chopper 的投入电压值，相应调节 Chopper 控制 IGBT 脉冲信号的占空比，提前投入 Chopper 电阻，释放多余能量；

5）变流器发出高电压穿越标志位后，考虑 Crowbar 电阻的热容量约束条件，降低控制 Crowbar 投切的转子电流触发值，相应调节 Crowbar 控制 IGBT 脉冲信号的占空比。

（3）主控系统硬件方面：

1）更换风电机组供电回路空开，确保具备 1.3p.u. 以上的耐压水平；

2）更换偏航系统、变桨系统控制器，提高耐压水平。

（4）主控系统软件方面：

1）增加主控系统接收高电压穿越标志位的功能；

2）主控系统接收到高电压穿越标志位后，重新整定过有功功率保护、过无功功率保护、过电流保护、超速保护等参数，屏蔽过电压保护故障；

3）根据发电机转速变化率，增加强制变桨控制功能，调节桨距角速度控制参数，实现提前变桨，降低捕获的风能。

双馈风电机组高电压穿越整机实现方案框图如图 5-37 所示。

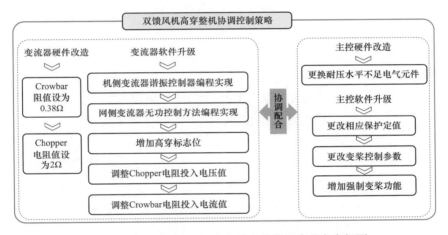

图 5-37　双馈风电机组高电压穿越整机实现方案框图

（二）直驱风电机组高电压穿越性能整机实现策略

与双馈风电机组比较，直驱风电机组高电压穿越暂态过程相对简单，更容易实现高电压穿越能力。直驱风电机组高电压穿越性能的影响因素同样主要包括直流母线过电压和辅助电气回路耐压能力。针对直流母线过电压问题，一方面提出基于广义积分锁相环的高电压穿越控制策略，快速准确锁定电网电压相位，避免机侧电流环控制误差造成直流母线过充；另一方面通过 Chopper 电阻的灵敏度分析，确定的最佳电阻值，并优化了直流母线 Chopper 电阻的投切策略和控制参数。针对辅助电气回路元件耐压能力的问题，同样采用网侧变流器吸收无功电流将机端电压拉低的方法。在此基础上优化了主控系统与变流器之间的协调控制。

综上所述，得到直驱风电机组高电压穿越性能最优实现方法具体如下：

（1）变流器硬件方面：考虑高电压期间的直流母线电压过电压倍数和热容量的约束条件，更换 Chopper 电阻，其阻值约 0.67Ω。

（2）变流器软件方面：

1）考虑网侧变流器的容量裕度约束，以电网正序电压有效值为依据，更改变流器的无功电流控制策略，优先吸收无功电流，无功电流补偿系数依据风电机组出口的短路容量而定，一般为 5～6；

2）依据网侧正序电压，增加变流器发出高电压穿越标志位的功能，主控系统接收到高电压穿越标志位后，变流器立即脱离主控系统控制，确保网侧变流器能够瞬时提供无功支撑；

3）变流器发出高电压穿越标志位后，考虑 Chopper 电阻的热容量约束条件，降低变流器直流母线 Chopper 的投入电压值，相应调节 Chopper 控制 IGBT 脉冲信号的占空比，提前投入 Chopper 电阻，释放多余能量。

（3）主控系统硬件方面：

1）更换风电机组供电回路空气开关，确保具备 1.3p. u. 以上的耐压水平；

2）更换偏航系统、变桨系统控制器，提高耐压水平。

（4）主控系统软件方面：

1）增加主控系统接收高电压穿越标志位的功能，不经延时立即进入高电压穿越控制模式；

2）主控系统接收到高电压穿越标志位后，重新整定过有功功率保护、过无功功率保护、过电流保护等参数，屏蔽过电压保护故障。

直驱风电机组高电压穿越整机实现方案框图如图 5-38 所示。

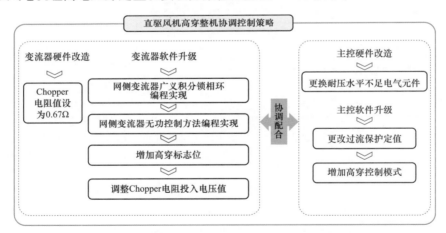

图 5-38　直驱风电机组高电压穿越整机实现方案框图

（三）高电压穿越整机实现策略应用验证

1. 同型号双馈 2MW 风电机组验证测试

基于提出的 2MW 双馈风电机组高电压穿越整机实现策略，编制了风电机组的主控控制程序和变流器控制程序，植入同型号双馈风电机组，并且更换了同样的电气元件。实施完成后，对风电机组的高电压穿越能力进行验证测试，结果表明：该方法适用于同型号风电机组，使其具备了 1.3p. u. 的高电压穿越能力，并且具备同样的无功电流支撑能力。测试验证结果如图 5-39 所示。

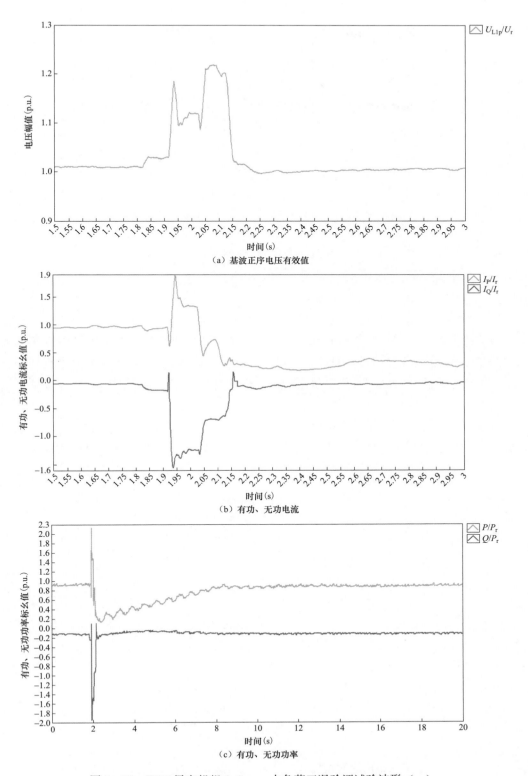

图 5 - 39　F055 风电机组 1.3p.u. 大负荷工况验证试验波形（一）

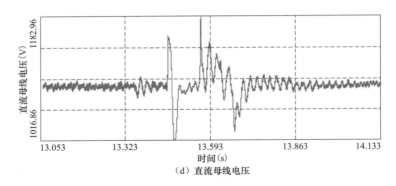

图 5-39　F055 风电机组 1.3p.u. 大负荷工况验证试验波形（二）

　　将图 5-39 与图 5-34 进行对比表明，同型号风电机组的电压暂态响应特性、有功/无功电流暂态响应特性与第一台改造风电机组一致，表明整机实现策略具有一定的普适性。

　　2. 同型号直驱 2.5MW 风电机组验证测试

　　基于提出的 2.5MW 直驱风电机组高电压穿越性能整机实现策略，编制了直驱风电机组的主控控制程序和变流器控制程序，直接植入同型号风电机组，并且更换了同样的电气元件。实施完成后，对同型号风电机组的高电压穿越能力进行验证测试，测试验证结果如图 5-40 所示。

　　将图 5-40 与图 5-36 进行对比表明，同型号风电机组的电压暂态响应特性、有功及无功电流暂态响应特性与第一台改造风电机组一致，直驱风电机组高电压穿越整机实现策略具有一定普适性。

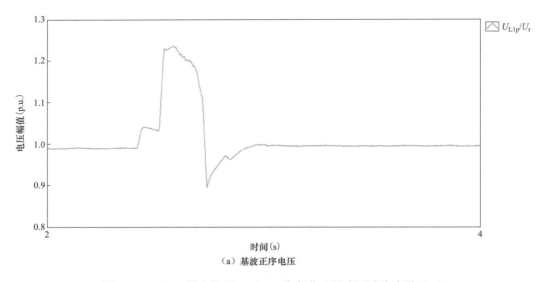

图 5-40　F039 风电机组 1.3p.u. 大负荷工况验证试验波形（一）

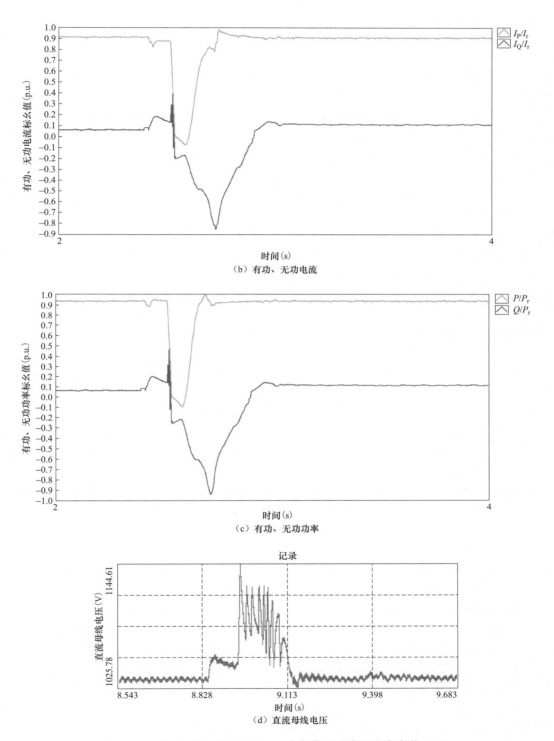

（b）有功、无功电流

（c）有功、无功功率

（d）直流母线电压

图 5-40 F039 风电机组 1.3p.u. 大负荷工况验证试验波形（二）

参 考 文 献

[1] 徐海亮，章玮，贺益康，等. 双馈型风电机组低电压穿越技术要点及展望 [J]. 电力系统自动化，2013. 37 (20)：8 - 15.

[2] Xu H，Zhang W，Nian H，et al. Improved vector control of DFIG based wind turbine during grid dips and swells [C] //Electrical Machines and Systems（ICEMS），2010 International Conference on. IEEE，2010：511 - 515.

[3] Liu C，Huang X，Chen M，et al. Flexible control of DC - link voltage for doubly fed induction generator during grid voltage swell [C] //Energy Conversion Congress and Exposition（ECCE），2010 IEEE. IEEE，2010：3091 - 3095.

[4] Feltes C，Engelhardt S，Kretschmann J，et al. High voltage ride - through of DFIG - based wind turbines [C] //Power and Energy Society General Meeting - Conversion and Delivery of Electrical Energy in the 21st Century，2008 IEEE. IEEE，2008：1 - 8.

[5] 谢震，张兴，宋海华，等. 电网电压骤升故障下双馈风力发电机变阻尼控制策略 [J]. 电力系统自动化，2012，36 (3)：39 - 46.

[6] 谢震，张兴，杨淑英，等. 基于虚拟阻抗的双馈风力发电机高电压穿越控制策略 [J]. 中国电机工程学报，2012，32 (27)：16 - 23.

[7] 胡家兵，孙丹，贺益康，等. 电网电压骤降故障下双馈风力发电机建模与控制 [J]. 电力系统自动化，2006，30 (8)：21 - 26.

[8] FELTES C，ENGELHARDT S，KRET SCHMANN J，et al. High voltage ride through of DFIG - based wind turbines [C]. //Proceedings of 2008 IEEE Power & Energy Society General Meeting：Conversion and Delivery of Electrical Energy in the 21st Century，July 20 - 24，2008，Pittsburgh，PA，USA：1 - 8.

[9] 贺益康，胡家兵，Lie Xu（徐烈）著. 并网双馈异步风力发电机运行控制 [M]. 北京：中国电力出版社，2012：101 - 110.

[10] 徐殿国，王伟，陈宁. 基于撬棒保护的双馈电机风电场低电压穿越动态特性分析 [J]. 中国电机工程学报，2010，30 (22)：29 - 36.

[11] 张艳霞，童锐，赵杰，等. 双馈风电机组暂态特性分析及低电压穿越方案 [J]. 电力系统自动化，2013，37 (6)：7 - 1.

[12] Yang J，Fletcher J E，OReilly J. A series - dynamic - resistor - based converter protection scheme for doubly - fed induction generator during various fault conditions [J]. Energy Conversion，IEEE Transactions on，2010，25 (2)：422 - 432.

[13] Wessels C，Fuchs F W. High voltage ride through with FACTS for DFIG based wind turbines [C] //Proceedings of 2009 13th European Conference on Power Electronics and Applications. Barcelona，Spain：IEEE，2009：1 - 10.

[14] Eskander M N.，Amer S I. Mitigation of voltage dips and swells in grid - connected wind energy conversion systems [C] //Proceedings of the ICROS - SICE International Joint Conference. Fukuoka，Japan：IEEE，2009：885 - 890.

［15］Lihui Yang，Zhao Xu，Ostergaard J，et al. Advanced control strategy of DFIG wind turbines for power system fault ride through ［J］. IEEE Trans. on Power Systems，2012，27（2）：713 - 722.

［16］胡家兵，贺益康，王宏胜，等 . 不平衡电网电压下双馈感应发电机转子侧变换器的比例 - 谐振电流控制策略 ［J］. 中国电机工程学报，2010，30（6）：48 - 56.

［17］李辉，付博，杨超，等 . 双馈风电机组低电压穿越的无功电流分配及控制策略改进 ［J］. 中国电机工程学报，2012，32（22）：24 - 31.

［18］徐海亮，章玮，陈建生，等，考虑动态无功支持的双馈风电机组高电压穿越控制策略 ［J］. 中国电机工程学报，2013，33（36）：112 - 119.

［19］贾超，李广凯，王劲松，等 . 直驱型风电系统高电压穿越仿真分析 ［J］. 电力科学与工程，2012 年 10 月，28（10）：1 - 5.

［20］赵海岭，王维庆，王海云，等 . 并网永磁直驱风电机组故障穿越能力仿真研究 ［J］. 电网与清洁能源，2010，26（7）：15 - 18.

［21］胡书举，李建林，许洪华 . 直驱式 VSCF 风电系统直流侧 Crowbar 电路的仿真分析 ［J］. 电力系统及其自动化学报，2008，20（3）：118 - 123.

第六章 大规模风电-串联补偿系统
次同步谐振机理分析及治理技术

第一节 风电次同步谐振典型案例

一、世界风电谐振事件概述

风、光等新能源发电均通过电力电子装置并入电网，其多时间尺度的控制特性与电网自身特征相互作用，将可能引发次同步到数百赫兹频段内的控制不稳定和谐振问题。近几年风电谐振事件在世界范围内时有发生，波及范围越来越广，后果越来越严重。

（一）风电-串联补偿次同步谐振案例

2009 年 10 月，美国得克萨斯州南部某双馈风电场，因断线故障导致只有一条串联补偿线路输送功率，风电机组线路电流在次同步频率（约 20Hz）下发散振荡，系统电压振荡幅值超过 2.0p.u.，造成大量机组跳机和撬棒电路损坏。得州电力可靠性委员会（Electric Reliability Council of Texas，ERCTO）研究表明，该事故是由于双馈风力发电机的转子侧变频器控制系统与串联补偿线路的相互作用引起的。由次同步控制相互作用（subsynchronous control interaction，SSCI）引起的次同步谐振与发电机组的轴系固有模态频率完全无关，其振荡频率和衰减率由变频器控制参数和电气输电系统参数共同决定。SSCI 主要发生在双馈风力发电机组中，且因与机械系统无关，所以其电压和电流的振荡发散速度远快于传统的次同步谐振，危害较大，是双馈风力发电机组次同步谐振（subsynchronous resonance，SSR）问题需要研究的主要内容之一。

自 2010 年起我国河北沽源发生了上百起风电 SSR 事件，其原理与得克萨斯州双馈风电场类似，具体现象及特征将在后文详细描述。

（二）风电-柔性直流宽频带谐振案例

现阶段国内外报道的风电-柔性直流振荡现象根据振荡频率可分为次同步频率范围的振荡和中高频率范围的振荡。

1. 次同步频率范围的振荡

在上海南汇柔性直流输电工程、广东南澳柔性直流输电工程和厦门柔性直流输电工程的调试或投运期间，出现过次同步频率范围的振荡现象。

（1）上海南汇柔性直流输电工程。上海南汇柔性直流输电工程为国内首例风电场接入电网的柔性直流输电工程，如图6-1所示。其中，南风至书柔换流站之间采用柔直输送线路，其电压等级为30kV，输送功率为18MW，换流站采用拓扑为48层的模块化多电平换流器（modular multilevel converter，MMC）。在风电场初期调试期间，功率经由南汇风电场输送至南风换流站，当改变风电场源端输出功率时，多次在系统中观测到电压电流的次同步谐振现象。在对南风换流站和书柔换流站的有功功率和无功功率的监测中发现，系统存在20～30Hz频率范围内的扰动，如图6-2所示。

（2）广东南澳柔性直流输电工程。广东南澳柔性直流输电工程为中国首个多端直流工程，位于广东南澳岛的南澳柔性直流输电线路是世界上首个三端柔性

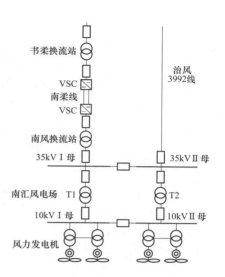

图6-1　上海南汇柔性直流
输电工程拓扑结构

直流输电系统，如图6-3所示。该系统包括3个柔性直流换流站，分别为±160kV塑城换流站、±160kV金牛换流站、±160kV青澳换流站，与交流系统有3个端口相连，其中可以有2个换流站作为整流端运行，1个柔性直流换流站作为逆变站运行，即有2个送端和1个受端。在其中一处风电场并网调试过程中发现，随着风电场输出功率逐渐增大，出现了次同步频率范围的振荡现象。图6-4为南澳柔直发生功率振荡导致变流站停运事件的现场录波。在故障发生时，交流电压和直流电压波形并无太大变化，但是交流电流和直流电流分别有不同程度的振荡现象，振荡频率在20～30Hz之间。有学者提出双馈风力发电机的运行模态受到诸如定、转子参数，系统运行点以及电网强度等方面的影响，会在次

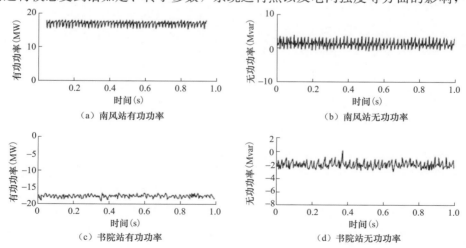

（a）南风站有功功率　　　　　（b）南风站无功功率

（c）书院站有功功率　　　　　（d）书院站无功功率

图6-2　上海南汇柔直振荡的有功功率和无功功率

同步频率范围内产生振荡电流。这种振荡电流由风电机组产生并流入变流器中，若此时变流器在振荡频率处能提供足够阻尼，系统能稳定运行。但是当变流器设计不全面，在振荡频率处阻尼不足时，会造成直流侧电流振荡，易引起系统不稳定。在南澳柔性直流振荡的后续解决方案中证实，在送端换流站控制中加入次同步电流振荡抑制器，能够有效地抑制系统的振荡现象。

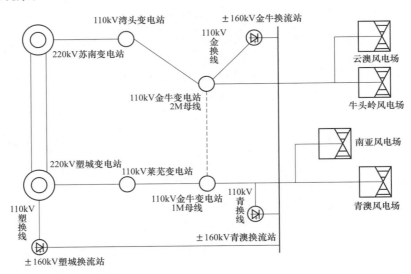

图 6-3　广东南澳柔性直流输电工程拓扑结构

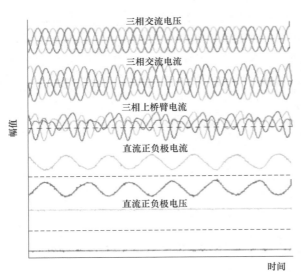

图 6-4　南澳柔性直流振荡的电压、电流录波

（3）厦门柔性直流输电工程。厦门柔性直流输电工程输送功率1000MW，直流电压±320kV，线路采用直流电缆，全长10.7km，是国际上第一条真双极的柔性直流输电工程，其结构如图 6-5 所示。厦门柔性直流输电工程在运行期间发生了次同步频率范围的振荡，如图 6-6 所示。当源端输送功率为100MW时，系统中观测到23.6Hz的振荡电流，振幅约为稳态值的12.2%；当源端输送功率为500MW时再次出现25.2Hz的振荡电流。当源端输出功率变化，或者系统容量增大情况下，变流器两侧功率不平衡引起电压电流波动，发生振荡风

险增大。有学者指出当控制直流电压的换流站对直流线路注入有功功率时，变流器呈现负电阻，系统振荡风险大大上升。此时，若变流器在设计时未充分考虑各个控制环节的小扰

动模型，易在次同步频率处呈现容性阻抗或者负电阻，遂与系统中的感性设备形成振荡电路，引起谐波电流发散。

图 6-5 厦门柔性直流输电工程拓扑结构

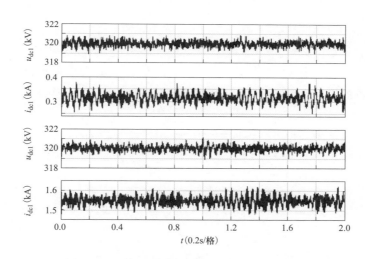

图 6-6 厦门柔性直流振荡的电压、电流录波

2. 中高频率范围的振荡

在德国北海柔性直流输电工程、浙江舟山柔性直流输电工程和云南鲁西柔性直流工程的调试或投运期间，出现过中高频频率范围的振荡现象。

（1）德国北海柔性直流输电工程。德国北海海上风电场如图 6-7 所示，采用了 ABB 公司提供的轻型高压直流（HVDC Light）技术，传输电压在 110kV，传输功率 400MW。在风电经柔性直流送出时，发生了 250~350Hz 的振荡，振荡电流达到基波电流的 40% 以上，造成滤波电容损毁，风电场关闭了较长一段时间。从图 6-8 中可以看到，在一个基波周期内存在 5 个谐振峰,相当于 250Hz 左右的振荡。

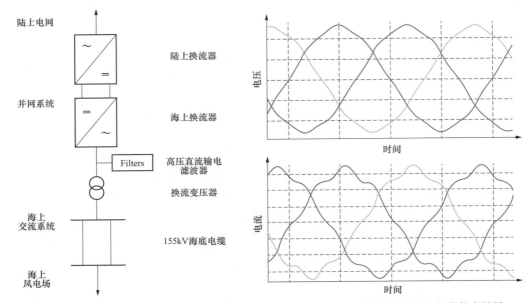

图 6-7　德国北海柔性直流输电工程的拓扑结构　　图 6-8　德国北海柔性直流输电振荡仿真结果

(2) 舟山多端柔性直流输电工程。舟山多端柔性直流输电工程如图 6-9 所示,由舟定、舟岱、舟衢、舟泗、舟洋 5 个直流换流站和多段直流电缆构成,直流电压等级为±200kV,各换流站采用模块化多电平换流器,容量分别为舟定换流站 400MW、舟岱换流站 300MW、舟衢换流站 100MW、舟洋换流站 100MW、舟泗换流站 100MW。舟定和

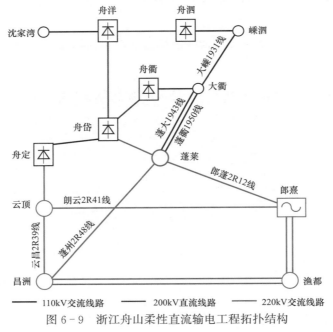

图 6-9　浙江舟山柔性直流输电工程拓扑结构

周岱换流站通过 220kV 单线分别接入 220kV 云顶变电站和蓬莱变电站，舟衢、舟洋和舟泗换流站通过 110kV 单线分别接入 110kV 大衢变电站、沈家湾变电站和嵊泗变电站。

当沈家湾变电站交流开关由运行改为热备用，舟洋换流站在联网转孤岛期间，发生了如图 6-10 所示的相位突变，引起跳闸。舟山五端直流某换流站切换过程中的故障电流以二次谐波为主，同时包含大量高频谐波分量。由于舟洋换流站从联网转孤岛运行状态时，电网强度减弱，若忽略基于 MMC 变流站接入弱电网时在中高频率

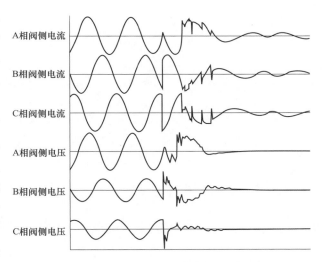

图 6-10　浙江舟山柔性直流故障录波

的阻抗特性，易对系统中的谐波电流起到放大作用，引起发散振荡。

（3）云南鲁西柔性直流工程。鲁西直流工程拥有目前世界上首次采用大容量柔性直流与常规直流并联运行的背靠背换流站，如图 6-11 所示，柔性直流单元容量 1000MW，常规直流单元容量 2000MW。当一端柔性直流换流站经弱电网接入交流电网时，发生 1.2kHz 左右的高频振荡，造成系统停运。鲁西柔性直流广西侧的故障录波如图 6-12 所示。虽然该振荡事件的起因为柔直换流站与弱交流电网的交互作用，但对风电-柔性直流系统振荡问题的研究也具有一定的参考意义。

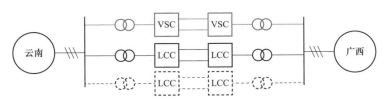

图 6-11　鲁西直流工程拓扑结构

（三）风电-弱电网次/超同步谐振案例

图 6-13 为 2015 年新疆哈密地区电网的示意图。该地区是典型的风电大规模集中接入系统，当地负荷规模小，基本没有常规电源接入。北部麻黄沟地区有 18 座风电场，以直驱风机为主力机型，总规模约 1500MW，风电经 35/110/220kV 线路汇集到变电站 D，随后通过双回 220kV 线路输送到变电站 F，经过升压变压器（220kV/750kV）升压后风电注入 750kV 网络。在变电站 H 接有 2 个火电厂，即电厂 M 和 N。电厂 M 有 4 台同型号的 660MVA 机组，电厂 N 有 2 台同型号的 660MVA 机组。电厂 M 和 N 中的机组各有 3 个扭振模式。风电场和火电厂之间的距离在 300km 左右。变电站 H 同时为特高压直流换流站，直流电压等级为 ±800kV，输送容量 8000MW，送往中部负荷中心。

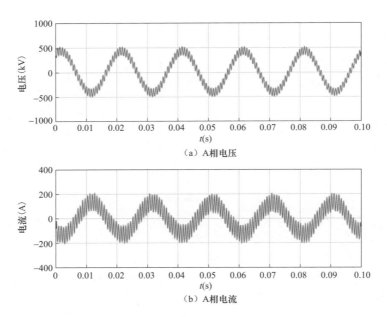

（a）A相电压

（b）A相电流

图 6 - 12　鲁西直流广西侧的故障录波

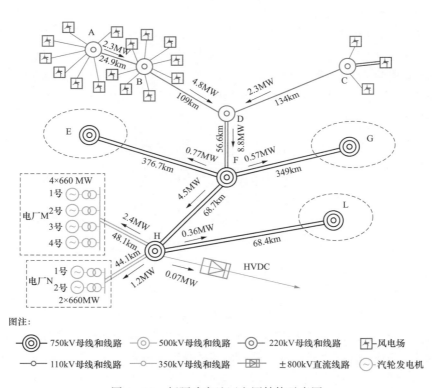

图 6 - 13　新疆哈密地区电网结构示意图

2015 年 7 月 1 日，该系统出现了次同步频率范围内持续的功率振荡，如图 6 - 14 所示。11：53～11：55，振荡导致电厂 M 的 1 号、2 号、3 号机组（4 号机组检修，未并网）轴系扭振保护相继动作跳闸，扭振幅值达到 0.5rad/s（疲劳累计跳闸定值 0.188rad/s），共损失功率 1280MW，HVDC 功率紧急由 4500MW 降至 3000MW，事故造成该地区电网频率从 50.05Hz 降为 49.91Hz。此期间，M 电厂 1 号、2 号机组轴系扭振保护启动（模态 2，频率 31.25Hz），并于 20s 后复归。

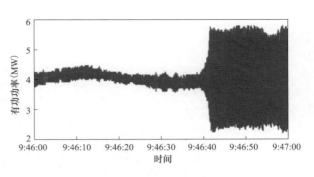

图 6-14　某风电场有功功率振荡波形

根据对 7 月 1 日交流电网同步相量测量装置（phasor measurement unit，PMU）记录的谐波分析，M 电厂机组跳闸前、后，交流电网中持续存在 20Hz 和 80Hz 左右的谐振分量，谐振频率随时间发生漂移，范围为 16～24Hz 和 76～84Hz。

上述这些问题均暴露出新能源发电机组在抗扰能力方面的不足，电力电子接口电源的振荡问题已经成为影响中国大规模新能源并网安全稳定运行的主要挑战之一。

中国河北沽源地区从 2010 年起发生了上百起 SSR 事件，因并网规模大、发生次数多而最具典型性，因此下文将围绕沽源风电-串联补偿系统 SSR 案例进行详细的分析。

二、沽源风电次同步谐振事件

张家口沽源地区风电距离负荷中心 300 多千米，在蒙西电网向华北电网送电通道的沽源 500kV 站并网，采用了串联补偿送出线路的电网结构。沽源地区风电装机容量逐年增大，2010～2014 年，每年年底的装机容量约为 1368MW、1989MW、3037MW、3379MW 和 4176MW。2015 年 5 月，张家口地区"三站四线"❶ 切改完成后，沽源地区的风电场由 27 座减少为 12 座，装机容量由 4224MW 减少至 1890MW。2015 年底沽源地区装机容量增加约 450MW，直到 2018 年年底没有新/扩建风电并网。

截至 2019 年 12 月，沽源地区共有风电场 13 座，装机容量为 2340.55MW，直驱风机占比 31%，双馈风机占比 65%，鼠笼异步风机占比 4%。其中 6 座风电场汇集到察北变电站，装机容量为 898.5MW，7 座风电场汇集到沽源变电站，装机容量为 1442.05MW。沽源地区风电接入情况如图 6-15 所示。

沽源地区所有风电均汇集至 500kV 系统，汗沽双回线路全长 193km，沽太双回线全长 272km，均为紧凑型线路。沽源变电站两侧汗沽双回、沽太双回加装串联补偿装置，4 套串联补偿装置均位于沽源变电站内相应线路高压电抗器的母线侧。汗沽双回线串联补偿装置为 ABB 公司集成供货，串联补偿度 40%，额定容量 416.88Mvar；沽太双回线串联补偿装置为中电普瑞公司集成供货，串联补偿度 45%，额定容量 663.39Mvar。

❶　"三站四线"工程包括康保、尚义、张北三个 500kV 变电站以及康保至张北、尚义至张北、张北至张南、蔚县至张南 4 条 500kV 输电线路。

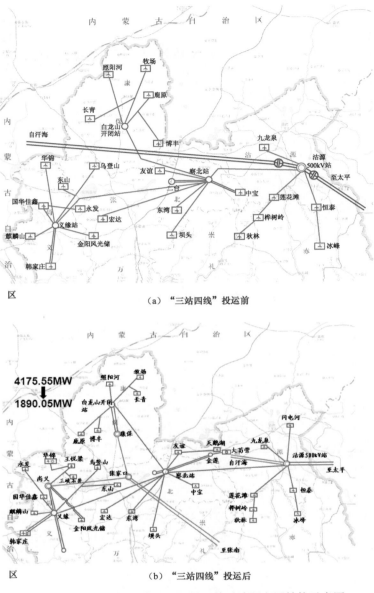

（a）"三站四线"投运前

（b）"三站四线"投运后

图 6 - 15 "三站四线"工程投运前后沽源电网结构示意图

2010 年 10 月沽源地区汗沽太双回线路串联补偿装置投运后，在沽源相关所有 500kV 运行线路的串联补偿装置全部投入、220kV 风电系统正常送出情况下，沽源地区出现了多次风电 SSR 现象。谐振的主要表现为电流和功率以次同步频率谐振，振幅最高可达 50% 左右；而电压的振幅较小，不超过 1%；谐振时间可长达几十分钟，并伴随大量风机脱网。SSR 问题造成相关设备无法按照正常方式运行，对内蒙电力及新能源电力的送出，以及主变压器、串联补偿等设备的安全稳定运行带来不利影响。

三、沽源风电次同步谐振特征

（一）发生条件

每次谐振发生时，沽源外送通道的所有串联补偿均投入使用，而仅 3 套串联补偿投运时，未观察到次同步谐振现象。

历次谐振发生时刻，以沽源主变压器上送功率表示沽源地区风电功率的分布情况如图 6-16 所示。由图可知所有谐振均发生在风电功率较小时期（小风期），最小功率仅88MW，占该地区总装机容量的 3%，最大功率 360MW，也仅占该地区总装机容量的13%。谐振发生时，功率主要分布在 100～350MW 之间，谐振最有可能发生在 100～250MW 范围内，该范围的谐振次数占总次数的 80%。

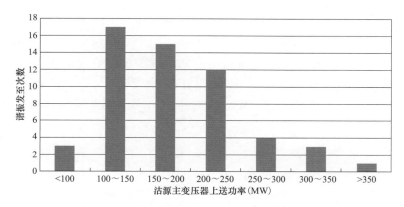

图 6-16　谐振时沽源主变压器上送功率分布情况

（二）电气特征

1. 频率

历次谐振频率的分布情况如图 6-17 所示，频率主要集中在 6～10Hz 之间，谐振频率高于电网低频谐振频率（0～2Hz），属于次同步谐振。另外，风机轴系固有谐振频率为1～2Hz，沽源系统中发生的谐振与轴系的固有谐振频率及其互补频率相差较大，因此，沽源地区发生的谐振是纯电气谐振，而与机械以及轴系的振荡模态无关。

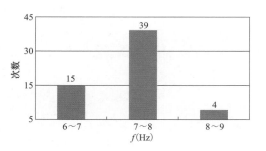

图 6-17　谐振频率分布图

在谐振频率的时间分布上有所差异，随着风机脱网，谐振频率有所降低。以 2012 年12 月 25 日沽源地区发生的风电 SSR 现象为例，整个沽源地区的风电场、500kV 沽源变电站、汗沽和沽太线的电流都出现了不同程度的谐振，不同时刻沽源变电站电流谐振的频率如图 6-18 所示，谐振频率时间分布有所差异，风机脱网前频率较高，约为 7.6Hz；随着风机的脱网，谐振频率逐渐降低，最终约为 6.2Hz。

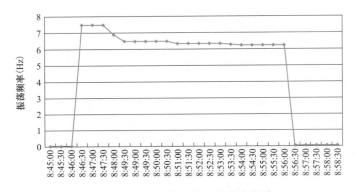

图 6-18　沽泉线 A 相电流谐振频率

在谐振频率空间分布上没有差异，同一时刻各场站的谐振频率较为一致。以 2013 年 3 月 4 日发生的沽源 SSR 现象为例，图 6-19 是 4 个不同风电场在同一时间段的谐振频率变化情况。A~D4 个风电场按照距离沽源站由近到远排列，其中 A 风电场直接接到沽源变电站，B 风电场接到察北变电站，C 风电场接到白龙山变电站，D 风电场接到义缘变电站。除去数据及计算误差，各风电场和汇集站在同一时刻谐振频率相同，表明谐振频率在空间分布上没有差异。

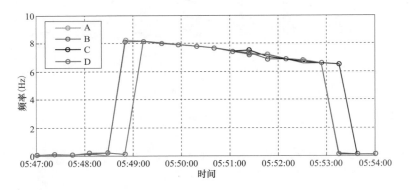

图 6-19　场站电流谐振频率对比图

2. 阻尼

由于集群风电-串联补偿输电系统中采用了大量的电力电子装置，这些快速动作的装置，会给系统带来各种频率的扰动分量。当系统阻尼为负值时，次同步频率分量幅值将会逐渐增大，从而影响整个系统，出现 SSR 现象。

为了探究次同步谐振过程中系统的阻尼特性，研究中对实测数据波形做指数函数拟合，即可计算出谐振幅值衰减的阻尼。通过对历次 SSR 数据的分析，计算得到，在发散阶段，系统阻尼主要集中在 $-0.1 \sim 0.6 \mathrm{s}^{-1}$ 范围内；而在收敛阶段，系统阻尼主要集中在 $0.1 \sim 0.6 \mathrm{s}^{-1}$ 范围内。从谐振阻尼的角度，双馈风机及其控制系统在某种条件下对谐振提供了负阻尼，使得谐振得以产生并持续存在。

以 2013 年 6 月 17 日发生的谐振现象为例，图 6-20 是谐振过程中电流的 PMU 录波曲线，通过对 PMU 数据和故录数据的分析发现，12：25～12：31 沽源站三相电流含有一个频率为约 6～8Hz 的次同步谐振分量，12：25 以后出现谐振快速发散现象，振幅最大达到约 50%，6min 后振幅逐渐收敛，谐振消除。

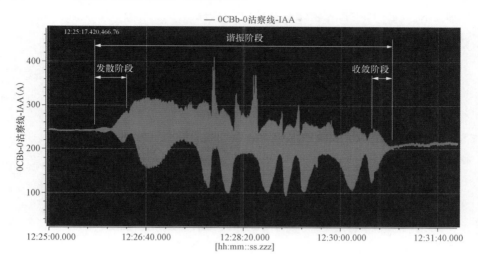

图 6 - 20　谐振各阶段

在发散阶段，系统阻尼为负值，约为 $-0.2s^{-1}$；经小扰动后，电流幅值快速发散并来回振荡；之后由于系统阻尼的不断变化，幅值的谐振波形以低频包络线形式持续，直至收敛阶段，系统阻尼稳定为正值，约为 $0.2s^{-1}$，幅值收敛至稳定值。在振荡的全过程中，系统始终处于临界阻尼附近，在系统为弱负阻尼时，谐振发散；为弱正阻尼时，谐振收敛。

第二节　风电次同步谐振分析方法

一、时域分析方法

时域仿真是分析风电次同步谐振的重要分析方法，详细的时域仿真模型，包括风电机组的变流器及其控制系统、主控制系统、桨距角控制、轴系模型等。

时域仿真是目前在大扰动如系统故障情况下，分析风电次同步谐振的唯一方法，可以用来验证频域分析的有效性。另外，时域仿真还提供了次同步谐振的幅度、风机接受次同步谐振的能力，如风机脱网、风机损坏等重要信息，是分析与抑制次同步谐振必不可少的手段。

在离线时域仿真的基础上，采用控制硬件在环的方式可以更真实的模拟现场实际运行情况，克服变流器控制器等对于电网企业和风电机组整机制造商等可能存在的"黑箱"问题。

控制硬件在环仿真是指将被控制对象用仿真模型模拟，外部控制器通过仿真计算机的 I/O 板卡接入仿真回路中，经过信号转换，实现实际控制器控制虚拟模型。由于回路中接入实物，仿真系统必须按实际时间工作，因此置信度高，被广泛应用于工程领域。

RT-LAB 是由加拿大 Opal-RT 公司推出的一套专门针对电力系统、电力电子、电力拖动系统实时仿真平台。该平台可以直接将 Simulink 建立的数学模型应用于实时仿真、控制等领域。RT-LAB 硬件在环仿真系统结构如图 6-21 所示，该系统由上位机、目标机及控制器组成。

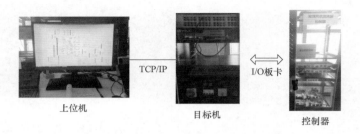

图 6-21　RT-LAB 硬件在环仿真系统结构

在 CHIL 实时仿真中嵌入实际控制器，既保留信号滤波、调理、延时等接口特性，又能体现实际机组控制特性。出于仿真精度和准确性的考虑，RT-LAB 实时仿真平台采用 FPGA 仿真器与 CPU 仿真器混合仿真模式，根据仿真步长和精度的要求将模型进行合理部署，以提高仿真精度，节约仿真资源。

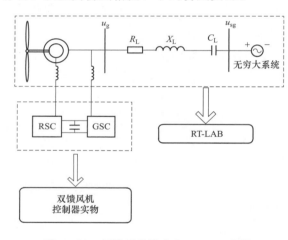

图 6-22　双馈风机接入 RT-LAB 硬件
在环平台系统结构图

双馈风机接入 RT-LAB 硬件在环平台系统结构图如图 6-22 所示，其中上位机用于搭建控制对象，编译后生成的 C 代码通过以太网下载到目标机中；运行时目标机将变流器的运行信息上传至上位机中以实时监测模型运行情况。目标机输出模拟信号用来反应变流器的实时运行状况，同时接收 PWM 脉冲信号来控制变流器（控制对象）的工作。目标机提供模拟 I/O 板卡和数字 I/O 板卡以实现与外部控制器的无缝连接。RT-LAB 软件配置了专门的模块库 RT-LAB I/O，提供对不同类型 I/O 板卡的访问。而外部的数字控制器负责采集模型输出

信号，进行实时运算，并生成相应的 PWM 驱动信号送入到目标机的数字 I/O 板卡中。

二、频域分析方法

频域分析方法最常用的是特征值分析法，又称为模态分析法，是通过建立系统的小扰动线性化模型，求解特征根、特征向量等来分析系统的动态响应的方法。

特征值分析法具有理论完善、物理概念清晰等优点，被广泛应用于风电-串联补偿次

同步谐振分析中。特征值分析主要用于评估 SSR 风险和计算其对系统参数变化的灵敏度，能一次性计算出所有系统模态。但特征值分析法还存在一些不足，例如在分析含双馈型风机的系统时，由于双馈风机采用背靠背变流器，而且其控制系统具有高阶非线性特性，导致特征值分析非常复杂，且当分析较多风场时，矩阵阶数较高，计算量大。因此，采用特征值分析法时，需要对系统进行适当的简化，导致不能够充分考虑双馈风机的全尺度控制模型，因此存在计算结果不够准确的缺点。

为了克服上述问题，本书提出了阻抗网络分析方法，实现了对谐振风险的精准量化评估。

（一）阻抗网络建模方法

1. 系统等效建模

为了分析方便而不失一般性，可将相邻的风电场聚合为一个聚合风场。以 2013 年底的沽源电网结构为例，可将沽源系统中的 27 个风电场聚合为 7 个聚合风场，如图 6 - 26 所示。该等效系统中含有 6 个双馈风电场，这些风电场中安装的全是双馈机组。此外，等效系统中含有一个直驱风场，该风电场中安装的全是直驱机组。在后续分析中，假设每个聚合风电场都是由多台完全一致的 1.5MW 风机连接于同一条母线上构成。每个聚合风电场的风机数目标示于图 6 - 23 中。等效系统模型中保留了大部分的 220/500kV 输电线路，仅将汗海变电站和太平变电站之间的其他线路采用等效线路替代。

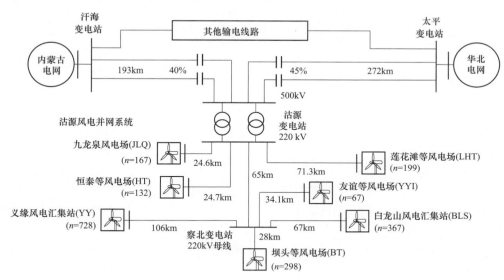

图 6 - 23　沽源系统等效模型

2. 双馈风电场的阻抗模型

双馈风电机组风电机组的系统结构如图 6 - 24 所示，主要包括轴系、感应发电机、网侧变换器、转子侧变换器、变换器直流环节、变换器控制器及其箱式变压器组成。双馈风电机组定子直接与电网相连，转子通过 GSC、直流环节和 RSC 实现交流励磁，电功率通过定子、转子双通道与电网实现交换。为确保变速恒频运行，当风速变化、发电机转速作相应变化时，控制转子励磁电压的频率为转差频率，就可以确保定子频率维持恒定。通过对 GSC 和 RSC 的控制，可以实现对双馈发电机定子电压的调节从而使得双馈发电机定子与电网柔性并网，使双馈电机在四象限中运行，有功、无功功率都可以灵活调节。

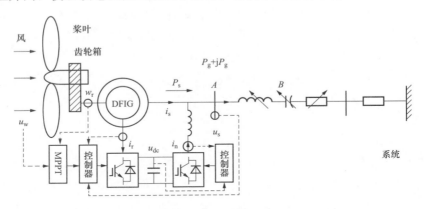

图 6 - 24　双馈风电机组风电机组系统结构图

（1）感应电机模型。

风力发电机模型采用绕线式异步电机，容量基值为 1.5MVA，双馈型感应电机和箱式变压器的参数见表 6 - 1。

表 6 - 1　　　　　双馈型感应发电机和箱式变压器的参数（基值：1.5MVA）

参　数　名　称	符　号	数　值
电机定子电阻	r_s	0.022p. u.
电机定子漏抗	x_s	0.28p. u.
电机转子电阻	r_r	0.027p. u.
电机转子漏抗	x_r	0.31p. u.
电机励磁电抗	x_m	12.9p. u.
箱变漏抗	x_{Tl}	0.060p. u.
箱变电阻	r_{Tl}	0.015p. u.

在讨论双馈风电机组的数学模型时，采用电动机惯例作为正方向惯例，为了便于分析和建模，还常作如下的假设：

1）忽略空间谐波。设三相绕组对称，在空间中互差 120°电角度，所产生的磁动势沿气隙作正弦规律分布。

2）忽略磁路的非线性饱和，认为各绕组的自感和互感与磁路工作点有关，但都是与磁路工作点相关的恒值。

3）忽略铁芯损耗。

4）不考虑频率变化和温度变化对绕组电阻的影响。

5）转子参数均折算至定子侧，折算后的定、转子绕组匝数相同。

在上述假定下，可建立三相静止坐标系中双馈风电机组的数学模型，并将其变换到两

相同步速旋转 dq 坐标系中，如图 6‐25 所示。

此时，双馈风电机组的数学模型如下：

磁链方程为

$$
\left.
\begin{aligned}
\Psi_{sd} &= L_{s}i_{sd} + L_{m}i_{rd}\\
\Psi_{sq} &= L_{s}i_{sq} + L_{m}i_{rq}\\
\Psi_{rd} &= L_{m}i_{sd} + L_{r}i_{rd}\\
\Psi_{rq} &= L_{m}i_{sq} + L_{r}i_{rq}
\end{aligned}
\right\}
\tag{6-1}
$$

电压方程为

$$
\left.
\begin{aligned}
u_{sd} &= R_{s}i_{sd} + p\Psi_{sd} - \omega\Psi_{sq}\\
u_{sq} &= R_{s}i_{sq} + p\Psi_{sq} + \omega\Psi_{sd}\\
u_{rd} &= R_{r}i_{rd} + p\Psi_{rd} - (\omega-\omega_{r})\Psi_{rq}\\
u_{rq} &= R_{r}i_{rq} + p\Psi_{rq} + (\omega-\omega_{r})\Psi_{rd}
\end{aligned}
\right\}
\tag{6-2}
$$

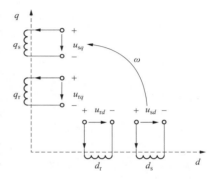

式中：ω 是定子旋转角速度；ω_{r} 是转子旋转角速度（电角速度）；u_{sd}、u_{sq} 分别为定子电压的 d、q 轴分量；u_{rd}、u_{rq} 分别为转子电压的 d、q 轴分量；i_{sd}、i_{sq} 分别为定子电流的 d、q 轴分量；i_{rd}、i_{rq} 分别为转子电流的 d、q 轴分量；Ψ_{sd}、Ψ_{sq} 分别为定子磁链的 d、q 轴分量；Ψ_{rd}、Ψ_{rq} 分别为转子磁链的 d、q 轴分量；L_{m} 为 dq 坐标系下定子与转子绕组间互感；L_{s}、L_{r} 分别为 dq 坐标系下定子、转子自感；R_{s}、R_{r} 分别为 dq 坐标系下定子与转子绕组电阻。

图 6‐25　q 坐标系中双馈风电机组物理模型

推导即可将上述双馈风电机组风电机组的磁链方程和电压方程整理成以 i_{sd}、i_{sq}、i_{rd} 和 i_{rq} 为状态变量的增量状态方程形式。

（2）轴系模型。

风力发电机的轴系可以用多个集中质量块和连接它们的理想弹簧来进行建模。常用的轴系传动链模型有六质量块模型、三质量块模型、两质量块模型和集总质量块模型。对分析次同步谐振，特别是次同步扭振相互作用（sub‐sychronous torsional interaction，SSTI）结果的影响，轴系参数的选择尤为重要。为在理论分析中同时考虑感应发电机效应（induction generator effect，IGE）与 SSTI 的作用，因此建模过程中也对风机轴系模型进行了考虑。

由于齿轮箱的存在，使风轮机和发电机能够以两种转速运行。从发电机侧（高速侧）观察，由于风机轴系中的两个轴以及齿轮箱的存在，风轮机与发电机组之间的机械轴刚度较小，其轴刚度远小于汽轮机组和水轮机组。在模拟风机机械特性对电气性能的影响上，双质块模型具有足够的精度。如果将高速轴、齿轮箱和低速轴变换到发电机转子侧（高速侧），则可将轴系模型简化成双质块模型，如图 6-26 所示。

分析中风电机组的轴系采用两质块模型，即轴系包含风轮质块和发电机转子质块两部分。风轮和转子的时间常数分别为 2.5s 和 0.5s，轴的弹性系数为 0.35p.u./rad，此时风电机组扭振模态频率为 1.8Hz。假设轴上的机械阻尼为 0，转矩正方向按电动机惯例定义，其具体结构及各变量定义如图 6-27 所示。

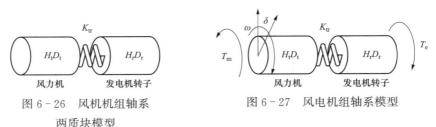

图 6-26 风机机组轴系
两质块模型

图 6-27 风电机组轴系模型

对该模型近似线性化得到增量方程，整理成状态方程形式，可以得到如下公式

$$
\begin{bmatrix} \Delta\dot{\boldsymbol{\theta}}_{t} \\ \Delta\dot{\boldsymbol{\theta}}_{r} \\ \Delta\dot{\boldsymbol{\omega}}_{t} \\ \Delta\dot{\boldsymbol{\omega}}_{r} \end{bmatrix} = \begin{bmatrix} 0 & 0 & 1 & 0 \\ 0 & 0 & 0 & 1 \\ -\dfrac{K_{tr}}{2H_{t}} & \dfrac{K_{tr}}{2H_{t}} & -\dfrac{D_{t}+\dfrac{P_{total}}{\omega_{rotor}^{2}}}{2H_{t}} & 0 \\ \dfrac{K_{tr}}{2H_{r}} & -\dfrac{K_{tr}}{2H_{r}} & 0 & -\dfrac{D_{r}}{2H_{r}} \end{bmatrix} \begin{bmatrix} \Delta\boldsymbol{\theta}_{t} \\ \Delta\boldsymbol{\theta}_{r} \\ \Delta\boldsymbol{\omega}_{t} \\ \Delta\boldsymbol{\omega}_{r} \end{bmatrix} + \begin{bmatrix} 0 \\ 0 \\ 0 \\ \dfrac{1}{2H_{r}} \end{bmatrix} \Delta\boldsymbol{T}_{e} \qquad (6-3)
$$

式中：$\Delta\theta_{t}$、$\Delta\theta_{r}$ 分别表示风力机和发电机转子电气扭角偏差；$\Delta\omega_{t}$、$\Delta\omega_{r}$ 分别表示风力机和发电机转子电气扭角速度偏差；H_{t}、H_{r} 分别为风力机和发电机转子的惯性时间常数；T_{m}、T_{e} 分别为风力机的机械转矩和发电机的电磁转矩；D_{t}、D_{r} 分别为风力机和发电机的阻尼系数；K_{tr} 为传动轴的刚度系数；ω_{rotor} 为发电机转子转速；P_{total} 为发电机功率。

（3）变换器（GSC 和 RSC）模型及其控制策略。

通过对双馈电机转子和网侧电压源变换器的控制实现变速恒频功能，双馈风机主要采用背靠背变流器，其主电路如图 6-28 所示。图中 GSC 和 RSC 均采用三相全桥变换器，它包括 3 桥臂、6 组开关。根据控制器产生变流器的控制信号，通过控制开关元件的开通和关断，可以产生所需的交流电压波形。该三相交流电压与电网三相电压共同作用在网侧

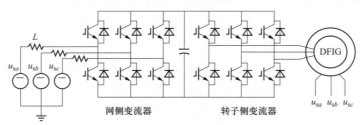

图 6-28 双 PWM 型变换器主电路

变换器输出端的电感上就可以产生出相应的电流，从而使得网侧变流器维持直流电压恒定，转子侧变流器控制功率及流向。

具体来说，当功率从系统流入 PWM 变流器时，它运行于可控整流工作状态；当功率从 PWM 变流器流入系统时，它运行于可控逆变工作状态。其网侧电流和功率因数都是可控的，因此，PWM 变流器实际上是一个交、直流侧均可控的四象限运行变换器，既可工作于整流状态，又可工作于逆变状态。

在 dq 旋转坐标系下，控制器可方便的进行解耦控制，故一般采取在 dq 坐标系进行双环控制。通常采用前馈解耦控制策略应对模型中存在的交叉耦合项和电网电压扰动项。

转子侧变流器的级联控制结构如图 6-29 所示，内环为电流跟踪环，外环分别对应转子转速控制环和定子无功控制环。转子侧变换器的作用主要有：①通过控制双馈风电机组的转速，实现最大功率追踪，进而控制双馈风电机组定子侧所发出的有功功率；②给双馈风电机组的转子提供励磁分量的电流，从而可以调节双馈风电机组定子侧所发出的无功功率。

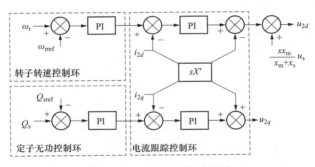

图 6-29 RSC 的控制框图

网侧变流器的级联控制结构如图 6-30 所示，内环为电流跟踪环，外环为直流电压控制环和机端电压控制环。网侧变换器的任务主要有：①变流器其良好的输入特性，即具有较高的电能质量。理论上网侧 PWM 变换器可获得任意可调的功率因数，这就为整个系统的功率因数的控制提供了另一个途径。②保证了直流母线电压的稳定，直流母线电压的稳定是两个 PWM 变换器正常工作的前提，是通过对输入电流的有效控制来实现的。

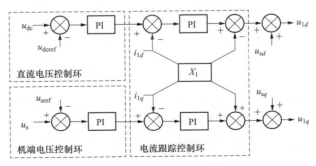

图 6-30 GSC 的控制框图

图 6-29 和图 6-30 中符号所代表的物理含义见表 6-2。其中，X'是转子电流控制中的交叉耦合电感，得到

$$X' = x_m + x_r - \frac{x_m^2}{x_m + x_s} \qquad (6-4)$$

表 6-2　　　　　　　　RSC 和 GSC 控制框图中符号的含义

符号	含　义	符号	含　义
r	转子电气角速度	u_s	机端电压有效值
ω_0	定子额定角频率	u_{dc}	直流电压
Q_s	定子输出无功功率	i_{1d}	GSC 输出电流的直轴分量
s	滑差	i_{1q}	GSC 输出电流的交轴分量
X'	交叉解耦电抗	u_{sd}	机端电压的直轴分量
i_{2d}	RSC 输出电流的直轴分量	u_{sq}	机端电压的交轴分量
i_{2q}	RSC 输出电流的交轴分量	u_{1d}	GSC 输出电压参考值直轴分量
u_{2d}	RSC 输出电压参考值直轴分量	u_{1q}	GSC 输出电压参考值交轴分量
u_{2q}	RSC 输出电压参考值交轴分量	X_1	GSC 的连接电抗
X_{xref}	X_x 量的参考值		

在 dq 旋转坐标系下，将双馈风机各部分的小信号线性化微分方程表示为状态方程的形式

$$\left.\begin{array}{l}\Delta x_i = A_i \Delta x_i + B_i \Delta u_i \\ \Delta y_i = C_i \Delta x_i + D_i \Delta u_i\end{array}\right\} \qquad (6-5)$$

式中：x_i、y_i、u_i 分别表示状态相量、输出相量和控制相量；Δ 表示偏差运算；A_i、B_i、C_i、D_i 表示具有相应维度的系数矩阵；下标 i 表示第 i 个子系统。

进一步通过拉氏变换将各子系统的线性化微分方程模型整理为 s 域内的小信号代数方程模型

$$\left.\begin{array}{l}s\Delta x_i(s) = A_i \Delta x_i(s) + B_i \Delta u_i(s) \\ \Delta y_i(s) = C_i \Delta x_i(s) + D_i \Delta u_i(s)\end{array}\right\} \qquad (6-6)$$

或者

$$\begin{bmatrix}S - A_i & -B_i & 0 \\ C_i & D_i & -E\end{bmatrix}\begin{bmatrix}\Delta x_i(s) \\ \Delta u_i(s) \\ \Delta y_i(s)\end{bmatrix} = 0 \qquad (6-7)$$

式中：S 表示对角线元素均为 s 的对角矩阵；E 表示具有相应维度的单位阵。

为了获得双馈风电机组风电场的等效阻抗，将两质块轴系、双馈风电机组风力发电机、RSC 及其控制系统、GSC 及其控制系统和直流环节的小信号代数方程模型结合，把所有代数方程写成矩阵的形式，选取关心的系统变量为端口电压和端口电流，分别作为控制变量和输出变量，并将其放到变量列向量的最后，见下式

$$\begin{bmatrix} a_{11}(s) & a_{12}(s) & a_{13}(s) \\ a_{21}(s) & a_{22}(s) & a_{23}(s) \\ a_{31}(s) & a_{32}(s) & a_{33}(s) \end{bmatrix} \begin{bmatrix} \Delta X_1(s) \\ \Delta u_{sdq}(s) \\ -\Delta i_{rdq}(s) \end{bmatrix} = 0 \qquad (6-8)$$

式中：$\Delta X_1(s)$ 表示剩余的不关心的系统变量列向量；$a_{ij}(s)$ 表示具有相应维数的系数矩阵，i，$j \in I = \{1, 2, 3\}$。

化简求得端口电压和端口电流之间的关系为

$$\Delta u_{sdq}(s) = Z_D(s)[-\Delta i_{rdq}(s)] \qquad (6-9)$$

式中：$Z_D(s)$ 表示整个风电场的等效阻抗矩阵。

$$Z_D(s) = \begin{bmatrix} z_{D11}(s) & z_{D12}(s) \\ z_{D21}(s) & z_{D22}(s) \end{bmatrix} \qquad (6-10)$$

式（6-9）可以表示成 $dq0$ 坐标下的复相量形式，如下式

$$\begin{aligned} \Delta u_{sd}(s) + j\Delta u_{sq}(s) &= [z_{D11}(s) + jz_{D21}(s)][-\Delta i_{rd}(s)] \\ &+ j[z_{D22}(s) - jz_{D12}(s)][-\Delta i_{rq}(s)] \end{aligned} \qquad (6-11)$$

通常情况下，$z_{D11}(s) \neq z_{D11}(s)$，并且 $z_{D21}(s) \neq -z_{D12}(s)$。因此，对于次同步电流来说，双馈风电机组风电场的 d 轴等效阻抗不等于 q 轴等效阻抗，即 $Z_D(s)$ 不对称。更进一步的分析指出这种不对称现象是由 GSC 和 RSC 外环控制中的 PI 参数的不一致造成的。RSC 的外环控制由转子转速控制和定子无功控制构成，GSC 的外环控制由直流电压控制和机端电压控制构成，且其 PI 控制器的参数各不相同，从而导致等效阻抗阵不对称。由于风电场的视在等效阻抗在 d 轴阻抗和 q 轴阻抗之间变化，因此，将其等效阻抗模型定义为两者的平均值

$$Z_{DFIG}(s) = z_{D11}(s) + z_{D21}(s) + j[z_{D21}(s) - z_{D121}(s)] \qquad (6-12)$$

式（6-12）是基于 dq 坐标系推导得到的，为了将阻抗模型由 dq 坐标系转换为 abc 坐标系只需要将 s 用 $s - j\omega_0$ 替代，其中 ω_0 是指额定定子频率。因此，双馈风机在 abc 坐标系下的阻抗模型可以表示为

$$Z_{DFIG}(s) = \sum_{i=0}^{m} b_i s^i \Big/ \sum_{i=0}^{n} a_i s^i, \quad n, m, i \in N, \quad a_i, b_i \in R \qquad (6-13)$$

当要计算整个双馈风电场的阻抗模型时，只需将式（6-13）除以双馈风电场的风机台数即可。

3. 直驱风电场的阻抗模型

图 6-31 所示为典型直驱风机原理图，它由风力机、永磁同步发电机、机侧变换器（MSC）及其控制系统、网侧变换器（GSC）及其控制系统，及滤波电路等组成。从能量的传递过程来看，风力机旋转使永磁同步发电机产生电能，交流电能经过机侧变流器整流后转变成直流电能，并通过卸荷装置使直流电能的电压稳定在一定范围内。最后再通过网侧变流器，形成一系列的 PWM 波形，在线路电感的作用下，送入电网的即为频率和幅值

一定的交流电。

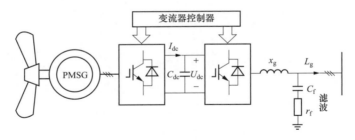

图 6-31　直驱永磁风力发电机系统简化模型

根据金风公司提供的原始风机模型，该模型将直驱永磁风力发电系统的风力机、永磁同步发电机和机侧变流器及其控制系统简化建模为受控电流源模型，通过调节电流模拟风机输出功率的变化。风机简化模型中主要的电气参数可以参考表 6-3 中的相关数据。

表 6-3　　　　　　　　　　　风 机 简 化 模 型 参 数

符　号	含　　义	取　　值
I_{dc}	机侧变流器输出的直流电流	0.05kA
C_{dc}	稳压电容器	90000μF
U_{dc}	直流电压	—
x_g	网侧输出电抗	0.0471Ω
r_f	滤波器电阻	0.100Ω
C_f	滤波器电容值	600μF

下面着重讨论变流器控制器的拓扑及相关参数。

直驱风机变流器主要分为两个部分：机侧变流器和网侧变流器。这一部分主要讨论网侧变流器的建模。

网侧变流器包括接入主回路与控制回路两个部分。其中，网侧变流器接入主回路的部分一般是两电平 PWM 逆变器，通过给定 6 个 IGBT 的门极信号来控制输出三相电压的频率和相位，便于之后经过变压器升压后能够与交流电网并网。使用 PMW 逆变器必须要获得参考电压信号，然后与标准的三角波比较后才能获得门极开关信号。所以，如何获得合适的参考电压是变流器控制的重点。

参考电压除了包含并入电网时变流器输出电压的赋值和频率等信息，还同时调节着无功功率的大小。因此，通常对网侧变流器采取直流电压控制与无功功率控制。一般用 dq 解耦的方式分别进行电压和无功功率的控制，本书研究模型中使用的控制策略如图 6-32 所示。

控制器参数详见表 6-4。

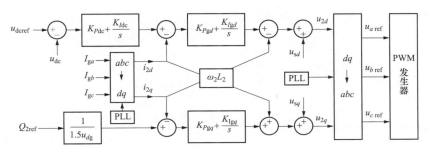

图 6-32　GSC 控制策略图

表 6-4　　　　　　　　　　　　　　　　　GSC 控制器参数设置

符　号	含　义	取　值
ω_2	电网侧同步角速度	$100\pi \text{rad/s}$
L_2	GSC 与电网之间的连接电感	$0.15\ \text{mH}$
$I_{ga} I_{gb} I_{gc}$	GSC 输出 A、B、C 三相电流	—
i_{2d}	GSC 输出电流的直轴分量	—
i_{2q}	GSC 输出电流的交轴分量	—
u_{sd}	GSC 输出端电压的直轴分量	$\sqrt{2}U_{\text{rms}}/\sqrt{3}$
u_{sq}	GSC 输出端电压的交轴分量	可近似为 0
u_{2d}	GSC 输出端电压参考值的直轴分量	—
u_{2q}	GSC 输出端电压参考值的交轴分量	—
u_{dcref}	直流电压参考值	1.15kV
u_{dc}	直流电压值	—
Q_{2ref}	风机输出无功功率参考值	0
u_{dg}	理想相电压峰值	0.5062kV
f_c	PWM 载波频率	2550Hz
K_{Pdc}	直流电压控制环比例增益	-10
K_{Idc}	直流电压控制环积分增益	-0.001
K_{Pgd}	GSC 功率直轴分量跟踪控制环比例增益	0.18
K_{Igd}	GSC 电流直轴分量跟踪控制环积分增益	0.02
K_{Pgq}	GSC 功率交轴分量跟踪控制环比例增益	0.9
K_{Igq}	GSC 电流交轴分量跟踪控制环积分增益	0.02

表 6-4 中，U_{rms} 是指实测的线电压有效值；网侧 d 轴电压 $u_{dq} = \dfrac{0.62\sqrt{2}}{\sqrt{3}} = 0.5062$

（kV）。

　　风电场内风电机组数量众多，一般可以达到几百台甚至更多，因此，在建立研究模型的时候必须考虑风机台数的影响。假如某一时刻某风电场有 N 台风电机组同时运行，风电场的风电机组通过变压器变压后并联到高压交流母线侧，忽略其他因素影响，可以认为并联之后交流母线电压不变，但流过的电流变为原来的 N 倍。

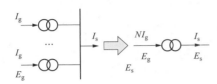

图 6-33　多机箱式变压器模型简化

除此之外，每台风机再接入风电场电压母线之前都会先经过一个箱式变压器（620V/35kV）进行升压。本文为了方便模型的建立，在单机向多机模型转换时，将会同时考虑变压器的升压作用，这样做大大降低了模型的复杂程度，提高了仿真速度。

如图 6-33 所示，该模型相当于 N 台箱式变压器并联。其中，该简化模型的电压、电流需满足以下关系式：

1）变压：

$$E_g = n_V E_s$$

2）变流：

$$n_I = N n_V, \quad I_s = n_I I_g$$

变压器相关参数等含义详见表 6-5。

表 6-5　　　　　　　　　箱式变压器（620V/35kV）模型参数

符　号	含　　义	取　　值
E_g	箱式变压器一次侧电压	620V
E_s	箱式变压器二次侧电压	35kV
n_V	变压器变比	0.62/35
X_{T0}	变压器漏阻抗	0.066p.u.
N	风机台数	730
n_I	系统电流与单台风机输出电流比值	12.93143
I_s	系统电流	—
I_g	单台风机电流	—

由图 6-34 可知，直驱风机通过背靠背的变流器并网，因此直驱风机的并网特性主要由网侧变流器的控制特性决定。相反，由于直流链的缓冲作用，机侧变流器对交流电网的影响很小。因此，从系统侧看时，直驱风

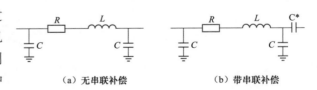

（a）无串联补偿　　　　（b）带串联补偿

图 6-34　输电线路的阻抗模型

机的阻抗模型可以忽略同步电机和机侧变流器的影响。基于这些假设，可以采用孙建教授团体论文中提出的电压源型换流器阻抗模型来表示直驱风机的阻抗模型，当要计算整个直驱风电场的阻抗模型时，只需再除以直驱风电场的风机台数即可。

　　4．输电线路的阻抗模型

　　带串联补偿或者不带串联补偿的输电线路采用如图 6-34 所示的常用的 π 型等效线路表示，图中 R、L、C、C^* 分别表示集中电阻、电感、电容和串联补偿电容。通常而言，

线路的并联电容对系统的 SSR 特性有非常小的作用，因此在后续分析中忽略其影响，输电线路在 abc 坐标系下的阻抗模型可表示为

$$Z_{\text{Line}}(s) = R + sL \tag{6-14}$$

$$Z_{\text{Line-ser}}(s) = R + sL + \frac{1}{sC^*} \tag{6-15}$$

5. 沽源系统的正序阻抗网络模型

在建立系统中各元件的阻抗模型之后，可以根据以下步骤建立沽源系统的正序阻抗网络模型：

步骤 1：收集目标系统中的各种所需参数。对于一个风电场而言，风机的数量和类型以及各风机的详细参数需要收集。对于电网而言，需要收集参数包括输电系统拓扑，线路、变压器和串联补偿的参数。为了后续分析，内蒙古电网和华北电网的外部系统采用戴维宁等效电路代替，电路的阻抗参数通过 Ward 等值方法计算。

步骤 2：针对每一种运行工况，开展潮流计算得到风机的有功/无功功率输出和机端电压，这些参数是推导风机阻抗模型必需的边界参数。为了实现这些目标，每个风电场假设是一个 PV 节点，这是由于风速决定风电场的有功功率而风场的动态无功装置能保持风电场母线的电压稳定。此外，内蒙古电网和华北电网分别设置为平衡节点和 PV 节点，其余所有节点母线是 PQ 节点。提前定义一组可以涵盖典型和风险系统运行状态的运行方式集合。

步骤 3：根据特定工况下的功率潮流参数推导每台风机的阻抗模型和每个风电场的阻抗模型。根据等效系统的戴维宁参数，得到内蒙古电网和华北电网的阻抗模型。

步骤 4：计算所有输电线路、变压器等系统元件的阻抗模型。

步骤 5：将所有风电场的阻抗模型和网络元件的阻抗模型根据系统网络拓扑拼接为目标系统的阻抗网络模型，如图 6-35 所示。

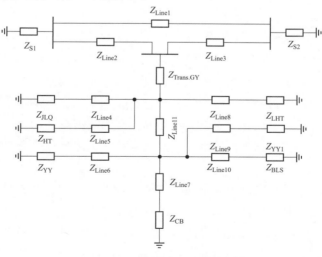

图 6-35 目标系统的阻抗网络模型

如果考虑其他的运行情况，相应的阻抗网络模型可重复步骤 2 和 5 得到。

图中 Z_{S1}、Z_{S2} 为等值机阻抗；Z_{Line1}、Z_{Line2}、Z_{Line3} 表示沽源变电站送出线路阻抗；$Z_{Trans.GY}$ 为沽源主变压器阻抗；Z_{Lined4}、Z_{Lined5}、Z_{Lined8}、Z_{Lined9} 为风电场送出线路阻抗；Z_{Line6} 为察北下 220kV 线路的等值阻抗；Z_{Line7}、Z_{Line10} 为察缘线、穿白线阻抗；Z_{Line11} 位沽察线阻抗；Z_{JLQ}、Z_{HT}、Z_{LHT}、Z_{YY1} 为九龙泉、恒泰、莲花滩、友谊风电场阻抗；Z_{YY}、Z_{CB}、Z_{BLS} 为义缘、察北、白龙山 3 个汇集变电站下风电场的等值阻抗。

（二）稳定判据与量化分析方法

1. 阻抗网络模型的聚合

理论上，图 6-35 所示的阻抗网络模型中含有很多自然振荡模态。对于沽源系统而言，SSR 模式是最受关注的模态。假设将一个该模态频率的电压扰动 $U(s)$ 注入到网络中（比如在沽源变电站的升压变电站处），系统将会产生相同频率的电流，可表示为

$$I(s) = U(s)/Z(s) \qquad (6-16)$$

式中：$Z(s)$ 是整个系统的聚合阻抗，可以表示为上部阻抗和下部阻抗之和。

$Z(s)$ 可以表示为

$$Z(s) = Z_N(s) + Z_W(s) \qquad (6-17)$$

式中：$Z_N(s)$ 表示串联补偿电网的阻抗；$Z_W(s)$ 表示风电场的阻抗。

如图 6-38 所示，上部阻抗 $Z_N(s)$ 可以通过阻抗的串联和并联操作得到

$$Z_N(s) = (Z_{N1} + Z_{S1})//(Z_{N2} + Z_{S2}) + Z_{N3} \qquad (6-18)$$

式中：$Z_{N1} = Z_{Line1} Z_{Line2} / Z_{SUM}$；$Z_{N2} = Z_{Line1} Z_{Line3} / Z_{SUM}$；$Z_{N3} = Z_{Line2} Z_{Line3} / Z_{SUM}$；$Z_{SUM} = Z_{Line1} + Z_{Line2} + Z_{Line3}$；符号//表示并联操作。

相似的，下部阻抗 $Z_W(s)$ 可以通过所有风电场和线路阻抗的聚合得到

$$Z_W(s) = Z_{W1}//Z_{W2}//Z_{W3}//Z_{W4}//Z_{W5}//Z_{W6}//Z_{W7} + Z_{Line11} + Z_{Trans.GY} \qquad (6-19)$$

式中：$Z_{W1} = Z_{JLQ} + Z_{Line4}$；$Z_{W2} = Z_{HT} + Z_{Line5}$；$Z_{W3} = Z_{LHT} + Z_{Line8}$；$Z_{W4} = Z_{YY} + Z_{Line6}$；$Z_{W5} = Z_{CB} + Z_{Line7}$；$Z_{W6} = Z_{YY1} + Z_{Line9}$；$Z_{W7} = Z_{BLS} + Z_{Line10}$。

2. 基于聚合阻抗的 SSR 稳定判据

理论上，通过计算 $Z(s)$ 的零点可以精确计算出关注振荡模式的频率和阻尼。然而，实际系统中包含多个动态元件，系统阶数非常高，往往难以得到 $Z(s)$ 的解析表达式。对于复杂的网络，即使能够得到 $Z(s)$ 的解析表达式，求解 $Z(s)$ 的零点也非常困难。在实际中，通常只能得到随频率变化时 $Z(s)$ 实部和虚部的数值解，即 $Z(s)$ 的阻抗-频率特性。因此，需要研究如何根据阻抗模型行列式的阻抗-频率特性来判别并量化分析系统的稳定性。

本书提出了一套新的稳定判据来评估系统的稳定性，下面进行简单的数学推导。假定行列式 $Z(s)$ 中存在一对次同步频率范围内的共轭零点，即 $\lambda_{1,2} = \alpha_{SSR} \pm j\omega_{SSR}$，且 $|\alpha_{SSR}| \ll \omega_{SSR}$，当 ω 位于 $\lambda_{1,2}$ 的微小邻域内时，式（6-19）可表示为

$$Z(j\omega) = (j\omega - \lambda_1)(j\omega - \lambda_2)G(j\omega) \qquad (6-20)$$

式中：$G(j\omega) = a + jb$，a、b 为常数。

将式（6-20）的实部和虚部分离，得到

$$\begin{cases} Re[Z(\mathrm{j}\omega)] = a(-\omega^2 + \alpha_{SSR}^2 + \omega_{SSR}^2) + 2b\alpha_{SSR}\omega \\ Im[Z(\mathrm{j}\omega)] = b(-\omega^2 + \alpha_{SSR}^2 + \omega_{SSR}^2) - 2a\alpha_{SSR}\omega \end{cases} \tag{6-21}$$

令行列式的虚部 $Im[Z(\mathrm{j}\omega)]=0$，可以辨识出系统的过零点频率 ω_r 为

$$\omega_{r1,2} = -[\alpha_{SSR}a \pm \sqrt{(\alpha_{SSR}a)^2 + b^2(\alpha_{SSR}^2 + \omega_{SSR}^2)}]/b \tag{6-22}$$

可见，当 $|\alpha_{SSR}| \ll \omega_{SSR}$ 时，$\omega_r \approx \omega_{SSR}$。

将过零点频率 ω_r 的表达式代入式（6-21）行列式实部，当 $b>0$ 时，行列式虚部曲线斜率为负，即曲线由正向负穿越过零点，频率 ω_r 处行列式实部为

$$Re[Z(\mathrm{j}\omega_r)] = \{-\alpha_{SSR}[2\alpha_{SSR}a - 2\sqrt{(\alpha_{SSR}a)^2 + b^2(\alpha_{SSR}^2 + \omega_{SSR}^2)}](a^2 + b^2)\}/b^2 \tag{6-23}$$

由于 $a^2+b^2 \geqslant 0$，$b^2 \geqslant 0$，且 $|\alpha_{SSR}| \ll |\omega_{SSR}|$，有

$$2\alpha_{SSR}a - 2\sqrt{(\alpha_{SSR}a)^2 + b^2(\alpha_{SSR}^2 + \omega_{SSR}^2)} \approx 2\sqrt{b^2\omega_{SSR}^2} \leqslant 0$$

因此，$Re[Z(\mathrm{j}\omega_r)]$ 的符号与 α_{SSR} 相同。

当 $b<0$ 时，即行列式虚部曲线由负向正穿越过零点，频率 ω_r 处行列式实部为

$$Re[Z(\mathrm{j}\omega_r)] = \{-\alpha_{SSR}(2\alpha_{SSR}a + 2\sqrt{(\alpha_{SSR}a)^2 + b^2(\alpha_{SSR}^2 + \omega_{SSR}^2)})(a^2 + b^2)\}/b^2 \tag{6-24}$$

由于 $a^2+b^2 \geqslant 0$，$b^2 \geqslant 0$，且 $|\alpha_{SSR}| \ll |\omega_{SSR}|$，有 $2\alpha_{SSR}a + 2\sqrt{(\alpha_{SSR}a)^2 + b^2(\alpha_{SSR}^2 + \omega_{SSR}^2)} \approx 2\sqrt{b^2\omega_{SSR}^2} \geqslant 0$。

因此，$Re[Z(\mathrm{j}\omega_r)]$ 的符号与 α_{SSR} 相同。

综合以上，可根据过零点频率 ω_r 处 $Z(s)$ 实部的正负判断系统 SSR 模式的稳定性，即稳定判据为：

1）当 $Z(s)$ 虚部曲线从负向正穿越过零点时，如果 $Re\{Z(\mathrm{j}\omega_r)\}>0$，SSR 稳定；反之，SSR 不稳定。

2）当 $Z(s)$ 虚部曲线从正向负穿越过零点时，如果 $Re\{Z(\mathrm{j}\omega_r)\}>0$，SSR 不稳定；反之，SSR 稳定。

通过解析法或数值法可以计算行列式 $Z(s)$ 的零点，本文采用的是聚合 RLC 电路法。在振荡频率的微小邻域内，整体系统的聚合阻抗模型行列式可以等效为一个复数乘以 2 阶 RLC 串联电路阻抗的形式。可知，沽源系统的整体阻抗模型是拉氏算子 s 或者频率的函数。在串联谐振频率 ω_r 处，将上述阻抗模型等效为二阶 RLC 电路，其中，$R = Re\{Z_{total}(\mathrm{j}\omega_r)\}$，$L$ 和 C 定义为下面优化问题的解

$$\min ||g(\omega, L, C) - Im[Z_{total}(\mathrm{j}\omega)]||^2$$

$$g(\omega, L, C) = \omega L - \frac{1}{\omega C}$$

$$s.t. \ \omega L - \frac{1}{\omega C} = 0 \tag{6-25}$$

$$0 \leqslant |\omega - \omega_r| < h$$

式中：g 表示非线性函数；ω 表示角频率。

根据得到的聚合电路参数 R、L 和 C，可量化地计算振荡的阻尼和频率

$$\sigma = \frac{R}{2L} \tag{6-26}$$

$$\omega = \sqrt{1/(LC) - [R/(2L)]^2} \tag{6-27}$$

式中：R、L 和 C 分别表示聚合电路的等效电阻、等效电感和等效电容。

3. 采用录波数据和时域仿真验证

在 2013 年 3 月 19 日，沽源系统发生了一起严重的 SSR 事故。沽源变电站升压变压器的录波电流及其傅里叶分析结果如图 6-36 所示。可见，电流波形畸变严重。DFT 的结果显示除了基波电流外，还含有逐渐发散的 7.1Hz 分量。该分量的阻尼约为 -0.08s^{-1}。

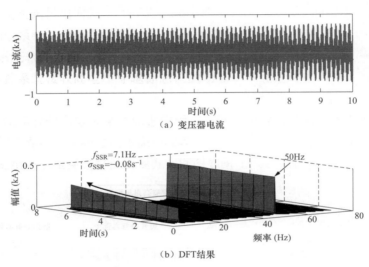

（a）变压器电流

（b）DFT结果

图 6-36　录波结果

九龙泉（双馈型）风电场和友谊（直驱型）风电场的实测有功功率如图 6-37 所示。可见，九龙泉风电场的输出有功功率逐渐发散然而友谊风电场振荡很小。也就是说，九龙泉风电场的双馈风机主动参与了 SSR 事故，而友谊风电场的直驱风机只是被动参与。

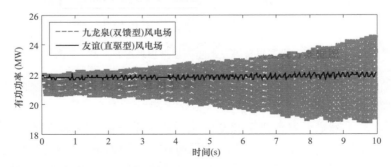

图 6-37　九龙泉和友谊风电场的输出有功功率

根据九龙泉风电场和友谊风电场的录波电压和录波电流，可以计算在 SSR 频率处的风电

场等效阻抗，计算公式见式（6-28），计算结果见图6-38。可见，九龙泉风电场的等效电阻为负值，等效电抗是正值。对应友谊风电场而言，等效电阻为正而等效电抗为负值。

$$Z_{SSR} = \dot{U}_{SSR} / \dot{I}_{SSR} \tag{6-28}$$

式中：$\dot{U}_{SSR}$ 和 $\dot{I}_{SSR}$ 分别表示次同步电压和电流向量。

根据建模流程构建沽源风电系统的小信号阻抗网络模型，具体过程如下：

（1）收集沽源多风场系统的参数，包括各风场的风速数据、各类风机的数目和控制系统结构/参数，以及系统中各输电线路的长度和阻抗参数。

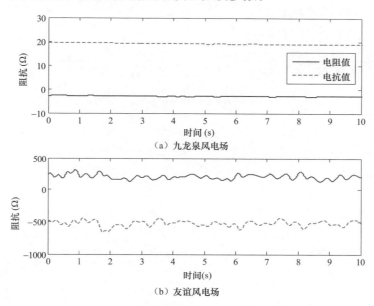

图6-38 SSR频率处风场的等效阻抗

（2）针对关注机网工况，计算系统潮流。关注的系统工况如表6-6所示。沽源系统共有14个节点，将内蒙古电网母线（绿色节点1）设置为平衡节点（$V\theta$ 节点），而7个风电场的端口母线（棕色节点3，4，5，6，7，8，9）和华北电网母线（节点2）是 PV 节点，其余节点是 PQ 节点（白色节点）。根据关注工况下的系统边界条件开展潮流计算，可得到系统中各母线电压、各线路功率等。

表6-6 聚合风电场的运行工况

风电场	风速（m/s）	在线风机台数	风电场	风速（m/s）	在线风机台数
九龙泉	4.6	167	坝头	4.8	186
恒泰	4.7	132	白龙山	4.9	317
莲花滩	4.4	0	义缘	4.9	628
友谊	5.0	67	总台数		1497

（3）推导各风机内部变量的稳态运行点，进而得到各风场的阻抗模型。根据线路参数可简单地计算出输电线路的阻抗模型。

（4）根据沽源系统拓扑将各风场和输电线路的阻抗拼接起来构成系统整体的阻抗网络模型。

根据上文提出的方法，可以将沽源系统的阻抗网络模型聚合为聚合阻抗。聚合阻抗的阻抗-频率特性如图 6-39 所示。可见，等效电抗有 3 个过零点，分别是 f_1、f_2、f_3，对应 3 个系统模态。在 f_1 频率处，电抗的斜率为正而等效电阻为负，基于之前提出的判据可知该模态不稳定。同理，可采用该判据评估其余两个模式的稳定性，易知另外两个模式是稳定的。上述不稳定的模式就是所关注的 SSR 模式。由图 6-40（b）可见该模式频率为 7.15Hz。

进一步，在 SSR 模式频率附近将系统模型等效为聚合 RLC 电路模型，可计算得到等效电阻、等效电抗和等效电容分别为 $R=-2.61e^{-4}\Omega$、$L=1.69e^{-3}H$ 和 $C=0.2956F$。因此，可得到 SSR 的阻尼和频率分别为 $\sigma_{SSR}=-0.077s^{-1}$ 和 $f_{SSR}=7.12Hz$。可见，基于阻抗网络模型得到的结果与实测数据一致，说明其有效性。

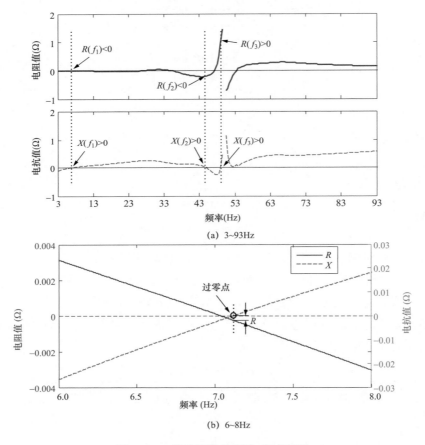

(a) 3~93Hz

(b) 6~8Hz

图 6-39　聚合阻抗的阻抗-频率特性

建立沽源系统的非线性时域仿真模型，基于该模型可开展大量的验证仿真计算。此处，重点介绍上述工况下的仿真结果。设置总的仿真时间为 10s。起初，500kV 线路侧的串联补偿电容未投运，在 1.5s 将串联补偿电容投入运行。图 6-40 所示为沽源变电站变压器电流波形及其傅里叶分析结果。可见，当串联补偿电容未投运时，系统稳定运行，电流中无次同步电流分量。而串联补偿电容投运后，系统出现不稳定的 SSR，导致次同步电流逐渐发散。傅里叶的分析结果表明 SSR 的频率和阻尼分别是 $7.15\mathrm{Hz}$ 和 $-0.076\mathrm{s}^{-1}$。可见，仿真结果与机遇阻抗分析的结果一致，两种互相验证。

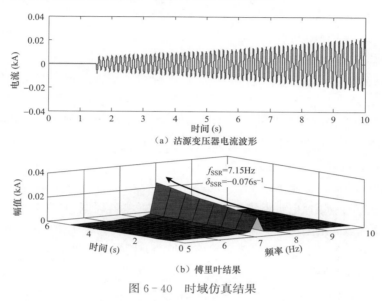

图 6-40　时域仿真结果

仿真得到的九龙泉风电场和友谊风电场输出有功功率波形如图 6-41 所示。可见，基于双馈风机的九龙泉风电场输出有功功率逐渐振荡发散，而基于直驱风机的友谊风电场输出有功功率振荡很小。

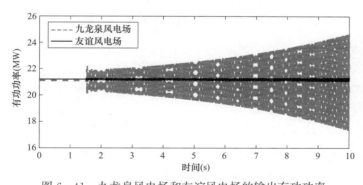

图 6-41　九龙泉风电场和友谊风电场的输出有功功率

第三节　风电次同步谐振机理

一、双馈风机控制参与的感应发电机效应

通过对沽源风电次同步谐振问题产生原因的分析，初步认为根源在于沽源变电站特殊

255

的系统结构，即：沽源变电站所有 500kV 出线均通过串联补偿装置与外部系统相连，同时沽源 220kV 及以下系统全部为风电场，没有常规电源，且有功负荷很少。汗沽、沽太双回线路串联补偿与沽源 500kV 母线以下所带感性设备（包括 500kV 母线高压电抗器、变压器、风机、低压电抗器及无功补偿装置等）构成次同步谐振回路，且具有弱阻尼特征，是引起次同步谐振进而造成主变压器异常振动等问题的主要原因。其中串联补偿电容与感性设备构成谐振回路是引发次同步谐振的必要条件，风机等设备为谐振提供了负阻尼，是引发谐振持续存在的充分条件。

双馈风电机组因采用两个背靠背的变流器进行交流励磁、具有复杂的控制环节等特性，使得风电-串联补偿输电系统的 SSR 问题具有一系列不同于传统感应发电机效应型 SSR 的新特点。但对于电气振荡而言，关键问题都在于 SSR 模态负阻尼产生的原因。为了从机理上说明产生谐振的原因，下文将以推导沽源地区风电-串联补偿输电系统等效电路的方式，来直观地解释 SSR 负阻尼的来源。

（一）单台双馈风电机组串联补偿系统的等效电路

串联补偿电容与双馈风电机组的相互作用导致沽源集群风电-串联补偿输电系统中存在一个次同步频率的电气谐振点，即 SSR 模态，当系统受扰时，系统中的电气量中会出现 SSR 模态的分量。因此，基于上述建立的双馈风电机组的分析模型，假设其转子绕组中不仅包含与定子工频电流对应的频率为 $|\omega_0-\omega_r|$ 的电流，还存在一个频率为 $\omega=|\omega_{\mathrm{SSR}}-\omega_r|$ 的交流扰动量 $\Delta i_r = \Delta i_{rd} + j\Delta i_{rq}$，在转子参考电流保持不变的情况下，转子侧变流器电压参考值的扰动量为

$$\begin{cases}\Delta v_{2d} = -\Delta i_{rd}\left(K_p + \dfrac{K_i}{j\omega}\right) - s_0 X'\Delta i_{rq} \\ \Delta v_{2q} = -\Delta i_{rq}\left(K_p + \dfrac{K_i}{j\omega}\right) - s_0 X'\Delta i_{rd}\end{cases} \qquad (6-29)$$

式中：K_p 和 K_i 分别为 RSC 电流跟踪控制的比例系数和积分系数；$s_0=(\omega_0-\omega_r)/\omega_0$ 是转子转速相对工频的转差率。

若 RSC 输出电压与其参考值完全相同，那么，RSC 输出电压的扰动量为

$$\left\{\Delta u_r = \Delta u_{2d} + j\Delta v_{2q} = -K_p\Delta i_r + j\left(\dfrac{K_i}{j\omega} + s_0 X'\right)\Delta i_r\right. \qquad (6-30)$$

双馈风电机组在次同步频率下的稳态等效电路如图 6-42 所示。图中 u_{RSC} 是 RSC 的输出电压，转子转速相对定子扰动电流的滑差是

$$s = (\omega_{\mathrm{SSR}} - \omega_r)/\omega_{\mathrm{SSR}} \qquad (6-31)$$

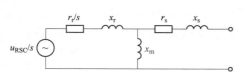

图 6-42 双馈风电机组的等效电路

式中：ω_r 表示转子转速；r_r 表示转子电阻；x_r 表示转子电抗；x_m 表示励磁电抗；r_s 表示定子电阻；x_s 表示定子电抗；ω_{SSR} 表示定子电流中的次同步分量频率。图 6-42 的双馈风电机组等效电路中，异步发电机的转子侧考虑了 RSC 输出

电压对等效电路模型的影响。

由于 RSC 控制参数对 SSR 的影响明显大于控制参数的影响，因此，在分析 SSR 时，可暂时不考虑 GSC 部分的等效电路。根据式（6-30），在仅考虑扰动量的情况下，图 6-42 可重绘为图 6-43（a）。利用阻抗代替图中的电压源，可得到图 6-43（b）。其中

$$X_e = \frac{s_0 \omega X' + K_i}{s\omega} \tag{6-32}$$

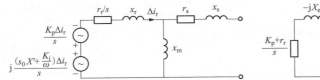

（a）含有电压源的等效电路　　（b）电压源等效为无源元件

图 6-43　考虑扰动量时双馈风电机组的等效电路图

（二）多台双馈风电机组串联补偿系统的等效电路

考虑到 n 台双馈风电机组并联，对于准稳态的扰动量而言，风电场等值模型的等效电路如图 6-44 所示。其中，r_L 表示等效线路电阻；x_L 表示等效线路电感；x_C 表示等效串联电容。

当式（6-33）成立时，图 6-44 中的励磁电抗 x_m 可以忽略，进而得到扰动量下双馈电机的近似等效电路。那么，图 6-44 等值模型的近似等效电路图如图 6-45 所示。

$$\omega_{SSR} x_m \gg \left| \frac{K_p + r_r}{s} - jX_e + j\omega_{SSR} x_r \right| \tag{6-33}$$

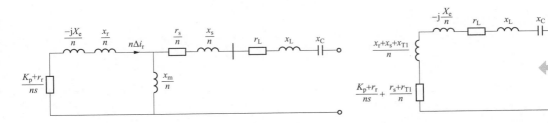
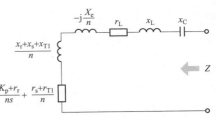

图 6-44　扰动量下风电场等值模型的等效电路　　图 6-45　等值模型的近似等效电路

（三）双馈风电机组的负阻尼机理

对于频率 ω_{SSR}，定义整个系统的等效阻抗为

$$Z(\omega_{SSR}) = R(\omega_{SSR}) + jX(\omega_{SSR})$$

$$= \frac{K_p + r_r}{ns} + \frac{r_s + r_{T1}}{n} + r_L \tag{6-34}$$

$$+ j\left[\omega_{SSR}\left(\frac{x_r + x_s + x_{T1}}{n} + x_L \right) - \frac{x_c}{\omega_{SSR}} - \frac{s_0(\omega_{SSR} - \omega_r)X' + K_i}{sn(\omega_{SSR} - \omega_r)} \right]$$

在实际系统中，串联补偿度通常小于 100%，必然有式（6-34）中的 ω_{SSR} 为次同步频率。若有 $X(\omega_{SSR})\approx 0$、$R(\omega_{SSR})<0$，那么，在频率 ω_{SSR} 上，该系统将会发生幅值发散的电气谐振，即 SSR。

在传统的感应发电机效应现象中，整个系统的负阻尼由 r_r/s 提供，显然，在大量安装双馈型感应发电机的风电场发生 SSR 时，双馈风电机组的变换器也参与了负阻尼的产生，其中，RSC 电流跟踪比例系数 K_p 直接参与等效负阻尼的产生，这是大量安装双馈风机的风电场容易发生 SSR 问题的根本原因。假设在双馈风机-串联补偿输电系统中，各参数取用典型值，例如风机基准容量为 1.5MW，$r_r=0.027\mathrm{p.u.}$，$K_p=0.18\mathrm{p.u.}$，$K_p\approx 6.67r_r$，即由控制系统提供的负阻尼约为转子提供的负阻尼的 6.67 倍，可见 K_p 对系统负阻尼的产生有重要影响。

因此，为了能够准确的描述沽源集群风电-串联补偿输电系统中发生的这类电气谐振现象的本质和发生机理，将这种 SSR 现象定位为双馈风电机组变流器控制参与的感应发电机效应。

二、风电次同步谐振的影响因素

（一）风速对 SSR 特性的影响

假设有 1500 台双馈风电机组并网运行，且 RSC 控制器增益参数为 0.06，在不同风速工况下，基于上述阻抗模型得到等值系统的聚合 RLC 电路模型参数见表 6-7。等效电阻、等效电感和等效电容随风速变化曲线如图 6-46 所示。

表 6-7　　　　　　　　　　聚合 RLC 串联电路参数随风速变化

风速 (m/s)	聚合 RLC 串联电路参数		
	R	L	C
3	$-0.0081\mathrm{p.u.}$	$1.73\mathrm{p.u.}$	$27.71\mathrm{p.u.}$
5	$-0.0075\mathrm{p.u.}$	$1.74\mathrm{p.u.}$	$27.71\mathrm{p.u.}$
5.3	$-0.0019\mathrm{p.u.}$	$1.65\mathrm{p.u.}$	$27.72\mathrm{p.u.}$
5.4	$-0.00002\mathrm{p.u.}$	$1.63\mathrm{p.u.}$	$27.72\mathrm{p.u.}$
5.5	$0.0015\mathrm{p.u.}$	$1.61\mathrm{p.u.}$	$27.72\mathrm{p.u.}$
7	$0.0197\mathrm{p.u.}$	$1.29\mathrm{p.u.}$	$27.72\mathrm{p.u.}$
8	$0.0266\mathrm{p.u.}$	$1.21\mathrm{p.u.}$	$27.73\mathrm{p.u.}$
15	$0.0270\mathrm{p.u.}$	$1.21\mathrm{p.u.}$	$27.73\mathrm{p.u.}$

当风速在 5m/s 到 8m/s 之间变化时，随着风速的增加，等效电阻逐渐变大，等效电感逐渐减小，而等效电容基本保持不变。风速小于 5m/s 或者大于 8m/s 时，聚合 RLC 电路参数基本保持不变。造成这种现象的原因是模型中双馈风电机组控制模式的切换。如表 6-7 所示，当风速在 5m/s 到 8m/s 之间变化时，双馈风电机组采用最大功率追踪控制模式。当风速小于 5m/s 或者大于 8m/s 时双馈风电机组切换为恒转速控制模式（然而当风速超过 10.5m/s，风机输出功率设置为 1.0p.u.）。因此，风速通过改变风机转速（或者转差率）影响其阻抗模型，进而影响聚合 RLC 电路模型参数。当风机转速恒定时，风速变化导致的风机输出功率变化对聚合电路参数影响非常小。

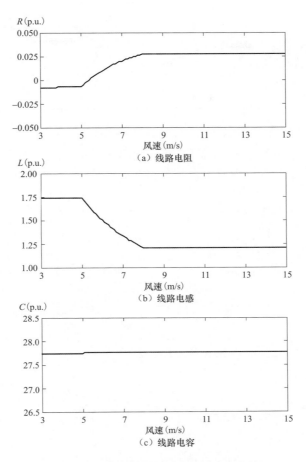

图 6-46　等效电路参数随风速变化曲线

当风速在 5m/s 到 8m/s 之间变化时，随着风速增加，等效电阻由负数变为正数，根据前述 SSR 判据，SSR 由不稳定变得稳定。

采用时域仿真法用于分析风速对 SSR 特性的影响，总仿真时间为 10s，并网双馈风电机组台数为 1500 台，RSC 电流跟踪控制器增益为 0.06。仿真刚开始时串联补偿退出运行，5s 时投入串联补偿，通过设置不同的风速，观察在不同风速条件下沽源风电场 SSR 的动态过程。

（二）并网发电机台数对 SSR 特性的影响

假设风速为 6m/s，且 RSC 控制器增益参数为 0.06，基于阻抗模型得到的聚合 RLC 电路模型参数见表 6-8。

表 6-8　　　　　　　聚合 RLC 串联电路参数随并网风机台数变化

并网风机台数	聚合 RLC 串联电路参数		
	R	L	C
500	0.013p.u.	1.12p.u.	84.06p.u.
1000	0.0088p.u.	1.31p.u.	42.07p.u.

续表

并网风机台数	聚合 RLC 串联电路参数		
	R	L	C
1500	0.0088p. u.	1.50p. u.	27.78p. u.
2000	0.011p. u.	1.67p. u.	20.93p. u.

聚合 RLC 电路参数随并网风机台数变化曲线如图 6-47 所示。可见，随着并网发电机台数的增加，等效电阻先减小后增加，存在非线性关系，而等效电感逐渐增加，等效电容逐渐减小，SSR 阻尼与并网发电机台数存在非线性关系，将先减小后增大。

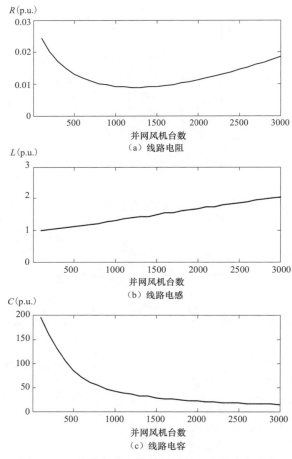

图 6-47　等效电路参数随并网风机台数变化曲线

并网发电机台数和风速对 SSR 特性的影响见图 6-51，SSR 的阻尼特性与发电机转子转速正相关：转速越高，阻尼越大；转速越低，阻尼越小。并网发电机台数和系统阻尼呈非线性关系：不同转速下，都存在阻尼最差的并网台数，在此基础上，发电机台数增加或减少，系统的阻尼都会增加。振荡频率与并网发电机台数和转速正相关：发电机转速越高，系统的振荡频率就越高；随着并网发电机的减少，振荡频率也逐渐降低，且并网发电机越少，台数变化对振荡频率的影响就越大。

通过图 6-48 可以看出，SSR 的发生频率约为 6~8Hz，这与现场数据和仿真结果基本一致。

（三）RSC 电流跟踪控制环增益对 SSR 特性的影响

双馈风电机组的 RSC 和 GSC 共有 6 个控制环，共计 12 个控制参数。根据机理分析知，RSC 电流跟踪控制环增益直接参与负阻尼的产生，对集群风电-串联补偿输电系统中的 SSR 特性影响最大。因此，本部分首先详细分析该参数对 SSR 特性的影响，然后简单分析其余的变流器控制参数对 SSR 的影响。

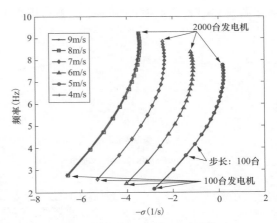

图 6-48 并网发电机台数和风速对 SSR 特性的影响

假设风速为 6m/s，且有 1500 台双馈风电机组并网运行，RSC 电流跟踪控制环 PI 控制器增益取值不同时，基于阻抗模型得到的聚合 RLC 电路模型参数见表 6-9。

表 6-9 聚合 RLC 串联电路参数随 RSC PI 增益变化

RSC PI 增益	聚合 RLC 串联电路参数		
	R	L	C
0.02p. u.	0.033p. u.	1.50p. u.	27.79p. u.
0.04p. u.	0.021p. u.	1.50p. u.	27.78p. u.
0.07p. u.	0.0031p. u.	1.50p. u.	27.78p. u.
0.075p. u.	0.0001p. u.	1.50p. u.	27.78p. u.
0.08p. u.	−0.0029p. u.	1.50p. u.	27.77p. u.
0.12p. u.	−0.027p. u.	1.51p. u.	27.73p. u.
0.18p. u.	−0.062p. u.	1.53p. u.	27.62p. u.

聚合电路参数随 RSC 的 PI 控制器增益变化曲线如图 6-49 所示。可见，随着 RSC 的 PI 增益的增加，等效电阻显著减小，说明该 PI 增益对负电阻的产生有重要影响，使系统更容易发生不稳定的 SSR；等效电感稍有增加，等效电容稍有减小，经仔细分析，发现等效电感变化率比等效电容变化率大，等效电感变化对频率贡献更大。随着 RSC PI 增益的增加，SSR 阻尼和频率均逐渐减小。

采用聚合 RLC 电路分析法时，根据聚合 RLC 电路中等效电阻的正负能够确定 SSR 的稳定性，同时根据其变化规律可以得到 SSR 阻尼的变化规律。等效电感和等效电容对 SSR 频率均有影响，但变化率较大者对 SSR 频率变化起主导作用，可根据其变化规律分析 SSR 频率的变化规律。

在前面采用参数的基础上，控制参数在 0.1~10 倍之间变化时，SSR 特性的分析结果见图 6-50~图 6-55。

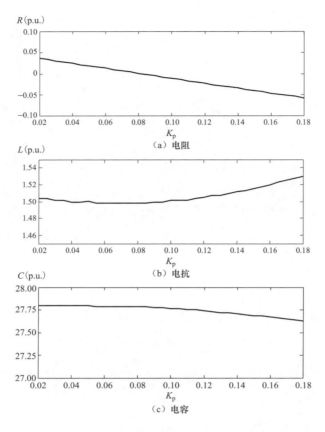

图 6-49 等效电路参数随 RSC PI 增益变化曲线

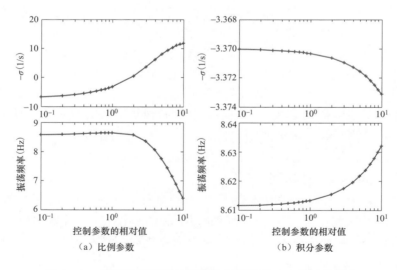

图 6-50 RSC 电流跟踪控制环控制参数对 SSR 特性的影响

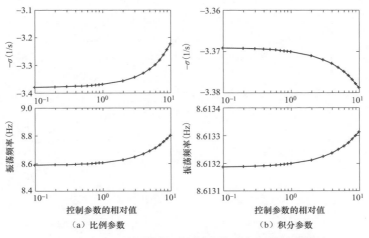

图 6-51　转子转速控制环控制参数对 SSR 特性的影响

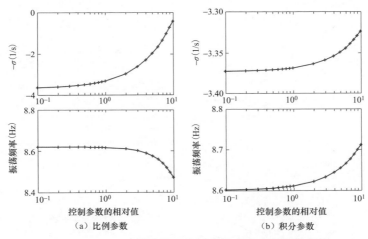

图 6-52　定子无功控制环控制参数对 SSR 特性的影响

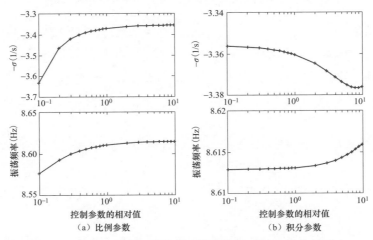

图 6-53　GSC 电流跟踪控制环控制参数对 SSR 特性的影响

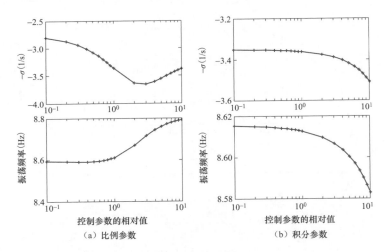

图 6-54 直流电压控制环控制参数对 SSR 特性的影响

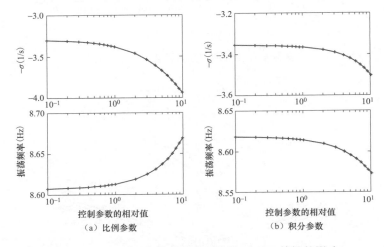

图 6-55 机端电压控制环控制参数对 SSR 特性的影响

根据分析结果可知，对 SSR 特性影响最大的控制参数依次为 RSC 电流跟踪比例系数，与系统阻尼特性负相关；定子输出无功功率控制的比例系数，与系统阻尼特性负相关；直流电压控制比例系数，与系统阻尼特性呈非线性关系；机端电压控制比例系数，与系统阻尼特性正相关。

第四节　风电次同步谐振治理技术及实验室测试

一、风电机组侧次同步谐振治理技术

（一）嵌入式 SSR 抑制滤波器

1. 基本原理

双馈风电机组的 RSC 控制与线路固定串联补偿的相互作用是导致风电场 SSR 发生

的关键，前者的控制作用中包含了对 SSR 模态分量的反馈调制作用，如果将 SSR 分量过滤掉，而相应地可消除或大大降低它们之间的相互作用。因此，可以在双馈风电机组中 RSC 的控制策略中加入"阻塞"所关注 SSR 模态的信号处理方法，但同时又不希望对双馈风电机组控制系统正常的稳态、暂态控制功能产生不利的影响。一种可行的方法是在原 RSC 控制器中"嵌入"阻塞滤波器，即嵌入式 SSR 抑制滤波器，其原理如图 6-56 所示。

图 6-56 嵌入式 SSR 抑制滤波器原理图

窄带"阻塞"滤波器可采用低通滤波器，其功能是阻止 SSR 模态频率通过，而对其他频率范围（如直流等）的信号则不应产生影响（包括幅值和相位）。通过仿真来验证提出方法的有效性，采用如图 6-57 所示的嵌入式 SSR 抑制滤波器方案，对 RSC 控制内环的转子电流反馈信号进行阻塞滤波。

嵌入式 SSR 抑制滤波器可以接入到 RSC 控制系统中的转子电流反馈通道中，将 RSC 控制内环电流反馈信号中的 SSR 信号滤除掉，消除或降低 RSC 控制与固定串联补偿之间的相互作用，如图 6-58 所示。

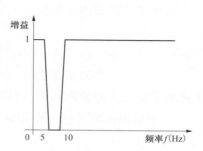

图 6-57 嵌入式 SSR 抑制滤波器

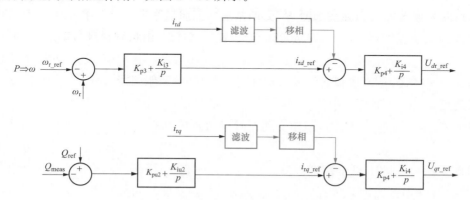

图 6-58 嵌入式 SSR 抑制滤波器接入 RSC 控制内环示意图

（1）滤波器环节。图 6-58 所示的嵌入式 SSR 抑制滤波器的传递函数为

$$G_{LP}(s) = \frac{\omega_{LP}^2}{s^2 + 2\xi_{LP}\omega_{LP}s + \omega_{LP}^2} \tag{6-35}$$

式中：ξ_{LP} 为低通滤波器的阻尼比；ω_{LP} 为带阻滤波器的选通频率。

（2）移相环节。若滤波器设计不合理，滤波器环节可能会对目标模式振荡信号产生相移，影响 SSR 抑制效果，因此需要在次同步阻尼控制器中的移相环节做适当的补偿。移相环节的典型表达式如下

$$G(s) = \frac{(1-Ts)^n}{(1+Ts)^n} \tag{6-36}$$

式中：T 为时间常数；n 为正整数，表示 n 个移相环节串联。

为了提高控制系统对风电场 SSR 的抑制效果，需要对次同步阻尼控制器的参数进行设计。主要目标是通过合理设计移相环节时间常数值，补偿滤波器环节对次同步信号产生的相移，同时保证控制系统投入后整个闭环系统的稳定运行。

2. 阻抗分析

利用频率扫描法，扫描 1000 台风机并网，风速为 6m/s 的情况时，风机在 1～100Hz 频段内每隔 1Hz 的阻抗特性，画出沽源地区等值电网阻抗和风机阻抗的波特图，如图 6-59 所示。

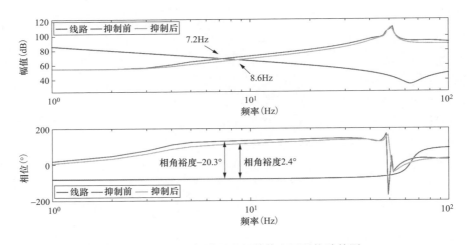

图 6-59　风机与沽源地区等值电网阻抗波特图

由图 6-59 可知，抑制前与抑制后风机阻抗幅值曲线均与等值电网阻抗幅值曲线相交，交点处频率分别为 7.2Hz 与 8.6Hz。抑制措施投入前，风机并网情况下，交点处频率对应的系统相角裕度为 $-20.3°$，系统会发生谐振；抑制措施投入后，风机并网情况下，交点处频率对应系统相角裕度为 2.4°，系统不会发生谐振。抑制措施投入后，增大了系统的阻尼，改善了系统的 SSR 特性，系统由不稳定变为稳定。

3. 仿真分析

利用 MATALB/Simulink 中搭建的沽源地区风电-串联补偿系统等值模型进行仿真，以验证前文中提出的风机侧风电次同步谐振抑制技术的有效性，分别对比无附加阻尼控制和有附加阻尼控制时，串联补偿线路电流、风机 $d-q$ 轴参考电流、风机有功和无功功率的波形。

（1）串联补偿线路电流。有无附加阻尼控制时串联补偿线路电流仿真结果如图 6 - 60 和图 6 - 61 所示。可见，RSC 控制系统中无嵌入式 SSR 抑制滤波器时，串联补偿投入后，SSR 逐渐振荡发散。对于有嵌入式 SSR 抑制滤波器的情况，无 SSR 现象产生。

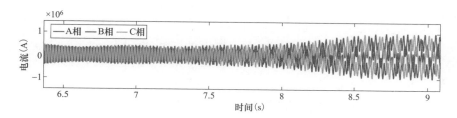

图 6 - 60　无附加阻尼控制时串联补偿线路电流

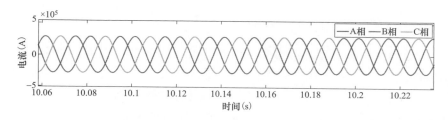

图 6 - 61　有附加阻尼控制时串联补偿线路电流

（2）d - q 轴参考电流的变化。控制系统中安装有嵌入式 SSR 抑制滤波器时，转子反馈电流信号动态如图 6 - 62 和图 6 - 63 所示。

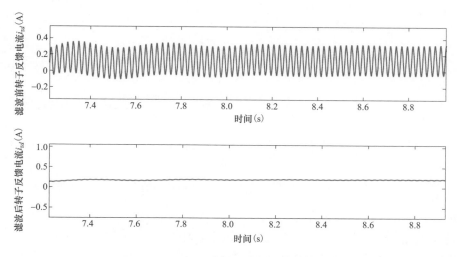

图 6 - 62　转子反馈电流的 d 轴分量动态

可见，嵌入式 SSR 抑制滤波器能够对转子反馈电流信号中的 SSR 分量进行压制，进而可降低固定串联补偿与 RSC 控制系统之间的耦合作用，这也是嵌入式 SSR 抑制滤波器方案降低 SSR 风险的基本原理。

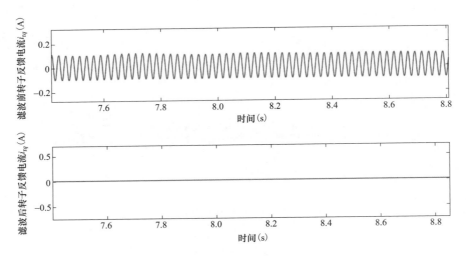

图 6-63　转子反馈电流的 q 轴分量动态

（3）风机输出有功功率与无功功率。有无嵌入式 SSR 抑制滤波器时双馈风电机组输出有功功率和无功功率动态如图 6-64 和图 6-65 所示。可见，无嵌入式 SSR 抑制滤波器时，双馈风电机组输出的有功功率和无功功率出现持续振荡，不能稳定送出功率；而在有嵌入式 SSR 抑制滤波器情况下，次同步谐振得到了很好的抑制，风机可以正常送出功率。

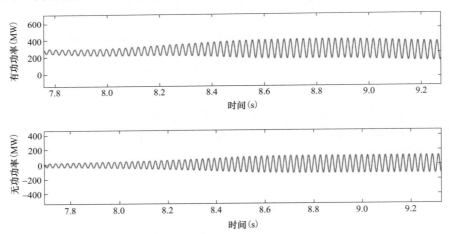

图 6-64　无嵌入式 SSR 抑制滤波器时双馈风电机组的有功功率和无功功率

通过以上分析可得到如下结论：

1）嵌入式 SSR 抑制滤波器能降低双馈风电机组风机与固定串联补偿之间的相互作用，从而对风电场 SSR 起到抑制作用，仿真验证了 SSR 抑制策略的有效性；

2）由于嵌入式 SSR 抑制滤波器属于窄带滤波器，在频域范围内只对所关注的 SSR 频率动态产生影响，因而基本不影响双馈风电机组正常的控制功能。

（二）基于 RT－LAB 的工程实用化检测技术

为验证前文介绍的抑制技术的有效性，在 RT－LAB 硬件在环实验平台上开展测试。

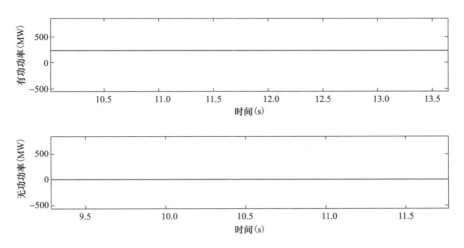

图 6-65　有嵌入式 SSR 抑制滤波器时双馈风电机组的有功功率和无功功率

将图 6-58 的抑制技术加入双馈风机控制器，接入 RT-LAB 硬件在环平台系统，即可进行抑制技术的硬件在环仿真以验证其有效性，同时也可验证抑制功能投入后对风机其他方面性能的影响。

1. 次同步谐振抑制性能测试

分别测试额定容量为 2MW 的风机在有功功率为 150、270、330、450、500、660、730 和 850kW 时的次同步谐振抑制性能。

以双馈风机有功功率 730kW 工况为例，次同步谐振抑制策略投入前和投入后，双馈风机 A 相定子电流和有功功率如图 6-66 和图 6-67 所示。

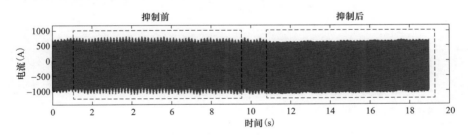

图 6-66　次同步谐振抑制策略投入前和投入后，双馈风机 A 相定子电流波形

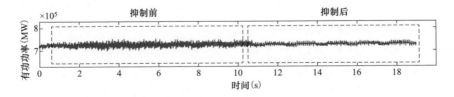

图 6-67　次同步谐振抑制策略投入前和投入后，双馈风机有功功率波形

对图 6-66 中的双馈风机 A 相定子电流波形进行 FFT 分析，做出抑制前后定子电流频谱，如图 6-68 和图 6-69 所示。

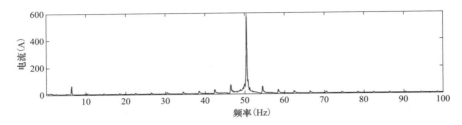

图 6-68　抑制措施投入前双馈风机 A 相定子电流的电流频谱

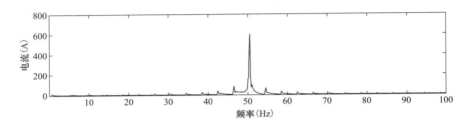

图 6-69　抑制措施投入后双馈风机 A 相定子电流的电流频谱

由图 6-68 和图 6-69 可知，抑制措施投入后，双馈风机 A 相定子电流中的次同步分量显著减小，其中抑制前次同步电流分量为 74.4A，抑制后为 5.2A，抑制率为 93.01%。

双馈风机在不同有功功率工况下的次同步谐振抑制性能见表 6-10。

表 6-10　　　　　双馈风机在不同有功功率工况下的次同步谐振抑制性能

有功功率 (kW)	抑制前次同步电流幅值 (A)	抑制后次同步电流幅值 (A)	SSR 抑制率
150	13.7	1.4	89.78%
270	55.8	1.8	96.77%
330	36.1	2.1	94.18%
450	104.8	5.8	94.47%
500	124.9	11.3	90.95%
660	66.9	4.5	93.27%
730	74.4	5.2	93.01%
850	103.9	2.9	97.21%

由表 6-10 可知，双馈风机不同有功功率工况下，次同步谐振均能得到有效抑制。

2. 低电压穿越性能测试

测试额定容量为 2MW 的风机在有功功率为 0.5MW 投入次同步谐振抑制策略后的低电压穿越性能。测试工况为电网发生三相短路和两相短路，电压跌至额定值的 20% 为例，如图 6-70 和图 6-71 所示。

通过对各种工况的校验，结果表明：投入次同步谐振抑制策略后，风电机组低电压穿越性能正常，即次同步谐振抑制策略不会影响风电机组的低电压穿越性能。

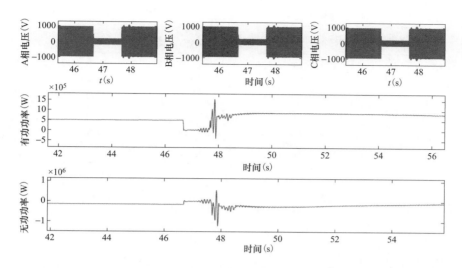

图 6-70　电网三相短路，电压跌至额定值 20％时电网电压和双馈风机有功、无功功率波形

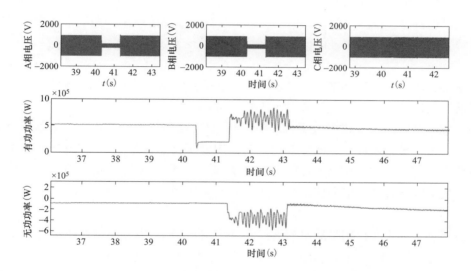

图 6-71　电网两相短路，电压跌至额定值 20％时电网电压和双馈风机有功、无功功率波形

二、电网侧次同步谐振治理技术

（一）网侧次同步阻尼控制技术

网侧次同步阻尼控制器（grid side damping controller，GSDC）基本结构如图 6-72 所示，GSDC 主要由次同步阻尼计算和次同步电流生成两部分组成。次同步阻尼计算由反馈测量、频率辨识（可选）、信号滤波、电压计算、比例移相、参考值计算器构成；次同步电流生成由特殊设计的电力电子变流器实现，下面主要介绍次同步阻尼计算环节的结构和功能。

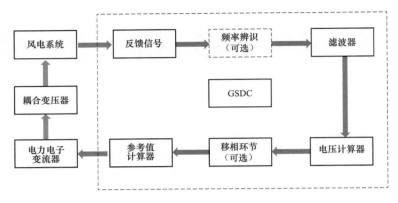

图 6-72 GSDC 基本结构

1. 反馈测量

反馈测量环节的主要功能是选取合适的反馈信号作为次同步阻尼控制器的输入信号，该反馈信号应包含风电场次同步谐振的信息且易于提取和量测。其中，以沽源案例为例，典型反馈信号有沽察线路的电流信号 i_L 和察北主变压器 220kV 侧母线的电压信号 v_T。

通过反馈测量环节给出的开关信号可以控制双向开关接通哪一路反馈信号，同时，反馈测量环节对选择的反馈信号进行量测。

2. 频率辨识

频率辨识环节为可选环节，当集群风电-串联补偿输电系统 SSR 频率变化范围很小时，滤波器调谐频率固定，可不采用该环节。

当大规模风电-串联补偿输电系统 SSR 频率变化范围较大，且要求控制系统具有自适应能力时，需要采用该环节。该环节的主要作用是对反馈信号进行 FFT 分析，根据反馈信号辨识出当前的次同步信号频率，进而根据该频率自动调整滤波器的中心频率和阻尼比，进而提高滤波效果，增强控制系统抑制 SSR 的能力。

3. 滤波器

滤波器环节的主要作用是滤出输电线路的电流信号 i_L 中的次同步电流分量 i_{SSR} 或者系统电压信号 u_T 中的次同步电压分量 u_{SSR}。以沽源谐振为例，目前现场次同步谐振频率主要集中在 5～9Hz，考虑未来风电场规划，滤波器频率范围设计为 4～12Hz，采用复合滤波器组实现滤波功能。复合滤波器组由一个二阶低通滤波器、一个二阶次同步带通滤波器和一个二阶工频带阻滤波器构成。这样既可以准确地提取次同步分量，又能避免次同步阻尼控制器输出不需要的工频分量。

低通滤波器的传递函数为

$$G_{LP}(s) = \frac{\omega_{LP}^2}{s^2 + 2\xi_{LP}\omega_{LP}s + \omega_{LP}^2} \qquad (6-37)$$

带通滤波器的传递函数为

$$G_{BP}(s) = \frac{2\xi_{BP}\omega_{BP}s}{s^2 + 2\xi_{BP}\omega_{BP}s + \omega_{BP}^2} \qquad (6-38)$$

带阻滤波器的传递函数为

$$G_{BR}(s) = \frac{s^2 + \omega_{BR}^2}{s^2 + 2\xi_{BR}\omega_{BR}s + \omega_{BR}^2} \qquad (6-39)$$

式中：ξ_{BR} 为带阻滤波器的阻尼比；ξ_{BP} 为带通滤波器的阻尼比；ξ_{LP} 为低通滤波器的阻尼比；ω_{BR} 为带阻滤波器的选通频率；ω_{BP} 为带通滤波器的选通频率；ω_{LP} 为低通滤波器的选通频率。

4. 电压计算器

电压计算器的主要功能是将滤波后的次同步频率信号转化为电压信号。当反馈信号采用的是电压信号时，可不采用该环节。当反馈信号采用的是串联补偿输电线路的电流信号时，该环节典型表达式为

$$v = i_{SSR}x_L \qquad (6-40)$$

式中：x_L 为串联补偿线路感抗值；i_{SSR} 为串联补偿输电线路电流信号中的次同步电流分量。

5. 比例移相

若滤波器设计不合理，滤波器环节可能会对目标模式谐振信号产生相移，影响 SSR 抑制效果，因此需要在 GSDC 中的移相环节做适当的补偿。

移相环节的表达式为

$$G(s) = \frac{(1 - Ts)^n}{(1 + Ts)^n} \qquad (6-41)$$

式中：T 为时间常数；n 为正整数，表示 n 个移相环节串联。

为了提高控制系统对风电场 SSR 的抑制效果，需要对次同步阻尼控制器的参数进行设计。主要目标是通过合理设计移相环节时间常数值，补偿滤波器环节对次同步信号产生的相移，同时保证控制系统投入后整个闭环系统的稳定运行。

6. 阻尼计算

阻尼计算环节的主要功能是计算出与系统电压次同步分量成正比的参考电流信号。典型表达式为

$$i = \frac{u}{Z} \qquad (6-42)$$

利用设计的次同步阻尼器消耗掉系统负电阻产生的谐振能量，系统就能够保持稳定。次同步阻尼器向风电场串联补偿系统中注入次同步电流，可等效为并联的电流源 i。在次同步频率处，其阻抗特性为

$$\frac{u}{i} = Z = R + jX \qquad (6-43)$$

如果控制器设计的合理，可使式（6-43）中的 $X \approx 0$，$R > 0$，且 R 取最大值，从而为系统提供正阻尼。

（二）RTDS 动模联调试验验证

在测试系统中设置不同的风速、串联补偿电容容量、并网风机台数等工况，验证 GSDC 抑制风电-串联补偿系统 SSR 的能力，以表 6-11 为例，测试结果见表 6-12。

表 6‑11　　　　　　　　　　　　串联补偿投入测试工况

工况	风速 (m/s)	串联补偿电容 (μF)	风机台数	其他	次同步谐振频率 (Hz)
1	6	1740	20%	5 号风机切出	4
2	6	1740	20%	全投入	6
3	7	1740	100%	全投入	8
4	8	1200	100%	全投入	10
5	7	1050	100%	全投入	12

表 6‑12　　　　　　　　　　　　串联补偿投入测试结果

项目	电容电压 最大值 (kV)	电容电压 最小值 (kV)	电容电压 波动	输出电流 (kA)	抑制后 功率波动	抑制结果 (成功/ 失败)	无控制器次同步 电流衰减率 (s^{-1})	有控制器次同步 电流衰减率 (s^{-1})
工况 1	0.87	0.81	1.79%	0.065	2.0%	成功	−3.706	2.012
工况 2	0.88	0.79	2.69%	0.066	3.2%	成功	−4.178	0.617
工况 3	0.89	0.76	3.93%	0.082	4.5%	成功	−0.626	0.878
工况 4	0.91	0.75	4.82%	0.093	6.1%	成功	−1.447	0.682
工况 5	0.92	0.75	5.09%	0.082	3.9%	成功	−2.177	0.689

由表 6‑12 可知：

（1）串联补偿电容投入时网侧次同步阻尼控制器在不同风速、串联补偿电容、风机台数下可以提供正阻尼抑制次同步谐振。

（2）风电场次同步谐振分量衰减率在不投控制器时小于 $0s^{-1}$，在投入控制器时大于 $0.5s^{-1}$，因此控制器可以加快次同步谐振分量的衰减。

（3）6 个等值风场次同步电流幅值衰减 80% 以上，控制器可以抑制整个风电场区域的次同步谐振。

由于系统运行工况的复杂机性，在 GSDC 投入过程中可能出现风速变化、并网风机台数变化、系统故障的情况，以下工况 6 至工况 10 验证了运行工况变化时 GSDC 的抑制能力，测试结果见表 6‑13。

表 6‑13　　　　　　　　　　　　运行工况变化的测试结果

工况	电容电压 最大值 (kV)	电容电压 最小值 (kV)	电容电压 波动	输出电流 (kA)	抑制后功率 波动	抑制结果 (成功/失败)
工况 6（风速降低）	0.85	0.81	1.2%	0.083	4.0%	成功
工况 7（风速升高）	0.85	0.82	0.9%	0.079	4.5%	成功
工况 8（台数增加）	0.86	0.81	1.5%	0.082	3.8%	成功
工况 9（台数减少）	0.86	0.82	1.2%	0.089	4.1%	成功
工况 10（三相故障）	0.85	0.81	1.2%	0.083	4.0%	成功

具体的工况设置及仿真结果如下：

工况 6：装置正常输出后投入串联补偿，待抑制成功后。将风速以 1m/s 的速率降到 5m/s，观察装置电容电压、装置输出电流、串联补偿线路有功功率、装置输出和串联补偿线路的次同步电流分量以及 6 个等值风电场次同步电流分量。

工况 7：在工况 6 的基础上，将风速以 1m/s 的速率升到 7m/s，观察装置电容电压、装置输出电流、串联补偿线路有功功率、装置输出和串联补偿线路的次同步电流分量以及 6 个等值风电场次同步电流分量。

工况 8（台数增加）：装置正常输出后投入串联补偿，待抑制成功后。将风机投入台数以 10%/s 的速率升到 80%，观察装置电容电压、装置输出电流、串联补偿线路有功、装置输出和串联补偿线路的次同步电流分量以及 6 个等值风电场次同步电流分量。

工况 9（台数减少）：在工况 8 的基础上，将风机投入台数以 10%/s 的速率降到 40%，观察装置电容电压、装置输出电流、串联补偿线路有功功率、装置输出和串联补偿线路的次同步电流分量以及 6 个等值风电场次同步电流分量。

工况 10：装置正常输出后投入串联补偿，待抑制成功后。在某风场出口设定 0.1s 三相故障，观察装置电容电压、装置输出电流、串联补偿线路有功功率、装置输出和串联补偿线路的次同步电流分量以及 6 个等值风电场次同步电流分量。

上述仿真结果表明：

风速降低或升高时、风机台数增加或减少时、风电场系统严重故障时，网侧次同步阻尼控制器可以提供正阻尼抑制整个风电场区域次同步谐振。

第五节　风电次同步谐振治理技术示范工程

本节内容以沽源风电次同步谐振治理技术示范工程为例。

一、风电机组试点改造及成效

（一）莲花滩风场谐振情况分析

莲花滩风电场一期共有风机 133 台，装机容量 199.5MW，以双馈风机为主，一次接线图如图 6-73 所示。

莲花滩风场在 2016 年共发生十余次次同步谐振，在发生次同步谐振时出现多台风电机组故障停机的情况。

（二）现场改造方案

选择莲花滩风场的 1.5MW 双馈风电机组进行工程现场改造，改造整体实施方案主要包括硬件改造、软件改造和现场施工与调试。

硬件改造是指用加入次同步谐振抑制功能的变流器控制板替换风机目前的变流器控制板。软件改造是指在新的变流器控制板中将原有风机控制程序升级为加入次同步谐振抑制功能的新版本控制程序。

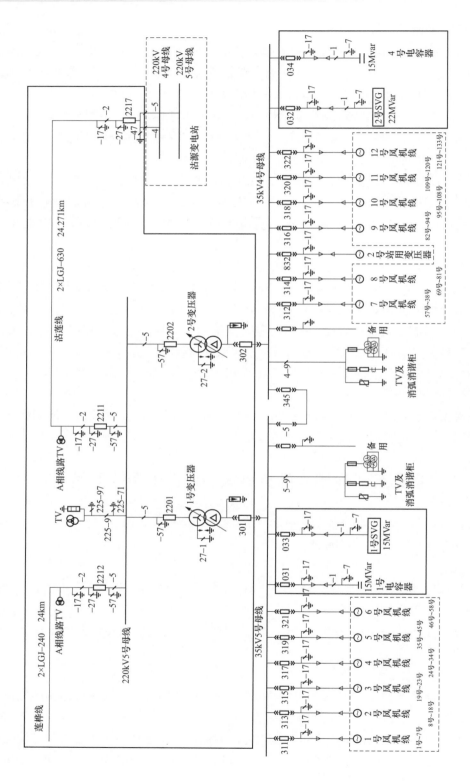

图 6 – 73　莲花滩风电场一次接线图（一期）

现场施工与调试主要包括以下阶段：

阶段一：硬件改造与匹配性验证。在将风电机组的原有控制板更换为新控制板后，并网运行1~2周，确保风电机组在各工况下性能与之前一致。

阶段二：软件改造。在机组无故障稳定运行1~2周后，进行风电机组变流器控制软件程序升级，增加次同步谐振抑制功能。

阶段三：次同步谐振监测和参数微调。监测风电机组次同步谐振波形，根据实际抑制情况对控制参数进行微调优化，同时观察次同步谐振抑制功能是否对机组稳态、动态和低电压穿越性能有所影响。

（三）实施效果

对莲花滩风电场某台改造后的风机收集到的现场 SSR 录波数据进行分析，该风机定子 A 相电流波形如图 6-74 所示。

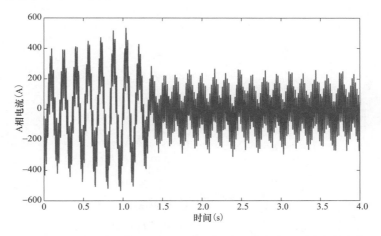

图 6-74　莲花滩风场 30 号风机定子 A 相电流现场 SSR 录波波形

图 6-74 中，1s 以前未投入 SSR 抑制策略，1s 时投入 SSR 抑制策略，1.5s 后为抑制策略投入后的稳定状态。对图 6-74 中的波形进行 FFT 分析，分别得到抑制策略投入前（0~1s）和抑制策略投入后（2~4s）定子 A 相电流频谱，如图 6-75 所示。

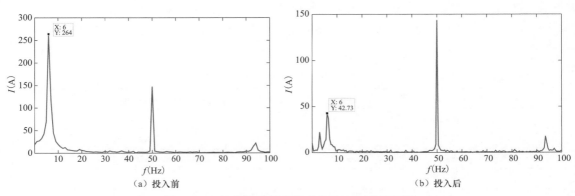

（a）投入前　　　　　　　　　　（b）投入后

图 6-75　抑制策略投入前后定子 A 相电流频谱

由图 6-75 可知，莲花滩 30 号风机定子 A 相电流除 50Hz 基波电流外，还包含有大量 6Hz 的次同步电流。与无抑制措施相比，抑制措施投入后，风机定子 A 相电流中的次同步分量得到有效抑制，次同步电流有 264A 减低至 42.73A，次同步电流幅值降低了 83.83%。

由于沽源地区风机改造台数有限，并未将次同步电流消除，如果现在改造风机比例进一步提高，SSR 抑制效果也将进一步提升。

二、网侧次同步阻尼控制器研制及应用

(一) 网侧阻尼控制器参数设计

GSDC 换流阀采用链式结构，并联接入汇集变电站 35kV 母线，如图 6-76 所示。换流阀由三个桥臂采用 Y 形接线形式，每个桥臂由 n 个链式子模块串联组成，各桥臂通过阀顶换流电抗器与系统连接。每个子模块内配有直流储能电容，配合四组相互独立的

IGBT 开关器件，可输出正、负、零 3 种状态。

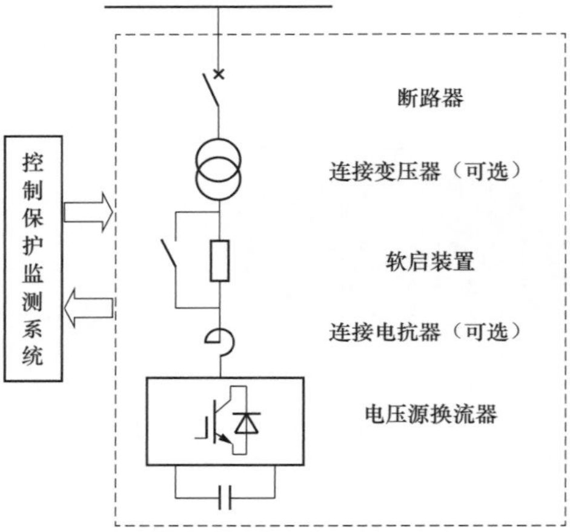

GSDC 换流阀的参数设计主要包括电抗器、电容、模块数。工频情况下链式结构换流阀参数设计方法虽已较为成熟，但在较低的次同步频率下，容抗、感抗等参数与工频相比将发生较大变化，因此现有链式换流阀工频参数设计方法不能适用于次同步频段宽范围波动情况下的参数设计。此外，装置工作频率不固定，除较低的次同步频率外，还需考虑宽范围对参数设计的影响，在参数设计中取频率范围上限还是下限进行设计，是研究的难点之一。

图 6-76　网侧阻尼控制器换流阀示意图

因此，装置的设计需要根据 GSDC 安装地区次同步谐振的特点，并考虑后续新建风电场并网后对次同步谐振频率的影响，首先确定次同步谐振频率范围；根据对历次发生谐振的电压进行统计，确定系统次同步电压分量的最大值；设计时 GSDC 接入点电压按系统最高运行电压考虑；还需分析安装位置负荷特点，可综合考虑装置稳态运行模式，也有利于节约设备成本。结合沽源实际 SSR 情况，制定 GSDC 设计初设条件如表 6-14 所示。

表 6-14　　　　　　　　　　初　始　条　件　表

参　　　数	设计输入参数
装置额定容量 S_N	10MVA
装置额定电流 I_N	0.165kA
装置额定电压 U_N	35kV
系统最高电压 U_{S50max}	40.5kV
补偿频率 f_{cen}	4~12Hz

1. 电抗器参数设计方法

（1）电感值最大取值计算。结合以往的工程经验，采用 200A/0.5 级 TA，则工频测量误差 $\Delta I = 1A$，实测装置工频电流控制精度小于 1%，为 $I_{\varepsilon-50} = 1.65A$。按 0.1p.u. 选取连接电抗，换流阀输出电压的误差

$$U_\varepsilon = 0.1 I_{\varepsilon-50} X_N \qquad (6-44)$$

假设换流阀在次同步工况下输出的电压控制精度不变，当输出 f_{cen} 时，电流综合误差 $I_{\varepsilon-fcen}$ 可表示为

$$I_{\varepsilon-fcen} = \frac{U_\varepsilon}{\omega_{fcen} L} \qquad (6-45)$$

为保证装置输出的电流精度，认为 $I_{\varepsilon-50} = 1.65A$ 为电流综合误差的最大允许值时，连接电抗器上的电感应满足

$$L \leqslant \frac{U_\varepsilon}{\omega_i I_\varepsilon} \qquad (6-46)$$

按最大电流为 200A、TA 精度为 0.2% 进行设计，$\Delta I = 0.4A$，考虑工频电流综合误差为测量误差的 2 倍，即 $I_{\varepsilon-50} = 0.8A$，此时达到同样的 1.65A 误差，连接电抗可进一步优化为 $\frac{0.8}{1.65} L$。

（2）电感值最小取值计算。连接电抗器需保证 IGBT 器件在每个调制周期内动作一次，因此需保证电流误差信号与三角载波在每个调制周期内存在交点，故电流的最大上升率需小于三角载波斜率。装置采用单极性 PWM 调制方式，设其三角载波的幅值为 M_Δ，其周期为 T，频率为 f_Δ，则三角载波的斜率 k 为

$$\left.\begin{array}{l} k = \dfrac{M_\Delta}{T_\Delta/4} \\[2mm] T_\Delta = \dfrac{1}{f_\Delta} \end{array}\right\} \qquad (6-47)$$

整理得

$$k = 4M_\Delta f_\Delta \qquad (6-48)$$

设连接电抗器压降最大电压峰值为 U_{Lc_max}，则连接电抗器上电流最大上升率为

$$\frac{di}{dt} = \frac{U_{Lc\_max}}{L} \qquad (6-49)$$

故连接电抗器的电感值 L 的取值为

$$L \geqslant \frac{U_{Lc\_max}}{4M_\Delta f_\Delta} \qquad (6-50)$$

设 λ 为换流器直流侧电压波动率，则连接电抗器最大压降瞬时值为

$$U_{Lc\_max} = N(1+\lambda)U_{dc} + U_{s\_max} \qquad (6-51)$$

式中 U_{Lc_max} 为连接电抗器压降最大电压峰值；N 为串联子模块数；U_{dc} 为模块直流电压；U_{s_max} 为系统最高电压。

故连接电抗器的电感值 L 的取值为

$$L \geqslant \frac{N(1+\lambda)U_{dc}+U_{s\_max}}{4M_{\Delta}f_{\Delta}} \qquad (6-52)$$

普通并联型装置（如 SVG），连接电抗器的选择只考虑输出单一频率的情况，在设计 GSDC 时，需要考虑频率波动区间，因此需保证在设定频率区间内，均可达到对控制精度要求，故连接电抗器的选择有如下特点：

（a）如按照频率下限确定连接电抗器，则在频率上限时，连接电抗器压降增大，如果考虑避免装置输出电压瞬时消顶，装置输出容量则会降低，即最大输出电流会小于额定电流；

（b）如按照频率上限确定连接电抗器，则在频率下限时，连接电抗器压降变小，装置控制精度将会降低，为保证输出特性，装置最小输出次同步电流将被抬高，相当于装置起始电流变大。

结合沽源次同步谐振特点，频率分布偏低且谐振电流幅值较小，同时次同步谐振抑制起始电流越小，越有利于谐振的抑制，故电抗器的选择按照频率下限确定。

2. 模块数设计

模块数设计基本原则可沿用常规并联型装置设计思路，而对频率的选择是本设计的关键。主要特点如下：

（a）GSDC 不考虑向系统提供容性无功，装置按长期输出 0.2p. u. 感性电流设计；

（b）由于不同频率电流在连接电抗上的压降不同，故在计算换流阀输出最大电压时，需充分考虑频率的影响，相同电流下，频率越低，连接电抗压降越小；

（c）设计过程中最大电压需考虑系统侧工频电压和次同步电压同时达到最大。

按照装置输出 0.2p. u. 工频维持电流的前提下，再发出 165A 的 4Hz 次同步电流进行设计。工频的压降与 L 是单调递增的关系，U_{S50max}、U_{Si}、$\omega_i L I_i$ 为定值。首先，由式（6-53）～式（6-55）计算出换流阀相电压最大电压峰值 U_{Fmax}、模块最小电压峰值 U_{Mmin} 为

$$U_{Fmax}=\sqrt{2}\left(\frac{U_{S50max}}{\sqrt{3}}+U_{Ldrop}+U_{Si}\right) \qquad (6-53)$$

$$U_{Ldrop}=\omega_i L I_i - \omega_{50} L I_{50} \qquad (6-54)$$

$$U_{Mmin}=N(1-\lambda)U_{dc} \qquad (6-55)$$

式中：U_{S50max} 为系统侧工频电压最大值；U_{Ldrop} 为连接电抗器压降；U_{Si} 为系统处次同步频率电压；ω_i 为次同步频率对应的转速；ω_{50} 为工频对应的转速；L 为连接电抗；I_i 和 I_{50} 分别为次同步频率电流和工频电流；N 为级联模块数；U_{dc} 为模块直流电压。

通过式（6-55）计算换流阀一相所需最小的模块数为

$$n=\frac{U_{Fmax}}{U_{Mmin}} \qquad (6-56)$$

3. 模块电容

设计原则为考虑直流电容功率平衡。按最大功率波动进行设计。有以下特殊点：

（a）装置在频率下限的输出工况下，等效容量最大；

（b）次同步谐振电流的频率 f_{cen} 引起的功率波动频率为 $f_{50} \pm f_{cen}$；

（c）结合装置安装地点次同步谐振频率范围，取次同步频率的下限值。

装置直流电容功率平衡关系式为

$$CU_{dc} \frac{d \Delta U_{dc}}{dt} = P_{out} \tag{6-57}$$

式中：P_{out} 为一个 H 桥模块输出功率瞬时值；ΔU_{dc} 为直流电压波动。

对式（6-56）两边进行 $\left[0, \dfrac{T_{50}}{4}\right]$ 的积分

$$CU_{dc} \Delta U_{dc} = \int_0^{\frac{T_{50}}{4}} P_{out} dt \tag{6-58}$$

以下推导电压、电流使用峰值。P_{out} 可展开，并对两边进行 $\left[0, \dfrac{T_{50}}{4}\right]$ 的积分有

$$\int_0^{\frac{T_{50}}{4}} P_{out} dt = \int_0^{\frac{T_{50}}{4}} P_1 dt + \int_0^{\frac{T_{50}}{4}} P_2 dt + \int_0^{\frac{T_{50}}{4}} P_3 dt + \int_0^{\frac{T_{50}}{4}} P_4 dt \tag{6-59}$$

则式（6-57）可写为

$$C \geqslant \frac{\left. \int_0^{\frac{T_{50}}{4}} P_{out} dt \right|_{max}}{U_{dc} \Delta U_{dc}} \tag{6-60}$$

根据上述初始条件进行网侧阻尼控制器参数设计结果见表 6-15。

表 6-15　　　　　　　　　连接电抗器按下限选取的装置参数表

参数	连接电抗器	模块数	模块电容
数值	78mH	42个	6408μF

（二）网侧阻尼控制器装置研制及测试

1. 系统接入及平面布局方案

GSDC 的安装位置位于察北 220kV 变电站 35kV 侧，如图 6-93 所示，目标线路为沽察 220kV 联络线。装置容量为 10MVA，动态响应时间不超过 30ms；装置应用后可使风电汇集地区次同步谐振电流幅值降低 80% 以上。

次同步谐振抑制设备计划接入站内主变压器 35kV 侧，设备的电气主接线图如图 6-77 所示。

2. 现场应用

根据变电站预留用地实际情况，设备整体采用一字型布局，占地及各主设备尺寸如图 6-78 所示。

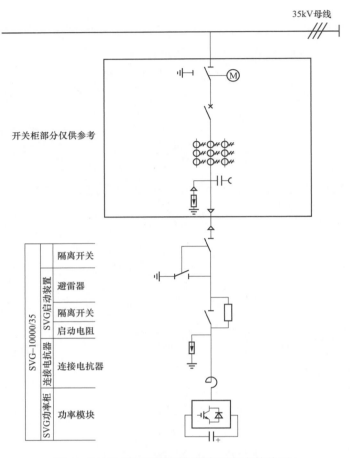

图 6-77 次同步谐振抑制设备电气主接线图

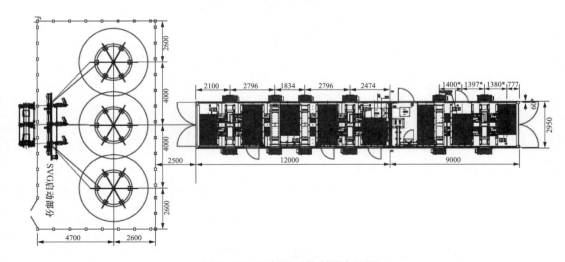

图 6-78 网侧阻尼控制器布置图

　　该集装箱方案采用底进风，在水泥底座上开孔进风，8m 和 12m 长的集装箱总进风面积不小于 $9m^2$，进、出风口设计需考虑遮挡问题，要求该侧面 5m 内不得有遮挡。如无法避免，尽量与出风口错开，百叶窗内侧初级过滤；聚氨酯海绵 25PPI 10mm，底座由现场土建制作，为了避免影响设备的进、出风，现场制作登高梯。装置外观及现场布置如图 6－79 所示。

图 6－79　谐振抑制装置外观图

参 考 文 献

［1］ J. Adams，C. Carter，S.-H. Huang. ERCOT experience with sub - synchronous control interaction and proposed remediation ［C］. Transmission and Distribution Conf. Expo. 2012，pp. 1-5.

［2］ J. Adams，V. A. Pappu，A. Dixit. ERCOT experience screening for subsynchronous control interaction in the vicinity of series capacitor banks ［C］. IEEE Power and Energy Society General Meeting，2012，pp. 1-5.

［3］ Wang L，Xie X，Jiang Q，et al. Investigation of SSR in practical DFIG - based wind farms connected to a series - compensated power system ［C］. IEEE Transactions on Power System，vol. 30，No. 5，pp. 2772-2779，Sept. 2015.

［4］ Fan L，Kavasseri R，Miao Z，et al. Modeling of DFIG - based wind farms for SSR analysis ［J］. IEEE on Power Delivery，Oct. 2010，vol. 25，No. 4，pp. 2073-2082.

［5］ A. Ostadi，Yazdani A，R. K. Varma，Modeling and stability analysis of a DFIG - Based wind - power generator interfaced with a series - compensated line ［C］. IEEE Transactions on Power Delivery，vol. 24，No. 3，pp. 1504-1514，Dec. 2009.

［6］ Fan L，Zhu C，Miao Z，et al. Modal analysis of a DFIG - based wind farm interfaced with a series compensated network ［J］. IEEE Trans. Energy Convers.，vol. 26，No. 4，pp. 1010-1020，Dec. 2011.

［7］ 王亮，谢小荣，姜齐荣，等．大规模双馈风电场次同步谐振的分析与抑制［J］．电力系统自动化，2014，38（22）：26-31.

［8］ 董晓亮，谢小荣，韩英铎，等．基于定转子转矩分析法的双馈风机次同步谐振机理研究［J］．中国电机工程学报，2015：1-9.

［9］ Xie X. The Mechanism and Characteristic Analyses of Subsynchronous Oscillations Caused by the Interactions between Direct-drive Wind Turbines and Weak AC Power Systems［J］. 2017，13（2017-11-1），2017，2017（13）.

［10］ Liu H，Xie X，Li Y，et al. A small-signal impedance method for analyzing the SSR of series-compensated DFIG-based wind farms［C］// IEEE Power & Energy Society General Meeting. IEEE，2015.

［11］ Wang L，Xie X，Jiang Q，et al. Investigation of SSR in Practical DFIG-Based Wind Farms Connected to a Series-Compensated Power System［J］. IEEE Transactions on Power Systems，2015，30（5）：2772-2779.

［12］ Wang L，Xie X，Jiang Q，et al. Centralised solution for subsynchronous control interaction of doubly fed induction generators using voltage-sourced converter［J］. Generation，Transmission & Distribution，IET，2015，9（16）：2751-2759.

［13］ Liu H，Xie X，Li Y，et al. Damping subsynchronous resonance in series-compensated wind farms by adding notch filters to DFIG controllers［C］// IEEE Innovative Smart Grid Technologies-asia. IEEE，2015.

［14］ Liu H，Xie X，Zhang C，et al. Quantitative SSR Analysis of Series-Compensated DFIG-Based Wind Farms using Aggregated RLC Circuit Model［J］. IEEE Transactions on Power Systems，2016：1-1.

［15］ Liu H，Xie X，He J，et al. Damping DFIG-associated SSR by adding subsynchronous suppression filters to DFIG converter controllers［C］// IEEE Power & Energy Society General Meeting. IEEE，2016.

［16］ Li Y. H.，Liu H，Li Y，et al. Case study and mechanism analysis of sub-synchronous oscillation in wind power plants［C］// IEEE Power & Energy Society General Meeting. IEEE，2015.

［17］ 任佳佳，胡应宏，纪延超．基于 αβ 坐标系下双馈异步风力发电机串联补偿输电系统次同步谐振的比例谐振控制［J］．电力自动化设备，2017，037（009）：90-95.

［18］ 于弘洋，王英沛，刘宗烨，等．Impact Analysis of Subsynchronous Interharmonics on Chain Converter％次同步间谐波对链式换流器的影响分析［J］．电网技术，2018，042（012）：4101-4106.

［19］ 孙素娟，王瑞．基于谐振控制器的双馈风电机组谐波抑制技术［J］．电力电子技术，2015，049（012）：109-112.

第七章　虚拟同步发电机技术及工程示范

第一节　高比例新能源电网的风电主动支撑需求分析

一、英国 8·9 大停电事故分析及启示

（一）英国电网现状

英国电网整体市场化程度较高，输电网、配电网由不同市场主体经营，调度机构独立。输电网运营企业共计 4 家，负责管理和运营 400kV、275kV 电压等级输电线路；配电网运营企业共 8 家，分为 10 个配电网经营区域，负责管理和运营 132kV 及以下电压等级配电网。图 7-1 给出了英国输电网和配电网公司的经营区域。

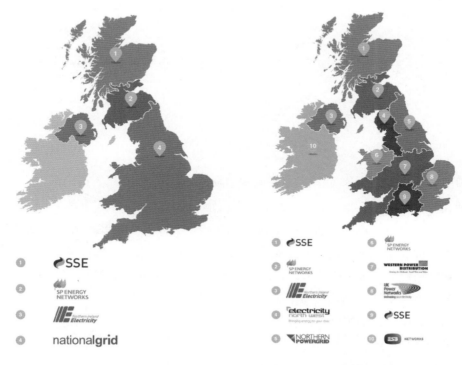

（a）输电网经营区域图　　　　　　　（b）配电网经营区域图

图 7-1　英国输配电网经营区域图

四家输电网运营企业中，英格兰地区由英国国家电网公司（National Griol，NG）经营（本次切机事故发生区域），苏格兰南部地区由南苏格兰电力局经营，苏格兰北部地区由北苏格兰水电局经营，北爱尔兰地区由北爱尔兰电网公司经营。全英国区域的输电网由调度机构 ESO（Electricity System Operator）负责统一调度，ESO 隶属于英国国家电网公司，但独立运营。

截至 2016 年底，英国电力系统的总装机容量为 98GW。1996～2017 年的各类电源装机比例变化如图 7-2 所示。由于北海地区天然气资源丰富，故英国电源中燃气发电站到电源总装机容量的 40% 以上，是第一大电源。另外，英国对燃煤电厂征收高额的排放税，导致近几年燃煤机组容量不断缩减。截至 2019 年，全英仅剩余 7 座燃煤电站，总装机容量 10.87GW，预计 2019/2020 期间，保持商业合同运营的燃煤电厂仅 4 家，装机容量 6.89GW。

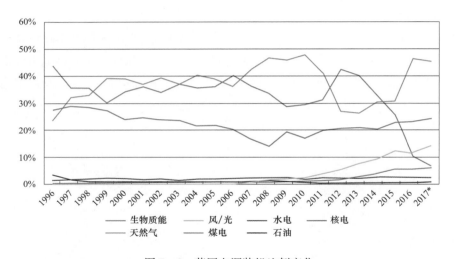

图 7-2　英国电源装机比例变化

自 2010 年以来，英国新能源发电得到快速发展，截至 2019 年，英国可再生能源装机容量达到 42.2GW，风电和光伏装机容量分别达到 21GW 和 13GW。其中，陆上风电总装机容量 13GW，海上风电装机容量 8GW，5MW 以下分布式光伏装机容量 6.9GW，占光伏总装机容量的 54%。英国电力总负荷每年在 17～51GW 的范围内波动，由于电采暖的原因，负荷峰值位于冬季圣诞节前后；由于英国夏季天气较凉爽，故空调负荷很少，负荷低谷多位于夏季。图 7-3 给出了英国一年内的负荷曲线。

英国的负荷中心位于英格兰伦敦地区，北部苏格兰地区负荷少而风电水电资源丰富，苏格兰地区过剩的电力自北向南送至伦敦，这决定了英国电力北电南送的总体格局。此外，英国目前拥有 4 条国际直流互联网线路和 1 条嵌入式高压直流线路，直流互联网线路正以前所未有的速度发展。

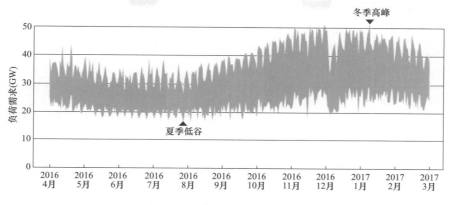

图 7-3　英国用电负荷曲线图

（二）停电事故概述

英国当地时间 2019 年 8 月 9 日下午 5 点左右，英国发生大规模停电事故。大停电起源于英格兰的中东部地区及东北部海域部分电源脱网，最终造成英格兰与威尔士部分地区停电。

在事故发生前，全网总负荷约 32.3GW，如图 7-4 所示，其中 27% 来自于风力发电，25% 来自于燃气机组，19% 来自于核电机组，13% 来自于光伏电站，7% 来自于直流输电，还有 6% 来自于水电/生物质发电，2% 来自于燃煤发电等，非同步电源功率占比达到了 47%。全网装机容量（不含分布式）约为 32.13GW，系统能够提供 1000MW 左右的一次调频容量，其中 472MW 是储能电池。

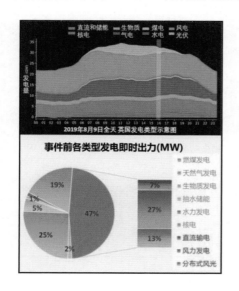

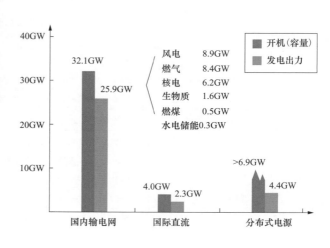

图 7-4　事件前各类型发电即时功率

本次事故由雷击事件引起，引发霍恩熙风电场和小巴福德蒸汽机组先后跳闸，大量分布式光伏由于防孤岛保护也相继脱网；几分钟后，小巴福德的两台燃气机组因余热锅炉超压保护也相继脱网，电网频率最低下降至 48.8Hz，引发系统低频减载（low frequency demand disconnection，LFDD）。表 7-1 给出了本次事件的主要过程。

表 7-1　　　　　　　　　　　　　　事 故 过 程 说 明 表

序号	时间	行　　为
1	16：52：26	频率为 50Hz，根据 SQSS 规定，ESO 可以承受 1000MW 的功率损失
2	16：52：33.490	ES-W 输电线路因雷击导致蓝色一相发生单相接地故障，电压跌落至约 0.5p. u.
3	16：52：33	约 150MW 分布式电源因防孤岛保护（电压相角跳变）脱网
4	16：52：33.531	霍恩海风电有功功率 799MW，吸收无功 0.4Mvar
5	16：52：33.560	故障后 70ms，W 侧断开以切除故障
6	16：52：33.564	故障后 74ms，ES 侧断开以切除故障
7	16：52：33.728	霍恩海风电场开始减载
8	16：52：33.835	霍恩海风电场功率稳定在 62MW 并且向电网注入 21Mvar 无功（累计损失 887MW 功率）
9	16：52：34	小巴福德蒸汽轮机停机，损失功率 244MW（累计损失 1131MW 功率）
10	16：52：34	350MW 分布式电源因防孤岛保护（RoCoF 超 0.125Hz/s）脱网（累计损失功率 1481MW）
11	16：52：44	调频过程截至此刻增发至少 650MW 功率以稳定系统频率
12	16：52：53	ES-W 输电线路在 DAR 作用下恢复
13	16：52：58	频率到达第一次最低点 49.1Hz
14	16：53：04	调频释放 900MW 功率以稳定系统频率
15	16：53：18	电网频率恢复至 49.2Hz
16	16：53：31	蒸汽轮机的停机触发小巴福德 GT1A 燃气轮机保护切机，造成 210MW 功率缺额（累计损失功率 1691MW）
17	16：53：31	所有调频备用容量释放完毕
18	16：53：41	约 200MW 分布式电源因低频保护脱网（累计损失功率 1891MW）
19	16：53：49.398	频率跌落到 48.8Hz 触发低频减载。累计 931MW 负荷被 DNO 切除
20	16：53：58	小巴福德 GT1B 燃气轮机停机，损失功率 187MW（累计损失功率 2078MW）
21	16：54：20	二次调频启动，调度向机组下发二次调频指令
22	16：57：15	1000MW 一次调频容量释放完毕且额外释放了 1240MW 二次调频容量。频率恢复至 50Hz
23	16：58～17：06	ESO 下令让 DNO 们开始给负荷恢复供电
24	17：37	所有 DNO 确认所有负荷已恢复供电

表格中缩写说明：

ESO：英国电网调度；ES-W 输电线路：Eaton Socon-Wymondley 输电线路；SQSS：电网质量与安全标准；MeteoGroup：欧洲最大的气象服务提供商；NGET：英国国家电网公司；Orsted：霍恩海风电场业主；RWE：小巴福德电厂业主；DNO：配电网运营商

由上表可知，事故总体过程如下：ES-W 输电线路（图中黄色圆点）由于雷击单相接地短路，单相电压跌落 50%。而后，霍恩海风电场由于不明原因损失了 737MW 风电电源，小巴福德蒸汽轮机停机损失功率 244MW，雷击点附近的分布式光伏由于防孤岛保护损失 500MW 功率，合计 1481MW。这一过程中，调度不断释放调频备用用量以维持系统平衡。雷击发生 28s 后系统频率跌落至 49.1Hz 后开始回升，61s 后小巴福德 GT1A 燃气轮机由于蒸汽轮机的停机根据机组保护设置正常切机，瞬间发生 210MW 功率缺额，导致频率出现第二次跌落，频率跌至 48.8Hz 触发低频减载，英格兰地区先后切除共 931MW 负荷。随后，小巴福德电站工作人员出于安全考虑，手动切除 GT1B 燃气机组，损失功率 187MW。图 7-5 给出故障过程英国电网频率的动态特性。

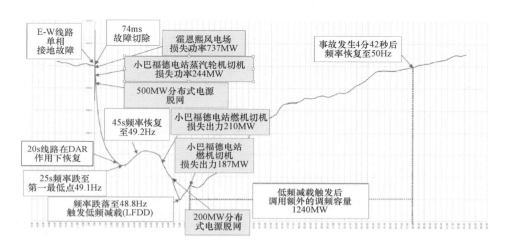

图 7-5　英国事故过程频率特性图

（三）事故分析与启示

对各类电源在停电事故中切机或脱网的原因进行分析。共 700MW 的分布式电源脱网，其中有 150MW 是由于输电线短路故障后导致电压相角跳变，触发了电源的防孤岛保护脱网。有 350MW 是由于系统频率变化率超过 0.125Hz/s 触发了相应防孤岛保护脱网。还有 200MW 是由于系统频率跌落到 49Hz 之后，触发低频保护脱网。

另外在霍恩海风电场，共有大约 800MW 的风机脱网，原因是由于雷击导致线路单相接地后，引发风机次同步频率范围内的欠阻尼电气振荡。

另外有 641MW 小巴福德电站的电源脱网，其原因在于，首先雷击导致线路单相接地后，一台蒸汽机组转速测量产生偏差导致保护切机，切掉了功率为 244MW 的蒸汽机组。而电站采用的是两台燃气机组带动一台蒸汽机组的发电方式，也就是蒸汽机组利用燃气机组的预热发电。当蒸汽机组跳机以后，导致带动它的燃气机组压力过高，跳机损失 397MW 电源。

总结这次英国 8.9 停电事故的经验，对新能源占比不断提升的中国电网有几点启示：

（1）此次事故是近几年首个频率问题导致的大规模停电事件，说高比例新能源电网频率失稳问题不再是纸上谈兵。

（2）从频率特性讲，中国已经步入高比例新能源电网时代，华北、东北和西北电网新能源占比均已超 20%，新能源的持续发展将使系统调频特性发生重大变化。

（3）调频能力在高比例新能源电网中至关重要，需要新能源机组具备一定的调频能力。

（4）新能源机组并网适应性技术规定在以下 3 方面需要细化：①高频和低频保护定值；②频率变化率保护定值；③机组振荡特性。进而保证新能源机组在事故过程中不先脱网、能支撑电网。

二、高比例新能源电力系统调频需求分析

为研究实际系统的频率特性，收集了 2009～2017 年中国电力系统中发生的大型频率波动事件，整理如表 7-2 所示。

表 7-2　　　　　　　　　　　　频 率 事 件 统 计 表

日　期	扰动事件	功率缺额（MW）	频率最低值（Hz）	最低值发生时间	一次调频动作后频率稳定值（Hz）
2009 年 4 月 5 日	邹县电厂 7 号机组跳闸	920	49.928	故障发生后 6s	49.95
2009 年 5 月 15 日	三峡两台机组跳闸	1400	49.916	故障发生后 4.5s	49.94
2009 年 7 月 23 日	三峡三台机组跳闸	1950	49.900	故障发生后 4s	49.94
2015 年 7 月 13 日	宾金直流闭锁	3685	49.808	故障发生后 11s	49.89
2015 年 9 月 19 日	锦苏直流闭锁	4900	49.56	故障发生后 12s	49.78
2015 年 10 月 20 日	宾金直流闭锁	3709	49.768	故障发生后 13s	49.89
2016 年 5 月 6 日	银东直流闭锁	1720	49.932	故障发生后 6s	49.95
2016 年 6 月 17 日	锦苏直流闭锁	3066	49.872	故障发生后 9s	49.92
2016 年 8 月 2 日	宾金直流闭锁	3713	49.889	故障发生后 7s	49.94
2017 年 7 月 2 日	宾金直流闭锁	2343	49.917	故障发生后 12s	49.94
2017 年 3 月 31 日	灵绍直流闭锁	2636	49.887	故障发生后 11s	49.93
2018 年 5 月 27 日	灵绍直流闭锁	2283	49.903	故障发生后 15s	49.93

通过上表数据，分析功率缺额占系统负荷水平的比例与系统频率最低值的关系可得，当功率缺额较小时，一般满足以下规律：①1% 的功率缺额将导致系统频率最低点下降约 0.08Hz；②频率最低值出现的时间在故障发生后的 10s 之内。但当功率缺额较大时，如 2015 年 9 月 19 日发生的锦苏直流闭锁功率缺额事件，系统中出现 3.55% 的功率缺额，系统频率最低点达到了 49.56Hz，且出现的时间在故障发生之后的 12s。功率缺额越大，单位功率缺额引起的频率最低点下降越严重，即功率缺额较大时系统频率稳定性会加速恶化。

以锦苏直流闭锁故障为例，说明这一现象出现的原因。根据《电网运行准则》（GB/T 31464—2015）规定，火电机组一次调频限幅应不小于机组额定容量的 6%，转差率应在 4%～5% 之间。经统计，2015 年 9 月 19 日锦苏直流闭锁事件中，挂网运行的 282 台大机组中，一次调频评价合格的仅 86 台，合格率仅为 30.5%。按照功率缺额较小时的经验，

3.55％的功率缺额可能导致系统频率最低点达到约 49.7Hz 左右，但实际系统频率最低点为 49.56Hz，造成这一现象的原因，经初步分析是由于系统中机组调频能力受限导致的。当功率缺额较小时，系统中机组的调频能力充足，单位功率缺额导致的频率下跌较少。当功率缺额较大时，由于系统中机组调频限幅不达标，调频能力受限，使得单位功率缺额导致的频率下跌较严重，这也是 9.19 锦苏直流闭锁事故中系统频率跌落幅值高于经验值的重要原因。

对虚拟同步发电机示范工程建设地区的系统频率特性进行分析，收集张北风光储电站正常运行情况下的频率数据如图 7-6 所示。选择典型工日，2018 年 8 月 28 日中两个小时（0：00～0：59、3：00～3：59）的 PMU 频率数据，观测 0：00～0：59PMU 数据，系统频率波动范围在±0.035Hz 之内。

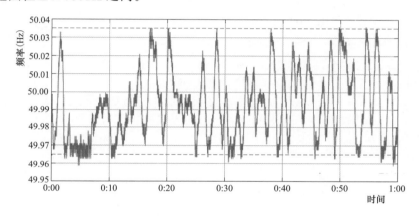

图 7-6　风光储 0：00～0：59PMU 频率特性

观测 3：00～3：59PMU 数据，系统频率波动范围在±0.035Hz 之内，如图 7-7 所示。

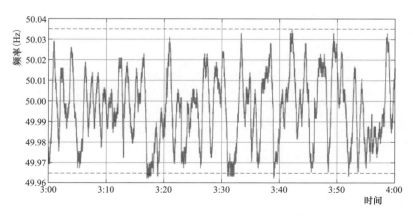

图 7-7　风光储 3：00—3：59PMU 频率特性

统计 8 月 28 日中两个小时（0：00～0：59、3：00～3：59）的 PMU 频率数据，观测系统频率得到如下结果：在 0：00～0：59 系统频率波动超过±0.035Hz 共有 15 次，每次波动超过±0.035Hz的时间不到1s；在3：00～3：59系统频率波动超过±0.035Hz共有5次，每次波动超过±0.035Hz的时间也不到1s。这说明系统正常运行时，系统频率波动几乎不会超过±0.035Hz的范围。

针对高占比新能源电力系统的频率调节场景，研究提出了虚拟同步发电机惯量支撑功率的解析表达式与相应控制策略，定量仿真分析了虚拟同步发电机的惯量支撑与一次调频功能对电网频率动态特性的影响规律，辨析得到了高占比新能源电力系统对虚拟同步发电机惯量支撑和一次调频功能的需求，解决了虚拟同步发电机调频功能定位不清晰的问题。

（一）虚拟同步发电机惯量支撑功能及物理意义

VSG的惯量支撑功能也叫惯量响应（inertia response），之所以强调"支撑"，是因为通常所说的VSG的惯量响应一般只关心在系统频率变化过程中虚拟同步发电机的输出有功功率响应于系统频率变化率的功能（电流源型VSG只能模拟这一功能），但其实同步发电机全面的惯量响应包括以下两个方面：

（1）转子的状态变量（功角、频率）在不平衡转矩下的响应电网的频率变化往往由系统的功率不平衡（输入、输出功率不平衡）冲击引起，在此过程中，网内的各同步机都将感受到不平衡功率的作用，在不平衡功率（转矩）的作用下，各同步机状态变量的响应可由式（7-1）所示的转子运动方程描述。

$$\left.\begin{array}{l} \dfrac{\mathrm{d}\delta}{\mathrm{d}t} = (\omega - 1)\omega_0 \\[2mm] \dfrac{\mathrm{d}\omega}{\mathrm{d}t} = \dfrac{T_\mathrm{m} - T_\mathrm{e}}{T_\mathrm{J}} \approx \dfrac{P_\mathrm{m} - P_\mathrm{e}}{T_\mathrm{J}} \end{array}\right\} \tag{7-1}$$

式中：t 为时间；ω 为系统额定电角速度；T_J 为转子惯性时间常数；δ 为转子功角；ω 为转子电角速度；T_m、T_e、P_m、P_e 分别为转子的机械转矩、电磁转矩、机械功率和电磁功率。式中各量除 t、ω_0、T_J 为有名值外，其余均为标幺值。

（2）发电机转子动能与输出电磁功率在系统频率变化时的响应在系统频率发生变化时，网内各发电机的转子速度基本同步变化，在此过程中，发电机转子的动能也在相应发生变化，在假设施加到转子上的机械输入功率保持不变时，转子动能的变化量将以发电机电磁功率的形式注入电网中，此功率即为惯量支撑功率。

下面推导惯量支撑功率的表达式：

系统在额定频率正常运行时，同步机转子以额定转速 Ω_N（即同步转速）转动的动能 W_k 为

$$W_k = \frac{1}{2}J\Omega_\mathrm{N}^2 \tag{7-2}$$

式中：J 为转子转动惯量，$\mathrm{kg \cdot m^2}$；Ω_N 为转子的额定机械角速度。

根据发电机转子惯性时间常数 T_J 的物理意义，T_J 为在转子上施加额定转矩 T_m 后，转子从停顿状态（机械角速度 $\Omega = 0$）加速到额定状态（机械角速度 $\Omega = \Omega_\mathrm{N}$）时所经过的时间，即有

$$W_k = \int_0^{T_J} T_m \Omega(t) \mathrm{d}t = T_m \int_0^{T_J} \Omega(t) \mathrm{d}t$$
$$= T_m \frac{\Omega_N}{2} T_J = \frac{P_N}{2} T_J \tag{7-3}$$

式中：P_N 为同步机的额定功率。

据式（7-3）可知，转子惯性时间常数 T_J 的数值为

$$T_J = \frac{2W_k}{P_N} = \frac{J\Omega_N^2}{P_N} \tag{7-4}$$

当发电机的极对数为 1（如汽轮发电机）时，转子机械角速度 Ω 等于转子电角速度 ω，又有

$$T_J = \frac{J\omega_0^2}{P_N} \tag{7-5}$$

对于同步机，当转速发生变化时，其转子动能发生变化，释放或吸收的能量对外表现为输出电磁功率的增减。

设 0 时刻转子转速为额定转速 ω_0，而在时刻 t，转子动能的变化量，即输出电磁功率在 $0 \sim t$ 时刻上累计的能量变化量为

$$\Delta E(t) = \frac{1}{2} J \left[\omega_0^2 - \omega(t)^2 \right] \tag{7-6}$$

而时刻 t 输出的电磁功率即为该能量的微分

$$P_e(t) = \frac{\mathrm{d}\Delta E(t)}{\mathrm{d}t} = \frac{1}{2} J \left[0 - 2\omega(t) \right] \frac{\mathrm{d}\omega(t)}{\mathrm{d}t}$$
$$= -J\omega(t) \frac{\mathrm{d}\omega(t)}{\mathrm{d}t} \tag{7-7}$$
$$= -J 4\pi^2 f(t) \frac{\mathrm{d}f(t)}{\mathrm{d}t}$$

式中：$f(t)$ 为系统的瞬时频率，Hz。

由式（7-7）可得

$$J = \frac{P_N T_J}{\omega_0^2} = \frac{P_N T_J}{4\pi^2 f_0^2} \tag{7-8}$$

式中：f_0 为系统的额定频率。

由式（7-8）即得到由转子动能变化而输出的瞬时电磁功率表达式

$$P_e(t) = -\frac{P_N T_J}{4\pi^2 f_0^2} 4\pi^2 f(t) \frac{\mathrm{d}f(t)}{\mathrm{d}t}$$
$$= -\frac{P_N T_J}{f_0^2} f(t) \frac{\mathrm{d}f(t)}{\mathrm{d}t} \tag{7-9}$$

因系统频率变化的相对值不会太大（绝对值超过 0.8Hz 即可能引起低频减载动作，而相对值只有 1.6%），所以可设 $f(t) \approx f_0$，则式（7-9）可简化为

$$P_e(t) \approx -\frac{T_J}{f_0}\frac{\mathrm{d}f(t)}{\mathrm{d}t}P_N \qquad\qquad (7-10)$$

式（7-10）即为同步机在系统频率变化过程中由于转子动能变化而释放或吸收的电磁功率表达式，即虚拟同步发电机需要模拟的惯量支撑功率表达式。

从式（7-10）可以看出，同步机惯量支撑功率与系统频率的微分值（即频率变化率）的相反数成正比，因此可以看作是系统频率的微分反馈控制。

虚拟同步发电机的惯量支撑的物理意义也可以从以下两个方面来阐述：

方面1：转子的状态变量（功角、频率）在不平衡转矩下的响应。

同步机转子的功角和频率是不可突变的机械状态量，该状态量将在转子不平衡转矩的作用下，微分方程发生变化，该响应的物理意义是质块在外力作用下运动状态的改变。

值得指出的是，该响应隐含的意义是同步机内电势的相位不会发生突变（内电势幅值由转子磁链制约也不会突变），也就是说同步机的内电势是相位和幅值都不会突变的独立电压源，同步机的"电压支撑"作用也由此而来。因此，只有真实同步机和电压源型VSG才有此项响应功能。

方面2：发电机转子动能与输出电磁功率在系统频率变化时的响应。

如前所述，此项即为同步机的惯量支撑功率，它的物理意义是：质块在运动状态发生变化时对外释放或吸收的能量。

可以看出，方面1和2虽然描述的是同一个运动过程，但是差异却是很明显的，首先是侧重点和因果关系不同：方面1侧重于描述外力作用下质块的运动规律，方面2侧重于描述运动过程中质块由于运动状态不同而引起的能量变化，所以方面1是策动的因，方面2是响应的果。其次，同步机输出电磁功率根本上仍由方面1决定，而不由方面2决定。

这是因为对于同步机来说，外部网络发生扰动瞬间该机的电磁功率突变量由扰动点与该机之间的电气距离决定，而扰动后机电振荡过程中该机电磁功率则由该机与外部网络中其他同步机之间的相对功角差和网络参数决定。也就是说，扰动后机电摇摆过程中该机与网络中其他同步机之间的相对运动决定了该机的输出电磁功率，该相对运动可由方面1描述；而该机输出电磁功率的变化又引起转子动能的变化，数值上则可由方面2描述，但须注意到本质上并不是转子动能的变化引起了输出电磁功率的变化，而是正好相反。所以仅模拟方面2的响应并不能真正全面地反映真实的同步机惯量支撑功能。

另外值得指出的是，对于真实同步机和电压源型VSG，因其内电势为电压源，而它的输出电流和电磁功率是自由的非目标受控量，由外部网络决定，所以同步机的惯量支撑功率可以瞬间释放出来，是电压源在外界功率不平衡时被动应激的自发即时响应。而对于电流源型的VSG，因其输出电流和电磁功率均为目标控制量，则需要形成附加功率控制指令，才能尽可能地主动模拟这一惯量支撑功率。

（二）虚拟同步发电机一次调频功能及物理意义

当系统频率偏差值大于$\pm0.03\mathrm{Hz}$（一次调频死区范围），VSG的有功功率大于20%P_N，VSG应能根据频率偏差调节有功输出，参与电网一次调频。

VSG 参与一次调频的具体要求如下：

（1）当系统频率下降时，VSG 应增加有功输出，有功功率可增加量的最大值至少为 $10\% \, P_N$。

（2）当系统频率上升时，VSG 应减少有功输出，有功功率可减少量的最大值至少为 $20\% \, P_N$，降功率至 $20\% P_N$ 时，VSG 输出有功功率可不再向下调节。

（3）考虑到与传统机组的协调性，VSG 的有功调频系数 K_f 推荐为 $10 \sim 20$。

（4）虽然 VSG 的调节速度可以更快，但是考虑到与传统机组的协调性，因此仍推荐 VSG 与传统机组一次调频性能的主要指标基本保持一致，即一次调频的启动时间（达到 10％目标负荷的时间）不大于 3s，达到 90％目标负荷的响应时间不大于 12s，达到 95％目标负荷的调节时间不大于 30s。

一次调频功率与系统频率的偏差值的相反数成正比，因此可看作是系统频率的比例反馈控制。

VSG 的一次调频功能本质上是 VSG 的有功-频率下垂控制，实现 VSG 有功输出随电网系统频率变化的自适应调节，为使电网达到新的功率平衡点而做出相应的贡献。

值得指出的是，电网的系统频率是反映交流电网全局功率盈缺的一个重要运行指标，当电网中功率保持平衡时，系统频率保持不变；当电网中发生功率缺额（如发电机掉机）时，系统频率下降；当电网中发生功率盈余（如大用户负荷突然退出）时，系统频率上升。

对于电压源型 VSG，因为其输出的电磁功率不是目标受控量，所以和真实同步机一样，一次调频靠改变原动机的输入功率指令来实现一次调频。而对于电流源型 VSG，因为其输出电流和电磁功率是直接的目标受控量，所以可通过在电磁功率指令上直接叠加一次调频功率指令来实现一次调频，速度可以做到更快。

（三）VSG 惯量支撑与一次调频的功能定位区分辨析

VSG 的惯量支撑功能与一次调频功能是两种不同的控制功能，下面对两者各自的功能定位进行详细的区分辨析。

（1）从控制规律的特点来看：惯量支撑是对系统频率的微分反馈控制，而一次调频是对系统频率的比例反馈控制。相对于一次调频控制，惯量支撑控制因其微分控制规律，具有超前特性，可以很快响应；而在系统频率变化初期的频率偏差较小，一次调频控制因其比例控制规律，所以一次调频功率也较小，显得相对较慢。但值得指出的是，这两种控制都无法实现对系统频率的无差调节，而只有二次调频控制（具有积分反馈控制特性）才能实现对系统频率的无差调节。

（2）从能量变化角度来看：惯量支撑只是一个非常短时的冲击型功率支撑，当系统频率不再变化（频率偏差仍然存在）时，支撑功率为 0，该支撑功率所产生的累积能量非常有限；而一次调频功率是一个持续的功率支援，只要系统频率偏差存在，一次调频功率就一直存在，该功率所产生的累积能量非常可观，从而可以使系统频率停止下跌（上升），稳定在一个较低（较高）的平衡点继续运行。

（3）从功能定位及作用来看：以功率缺额事件导致系统频率跌落为例，惯量支撑的功能定位和主要作用是延缓系统的频率变化率，阻止系统频率快速下跌，从而为一次调频赢得时间，但并不能有效抑制频率的跌落深度；而一次调频的功能定位和主要作用是提供可以响应系统频率偏差的持续的有功功率支援，以阻止系统频率的持续跌落，使其可以达到新的平衡，维持在较低的频率水平继续运行。

还值得指出的是，对于电流源型 VSG，因其内电势不是独立电压源，所以无法对系统频率产生直接的影响（独立电压源的电角频率才可以对电网系统频率产生直接的影响和约束），而是通过输出的惯量支撑功率和一次调频功率间接减轻网内其他同步机的电磁功率负担，从而减缓其他同步机转子转速的变化率和变化幅度，以达到间接为系统频率提供帮助的目的。

（四）大电网功率缺额事故中 VSG 不同控制功能对系统频率变化的作用及响应特性仿真分析

在 PSASP 中建立 VSG 惯量支撑功能和一次调频功能的机电暂态仿真模型，以某大型受端电网作为仿真算例，该大区电网在某方式下开机约 208GW，考虑在大区电网内系统频率变化率较低，为了观察到 VSG 较为显著的惯量支撑功率，取较大的虚拟惯性时间常数 T_J 为 55s，同时取一阶惯性环节时间常数 5.5s；一次调频系数 K_f 取为 10。

在该大区电网内全为真实同步机和含有 12000MW 双馈风机两种情况下，设置故障为某特高压直流发生双极闭锁，损失 8000MW 外来电力，功率缺额比例约为 3.85%，进一步把这 12000MW 的风机改造为 VSG，图 7-8 给出了对于相同的功率缺额冲击，在不同情况下的电网系统频率动态特性曲线。

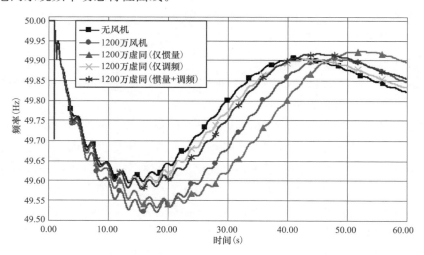

图 7-8　大电网严重功率缺额事故中不同情况系统动态频率曲线比较

从图 7-8 中可以看出，纯同步机系统情况下频率动态特性最好，频率最低点最高；含 12000MW 普通双馈风机情况下系统频率动态特性最差，频率最低点最低；将此 12000MW 的风机改造为 VSG，且惯量支撑控制与一次调频控制功能都投入的情况下，系统频率动态特性大大提高，接近于原纯同步机系统；如果仅投入一次调频功能，系统的频率特性也有很大改善，非常接近于原纯同步机系统；但如果仅投入惯量支撑控制功能，则较之于普通双馈风机的情况，系统频率动态特性只在达到最低频率点之前有所改善，即延缓了系统频率变化率，推迟了最低频率点的到来，但是在最低频率点之后的恢复过程中，反而恶化了系统的频率恢复特性。

图 7-9 给出了仅投入惯量支撑控制功能情况下 VSG 的电磁功率和机械功率响应情况。

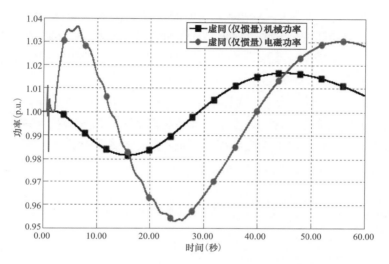

图 7-9　VSG 仅投入惯量支撑控制功能时的功率响应特性

从图 7-9 中可以看出，在仅投入惯量支撑控制功能的情况下，VSG 检测到系统频率快速跌落后迅速增发电磁功率，实现惯量支撑控制；但由于此时没有投入一次调频功能（风机未留备用），导致风机原动机侧的机械输入功率不能增加，在惯量支撑电磁功率的强行作用下，风轮转速将迅速下降，并因为偏离最佳转速，输入机械功率也发生下降，因此将不得不结束短时的电磁功率惯量支撑，甚至需要进一步降低输出电磁功率（低于惯量支撑开始前功率）以避免风机失速停转。总体来看，挽救转速恢复过程中需要降低的输出能量高于惯量支撑期间增发的输出能量（约为支撑能量的 1.5～2.5 倍），功率恢复时间也长于功率支撑时间，这也正是仅投入惯量控制反而恶化了最低点之后的系统频率恢复特性的原因。

从以上仿真分析可以看出，VSG 的惯量支撑功能对于大电网在严重功率缺额事故中频率动态特性的作用并不明显，而一次调频功能的作用却较为明显。这是因为如前所述，惯量支撑作用的主要目的是为一次调频赢得时间，而在大型受端电网中，由于网内同步机数量众多，惯量并不缺乏，因此频率变化率相对较小，到达频率最低点时间长达 15s 左右，已经有充足的时间让一次调频发挥作用，再增加惯量支撑效果并不明显，而且过大的惯量还将使得同样时间内系统的频率跌落幅度变小，从而影响系统内机组一次调频功率的调出，反而不利于系统频率的恢复。所以对于大型受端电网，系统更需要的是 VSG 的一次调频能力，而不是惯量支撑带来的时间效用。

反之，在惯量相对缺乏的新能源高占比的中小型电网与微网中，发生功率缺额时系统频率的跌落速度可能很快，如果没有额外的惯量支撑，一次调频功率可能还来不及调出就已经发生了频率崩溃，这种情况下对于 VSG 惯量支撑功能与一次调频功能的需求都将比较迫切。

综上所述，可以得到以下主要结论：

（1）惯量支撑的功能定位和主要作用是提供可响应于系统频率变化率的短时功率支撑，阻止系统频率快速下跌，从而为一次调频赢得时间，但并不能有效抑制频率的跌落深度。

（2）一次调频的功能定位和主要作用是提供可以响应系统频率偏差的持续的有功功率支援，以阻止系统频率的持续跌落，并与负荷的频率效应一起作用，使系统在较低的频率水平上达到新的平衡。

（3）在大型同步电网中，系统惯量相对比较充裕，系统频率变化率小，频率变化过程平缓，所以随着可再生能源的接入，由于一次调频能力下降所导致的系统频率动态特性的恶化程度比由于系统惯量下降所导致的更为严重；因此较之于短时的惯量支撑功率，系统更需要 VSG 发挥一次调频功率的持续支援作用。

第二节　虚拟同步发电机建模及并网稳定性分析

VSG 既保留了传统风电机组的电力电子特性，又表现出与同步发电机类似的调频调压特性，其并网稳定性比较复杂。在特定的并网条件下，如果 VSG 控制参数设计不当，VSG 并网系统可能会出现振荡问题。

本节首先建立 VSG 并网系统的数学模型，通过数学模型分析 VSG 并网系统的阻尼特性，并逐一分析了 VSG 控制参数和并网条件对 VSG 并网系统稳定性的影响。

一、电压控制型虚拟同步发电机并网稳定性分析

（一）电压控制型虚拟同步发电机小信号建模

电压控制型虚拟同步发电机既保留了电力电子接口电源特性，又表现出同步发电机特点，其稳定性非常复杂。对于电压控制型虚拟同步发电机稳定性以及控制参数设计方法的研究，仍面临以下挑战：

（1）现有研究运用了不同的分析方法，逐一分析了某个参数对系统阻尼特性的影响，但对于多个控制参数中谁起主导影响，以及多个参数对稳定性影响的交互作用等方面，还有待进一步研究。

（2）现有关于虚拟同步发电机参数的设计方法中，主要依据系统相角裕度、振荡模态阻尼等稳定性指标进行整定，设计方法中未充分考虑虚拟同步发电机的调频特性，存在较大的优化空间。

针对上述问题，本节建立了 VSG 并网系统的小信号模型，计算得到了系统中各振荡模态的阻尼特性，逐一分析了各 VSG 控制参数对稳定性的影响，通过比较影响结果，提

出了影响 VSG 并网稳定性的主导参数。最后，分析了多个控制参数对 VSG 稳定性和调频能力的交互影响，提出了 VSG 多参数协调设计方法。

本节所研究的 VSG 并网系统如图 7-10 所示。其中 VSG 经滤波回路接入并网点（point of common coupling，PCC），而后经过外部电网等值线路与无穷大电网相连。VSG 直流侧为理想直流源，其控制环节主要包括有功控制、无功控制、虚拟阻抗控制和电流内环控制。有功控制模拟了同步发电机的惯性和一次调频特性；无功控制模拟了同步机的主动调压特性；虚拟阻抗控制模拟了同步机的定子电阻和同步电抗；电流内环控制生成电压参考信号，利用脉冲宽度调制（pulse width modulation，PWM）生成驱动信号控制 VSG 各开关器件。

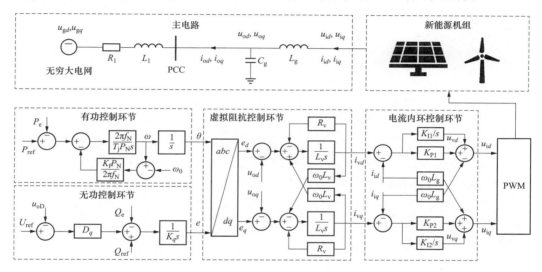

图 7-10 电压控制型 VSG 并网系统

图 7-10 所示的光伏 VSG 并网系统中存在两个同步旋转坐标系，即无穷大电网的 DQ 坐标系和光伏 VSG 自身的 dq 坐标系，如图 7-11 所示。

由图 7-11 可知，两个坐标系的变换关系为

$$\begin{bmatrix} x_d \\ x_q \end{bmatrix} = \begin{bmatrix} \cos\delta & \sin\delta \\ -\sin\delta & \cos\delta \end{bmatrix} \begin{bmatrix} x_D \\ x_Q \end{bmatrix} \tag{7-11}$$

式中：x_d、x_q、x_D、x_Q 分别为 dq 和 DQ 坐标系下电气量；δ 为 dq 坐标系超前 DQ 坐标系的角度。

选择 VSG 自身 dq 坐标系作为参考系建立系统小信号模型，分别对系统的网侧环节、有功控制环节、无功控制环节、虚拟阻抗控制环节、电流内环控制环节和功率测量及计算环节进行建模，而后利用 MATLAB/Simulink 进行数字仿真，验证所推导小信号模型的正确性。

系统网侧环节主要包括 VSG 的滤波电感 L_g 和电容 C_g，PCC 点与无穷大电网间的等效电感 L_1 和电阻 R_1。该环节对应状

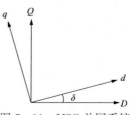

图 7-11 VSG 并网系统坐标示意图

态方程为

$$\left.\begin{aligned}\frac{\mathrm{d}i_{id}}{\mathrm{d}t} &= \frac{1}{L_g}(\omega_0 L_g i_{iq} + u_{id} - u_{od})\\[2mm]\frac{\mathrm{d}i_{iq}}{\mathrm{d}t} &= \frac{1}{L_g}(-\omega_0 L_g i_{id} + u_{iq} - u_{oq})\end{aligned}\right\} \tag{7-12}$$

$$\left.\begin{aligned}\frac{\mathrm{d}u_{od}}{\mathrm{d}t} &= \frac{1}{C_g}(\omega_0 C_g u_{oq} + i_{id} - i_{od})\\[2mm]\frac{\mathrm{d}u_{oq}}{\mathrm{d}t} &= \frac{1}{C_g}(-\omega_0 C_g u_{od} + i_{iq} - i_{oq})\end{aligned}\right\} \tag{7-13}$$

$$\left.\begin{aligned}\frac{\mathrm{d}i_{od}}{\mathrm{d}t} &= \frac{1}{L_1}(\omega_0 L_1 i_{oq} + u_{od} - u_{gd} - R_1 i_{od})\\[2mm]\frac{\mathrm{d}i_{oq}}{\mathrm{d}t} &= \frac{1}{L_1}(-\omega_0 L_1 i_{od} + u_{oq} - u_{gq} - R_1 i_{oq})\end{aligned}\right\} \tag{7-14}$$

式中：ω_0 为额定角速度；u_{id}、u_{iq}、i_{id}、i_{iq} 分别为光伏 VSG 输出电压、电流的 d、q 轴分量；u_{od}、u_{oq} 分别为 PCC 点电压 d、q 轴分量；i_{od}、i_{oq} 分别为线路电流 d、q 轴分量；u_{gd}、u_{gq} 分别为无穷大电网电压的 d、q 轴分量。

VSG 的有功控制环节模拟了同步机的惯性和一次调频特性，对应的状态方程为

$$\left.\begin{aligned}\frac{\mathrm{d}\omega}{\mathrm{d}t} &= \frac{2\pi f_N}{T_j P_N}\left[P_{ref} - P_e - \frac{K_f P_N}{2\pi f_N}(\omega - \omega_0)\right]\\[2mm]\frac{\mathrm{d}\theta}{\mathrm{d}t} &= \omega\end{aligned}\right\} \tag{7-15}$$

式中：ω 为光伏 VSG 控制环节对应的电角速度；θ 为光伏 VSG 控制环节对应的电角度；T_j 为惯性时间常数；P_e 为光伏 VSG 输出的有功功率平均值；P_N 为光伏 VSG 额定功率；f_N 为系统额定频率；P_{ref} 为光伏 VSG 有功参考值；K_f 为有功调频系数。

VSG 的无功控制环节模拟了同步发电机的调压特性，对应的状态方程为

$$\frac{\mathrm{d}e}{\mathrm{d}t} = \frac{1}{K_q}(D_q(U_{ref} - \sqrt{u_{od}^2 + u_{oq}^2}) - Q_e) + \frac{1}{K_q}Q_{ref} \tag{7-16}$$

式中：e 为光伏 VSG 内电势；K_q 为无功积分系数；D_q 为无功调差系数；Q_e 为光伏 VSG 输出的无功功率平均值 V_{ref} 为光伏 VSG 电压参考值；Q_{ref} 为光伏 VSG 无功参考值。

VSG 的虚拟阻抗控制环节模拟同步发电机的定子电阻和同步电抗，对应的状态方程为

$$\left.\begin{aligned}\frac{\mathrm{d}i_{vd}}{\mathrm{d}t} &= \frac{1}{L_v}(e_d - u_{od} + \omega_0 L_v i_{vq} - R_v i_{vd})\\[2mm]\frac{\mathrm{d}i_{vq}}{\mathrm{d}t} &= \frac{1}{L_v}(e_q - u_{oq} - \omega_0 L_v i_{vd} - R_v i_{vq})\end{aligned}\right\} \tag{7-17}$$

式中：i_{vd}、i_{vq} 分别为光伏 VSG 内部虚拟电流的 d、q 轴分量；e_d、e_q 分别为光伏 VSG

内电势 e 的 d、q 轴分量；L_v 为虚拟电感；R_v 为虚拟电阻。

VSG 的电流内环控制环节对应的状态方程和输出方程为

$$\left.\begin{aligned}\frac{\mathrm{d}u_{vd}}{\mathrm{d}t} &= K_{I1}(i_{vd} - i_{id}) \\ \frac{\mathrm{d}u_{vq}}{\mathrm{d}t} &= K_{I2}(i_{vq} - i_{iq})\end{aligned}\right\} \tag{7-18}$$

$$\left.\begin{aligned}u_{id} &= u_{vd} + K_{P1}(i_{vd} - i_{id}) - \omega_0 L_g i_{iq} \\ u_{iq} &= u_{vq} + K_{P2}(i_{vq} - i_{iq}) + \omega_0 L_g i_{id}\end{aligned}\right\} \tag{7-19}$$

式中：u_{vd}、u_{vq} 分别为光伏 VSG 内部虚拟电压的 d、q 轴分量；K_{P1}、K_{P2} 分别为有功、无功电流内环的比例系数；K_{I1}、K_{I2} 分别为有功、无功电流内环的积分系数。

功率测量及计算环节框图如图 7-12 所示。

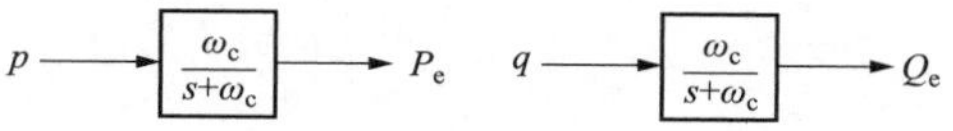

图 7-12 功率滤波环节

该环节对应的状态方程为

$$\left.\begin{aligned}\frac{\mathrm{d}P_e}{\mathrm{d}t} &= \omega_c(p - P_e) \\ \frac{\mathrm{d}Q_e}{\mathrm{d}t} &= \omega_c(q - Q_e)\end{aligned}\right\} \tag{7-20}$$

式中：p、q 分别为 VSG 输出的瞬时有功、无功功率；P_e、Q_e 分别为输出的有功、无功功率平均值；ω_c 为截止频率。

联立上式，可求解系统稳态运行点。在稳态运行点进行线性化，得到 VSG 并网系统的小信号模型如式（7-21）所示。

$$\Delta\dot{x} = A\Delta x + B\Delta u \tag{7-21}$$

式中：$\Delta x = [\Delta i_{id}, \Delta i_{iq}, \Delta u_{od}, \Delta u_{oq}, \Delta i_{od}, \Delta i_{oq}, \Delta\omega, \Delta\delta, \Delta e_d, \Delta i_{vd}, \Delta u_{vd}, \Delta i_{vq}, \Delta u_{vq}, \Delta P_e, \Delta Q_e]^T$ 为系统状态量；$\Delta u = [\Delta P_{ref}, \Delta Q_{ref}]^T$ 为系统输入量。

为验证所推导小信号数学模型的正确性，在 MATLAB/Simulink 中建立数字仿真模型进行对比验证。数学模型和 Simulink 模型的参数如表 7-3 所示。对比 VSG 有功参考值 P_{ref} 阶跃 10kW 时，两个模型中 VSG 输出有功功率 P 和自身角速度 ω 的动态过程如图 7-13 所示。

表 7-3　　　　　　　　　　VSG 并 网 系 统 参 数

参数	数值	参数	数值	参数	数值
P_{ref}（kW）	200	L_1（mH）	0.0386	R_1（mΩ）	1.264
Q_{ref}（kvar）	0	C_g（μC）	300	R_v（Ω）	0.01
$K_{P1}\ K_{P2}$	0.64	L_g（μH）	150	L_v（μH）	150
$K_{I1}\ K_{I2}$	100	T_j（s）	0.065	D_q	20000
P_N（kW）	500	K_f	10	K_q	318

由图 7‑13 可以看出，仿真模型与数学模型对应的系统动态曲线基本重合，从而验证了数学模型的正确性。

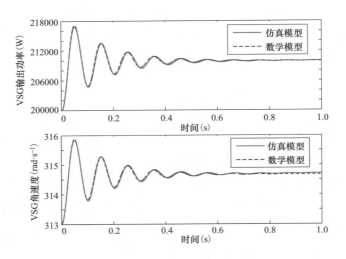

图 7‑13　Simulink 仿真模型与小信号模型对比

（二）电压控制型虚拟同步发电机功率振荡风险评估

根据系统小信号模型，可计算系统状态矩阵 A，通过求解 A 的特征值，可以分析系统在稳态运行点的小信号稳定性。

考虑 VSG 初始有功、无功功率分别为 200kW 和 0kvar 的运行工况，计算系统的全部特征值，并根据参与因子判断影响特征根的主要状态变量和主导影响参数，结果如表 7‑4 所示。

表 7‑4　系统振荡模态分析

特征根序号	实部	振荡频率（Hz）	阻尼比	主要相关状态变量	主导影响参数
1，2	−98.84	1218.70	0.0041	u_{od}，u_{oq}，i_{od}，i_{oq}	L_g，C_g，L_1，R_1
3，4	−29.20	1126.51	0.0041	u_{od}，u_{oq}，i_{od}，i_{oq}	L_g，C_g，L_1，R_1
5，6	−4111.2	8.20	1	i_{id}，i_{iq}	L_g，C_g
7，8	−64.93	49.75	0.2034	i_{vd}，i_{vq}	L_v，R_v
9，10	−8.03	11.35	0.1119	ω，θ，P_e	K_f，T_j
11，12	−158.90	0.74	1	u_{vd}，u_{vq}	K_{P1}，K_{I1}，K_{P2}，K_{I2}
13	−195.00	0	1	ω，P_e	K_f，T_j
14	−18.87	0	1	e_d，Q_e	D_q，K_q
15	−50.73	0	1	e_d，Q_e	D_q，K_q

特征根 λ_{3-4} 的阻尼比最小，λ_{7-10} 是由于光伏逆变器引入 VSG 控制后系统新增的 4 个特征根，其中 λ_{9-10} 距离虚轴最近，为系统主导特征根。后文着重分析 VSG 控制参数对 λ_{3-4}、λ_{7-8} 和 λ_{9-10} 这 3 对特征根的影响。

二、电流控制型虚拟同步发电机并网稳定性分析

（一）电流控制型虚拟同步发电机小信号建模

在并入大电网的大容量风电场中，已有电流控制型 VSG 技术的实际应用。为保证电流控制型 VSG 并网后的安全稳定运行，亟需研究电流控制型 VSG 的并网稳定性。

电流控制型 VSG 的并网稳定性分析是一个新颖且复杂的问题。首先，该问题与现有研究中电压控制型 VSG 的稳定性问题有较大区别。若无需离、并网切换，则电压控制型 VSG 无需锁相环即可运行在稳定状态，因此在分析其小信号稳定性时可省略锁相环的建模工作。但对于电流控制型 VSG，锁相环是重要组成部分，且对电流控制型 VSG 并网系统的稳定性有重要影响，因此需要对锁相环进行详细建模。与此同时，电流控制型 VSG 的稳定性分析与现有研究中对含下垂控制环节的逆变器和传统逆变器的稳定分析也有较大区别。由于传统逆变器和含下垂控制环节的逆变器中，都不具备对系统频率的惯性支撑能力，因此无需考虑惯性支撑能力对系统稳定性的影响。在电流控制型 VSG 控制系统中，不仅包括与传统逆变器和含下垂控制环节的逆变器相同的部分，还存在其独有的惯量控制环节，因此需要对这种电流控制型 VSG 独有的控制环节进行建模，并分析其对稳定性的影响。

为研究电流控制型 VSG 的并网稳定问题，建立了电流控制型 VSG 并网系统的小信号模型，计算得到了系统特征根，分析了系统中各模态的阻尼特性，在此基础上，分析了电流控制型 VSG 控制参数对其稳定性的影响，并对电流控制型 VSG 在不同电网条件下的稳定性即其并网适应性进行了分析。研究结果表明，VSG 控制环节对电流控制型 VSG 的稳定性存在显著影响，电流控制型 VSG 并网运行存在高频振荡和次同步振荡风险，需要合理整定其控制参数以保证其安全稳定运行。

研究的电流控制型 VSG 并网系统如图 7‐14 所示。其中逆变器经滤波电路接入并网

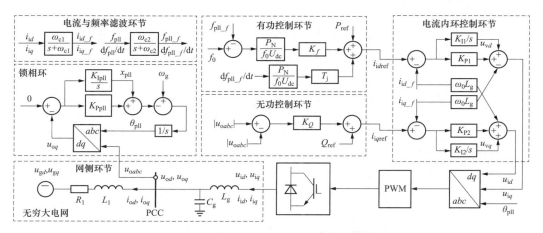

图 7‐14　电流控制型虚拟同步发电机并网系统模型

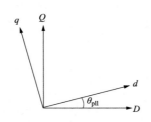

图 7-15　电网的 DQ 坐标系和
VSG 的 dq 坐标系

点，而后经传输线路与无穷大电网相连。逆变器控制系统主要包括锁相环、有功控制环节、无功控制环节和电流内环控制环节。其中，有功控制环节模拟同步发电机的惯性和一次调频特性；无功控制环节模拟同步发电机的励磁调压特性。

VSG 并网系统中存在两个同步旋转坐标系，即电网的 DQ 坐标系和 VSG 的 dq 坐标系，两个坐标系的关系如图 7-15 所示。

由图 7-15 可知，DQ 坐标系和 dq 坐标系的变换关系为

$$\begin{bmatrix} x_d \\ x_q \end{bmatrix} = \begin{bmatrix} \cos\theta_{\text{pll}} & \sin\theta_{\text{pll}} \\ -\sin\theta_{\text{pll}} & \cos\theta_{\text{pll}} \end{bmatrix} \begin{bmatrix} x_D \\ x_Q \end{bmatrix} \tag{7-22}$$

式中：x_d、x_q、x_D、x_Q 分别为 dq 和 DQ 坐标系下的电气量；θ_{pll} 为 VSG 锁相环输出的 PCC 点电压相角。

选择 VSG 的 dq 坐标系作为参考系建立系统小信号模型，分别对锁相环、网侧环节、滤波环节、有功控制、无功控制与电流内环控制环节进行建模，而后利用 MATLAB/Simulink 进行数字仿真，验证所推导小信号模型的正确性。

锁相环的状态方程为

$$\left. \begin{aligned} \frac{\mathrm{d}x_{\text{pll}}}{\mathrm{d}t} &= -K_{\text{Ipll}}u_{oq} \\ \frac{\mathrm{d}\theta_{\text{pll}}}{\mathrm{d}t} &= \omega_g - (x_{\text{pll}} - K_{\text{Ppll}}u_{oq}) \end{aligned} \right\} \tag{7-23}$$

式中：ω_g 为额定角速度；x_{pll} 为锁相环积分器的输出；θ_{pll} 为锁相环锁得的相角；K_{Ppll}、K_{Ipll} 分别为锁相环 PI 控制器的比例系数和积分系数。

系统网侧环节主要包括 VSG 的滤波电感 L_g 和电容 C_g，PCC 点与无穷大电网间线路的电感 L_1 和电阻 R_1。该环节对应的状态方程为

$$\left. \begin{aligned} \frac{\mathrm{d}i_{id}}{\mathrm{d}t} &= \frac{1}{L_g}(\omega_g L_g i_{iq} + u_{id} - u_{od}) \\ \frac{\mathrm{d}i_{iq}}{\mathrm{d}t} &= \frac{1}{L_g}(-\omega_g L_g i_{id} + u_{iq} - u_{oq}) \end{aligned} \right\} \tag{7-24}$$

$$\left. \begin{aligned} \frac{\mathrm{d}u_{od}}{\mathrm{d}t} &= \frac{1}{C_g}(\omega_g C_g u_{oq} + i_{id} - i_{od}) \\ \frac{\mathrm{d}u_{oq}}{\mathrm{d}t} &= \frac{1}{C_g}(-\omega_g C_g u_{od} + i_{iq} - i_{oq}) \end{aligned} \right\} \tag{7-25}$$

$$\left. \begin{aligned} \frac{\mathrm{d}i_{od}}{\mathrm{d}t} &= \frac{1}{L_1}(\omega_g L_1 i_{oq} + u_{od} - u_{gd} - R_1 i_{od}) \\ \frac{\mathrm{d}i_{oq}}{\mathrm{d}t} &= \frac{1}{L_1}(-\omega_g L_1 i_{od} + u_{oq} - u_{gq} - R_1 i_{oq}) \end{aligned} \right\} \tag{7-26}$$

式中：u_{id}、u_{iq}、i_{id}、i_{iq} 分别为 VSG 输出电压和电流的 d、q 轴分量；u_{od}、u_{oq} 分别为 PCC 点电压的 d、q 轴分量；i_{od}、i_{oq} 分别为传输线路电流 d、q 轴分量；u_{gd}、u_{gq} 分别为无穷大电网电压的 d、q 轴分量。

电流与频率滤波环节所对应的状态方程为

$$\left. \begin{aligned} \frac{\mathrm{d}i_{id\_f}}{\mathrm{d}t} &= \omega_{c1}(i_{id} - i_{id\_f}) \\ \frac{\mathrm{d}i_{iq\_f}}{\mathrm{d}t} &= \omega_{c1}(i_{iq} - i_{iq\_f}) \end{aligned} \right\} \tag{7-27}$$

$$\left. \begin{aligned} \frac{\mathrm{d}f_{pll\_f}}{\mathrm{d}t} &= \omega_{c2}(f_{pll} - f_{pll\_f}) \\ \frac{\mathrm{d}\left(\dfrac{\mathrm{d}f_{pll\_f}}{\mathrm{d}t}\right)}{\mathrm{d}t} &= \omega_{c2}\left(\frac{\mathrm{d}f_{pll}}{\mathrm{d}t} - \frac{\mathrm{d}f_{pll\_f}}{\mathrm{d}t}\right) \end{aligned} \right\} \tag{7-28}$$

$$\left. \begin{aligned} f_{pll} &= \frac{1}{2\pi}\left[\omega_g - (x_{pll} - K_{Ppll}u_{oq})\right] \\ \frac{\mathrm{d}f_{pll}}{\mathrm{d}t} &= \frac{1}{2\pi}\left[0 - \left(\frac{\mathrm{d}x_{pll}}{\mathrm{d}t} - K_{Ppll}\frac{\mathrm{d}u_{oq}}{\mathrm{d}t}\right)\right] \end{aligned} \right\} \tag{7-29}$$

式中：i_{id_f}、i_{iq_f} 分别为 i_{id}、i_{iq} 经过低通滤波后的分量；f_{pll}、$\mathrm{d}f_{pll}/\mathrm{d}t$ 分别为锁相环锁得的系统频率和频率的微分；f_{pll_f}、$\mathrm{d}f_{pll\_f}/\mathrm{d}t$ 分别为 f_{pll}、$\mathrm{d}f_{pll}/\mathrm{d}t$ 经过低通滤波的分量；ω_{c1}、ω_{c2} 分别为 2 个低通滤波器的截止频率。

有功和无功控制环节中没有状态变量，因此在建立状态方程时可将 3 个环节一并考虑。有功、无功控制和电流内环控制环节对应的状态方程和输出方程为

$$\left. \begin{aligned} \frac{\mathrm{d}u_{vd}}{\mathrm{d}t} &= K_{I1}(i_{idref} - i_{id\_f}) \\ \frac{\mathrm{d}u_{vq}}{\mathrm{d}t} &= K_{I2}(i_{iqref} - i_{iq\_f}) \end{aligned} \right\} \tag{7-30}$$

$$\left. \begin{aligned} i_{idref} &= P_{ref} + \frac{P_N K_f}{U_{dc}f_0}(f_0 - f_{pll\_f}) + \frac{P_N T_j}{U_{dc}f_0}\frac{\Delta f_{pll}}{\Delta t} \\ i_{iqref} &= Q_{ref} + K_D(|u_{oref}| - |u_{oabc}|) \end{aligned} \right\} \tag{7-31}$$

$$\left. \begin{aligned} u_{id} &= u_{vd} + K_{P1}(i_{idref} - i_{id\_f}) - \omega_g L_g i_{iq\_f} \\ u_{iq} &= u_{vq} + K_{P2}(i_{iqref} - i_{iq\_f}) + \omega_g L_g i_{id\_f} \end{aligned} \right\} \tag{7-32}$$

式中：u_{vd}、u_{vq} 为电流内环控制积分器输出；i_{idref}、i_{iqref} 分别为 d、q 轴电流参考值；P_{ref}、Q_{ref} 分别为 VSG 有功和无功参考值；K_f、K_D 分别为有功调频和无功调压系数；$|u_{oref}|$、$|u_{oabc}|$ 分别为 PCC 点电压参考值的幅值和实际 PCC 点电压的幅值；T_j 为惯性时间常数；P_N 为 VSG 额定有功功率；f_0 为额定频率；K_{P1}、K_{P2}、K_{I1}、K_{I2} 分别为有功和无功环 PI 控制器的比例和积分系数。

联立式（7-23）~式（7-32），可求解系统稳态运行点。在稳态运行点进行线性化，

可系统的小信号模型为

$$\Delta \dot{x} = A \Delta x + B \Delta u \qquad (7-33)$$

式中：$\Delta x = [\Delta i_{id}, \ \Delta i_{iq}, \ \Delta u_{od}, \ \Delta u_{oq}, \ \Delta i_{od}, \ \Delta i_{oq}, \ \Delta x_{pll}, \ \Delta \theta_{pll}, \ \Delta i_{id\_f}, \ \Delta i_{iq\_f}, \ \Delta f_{pll\_f},$
$\Delta(\mathrm{d}f_{pll\_f}/\mathrm{d}t), \ \Delta u_{vd}, \ \Delta u_{vq}]^{\mathrm{T}}$ 为系统状态量；$\Delta u = \Delta P_{ref}$ 为系统输入量。

（二）电流控制型虚拟同步发电机功率振荡风险评估

利用电流控制型 VSG 并网系统的小信号模型可得系统状态矩阵 A，通过求解 A 的特征根，可以分析系统在稳态运行点的小信号稳定性。

考虑 VSG 有功功率为 500kW，无功功率为 0kvar 的工况，其他系统参数如表 7-5 所示。

表 7-5　　　　　　　　　　VSG 并网系统参数

参数	数值	参数	数值	参数	数值
P_{ref}（kW）	500	Q_{ref}（kvar）	0	V_{ref}（V）	315
C_g（μF）	300	K_{Ppll}	10	$K_{P1}\ K_{P2}$	0.64
L_g（μH）	150	K_{Ipll}	500	$K_{I1}\ K_{I2}$	100
T_j（s）	0.1	ω_{c1}	1000π	R_1（mΩ）	1.264
K_f	20	ω_{c2}	20π	L_1（mH）	0.0386

计算系统特征根，并根据参与因子判断影响特征根的主要状态变量，结果如表 7-6 所示。

表 7-6　　　　　　　　　　系　统　特　征　根

特征根序号	实部（s^{-1}）	振荡频率（Hz）	阻尼比	主要相关状态变量
1，2	−69.7	2873	1.7×10^{-4}	$u_{od}, \ u_{oq}, \ i_{od}, \ i_{oq}$
3，4	−157.9	2862	3.2×10^{-4}	$u_{od}, \ u_{oq}, \ i_{od}, \ i_{oq}$
5，6	−1711.6	400	0.56	$i_{id}, \ i_{iq}, \ i_{id\_f}, \ i_{iq\_f}$
7，8	−1424.1	350	0.54	$i_{id}, \ i_{iq}, \ i_{id\_f}, \ i_{iq\_f}$
9，10	−6.01	0.022	0.99	$u_{vd}, \ u_{vq}$
11，12	−5.01	6.95	0.22	$x_{pll}, \ \theta_{pll}$
13，14	−62.83/−62.84	0	1	$f_{pll\_f}, \ \mathrm{d}f_{pll\_f}/\mathrm{d}t$

如表 7-6 所示，该系统共有 14 个特征根，可以将其分为 8 组，分别对应 8 个振荡模态。根据电流控制型 VSG 建模过程可知，VSG 并网系统与常规逆变器并网系统的特征根个数相同，并没有引入新的特征根和振荡模态。分析各振荡模态可知，λ_{1-2} 的阻尼比最小，λ_{11-12} 最靠近右半平面，因此这两对特征根对应振荡模态出现失稳的可能性较大，后文着重分析 VSG 控制参数和电网参数对这两对特征根的影响。

为全面分析 VSG 控制参数对电流控制型 VSG 并网稳定性的影响，将控制参数分为 3 类，分别为虚拟同步功能相关控制参数、锁相环控制参数和滤波器参数。下文依次研究这 3 类参数对电流控制型 VSG 并网稳定性的影响。

（三）不同技术路线虚拟同步发电机并网稳定性对比分析

电压控制型 VSG 模拟了常规火电机组的转子运动方程，通过控制功角实现一次调频和惯性功能。电流控制型 VSG 是在常规逆变器控制的基础上，通过在电流参考信号中附加指令值以实现调频和惯性功能。2 种 VSG 的实现方式不同，其并网稳定性也有所区别。下面根据基于电压和电流控制型 VSG 构建的 2 种并网系统小信号模型，分别计算其特征根，并根据参与因子判断影响特征根的主要状态变量和主导影响参数，结果如表 7-7 所示。

表 7-7　　　　　　　　　　　VSG 并网系统特征根结果对比

电压控制型 VSG					电流控制型 VSG				
特征根	实部	频率 (Hz)	阻尼比	主要相关状态变量	特征根	实部	频率 (Hz)	阻尼比	主要相关状态变量
λ_{1-2}	-11.38	1222	0.0015	u_{od}, u_{oq}, i_{od}, i_{oq}	λ_{1-2}	-106	-3425	3.2×10^{-4}	u_{od}, u_{oq}, i_{od}, i_{oq}
λ_{3-4}	-24.78	1123	0.0035	u_{od}, u_{oq}, i_{od}, i_{oq}	λ_{3-4}	-130	-3325	0.0014	u_{od}, u_{oq}, i_{od}, i_{oq}
λ_{5-6}	-33333	0.48	1.00	i_{id}, i_{iq}	λ_{5-6}	-1664	-317	0.64	i_{id}, i_{iq}, i_{id_f}, i_{iq_f}
λ_{7-8}	-63.05	49.75	0.20	i_{vd}, i_{vq}	λ_{7-8}	-1465	-266	0.66	i_{id}, i_{iq}, i_{id_f}, i_{iq_f}
λ_{9-10}	-19.85	7.98	0.37	ω, θ, P_e	λ_{9}	-5.91	0	1	u_{vd}, u_{vq}
λ_{11-12}	-0.40, -0.40	0	1	u_{vd}, u_{vq}	λ_{10}	-6.29	0	1	u_{vd}, u_{vq}
λ_{13}	-218	0	1	ω, P_e	λ_{11-12}	-2.19	3.37	0.10	x_{pll}, θ_{pll}
λ_{14-15}	-50.73, -18.87	0	1	e_d, Q_e	λ_{13-14}	-6.17	0.02	1.00	f_{pll_f}, $\Delta f_{pll\_f}/\Delta t$

对比电压、电流控制型 VSG 的特征根结果可知：电压控制型 VSG 中，由于在传统逆变器的基础上引入了转子运动方程、调压方程和虚拟阻抗环节，系统中产生了 3 个传统逆变器系统中不存在的新模态，分别对应特征根 λ_{9-10}、λ_{7-8} 和 λ_{14-15}。电流控制型 VSG 和传统逆变器的区别在于在电流参考信号中附加指令值，引入这种附加指令值后，系统中并没有产生新的模态，但引入的附加指令值会影响原有模态的阻尼。

调频系数（K_f）和惯性时间常数（T_j）是影响 VSG 频率支撑能力的 2 个重要参数，这 2 个参数的取值会受到系统稳定性。

K_f 由 20 变为 5 时，λ_{3-4}、λ_{7-8} 和 λ_{9-10} 3 对特征根的轨迹如图 7-16 所示。

由图 7-16 可以看出，在电压控制型 VSG 中，随着 K_f 的减小，λ_{9-10} 两个特征根向右半平面移动，对应模态的阻尼迅速减小，直至 K_f 减小至 6.75 之后，系统失稳。在电流控制型 VSG 中，K_f 的减小对系统特征根几乎没有影响。

T_j 由 0.01 变为 10 时，电压、电流控制型 VSG 并网系统特征根的轨迹如图 7-17 所示。

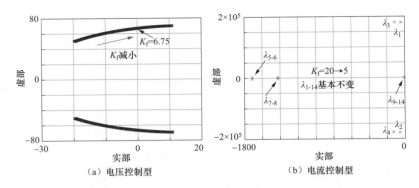

图 7 - 16 K_f 对电压、电流控制型 VSG 特征根的影响

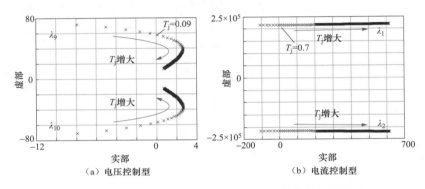

图 7 - 17 不同技术路线 VSG 中 T_j 对系统特征根的影响

由图 7 - 17 可以看出，在电压控制型 VSG 中，随着 T_j 的增大，λ_{9-10} 两个特征根向右半平面移动，对应模态的阻尼迅速减小，当 T_j 大于 0.09 后，系统失稳。在电流控制型 VSG 中，随着 T_j 的增大，λ_{1-2} 两个特征根向右半平面移动，对应模态的阻尼迅速减小，当 T_j 大于 0.7 后，系统失稳。

强度越强的电网中，短路阻抗（Z_1）越小。本节通过分析 Z_1 对电压、电流控制型 VSG 并网系统特征根的影响，分析电压、电流控制型 VSG 在不同强度电网中的稳定性差异。

Z_L 由 0.06p.u. 变到 1p.u. 时，λ_{3-4} 的轨迹如图 7 - 18 所示。

由图 7 - 18 可以看出，在电压控制型 VSG 并网系统中，随着 Z_L 增大，λ_{1-2}、λ_{7-8} 和 λ_{9-10} 三对特征根虽然有所变化，但始终在左半平面，除上述 3 对特征根外，其他特征根在 Z_L 变化过程也始终处于左半平面，因此，系统始终保持稳定。在电流控制型 VSG 并网系统中，随着 Z_L 增大，λ_{11-12} 向右移动，当 Z_L 大于 0.3p.u. 时系统失稳。这说明当系统强度较弱时，电流控制型 VSG 并网系统可能失稳。

电流控制型 VSG 需采用锁相环进行锁相，锁相环性能会影响电流控制型 VSG 的并网稳定性。当锁相环参数整定不合理时，电流控制型 VSG 并网系统会失稳。而电压控制型 VSG 由于不需要锁相环锁相，因此不存在上述问题。

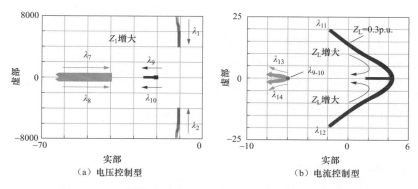

图 7 - 18　不同技术路线 VSG 中 Z_L 对特征根 λ_{3-4} 的影响

总结不同技术路线的 VSG 稳定性特点如下：

（1）在 VSG 控制系统中加入电压闭环，可有效抑制光伏 VSG 滤波电路与外部线路之间相互作用而可能诱发的高频谐振，但电压闭环的引入可能会削弱 VSG 虚拟阻抗控制环节对应模态的阻尼。

（2）VSG 控制系统中的电压闭环 PI 参数对于电压闭环所对应模态的阻尼影响较大，对其他模态阻尼的影响较小。当电压闭环的比例参数整定值过大，或积分参数整定值小时，电压闭环对应的模态可能出现振荡问题。

（3）在微电网、农村电网等电压低、强度弱的系统中，含电压闭环的光伏 VSG 并网系统主导模态的阻尼比大于不含电压闭环的系统，在光伏 VSG 控制中引入电压闭环会改善系统的小信号稳定性。

（4）相比于控制系统中不存在电压闭环的情况，引入电压闭环的 VSG 中，调频系数和惯性时间常数整定值的可选范围更宽，VSG 对电网频率的支撑能力越强。

三、虚拟同步发电机多机并联稳定性分析

（一）多机并联系统的小信号建模

首先建立 VSG 多机系统模型如图 7 - 19 所示。n 台 VSG 并网运行时，系统存在 $(n+1)$ 个坐标系，即各 VSG 自身的 dq 旋转坐标系以及电网的 DQ 旋转坐标系，二者关系如图 7 - 20 所示。为建立完整的小信号模型，需要将系统中所有 VSG 变换到同一公共坐标系。选定电网的 DQ 坐标系为公共坐标系，第 i 台 VSG 的 dq 分量变换至公共坐标系 DQ 轴的公式为

$$\begin{bmatrix} x_{Di} \\ x_{Qi} \end{bmatrix} = \begin{bmatrix} \cos\delta_i & -\sin\delta_i \\ \sin\delta_i & \cos\delta_i \end{bmatrix} \begin{bmatrix} x_{di} \\ x_{qi} \end{bmatrix} \tag{7-34}$$

其小信号模型为

$$\begin{bmatrix} \Delta x_{Di} \\ \Delta x_{Qi} \end{bmatrix} = \begin{bmatrix} \cos\delta_{0i} & -\sin\delta_{0i} \\ \sin\delta_{0i} & \cos\delta_{0i} \end{bmatrix} \begin{bmatrix} \Delta x_{di} \\ \Delta x_{qi} \end{bmatrix} + \begin{bmatrix} -X_{di}\sin\delta_{0i} - X_{qi}\cos\delta_{0i} \\ X_{di}\cos\delta_{0i} - X_{qi}\sin\delta_{0i} \end{bmatrix} \Delta\delta_i \tag{7-35}$$

同理，由 DQ 变换至 dq 坐标系的公式及小信号模型为

$$\begin{bmatrix} x_{di} \\ x_{qi} \end{bmatrix} = \begin{bmatrix} \cos\delta_i & \sin\delta_i \\ -\sin\delta_i & \cos\delta_i \end{bmatrix} \begin{bmatrix} x_{Di} \\ x_{Qi} \end{bmatrix} \tag{7-36}$$

$$\begin{bmatrix} \Delta x_{di} \\ \Delta x_{qi} \end{bmatrix} = \begin{bmatrix} \cos\delta_{0i} & \sin\delta_{0i} \\ -\sin\delta_{0i} & \cos\delta_{0i} \end{bmatrix} \begin{bmatrix} \Delta x_{Di} \\ \Delta x_{Qi} \end{bmatrix}$$
$$+ \begin{bmatrix} -X_{di}\sin\delta_{0i} + X_{qi}\cos\delta_{0i} \\ -X_{di}\cos\delta_{0i} - X_{qi}\sin\delta_{0i} \end{bmatrix} \Delta\delta_i \tag{7-37}$$

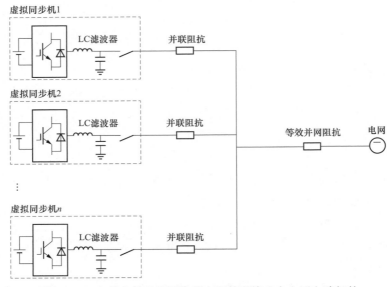

图 7-19 多台光伏虚拟同步发电机并联接入大电网电路拓扑

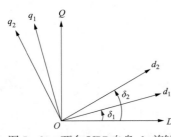

图 7-20 两台 VSG 自身 dq 旋转坐标系及电网 DQ 旋转坐标系

本节选择电网的 DQ 坐标系为公共坐标系，在电网接口环节建模中将各 VSG 自身 dq 变量变换至公共坐标系，再进行小信号建模；而分别以各 VSG 的自身 dq 坐标系对 VSG 的控制环节（包括有功功率控制环节、无功功率控制环节、虚拟阻抗控制环节、电流内环控制环节及功率测量及计算环节）进行建模，之后利用 MATLAB/Simulink 中的模型验证基于逆变器结构 VSG 并网系统的小信号模型的正确性。

电网接口环节框图如图 7-21 所示。对于 VSG1 和 VSG2 的输出电流 i_{od}、i_{oq} 小信号模型，将各变量变换至各 VSG 的自身 dq 坐标系下，得到该环节对应的状态方程为

$$\left.\begin{aligned} \frac{\mathrm{d}i_{od1}}{\mathrm{d}t} &= \frac{1}{L_1}(\omega_0 L_1 i_{oq1} + u_{od1} - u_{bd1} - R_1 i_{od1}) \\ \frac{\mathrm{d}i_{oq1}}{\mathrm{d}t} &= \frac{1}{L_1}(-\omega_0 L_1 i_{od1} + u_{oq1} - u_{bq1} - R_1 i_{oq1}) \end{aligned}\right\} \tag{7-38}$$

$$\frac{\mathrm{d}i_{od2}}{\mathrm{d}t}=\frac{1}{L_2}(\omega_0 L_2 i_{oq2}+u_{od2}-u_{bd2}-R_2 i_{od2})\left.\right\}$$
$$\frac{\mathrm{d}i_{oq2}}{\mathrm{d}t}=\frac{1}{L_2}(-\omega_0 L_2 i_{od2}+u_{oq2}-u_{bq2}-R_2 i_{oq2})$$
$$(7-39)$$

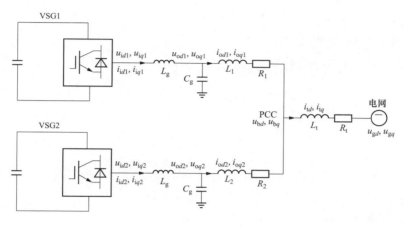

图 7-21　电网接口环节

对于并联后的输出电流 i_{tD}、i_{tQ} 小信号模型，将各变量变换至电网 DQ 坐标系下，得到该环节对应的状态方程为

$$\frac{\mathrm{d}i_{tD}}{\mathrm{d}t}=\frac{1}{L_t}(\omega_0 L_t i_{tQ}+u_{bD}-u_{gD}-R_t i_{tD})\left.\right\}$$
$$\frac{\mathrm{d}i_{tQ}}{\mathrm{d}t}=\frac{1}{L_t}(-\omega_0 L_t i_{tD}+u_{bQ}-u_{gQ}-R_t i_{tQ})$$
$$(7-40)$$

为建立并联系统的整体模型，在并联 PCC 点引入一个足够大的虚拟对地电阻 R_n，以便消除公共母线节点电压 u_{bD}、u_{bQ} 输入变量（当虚拟电阻取值很大时，如 1000Ω，对动态性能影响很小，建模结果较精确），并以电网电压 DQ 坐标系为公共坐标系，得到

$$u_{bD}=R_n(i_{oD1}+i_{oD2}-i_{tD})\left.\right\}$$
$$u_{bQ}=R_n(i_{oQ1}+i_{oQ2}-i_{tQ})$$
$$(7-41)$$

其小信号模型如下，注意 Δi_{oD1}、Δi_{oD2}、Δi_{oQ1}、Δi_{oQ2} 为变换至 DQ 公共坐标系下的小信号模型。

$$\Delta u_{bD}=R_n(\Delta i_{oD1}+\Delta i_{oD2}-\Delta i_{tD})\left.\right\}$$
$$\Delta u_{bQ}=R_n(\Delta i_{oQ1}+\Delta i_{oQ2}-\Delta i_{tQ})$$
$$(7-42)$$

有功功率控制环节对应的状态方程为

$$\frac{\mathrm{d}\omega}{\mathrm{d}t}=\frac{1}{J\omega_0}\left[-P_e-K_{Dp}(\omega-\omega_0)\right]+\frac{1}{J\omega_0}P_{ref}\left.\right\}$$
$$\frac{\mathrm{d}\theta}{\mathrm{d}t}=\omega$$
$$(7-43)$$

式中：P_{ref} 为 VSG 有功参考值；P_e 为 VSG 输出的平均有功功率；ω 为 VSG 角速度；J

为虚拟惯量；K_{Dp} 为有功下垂常数；ω_0 为电网角速度；θ 为 VSG 角度。

无功功率控制环节对应的状态方程为

$$\frac{de}{dt} = \frac{1}{K_q}\left[D_q(V_{ref} - \sqrt{u_{od}^2 + u_{oq}^2}) - Q_e\right] + \frac{1}{K_q}Q_{ref} \tag{7-44}$$

式中：e 为 VSG 内电势；K_q 为无功积分系数；D_q 为无功调差系数；Q_{ref} 为 VSG 无功参考值；Q_e 为 VSG 输出的平均无功功率。

虚拟阻抗控制环节对应的状态方程为

$$\left.\begin{array}{l} \dfrac{di_{vd}}{dt} = \dfrac{1}{L_v}(e_d - u_{od} + \omega_0 L_v i_{vq} - R_v i_{vd}) \\[3mm] \dfrac{di_{vq}}{dt} = \dfrac{1}{L_v}(e_q - u_{oq} - \omega_0 L_v i_{vd} - R_v i_{vq}) \end{array}\right\} \tag{7-45}$$

式中：i_{vd}、i_{vq} 分别为 VSG 内部虚拟电流的 d 轴和 q 轴分量；e_d、e_q 分别为 VSG 内电势 e 的 d 轴和 q 轴分量；L_V 为虚拟电感；R_V 为虚拟电阻。

电流内环控制环节对应的状态方程为

$$\left.\begin{array}{l} \dfrac{du_{vd}}{dt} = K_{I1}(i_{vd} - i_{id}) \\[3mm] \dfrac{du_{vq}}{dt} = K_{I2}(i_{vq} - i_{iq}) \end{array}\right\} \tag{7-46}$$

对应的输出方程为

$$\left.\begin{array}{l} u_{id} = u_{vd} + K_{P1}(i_{vd} - i_{id}) - \omega_0 L_g i_{iq} \\[2mm] u_{iq} = u_{vq} + K_{P2}(i_{vq} - i_{iq}) + \omega_0 L_g i_{id} \end{array}\right\} \tag{7-47}$$

式中：u_{vd}、u_{vq} 分别为 VSG 内部虚拟电压的 d 轴和 q 轴分量；K_{P1}、K_{P2} 分别为有功、无功电流内环的比例系数；K_{I1}、K_{I2} 分别为有功、无功电流内环的积分系数。

功率测量及计算环节对应的状态方程为

$$\left.\begin{array}{l} \dfrac{dP_e}{dt} = \omega_c(p - P_e) \\[3mm] \dfrac{dQ_e}{dt} = \omega_c(q - Q_e) \end{array}\right\} \tag{7-48}$$

式中：p、q 分别为 VSG 输出的瞬时有功、无功功率；P_e、Q_e 分别为 VSG 输出的平均有功、无功功率。瞬时有功、无功功率的计算公式为

$$\left.\begin{array}{l} p = \dfrac{3}{2}(u_{od}i_{od} + u_{oq}i_{oq}) \\[3mm] q = \dfrac{3}{2}(-u_{od}i_{oq} + u_{oq}i_{od}) \end{array}\right\} \tag{7-49}$$

由上述分析可知，单台基于逆变器结构的 VSG 并网运行时，系统共有 32 个状态变量。将该系统在平衡点进行线性化，整理后可得单台基于逆变器结构的 VSG 并网的小信

号模型为

$$\Delta \dot{x} = A \Delta x + B \Delta u \tag{7-50}$$

式中：$\Delta x = [\Delta i_{id1}, \Delta i_{iq1}, \Delta u_{od1}, \Delta u_{oq1}, \Delta i_{od1}, \Delta i_{oq1}, \Delta \omega_1, \Delta \delta_1, \Delta e_{d1}, \Delta i_{vd1}, \Delta u_{vd1}, \Delta i_{vq1}, \Delta u_{vq1}, \Delta P_{e1}, \Delta Q_{e1}, \Delta i_{id2}, \Delta i_{iq2}, \Delta u_{od2}, \Delta u_{oq2}, \Delta i_{od2}, \Delta i_{oq2}, \Delta \omega_2, \Delta \delta_2, \Delta e_{d2}, \Delta i_{vd2}, \Delta u_{vd2}, \Delta i_{vq2}, \Delta u_{vq2}, \Delta P_{e2}, \Delta Q_{e2}, \Delta i_{tD}, \Delta i_{tQ}]^T$ 为系统状态量；$\Delta u = [P_{ref}, Q_{ref}]^T$ 为系统控制变量。

为验证本节推导的小信号模型的正确性，在 MATLAB/Simulink 中搭建了仿真模型。在 Simulink 模型和小信号模型中，设定两台 VSG 初始有功功率均为 200kW，初始无功功率为 0var，两台 VSG 除了并联阻抗参数不相同外，控制参数均相同，其具体参数如表 7-8 所示。

表 7-8   VSG 并 网 系 统 参 数

参　数	数　值	参　数	数　值
$P_{N1,2}$（kW）	500	$R_{v1,2}$（Ω）	0.01
$L_{g1,2}$（μH）	150	$L_{V1,2}$（μH）	150
$J_{1,2}$/kg·m^2	0.33	$K_{P1,2}$	0.64
$K_{Dp1,2}$	15888	$K_{I1,2}$	100
$D_{q1,2}$	20000	L_t（μH）	0.386
$K_{q1,2}$	318	R_t（Ω）	0.01264
L_1（μH）	38.6	L_2（μH）	193
R_1（Ω）	1.264	R_2（Ω）	6.32

将 2 台 VSG 的有功功率参考值分别加入相同的扰动 $\Delta P_{ref} = 10$kW，即 VSG 有功功率参考值阶跃 10kW，对比 2 个模型对应的 VSG 输出有功功率 P、无功功率 Q 和自身角速度 ω 的曲线，如图 7-22 所示。

由图 7-22 可以看出，Simulink 仿真模型与小信号模型（small signal model）曲线基本重合，从而证明了本节建立的小信号模型的正确性。

（二）多机并联系统的功率振荡风险评估

由于系统稳态工作点会影响小信号模型中各矩阵的系数，进而影响系统稳定性，因此在计算小信号模型时需要先计算系统的稳态工作点。系统的稳态工作点可以通过求解系统非线性状态方程得到。对于本节中的单台基于逆变器结构的 VSG 并网系统，稳态运行时系统应满足如下条件：$d\theta/dt = \omega_0$，其余所有状态变量的导数均为 0。将以上条件代入系统非线性状态方程即可求得系统的稳态工作点。

求解得到系统稳态工作点后，即可利用所建立的小信号模型分析系统的特征根和稳定性。考虑 VSG 初始有功功率为 200kW、初始无功功率为 0 的运行工况，系统的全部特征值信息如表 7-9 所示。

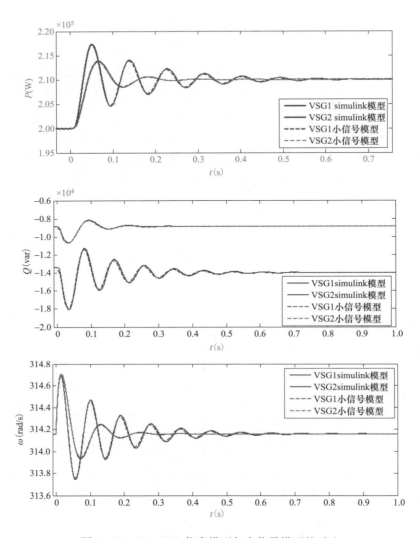

图 7 - 22　Simulink 仿真模型与小信号模型的对比

表 7 - 9　　　　　　　　　两台 VSG 并网特征根（两台线路参数一致）

特征根序号	实部	虚部	振荡频率（Hz）	阻尼比	主要相关状态变量
1，2	-2.6×10^9	314.16	50.00	1	i_{tD}，i_{tQ}
3，4	-0.68	7656.72	1218.60	8.8×10^{-5}	$u_{od1,2}$，$u_{oq1,2}$，$i_{od1,2}$，$i_{oq1,2}$
5，6	-0.38	7598.83	1209.39	5.1×10^{-5}	$u_{od1,2}$，$u_{oq1,2}$，$i_{od1,2}$，$i_{oq1,2}$
7，8	-28.67	7077.15	1126.36	4.1×10^{-3}	$u_{od1,2}$，$u_{oq1,2}$，$i_{od1,2}$，$i_{oq1,2}$
9，10	-28.94	7019.84	1117.24	4.1×10^{-3}	$u_{od1,2}$，$u_{oq1,2}$，$i_{od1,2}$，$i_{oq1,2}$
11，12	-4108.52	51.65	8.22	1	$i_{id1,2}$，$i_{iq1,2}$

特征根序号	实部	虚部	振荡频率（Hz）	阻尼比	主要相关状态变量
13，14	−4108.48	51.03	8.12	1	$i_{id1.2}$，$i_{iq1.2}$
15，16	−65.46	311.08	49.51	0.21	$i_{vd1.2}$，$i_{vq1.2}$
17，18	−65.32	311.07	49.51	0.21	$i_{vd1.2}$，$i_{vq1.2}$
19，20	−7.11	71.79	11.43	0.10	$\omega_{1.2}$，$\theta_{1.2}$，$P_{el.2}$
21，22	−7.18	71.67	11.41	0.10	$\omega_{1.2}$，$\theta_{1.2}$，$P_{el.2}$
23	−195.10	0.00	0.00	1	$\omega_{1.2}$
24	−195.20	0.00	0.00	1	$\omega_{1.2}$
25，26	−158.88	4.69	0.75	1	$u_{vd1.2}$，$u_{vq1.2}$
27，28	−158.88	4.64	0.74	1	$u_{vd1.2}$，$u_{vq1.2}$
29，30	−38.63	26.02	4.14	0.83	$e_{d1.2}$，$Q_{el.2}$
31，32	−38.73	26.01	4.14	0.83	$e_{d1.2}$，$Q_{el.2}$

由表 7-9 可知，特征根 λ_1、λ_2 主要与电网接口环节有关，受并联后阻抗参数（包括变压器、线路等）影响较大，且为同步振荡频率（约 50Hz），$\lambda_3 \sim \lambda_{14}$ 主要与电网接口环节有关，受逆变器输出滤波电感电容，和并联阻抗参数（包括变压器、线路等）影响较大；$\lambda_{15} \sim \lambda_{18}$ 主要与虚拟阻抗控制有关，受虚拟电抗和虚拟电阻影响较大；$\lambda_{19} \sim \lambda_{24}$ 主要与有功功率控制环节有关，受有功下垂系数，虚拟惯量影响较大；$\lambda_{25} \sim \lambda_{28}$ 主要与电流内环控制环节有关，受电流内环控制 PI 参数和逆变器滤波电感影响较大；$\lambda_{29} \sim \lambda_{32}$ 主要与无功功率控制环节有关，受无功调差和积分系数影响较大。

由表 7-9 还可知，特征根中 $\lambda_{19} \sim \lambda_{22}$ 距离虚轴较近，为引入虚拟同步功能后新增加的系统主导特征根，且为低频振荡模态，反映了多台 VSG 与电网之间有功功率的动态，后文着重分析不同控制参数及工况对该对特征根的影响，进而分析不同控制参数及工况对系统动态的影响；特征根中 $\lambda_3 \sim \lambda_6$ 距离虚轴也较近，其振荡模态与传统逆变器并联后出现的振荡模态相同，在此不再赘述。

第三节 虚拟同步发电机关键技术与装备研制

一、宽频带阻尼提升技术

（一）高频谐振风险评估方法

本书所研究的虚拟同步发电机并网系统如图 7-23 所示。其中虚拟同步发电机经滤波回路接入并网点，而后经过外部电网等值线路与无穷大电网相连。虚拟同步发电机直流侧电压的波动对系统稳定性的影响不明显，因此，将虚拟同步发电机直流侧进行了简化。控制环节主要包括有功控制、无功控制、电流内环控制。有功控制模拟了同步发电机的惯性和一次调频；无功控制模拟了同步发电机的主动调压；电流内环控制生成电压参考信号，利用空间电压矢量调制生成驱动信号控制各开关器件。

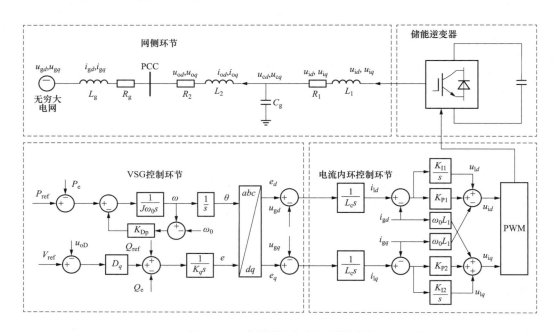

图 7-23 虚拟同步发电机并网系统

虚拟同步控制环节的控制带宽远远低于电流控制环节，属于低频段，为简化模型，重点对虚拟同步发电机控制环节输出部分，电流内环控制环节，逆变器环节与网侧环节进行分析。为得到虚拟同步发电机控制环节输出部分到网侧环节的传递函数，对微分方程进行拉氏变换得到式（7-51）和式（7-52）。

$$
\left.
\begin{aligned}
i_{id} &= \frac{1}{L_1 s}(\omega_0 L_1 i_{gq} + u_{id} - u_{cd} - R_1 i_{id}) \\[2mm]
u_{cd} &= \frac{1}{C_g s}(\omega_0 C_g u_{cq} + i_{id} - i_{od}) \\[2mm]
i_{gd} &= \frac{1}{(L_2 + L_g)s}(\omega_0 L_g i_{gq} + \omega_0 L_2 i_{gq} + u_{cd} - u_{gd} - R_2 i_{gd} - R_g i_{gd}) \\[2mm]
i_{ld} &= \frac{1}{L_c s}(e_d - u_{gd}) \\[2mm]
u_{id} &= \left(K_{P1} + \frac{K_{I1}}{s}\right)(i_{ld} - i_{gd}) - \omega_0 L_1 i_{gq}
\end{aligned}
\right\} \quad (7-51)
$$

$$i_{iq} = \frac{1}{L_1 s}(-\omega_0 L_1 i_{gd} + u_{id} - u_{cq} - R_1 i_{iq})$$

$$u_{cq} = \frac{1}{C_g s}(-\omega_0 C_g u_{cd} + i_{iq} - i_{oq})$$

$$i_{gq} = \frac{1}{(L_2 + L_g)s}(-\omega_0 L_g i_{gd} - \omega_0 L_2 i_{gd} + u_{cq} - u_{gq} - R_2 i_{gq} - R_g i_{gq}) \left.\rule{0pt}{60pt}\right\} \quad (7-52)$$

$$i_{lq} = \frac{1}{L_c s}(e_q - u_{gq})$$

$$u_{iq} = \left(K_{P1} + \frac{K_{I1}}{s}\right)(i_{lq} - i_{iq}) + \omega_0 L_1 i_{gd}$$

由于 dq 坐标变换引入强耦合项，采用电流内环控制时耦合项的存在使指令电流跟踪效果不理想。下面采用状态反馈进行解耦控制，电流内环控制环节，逆变环节与网侧环节状态反馈解耦控制结构图如图 7-24 所示。

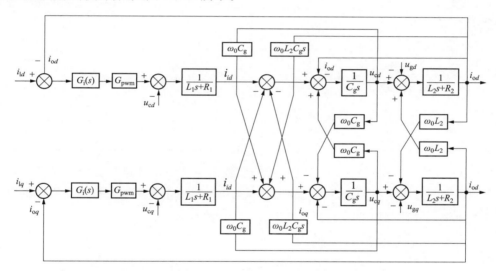

图 7-24 dq 坐标系下状态反馈解耦控制框图

解耦后，系统不含耦合项。在并网模式运行时，LCL 型虚拟同步发电机通过公共耦合点与电网连接，理想情况下并网阻抗为零，逆变器谐振频率由 LCL 滤波器决定。由于实际低压配电网络中，公共耦合点电网阻抗很大，可能诱发系统产生谐振。为此，需要对虚拟同步发电机控制环节输出部分到网侧环节进行研究，电流内环采用电网电流反馈方式，则虚拟同步发电机控制环节输出部分到网侧环节的控制系统框图如图 7-25 所示。

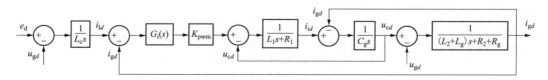

图 7-25 控制策略原理框图

电流内环采用电网电流反馈时，系统开环传递函数为

$$G(s) = \frac{K_{P1}s + K_{I1}}{a_0 s^5 + a_1 s^4 + a_2 s^3 + a_3 s^2 + a_4 s^1 + a_5 s^0} \qquad (7-53)$$

$$\left.\begin{aligned}
a_0 &= L_c L_2 L_1 C_g + L_c L_g L_1 C_g \\
a_1 &= (R_2 + R_g) L_c L_1 C_g + (L_2 + L_g) L_c C_g R_1 \\
a_2 &= (R_2 + R_g) L_c C_g R_1 + L_c (L_2 + L_g) + L_1 L_c \\
a_3 &= K_{p1} L_c + L_c R_1 + L_c (R_2 + R_g) \\
a_4 &= K_{I1} L_c \\
a_5 &= 0
\end{aligned}\right\} \qquad (7-54)$$

虚拟同步发电机并网系统的参数如表 7 - 10 所示。

表 7 - 10 储能 VSG 并网系统的参数

参数	取值	参数	取值
P_{ref}/kW	200	Q_{ref}/kvar	0
C_g/μC	411	L_1/μH	120
K_{P1}、K_{P2}	0.64	R_1/Ω	0.08
K_{I1}、K_{I2}	100	R_2/Ω	0.08
K_{Ppll}	0.1	K_{Ipll}	5
L_g/mH	0.9	R_g/Ω	0.0642
K_{Dp}	9442	L_2/μH	40

根据 LCL 型虚拟同步发电机并网系统的参数对系统稳定性进行分析，电流内环采用电网电流反馈，并将虚拟同步发电机输出电压与电网电压偏差经控制电路后得到的电流作为内环参考电流的控制指令时，伯德图如图 7 - 26 所示。

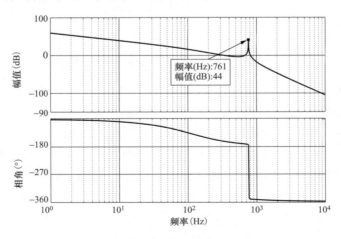

图 7 - 26 控制环节输出部分到网侧环节的伯德图

从伯德图中可以看出，采用此种控制方式时，幅值裕度为负值，系统稳定性较差，存

在高频谐振，谐振峰值为 44dB，谐振频率为 761Hz。谐振点的幅值及谐振频率受电网参数与控制参数的共同影响，本书着重分析电网参数变化对谐波谐振的影响。

（1）线路长度对虚拟同步发电机谐波谐振特性影响分析。模拟并网线路长度增加，在初始线路长度的阻抗基础上，等倍增加线路阻抗，伯德图如图 7-27（a）所示。从图 7-27（a）中可以看出，在模拟长度增加，线路阻抗等倍增长时，谐振峰值有所降低，但系统幅值裕度与相角裕度同时变为负值，系统的稳定性更差，即接入系统阻尼较低的弱电网时，极大增加了 LCL 型虚拟同步发电机并网系统谐波谐振风险。

（2）电网电阻对虚拟同步发电机谐波谐振特性影响分析。保持网侧电感 $L_g = 0.9mH$ 不变，模拟线路电阻增大，得到如图 7-27（b）所示伯德图。从图 7-27（b）中可以看出，随着模拟线路电阻的增大，谐振峰值减小，幅值裕度和相角裕度同时为正值，并留有一定的裕量，系统稳定性增强，有利于缓解 LCL 型虚拟同步发电机并网系统发生谐波谐振的风险。

（3）电网电感对虚拟同步发电机谐波谐振特性影响分析。保持网侧电阻 $R = 0.0642\Omega$ 不变，模拟线路电感增大，得到如图 7-27（c）所示伯德图。从图 7-27 中看出，随着模拟线路电感增大，幅值裕度和相角裕度同时变为负值，系统稳定性变差，并在低频段出现了谐振，控制系统对谐振的阻尼作用急剧降低，加剧了储能 VSG 系统发生谐波谐振的风险。因此，线路电感增大，将进一步增大 LCL 型虚拟同步发电机并网系统的谐波谐振风险。

（二）有源阻尼振荡抑制策略

引起高频谐振的主导因素在于高次谐波激发光伏 VSG 滤波电路的谐振，由于滤波电路的存在，光伏虚拟同步发电机已表现出一定的电感和电容性质。通过虚拟阻抗方法，减去光伏 VSG 的输出电流在虚拟阻抗上的压降，可以重塑光伏 VSG 的阻抗特性，相比于常规光伏逆变器通过滤波电容有源阻尼减弱高频谐振风险的方法，通过光伏 VSG 引入虚拟阻抗算法，能够提升光伏 VSG 的高频谐振抑制能力，同时增强其在弱电网和孤立电网运行环境下的动态特性，优化光伏 VSG 的并联均流控制能力，根据光伏 VSG 已有的电压控制结构，引入虚拟阻抗环节的光伏 VSG 整体控制策略如图 7-28 所示。

为分析虚拟电阻 R_v 的影响，保持虚拟电感不变，R_v 从 0.005Ω 变化为 1Ω 时，采用特征根分析法进行研究，发现高频振荡模态的特征根 λ_{1-2} 迅速向左移动，λ_{1-4} 对应模态阻尼有所增强，当 R_v 大于 0.02Ω 后，λ_{1-2} 的实部进入左半平面。这是因为 R_v 增大，改善了网侧环节的阻尼特性，增强虚拟阻抗控制环节的阻尼特性，强化正面影响效果。

分析虚拟电感的影响，保持虚拟电阻不变，虚拟电感 L_v 从 $50\mu H$ 变化为 $10mH$ 时，发现高频振荡模态的特征根 λ_{1-2} 和 λ_{3-4} 两对快速向左半平面平移，当 L_v 大于 $300\mu H$ 后，λ_{1-2} 和 λ_{3-4} 两对主导特征根进入正实部。根据上述分析结果可见，虚拟电感的取值变大后，有利于系统增大系统阻尼，抑制高频振荡的风险。

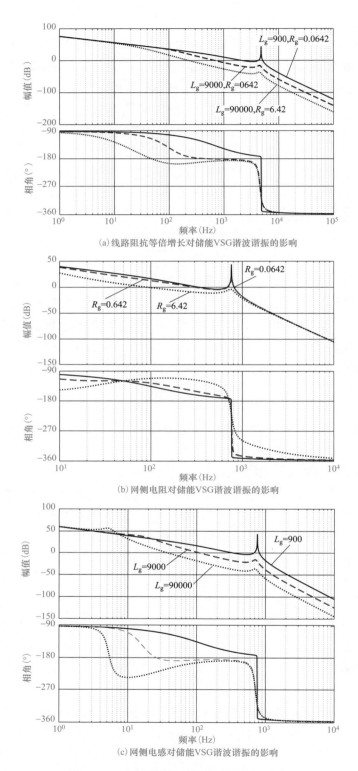

(a)线路阻抗等倍增长对储能VSG谐波谐振的影响

(b)网侧电阻对储能VSG谐波谐振的影响

(c)网侧电感对储能VSG谐波谐振的影响

图 7-27　电网参数变化对谐波谐振的影响

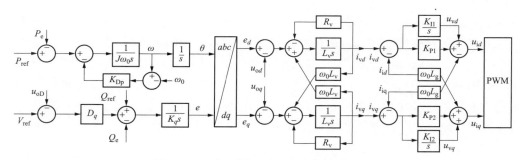

图 7-28 引入虚拟阻抗的 VSG 控制策略

除了采用虚拟阻抗的方法，在滤波电容上串联和并联阻尼电阻也是一种有源阻尼提升方法。通过串联或并联阻尼电阻，使系统的截止频率和穿越频率发生改变，从而改变系统的幅值裕度和相角裕度，使系统工作在稳定状态。

基于原有控制策略，在滤波电容上串联阻尼电阻后系统开环传递函数为

$$G(s) = \frac{K_{p1}C_gR_cs^2 + (K_{p1} + K_{I1}C_gR_c)s + K_{I1}}{a_0s^5 + a_1s^4 + a_2s^3 + a_3s^2 + a_4s^1 + a_5s^0} \tag{7-55}$$

$$
\left.
\begin{aligned}
a_0 &= L_cL_1C_g(L_g + L_2) \\
a_1 &= (R_2 + R_g)L_cL_1C_g + (L_2 + L_g)L_cC_gR_1 + L_cC_gR_c(L_2 + L_g) + L_cL_1C_gR_c \\
a_2 &= (R_2 + R_g)L_cC_gR_1 + L_c(L_2 + L_g) + L_1L_c + L_cK_{p1}C_gR_c + L_cC_gR_c(R_2 + R_g) + L_cC_gR_1R_c \\
a_3 &= K_{p1}L_c + L_cR_1 + L_c(R_2 + R_g) + K_{I1}L_cC_gR_c \\
a_4 &= K_{I1}L_c \\
a_5 &= 0
\end{aligned}
\right\}
$$

$$(7-56)$$

在滤波电容上串联阻尼电阻后，系统伯德图如图 7-29 所示。

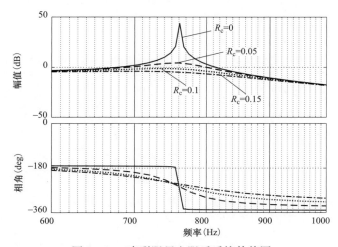

图 7-29 串联阻尼电阻后系统伯德图

由伯德图可知，在未加入阻尼电阻时，谐振峰值为 44dB，谐振频率为 761Hz；串联

$R_c=0.05\Omega$ 的阻尼电阻后，谐振峰值为 4.42dB，谐振频率为 759Hz；串联 $R_c=0.1\Omega$ 的阻尼电阻后，谐振频率为 729Hz，谐振峰值降到 0dB 以下，幅值裕度和相角裕度同时为正值，系统稳定；串联 $R_c=0.15\Omega$ 的阻尼电阻后，谐振频率为 714Hz，谐振峰值降到 0dB 以下，幅值裕度和相角裕度都留有一定的裕量，系统稳定。可见串联阻尼电阻后，可减弱系统的谐振峰值，并在一定范围内，随着阻尼电阻值的增大，LCL 型虚拟同步发电机并网系统的稳定性增强，控制系统的稳定裕度增强。

基于原有控制策略，在滤波电容上并联阻尼电阻的控制策略结构框图如图 7-30 所示。

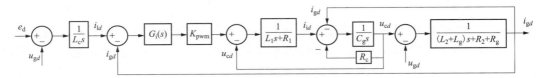

图 7-30　并联阻尼电阻的控制策略结构框图

系统开环传递函数为

$$G(s)=\frac{K_{P1}s+K_{I1}}{a_0s^5+a_1s^4+a_2s^3+a_3s^2+a_4s^1+a_5s^0}$$

$$a_0=L_cL_1C_g(L_g+L_2)$$

$$a_1=(R_2+R_g)L_cL_1C_g+L_cL_1R_c(L_2+L_g)+L_cC_gR_1(L_2+L_g)$$

$$a_2=(R_2+R_g)L_cC_gR_1+L_c(L_2+L_g)+L_1L_c$$
$$\quad+L_cL_1R_c(R_2+R_g)+L_cR_1R_c(L_2+L_g)$$

$$a_3=K_{p1}L_c+L_cR_1+L_c(R_2+R_g)+R_cL_cR_1(R_2+R_g)$$

$$a_4=K_{I1}L_c$$

$$a_5=0$$

$$(7-57)$$

在滤波电容上并联阻尼电阻后，系统伯德图如图 7-31 所示。

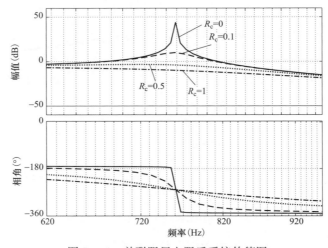

图 7-31　并联阻尼电阻后系统伯德图

由伯德图可知，在未加入阻尼电阻时，谐振峰值为 44dB，谐振频率为 761Hz；并联 $R_c=0.1\Omega$ 的阻尼电阻后，谐振峰值为 9.97dB，谐振频率为 760Hz；并联 $R_c=0.5\Omega$ 的阻尼电阻后，谐振频率为 749Hz，谐振峰值降到 0dB 以下，幅值裕度和相角裕度同时为正值，系统稳定；并联 $R_c=1\Omega$ 的阻尼电阻后，具有一定的幅值和相角裕量。可见并联阻尼电阻后，可减弱系统的谐振峰值，并在一定范围内，随着阻尼电阻值的增大，LCL 型虚拟同步发电机并网系统的稳定性增强，控制系统的稳定裕度增大。

二、基于转子动能释放的风电虚拟同步发电机调频方法

（一）基于转子动能释放控制的基本原理

转子惯量控制方法是目前工程中应用较多的风电虚拟同步发电机实现方案，图 7-32 给出了转子惯量控制的原理示意图。转子惯量控制只需要在风机原有最大功率点跟踪（maximum power point tracking，MPPT）曲线给出的功率参考值 P_{MPPT} 上叠加调频功率 ΔP 即可得到传送到变流器控制系统的有功功率参考值 P_{ref}。其中 ΔP 可表达为

$$\Delta P = K_f(f_0 - f) + T_j \frac{\Delta f}{\Delta t} \tag{7-58}$$

式中：第一项模拟同步发电机的一次调频，K_f 为一次调频系数；第二项模拟同步发电机的惯性调频，T_j 为惯性系数。当电网频率下降时，风机释放部分转子动能增大电磁功率输出以达到功率支撑的目的；当电网频率上升时，风机主要通过适度收桨减小电磁功率。

风电机组运行过程包括 3 个区段：最大风能捕获区（MPPT 区）、恒转速区和恒功率区。风电机组运行于恒功率区时，机组正常收桨，属于预留备用容量控制方式，电网频率扰动时机组正常开桨以支撑有功功率，有功支撑能力大小依赖于变流器的过载运行能力。因此，转子惯性控制实际上只在 MPPT 区间和恒转速区间发挥作用，本节后续只对 MPPT 区间和恒转速区间进行分析。

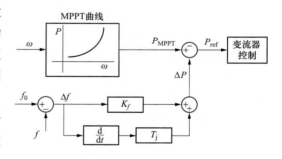

图 7-32　转子惯量控制原理示意图

MPPT 区间和恒转速区间的调频过程示意图如图 7-33 所示。

由上图 7-33 可知，风电机组调频过程分为调频支撑阶段和转速恢复阶段。当电网频率降低时，风电机组通过增大电磁转矩，提供一定幅值的有功功率支撑，电磁功率变化过程为 A-B-C，支撑过程中转速逐渐下降，机械功率变化过程为 A-D；当发电机转速达到下限值时，机组退出调频过程，为使转速恢复到初始值，电磁功率给定值应小于当前捕获的机械功率，电磁功率变化过程为 C-E-A，机械功率随着转速的上升逐渐增加，变化过程为 D-A，最后电磁功率和机械功率达到初始平衡点。

在转速恢复阶段，由于风机输出电磁功率大幅跌落，会给电网频率带来二次跌落的问题；当风电机组支撑时间过长且系统中新能源机组占比较高时，二次跌落的幅度甚至会超

过频率一次跌落的深度。这一问题严重制约了转子惯性控制方式在风电虚拟同步发电机技术中的推广应用。

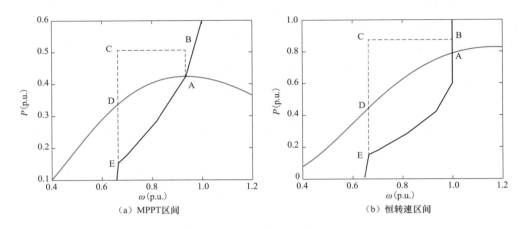

（a）MPPT区间　　　　　　　（b）恒转速区间

图 7 - 33　不同运行区段风电机组调频工程示意图

本节首先对风电虚拟同步发电机转子惯量控制方式下为电网提供惯量调频的可行性进行研究和分析，随后研究这种方法下风电机组参与电网一次调频的可行性，最后对风电虚拟同步发电机的三种调频模式从技术经济性的角度展开对比。

（二）转子惯量控制方式下惯量调频研究

图 7 - 33 中给出了风电虚拟同步发电机采用转子惯性控制方式下的控制框图，其中当一次调频系数 $K_f = 0$ 时，机组仅响应惯量调频。由于电网的典型频率动态过程包含频率下降和回升两个阶段，故风电机组响应惯量调频时输出电磁功率自然地存在小于捕获机械功率和大于机械功率 2 个阶段，从而机组可以自然地恢复到 MPPT 发电状态，不需要专门设计转速恢复过程。此外，惯量调频过程中电磁功率达到峰值后迅速下降，实际释放的转子动能十分有限，故退出调频瞬间不存在电磁功率的瞬间跌落。由于上述 2 点原因，当机组参数设置恰当时，可以避免系统频率发生二次跌落。

为了校验虚拟同步发电机仅响应惯量调频时的效果，构建风电机组占比 20% 的电力系统，特定时刻发生 5% 系统容量的功率缺额，对比机组提供惯量支撑和不提供惯量支撑时的系统频率仿真结果（图 7 - 34）。其中，风电虚拟同步发电机惯性调频系数 $T_j = 10$。

可见在仿真工况下，风电机组提供惯量调频与不参与调频相比，系统频率最低点由

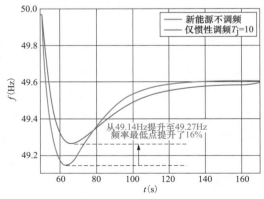

图 7 - 34　风电虚拟同步发电机仅提供惯量
调频时系统频率仿真波形

49.14Hz提升至49.27Hz，提升幅度为16%。由于风电机组为系统提供了额外惯量，系统频率到达最低点的时间略晚于风电机组不参与调频时的情况。此外，当风电虚拟同步发电机仅提供惯量支撑时，系统频率不存在二次跌落的问题。图7-35给出了风电虚拟同步发电机参与系统调频的全过程，其中给出了风轮转速、输出电磁功率和捕获机械功率的波形。

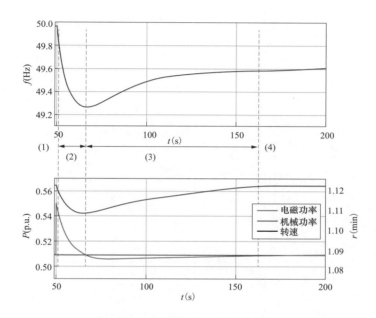

图7-35　风电虚拟同步发电机仅提供惯量调频时转速、功率波形

风电虚拟同步发电机惯量支撑可以分为4个阶段：

（1）风机运行在MPPT状态，50s时系统发生5%的功率缺额。

（2）系统频率下降，风机进行惯量支撑，增加输出功率，转子动能释放，转速下降。这一阶段中输出电磁功率大于捕获机械功率。

（3）系统频率恢复，风机进行惯量调频，减小输出功率，转速上升。这一阶段中输出电磁功率小于捕获机械功率。

（4）风机转速恢复至额定值，退出调频。

从图7-35可以看出，在整个调频过程中，由于风机惯量支撑功率幅值有限且迅速下降，风轮转速仅从1.122p.u.跌落至1.11p.u.，风机捕获到的机械功率几乎未发生变化。图7-36给出了惯性调频系数 T_j 取值不同时的仿真结果。

可见当风电虚拟同步发电机仅提供惯量支撑时，惯量调频系数增大可以改善系统频率特性，但作用有限。但当惯量调频系数较大时（$T_j=15$），风机输出电磁功率会出现振荡，继续增大可能发生失稳。此外，在系统稳定的前提下，T_j 取值不会对风轮转速跌落幅值产生明显影响。

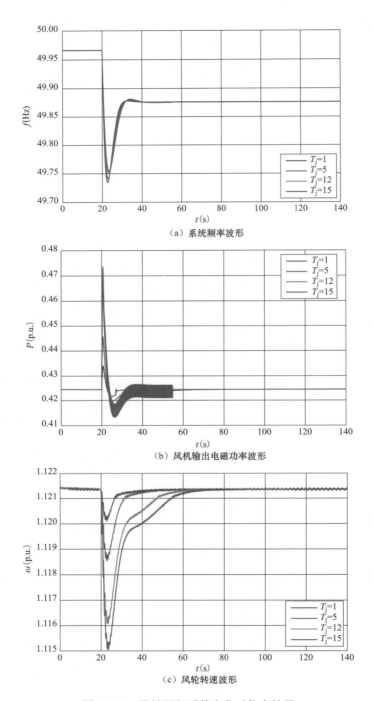

（a）系统频率波形

（b）风机输出电磁功率波形

（c）风轮转速波形

图 7 - 36　惯性调频系数变化时仿真结果

　　上述结果表明，采用转子惯量控制方式的风电虚拟同步发电机可以为电网提供有效的惯量调频支撑且不存在频率二次跌落的问题。在系统稳定的前提下，惯量调频系数 T_j 的取值应适当放大从而获得更好的调频效果。

（三）转子惯量控制方式下一次调频研究

当一次调频系数 $K_f \neq 0$ 时，风电虚拟同步发电机为系统提供一次调频。此时，支撑过程中风机持续输出额外电磁功率，风轮转速大幅下降，导致风轮捕获机械功率也明显下降；当机组退出调频时，电磁功率大幅跌落，造成频率的二次跌落。本小节首先对基于转子惯量控制方式的风电虚拟同步发电机的一次调频能力进行分析，随后对二次跌落问题进行深入研究。

与传统同步机类似，在忽略阻尼且将叶轮、轴系和发电机转子视为同一刚体的前提下风机的转子运动可以表示为

$$2H_{\mathrm{w}}\omega \frac{\mathrm{d}\omega}{\mathrm{d}t} = P_{\mathrm{m}} - P_{\mathrm{e}} \qquad (7-59)$$

式中：H_{w} 为风机旋转部分的整体惯性常量；ω 为高速轴或低速轴转速；P_{m} 为风机输入机械功率；P_{e} 为发电机输出电磁功率。调频过程中输入机械功率不断减小，可表示为 $P_{\mathrm{m}} = P_{\mathrm{m0}} - \Delta P_{\mathrm{m}}$；电磁功率增大，可表示为 $P_{\mathrm{e}} = P_{\mathrm{e0}} + \Delta P_{\mathrm{e}}$。由于调频开始前风机处于稳定状态，故有 $P_{\mathrm{e0}} = P_{\mathrm{m0}}$。由此可得

$$2H_{\mathrm{w}}\omega \frac{\mathrm{d}\omega}{\mathrm{d}t} = -(\Delta P_{\mathrm{m}} + \Delta P_{\mathrm{e}}) \qquad (7-60)$$

由此可知，转子动能释放控制方式下，风机主动调频支撑时间由 H_{w}、ΔP_{m} 和 ΔP_{e} 共同决定。

此外，双馈变流器容量一般为风机额定容量的 30%～40% 左右。风机转速过低，转差功率会超出变流器的容量限制，因此风机一般设置发电机低速保护。为避免机组触发低速保护停机，风机在调频过程中会设置转速下限从而保证转速恢复过程。

对于给定的风机和转速下限，风机的惯性支撑时间随着风速呈规律性的变化。一方面，随着风速的增大，调频过程中同样转速值的下降将会带来更大的机械功率损失，有缩短惯性支撑时间的作用。另一方面，随着风速的增大，风机初始转速也会增大，风机将有更多的动能可以释放，有延长惯性支撑时间的作用。当风机运行在 MPPT 区间时，随着风速的增大，转子动能的增加要强于机械功率的损失，故惯性支撑时间会单调增大。而当风机运行在恒转速区间时，由于转速已经达到额定值，故机械功率的损失占了主动，风机惯性支撑时间会随着风速的增大而略有缩短。

下面分别对转速下限和风机惯性时间常数对支撑时间的影响进行研究。

1. 转速下限对支撑时间的影响

对于给定的风机，转速下限是制约惯性支撑时间的主要因素。图 7-37 给出了某厂家 2MW 双馈风机的惯性支撑时间和转速下限的关系曲线。图中风机按照增发 10% 额定容量的方式进行调频，额定转速定义为同步转速 1500r/min。

如图 7-37 所示，在 MPPT 区间，支撑时间随着风速的增大单调增大；在恒转速区间，支撑时间随着风速的增大单调减小。图中分别给出了转速下限为 0.7p.u.、0.8p.u. 和 0.9p.u. 时的支撑时间曲线。在同一风速下，惯性支撑时间随着转速下限的减小而增

大。可见，对于给定的风机，转速下限值越小，惯性支撑的时间越长。

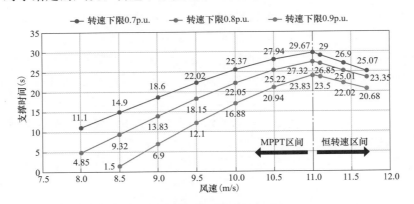

图 7-37　不同风速下支撑时间与转速下限的关系

2. 惯性时间常数对支撑时间的影响

由式（7-60）可知，风机旋转部分的整体惯性时间常数是决定惯性支撑时间的重要因素。实际上，风轮旋转部分由风轮、轴系和电机转子组成；由于风轮惯性时间常数远大于轴系和电机转子，故分析中可以风轮惯性时间常数代替风机旋转部分惯性时间常数。

图 7-38 给出了某风机取不同惯性时间常数时的惯性支撑时间曲线。可见随着风机惯性时间常数的增大，风机的惯性支撑时间也相应增大。实际上，惯性时间常数增大意味着风机在同样的转速下蕴藏着更多的动能，故可以提供更加持久的功率支撑。

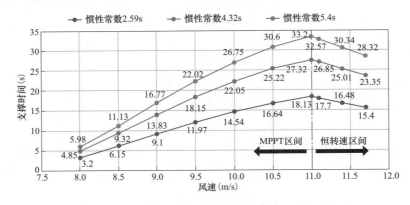

图 7-38　不同风速下支撑时间与惯性时间常数的关系

上述分析表明，风电虚拟同步发电机具备为电网提供一次调频的能力。然而，为了在发挥一次调频作用的同时避免二次跌落问题，需要对风电虚拟同步发电机的转速恢复策略进行优化。图 7-39 给出了风电虚拟同步发电机采用转子惯量控制方式时的典型调频动作波形。

可见当风机参与电网一次调频时可以有效减小频率一次跌落的深度，但由于风机在退出调频瞬间输出电磁功率大幅下降，导致电网频率出现严重的二次跌落，且幅值远大于一次跌落。为了改善频率二次跌落问题，需要提出新型的控制策略。

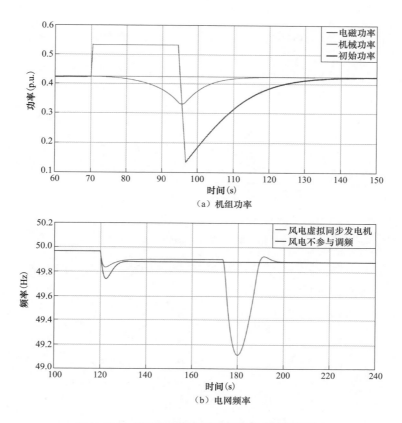

图 7-39 转子惯量控制方式下调频过程波形图

（四）转子惯量控制方式下二次跌落优化控制

1. 固定值恢复策略

采用该方式进行转速恢复时，风机输出电磁功率取某一固定值，当风机转速恢复到当前 MPPT 转速时，再切换回 MPPT 跟踪曲线。图 7-40 给出了固定值恢复方式的控制框图。

正常运行工况下，电磁功率指令由 MPPT 跟踪曲线给出参考值。调频支撑时风机根据系统频率偏差和频率变化率计算得到功率参考值增量，叠加在调频前电磁功率参考值上。此过程中，电磁功率参考值若采用传统 MPPT 曲线恢复方式，当风机达到转速下限时功率参考值立即从 P_1 切换回 P_0。若采用固定值恢复方法，则将参考值从 P_1 切换到 P_2。为了保证转速正常恢复，需要在计算得到的机械功率上叠加以确保固定值小于当前的机械功率。当风机转速恢复到当前风速对应的 MPPT 转速时，再将参考值从 P_2 切换回 P_0。可见，固定值恢复方式只需要在风电虚拟同步发电机原有控制基础上增加 P_2 的计算环节，对主控程序进行简单升级而不需要任何硬件改造，成本低且易工程实现。

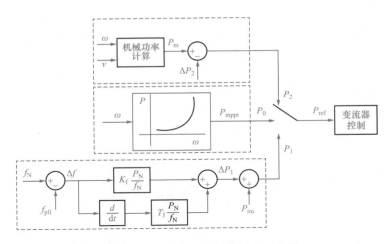

图 7-40 固定值恢复策略原理示意图

　　图 7-41 给出了固定值恢复方式下某型风机的电磁功率波形。作为对比，图中还给出了传统 MPPT 曲线恢复策略的电磁功率波形。

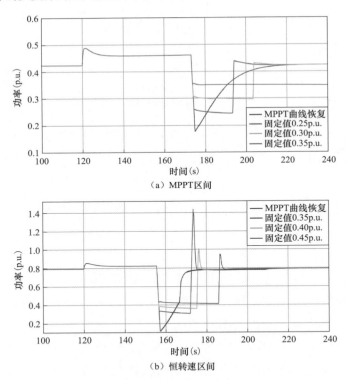

（a）MPPT区间

（b）恒转速区间

图 7-41 固定值恢复方式下风机输出功率波形

　　从图中可以看出，转速恢复过程中风机输出电磁功率为一固定值；当风机转速回到初始值后电磁功率也回到初始值。此外，恢复阶段功率给定值越大，累计损失机械能越大，转速恢复需要的时间也越长。

采用固定值恢复时，需要注意的是电磁功率给定值必须小于转速开始恢复瞬间时风机输入的机械功率，否则风机转速将会持续下降直至停机。图 7-42 给出了不同风速下可使转速正常恢复的电磁功率最大值（转速下限均为 0.8p.u.）。从图中可以看出，电磁功率给定最大值随着风速的增大先增大后减小，拐点出现在 MPPT 区间和恒转速区间的分界处。

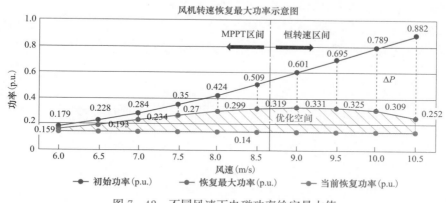

图 7-42　不同风速下电磁功率给定最大值

与 MPPT 曲线恢复方式相比，固定值恢复方式可以大幅减小风机退出调频时电磁功率的跌落幅度，从而改善频率二次跌落。但是，采用固定值恢复方式时，电磁功率参考值从 P_2 到 P_0 进行切换时会造成较大的功率扰动。从图中可以看出功率参考值切换回 P_0 时会造成较大的功率尖峰，这一现象在恒转速区间表现得尤为明显。

2. 综合恢复策略

为了解决固定值恢复方式下功率给定平滑切换的问题，可以采用固定值与 MPPT 曲线相结合的综合恢复方式。综合恢复方式的控制框图与固定值恢复完全相同，差别在于 P_2 切换回 P_0 的时刻。图 7-43 给出了这种恢复方式的过程图。

图中两条曲线分别为风机 MPPT 跟踪曲线（实线）和某风速 v 下风机的机械功率曲线。初始时，风机运行在 A 点。当电网频率发生跌落时，风机启动调频，电磁功率上升到 B 点。支撑过程中风机转速逐渐下降，当转速达到转速下限时（C 点），风机虚拟同步发电机退出调频。若采用传统的 MPPT 曲线恢复方式，则风机输出电磁功率瞬间跌落到 E 点，随后沿着 MPPT 跟踪曲线逐渐恢复。可见，采用传统 MPPT 曲线恢复方式时，风机输出功率沿 A-B-C-E-A 轨迹运动，在退出调频的

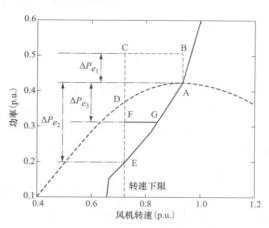

图 7-43　转速综合恢复策略原理示意图

瞬间电磁功率发生幅值为 $\Delta Pe_1 + \Delta Pe_2$ 的跌落，造成严重的频率二次跌落。为了减小电磁功率跌落深度，本方法使得风机退出调频时电磁功率跌落到高于 E 点的 F 点，并保持这一固定值直至与 MPPT 跟踪曲线相交于 G 点。随后，电磁功率沿着 G‐A 逐渐恢复。可见，采用转速综合恢复方式时风机输出功率沿 A‐B‐C‐F‐G‐A 轨迹运动，退出调频时电磁功率跌落幅度为 $\Delta Pe_1 + \Delta Pe_3$，可以大幅改善频率二次跌落问题。需要注意的是，为了保证转速恢复，F 点必须低于退出调频时风机的机械功率 D 点。

此方法可以实现固定值和 MPPT 跟踪曲线的平滑切换。图 7‐44 给出了采用综合恢复方式下风机输出电磁功率的波形。作为对比，图中还给出了传统 MPPT 曲线恢复策略的电磁功率波形。

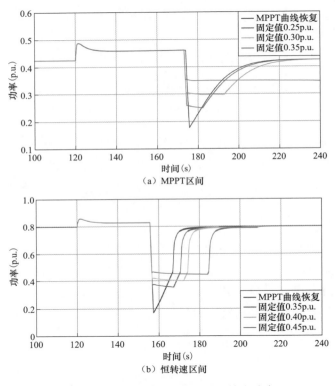

图 7‐44　综合恢复方式下风机输出功率

可见，随着固定功率值的增大，风机累计损失机械能增大，转速恢复时间也变长。此外，采用综合恢复方式时无论风机运行在 MPPT 区间还是恒转速区间，功率给定值从 P_2 切换到 P_0 时均不存在功率尖峰。

综合恢复策略解决了固定值恢复方式下造成的给定值切换问题，在大幅减小退出调频时电磁功率跌落深度的同时避免了电磁功率跳变对风机本体和电网频率造成的影响。

3. 控制参数切换策略

当风电虚拟同步发电机退出调频时，风机主控程序中的转速控制器再次发挥作用，使得风机输出电磁功率快速达到当期转速对应的值，这是造成频率二次跌落的底层原因。在风机传统控制中，为了使得风机能随着风速的变化快速追踪 MPPT 曲线，转速 PI 控制器中的比例系数和积分系数取值较大。实际上，如果在风电虚拟同步发电机调频过程中适当减小转速控制器的系数取值，可以有效防止退出调频瞬间电磁功率大幅跌落。根据此思路，提出控制参数切换控制策略。图 7-45 给出了使用此策略时风机输出电磁功率的波形。

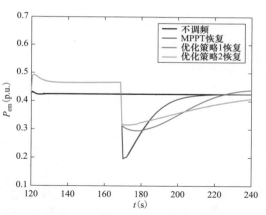

图 7-45　控制参数切换策略下风机输出功率波形

其中，优化策略 1 恢复中 $k_p=0.01k_{p0}$、$k_i=0.05k_{i0}$，优化策略 2 恢复中 $k_p=0.01k_{p0}$、$k_i=0.01k_{i0}$。其中，$k_p=k_{p0}$、$k_i=k_{i0}$ 指的是风机运行在 MPPT 状态时的转速控制器 PI 参数。

可见在风机参与电网一次调频时适当减小转速控制器的 PI 参数，可以减小退出调频时刻电磁功率跌落幅度，同时延长电磁功率恢复至 MPPT 状态的时间。

三、虚拟同步发电机装备研制

（一）风电虚拟同步发电机

风力发电机组涉及到功率控制的控制单元主要有主控系统、变流器、变桨驱动器 3 个单元。其主控系统主要负责最大功率跟踪，根据风况产生发电机转矩指令、变桨角度。变流器通过调节转子电流，执行主控系统下发的转矩指令，及远程后台下发无功功率。变桨驱动器为根据主控变桨指令，调节叶片的角度。从风电机组控制特点来看，主控系统进行有功功率控制，变流器按照转矩指令执行而不能私自调节有功功率，以免引起机组失控，所以无法像传统虚拟同步发电机通过赋值—角度进行有功、无功控制。

根据目前的控制架构，风电 VSG 实现过程中的功能划分为：①主控实现有功调频功能；②变流器执行其下发的转矩指令；③变流器实现无功调压功能。

风电虚拟同步发电机产品化实现中，采用单机自适应方案，由风电机组根据电网情况自主参与电网调节，并依据风场监控网络，与风场现有控制功能进行嵌入整合，保证虚拟同步功能的添加不影响原有功能的正常使用。

风场通信网络拓扑如图 7-46 所示，风机单机在虚拟同步功能开发过程中，对于虚拟同步的使能位及工作时刻关键信息及状态通过通信上传至中央监控系统。

风机虚拟同步发电机功能可开启、关闭接受电网调度指令。当虚拟同步发电机功能开启后，优先级高于 AGC、AVC 功能，当电网频率、电压出现扰动后优先启动虚拟同步发电机功能参与电网调节。

风电单机虚拟同步发电机功能开发包括有功调频和无功调压 2 个部分，依据风电机组运行特性采用嵌入式方案，在控制系统中新增虚拟同步控制系统，实现风电机组参与电网有功调频、无功调压的能力，如图 7-47 所示。

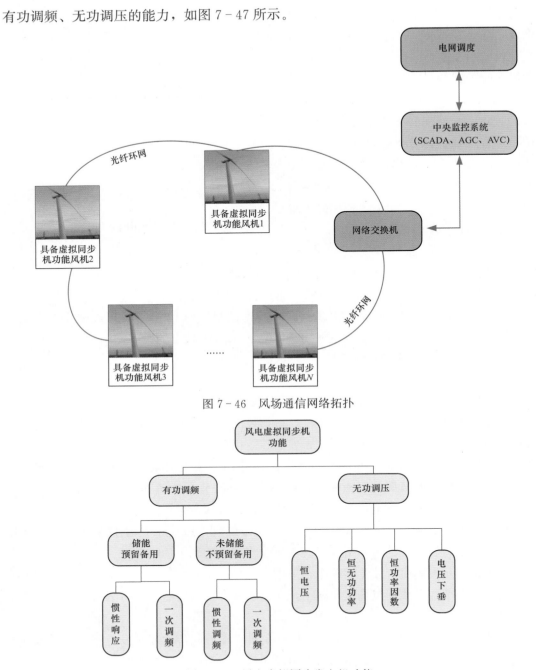

图 7-46　风场通信网络拓扑

图 7-47　风电虚拟同步发电机功能

　　有功调频功能分为储能和不储能 2 种模式，可根据风场实际运行情况，进行选择，每种模式下分别具备惯性和一次调频支撑能力。

　　无功调压设计为 4 种控制模式，恒电压、恒无功功率、恒功率因数、电压下垂控制，4 种模式可实现远程在线实时切换。

（二）储能虚拟同步发电机

1. 拓扑设计

两种电站式虚拟同步发电机的硬件拓扑结构如图 7-48 所示，5MW 储能系统均由 4 个 1.25MW 功率单元并联而成，4 个功率单元前级可接入 8 路独立电池系统，交流侧直接并联，通过 660V/35kV 升压变压器接入 35kV 电网，各功率单元可独立运行，也可以并联运行。图 7-49 为电站式虚拟同步发电机工程实现图，其中 4 个功率模块的变流器分别配置电气柜。

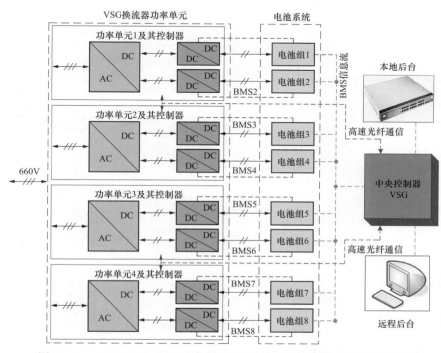

图 7-48　5MW×20min 电站式虚拟同步发电机发单机的硬件拓扑结构

图 7-49　5MW×20min 电站式虚拟同步发电机工程图

电站式虚拟同步发电机每个功率单元由 2 路 DC/DC 和 1 路 DC/AC 组成,如图 7-50 所示,DC/DC 低压端采用 LCL 滤波器接入电池组,DC/DC 输出共直流母线电压,接入 DC/AC 直流侧,DC/AC 交流侧通过 LCL 滤波器接入升压变压器低压侧;DC/DC 前级为最大输出电池 1100A、输出电压 600~850V 的电池单元,其结构如图 7-51 所示,1 个电池单元由 8 个电池簇并联,1 个电池簇由 12 个电池模组串联,1 个电池模组由两只电池箱并联,1 个电池箱由 18 个电池单体串联。

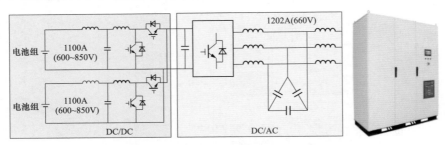

图 7-50 1.25MW 功率单元原理与产品图

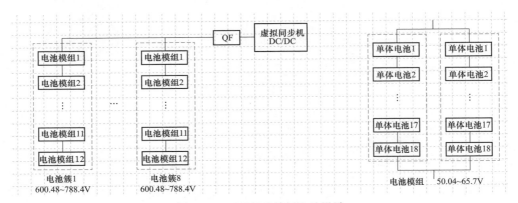

图 7-51 DC/DC 前级电池设计

2. 分层协调控制

电站式虚拟同步发电机,采用 4 个单机功率为 1.25MW 的功率单元并联组成,由于各功率单元的电力电子器件和单元控制器采样等延时,多机同时并网时会出现并联谐振问题,因此采用虚拟同步发电机模块控制单元和中央两级分层控制架构,中央控制器实现与监控系统的通信、功率指令的计算、35kV 电网电量计算、电网不平衡锁相和虚拟同步发电机等控制策略,由其向模块控制单元下发功率指令值和同步信号脉冲等信号,功率指令值用于实现功率单元间的功率分配;单元功率模块控制器接收同步信号后,触发外部中断,4 个模块控制器程序同时执行,保证输出脉冲指令和继电器操作指令同步,变流器输出电压的相位角一致,能有效地消除多机并联产生的谐振,保证多机正常并网运行,如图 7-52~图 7-54 所示。

3. 电池能量管理策略

(1) 基于电池组电荷状态(state of charge,SOC)均衡控制策略。

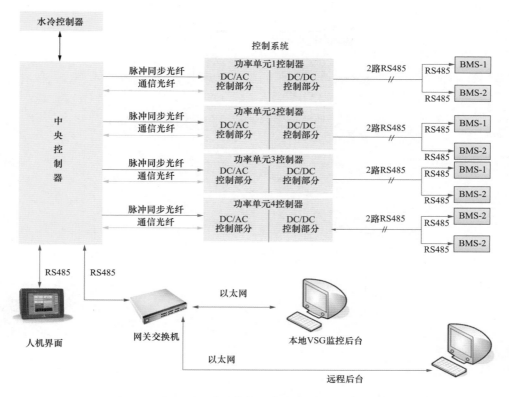

图 7-52　分层结构通信与控制连接图

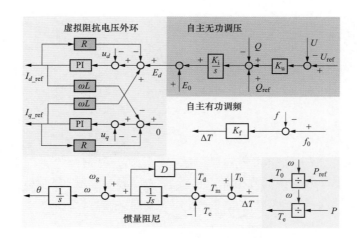

图 7-53　中央控制器中 VSG 控制原理图

1）功率单元间 SOC 均衡。

在动态过程中，维持功率单元间 SOC 均衡，其功能目标为：4 套功率单元 SOC 动态充放电过程中，叠加 SOC 均衡电流；确保在 SOC 均衡算法嵌入的同时，不影响总的有功电流值执行；各功率单元有功电流不超过额定值。

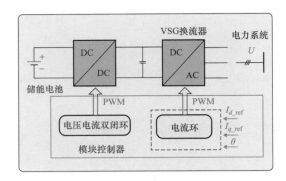

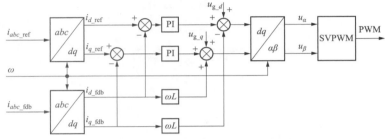

图 7-54 单元模块控制方式与控制框图

根据功率单元间 SOC 均衡功能要求，其控制策略为：

当有功功率 P 大于 0 时，电池放电公式为

$$\left.\begin{aligned}
I_{d1} &= I_d + kI_d(SOC_1 + SOC_2 - 2SOC_{rms}) \\
I_{d2} &= I_d + kI_d(SOC_3 + SOC_4 - 2SOC_{rms}) \\
I_{d3} &= I_d + kI_d(SOC_5 + SOC_6 - 2SOC_{rms}) \\
I_{d4} &= I_d + kI_d(SOC_7 + SOC_8 - 2SOC_{rms})
\end{aligned}\right\} \tag{7-61}$$

当有功功率 P 小于 0 时，电池充电公式为

$$\left.\begin{aligned}
I_{d1} &= I_d - kI_d(SOC_1 + SOC_2 - 2SOC_{rms}) \\
I_{d2} &= I_d - kI_d(SOC_3 + SOC_4 - 2SOC_{rms}) \\
I_{d3} &= I_d - kI_d(SOC_5 + SOC_6 - 2SOC_{rms}) \\
I_{d4} &= I_d - kI_d(SOC_7 + SOC_8 - 2SOC_{rms})
\end{aligned}\right\} \tag{7-62}$$

式中：I_d 为 VSG 下发的有功电流指令；SOC_{rms} 为已经运行功率单元的 SOC 平均值；系数 k（后台遥调量：整机 SOC 校正系数下发）先按照 1 进行设计，后续根据现场运行情况再调制该参数值。

功率单元间 SOC 均衡电流指令，叠加到 DC/AC 电流环有功电流指令值，其控制框图如图 7-55 所示。

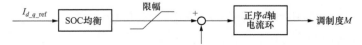

图 7-55 功率单元间 SOC 均衡控制框图

2）功率单元内 SOC 均衡。

在动态过程中，维持功率单元内 2 个电池组 SOC 均衡，其功能目标为：①功率单元内 2 个电池组 SOC 动态充放电过程中，实现均衡；②确保在 SOC 均衡算法嵌入的同时，不影响总的有功电流值执行；③电阻组有功电流不超过额定值。

根据功率单元内 SOC 均衡功能要求，其控制策略为：

当有功功率 P 大于 0 时，电池放电公式为

$$\left.\begin{aligned} I_{\mathrm{DC1\_ref}} &= I_{\mathrm{DC\_ref}} + kI_{\mathrm{DC\_ref}}\left[SOC_1 - (SOC_1 + SOC_2)/2\right] \\ I_{\mathrm{DC2\_ref}} &= I_{\mathrm{DC\_ref}} + kI_{\mathrm{DC\_ref}}\left[SOC_2 - (SOC_1 + SOC_2)/2\right] \end{aligned}\right\} \quad (7-63)$$

当有功功率 P 小于 0 时，电池充电公式为

$$\left.\begin{aligned} I_{\mathrm{DC1\_ref}} &= I_{\mathrm{DC\_ref}} - kI_{\mathrm{DC\_ref}}\left[SOC_1 - (SOC_1 + SOC_2)/2\right] \\ I_{\mathrm{DC2\_ref}} &= I_{\mathrm{DC\_ref}} - kI_{\mathrm{DC\_ref}}\left[SOC_2 - (SOC_1 + SOC_2)/2\right] \end{aligned}\right\} \quad (7-64)$$

式中：系数 k 先按照 1 进行设计（后台遥调量：模块 SOC 校正系数下发），后续根据现场运行情况进行调整。

功率单元内 SOC 均衡电流指令，叠加到 DC/DC 电压电流双闭环中电流环电流指令值，其控制框图如图 7-56 所示。

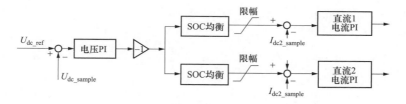

图 7-56　功率单元内 SOC 均衡控制框图

3）电池组功率限制。

当接收到电池组状态字限功率指令时，为了满足功率单元 2 个电池组 SOC 均衡，及实现的便利性，根据 BMS 上传最大允许充电功率、最大允许放电功率，通过限制 DC/AC 侧电流值，实现 2 个电池组同时限幅。限幅电流计算公式为

$$\left.\begin{aligned} I_{d\_\min} &= \frac{U_g}{U_{ab} + U_{bc} + U_{ca}}\min(P_{\mathrm{dc1\_cha\_max}}, P_{\mathrm{dc2\_cha\_max}}) \\ I_{d\_\max} &= \frac{U_g}{U_{ab} + U_{bc} + U_{ca}}\min(P_{\mathrm{dc1\_dis\_max}}, P_{\mathrm{dc2\_dis\_max}}) \end{aligned}\right\} \quad (7-65)$$

（2）电量维持策略。

在正常运行模式下，电池组充放电过程中应具有以下功能：电池电量在安全范围内时，执行中央控制器 VSG 指令；当电池组 SOC 过高或过低时，置告警位；需确保无电池组处于过充或过放状态（依据状态字充放电禁止标志位，参考电池组 SOC）。在正常运行模式下，电池组充放电要求如表 7-11 所示。

表 7-11　　　　　　　　　虚拟同步发电机模式下电池充放电策略

电池组 SOC	状态显示	充 放 电 策 略	备　　注
0%~5%（或状态字放电，禁止位有效）	电池组 SOC 过低告警	不允许放电，放电闭锁； 无充电指令时强制充电 $0.03I_N$，有充电指令按照充电指令执行； 当 SOC 大于 15%，且状态字禁止放电标志位无效，恢复正常充放电	软件可设定相关阈值。 限幅值通过限制 DC/AC、DC/DC 侧有功电流共同实现
5%~15%		正常执行	
15%~85%	无	正常执行	
85%~95%		正常执行	
95%~100%（或状态字充电，禁止位有效）	电池组 SOC 过高告警	不允许充电，充电闭锁； 无放电逻辑时强制放电 $0.03I_N$，有放电指令按照指令执行； 当 SOC 大于 85%，且状态字禁止充电标志位无效，则恢复正常充放电	

限幅策略通过限制 DC/AC、DC/DC 侧有功电流共同实现：

当 1 组电池禁止放电时，DC/AC 电流限幅至（-0.5，1），DC/DC 限幅（-1.2，0.01），另一种正常运行；

当 2 组电池均禁止放电时，DC/AC 限幅至（0.1，1），两个 DC/DC 均限幅（-1.2，0.01）；

当 1 组电池禁止充电时，DC/AC 电流限幅至（-1，0.5），DC/DC 限幅（-0.01，1.2），另一种正常运行；

当 2 组电池均禁止充电时，DC/AC 限幅至（-1，-0.1），两个 DC/DC 均限幅（-0.01，1.2）；

需注意，DC/DC 限幅在 DC/AC 限幅后 1s 进行，限幅恢复时同时放开。电池 SOC 保持策略：

1）当 SOC 大于 95% 时，电池不充电，设定 $0.03I_N$（额定电流为 1094A）进行放电，直到电池 SOC<85%，放电终止，VSG 使能；

2）当 SOC 小于 5% 时，电池不放电，设定 $0.03I_N$（额定电流为 1094A）进行充电，直到电池 SOC 大于 15% 时，放电终止，VSG 使能；

3）一个功率单元包含 2 个电池模组，2 个 DCDC 之间有均衡策略，两个电池电流的充放电不同，充放电电流值。

第四节　虚拟同步发电机工程示范和推广应用

一、示范工程建设背景

中国冀北地区风电、光伏等新能源资源十分丰富。截至目前，冀北区域新能源装机容量 1474.81 万 kW，统调装机占比 53.09%，是中国第一个新能源装机占比超过 50% 的省级电网。为更好地服务新能源发展，国家电网有限公司大力开展电网前瞻技术研究，2016年决定依托张北国家风光储输示范工程（图 7 - 57），启动新能源虚拟同步发电机示范工程建设，探索适应中国国情的新能源主动支撑电网技术和工程实现方案，出成果、出标准、出人才。

图 7 - 57　张北国家风光储示范工程

国家风光储输示范工程肩负着破解大规模可再生能源接入电网瓶颈的伟大使命，以"技术先进性、科技创新性、经济合理性、项目示范性"为主要特点，采用世界首创的建设思路和技术路线，从风光储输多重组态促进风电、光伏并网技术标准和管理规定出台，将为中国新能源产业发展起到积极的示范引领作用。同时国家风光储输示范工程也是目前世界上规模最大、集风电、光伏发电、储能及智能输电工程四位一体的新能源示范工程，首个集中体现风光储输联合发电先进性和创新性的综合性示范工程。

在风光储输基地开展示范工程建设的主要优势包括：

（1）具备新能源发展的代表性：基地设备种类多，装机容量较大，汇集多种能源形态，可提供不同技术路线比较，以提高电网对新能源的接纳能力。

（2）项目示范效应显著：借助基地的国际影响力，通过虚拟同步发电机等示范工程，进一步提升新能源友好并网效果，彰显公司推动能源革命的信心和决心。

（3）项目前期基础较好：大部分风机、光伏、储能及控制设备来自系统内单位，易于工作协调。目前，已完成项目核准、电网接入、场地平整等前期工作。

二、示范工程目标

新能源虚拟同步发电机示范工程旨在建成世界首个全站具备虚拟同步发电机功能的风电场，研制大容量新能源虚拟同步发电机，填补虚拟同步发电机在大电网应用的空白。具体有以下 3 点目标：

（1）全面掌握虚拟同步发电机的核心技术和装备成套能力，为大规模新能源并网稳定运行提供新的技术手段，进一步巩固中国在新能源领域的技术引领地位。

（2）通过虚拟同步发电机技术，提升风电场电站的调频、调压等主动支撑能力，使其与常规火电厂外特性类似，为清洁能源生产企业提供典型示范案例。

（3）通过多种技术路线虚拟同步发电机的示范应用，探索适应中国国情的新能源发电主动支撑电网技术，推动新能源并网标准的完善提升，提高中国电网的安全稳定运行水平。

三、示范工程总体方案

示范工程按照"先示范、后推广"的原则，使风光储电站全站具备虚拟同步发电机功能。表7-12给出了示范工程的总体方案。

表 7-12　　　　　　　　　　　示范工程总体方案

阶段	类别	设备	容量（MW）
示范阶段	光伏虚拟同步发电机	24 台光伏逆变器	12
	风电虚拟同步发电机	24 台许继风机（改造软硬件）	48
		35 台许继风机（改造软件）	70
	电站式虚拟同步发电机	2 台	10
推广阶段	风电虚拟同步发电机	117 台其他厂商风机	317.5

示范阶段包括3项建设内容：

（1）对国家风光储输示范工程的 59 台 2MW 风机（许继生产）进行改造，总容量 118MW。其中，24 台风机改造更换为国产控制设备。

（2）对 24 台 500kW 光伏逆变器（南瑞生产）进行改造，总容量 12MW。

（3）对暂不具备单机改造条件的 100MW 风电、光伏单元，按照装机容量 10% 的配比原则，建设 2 台 5MW 电站式虚拟同步发电机。

推广阶段建设内容：在示范工程改造经验的基础上，对其余 117 台各型号风机进行虚拟同步发电机改造，总容量 317.5MW。

（一）风电虚拟同步发电机

研制了世界首套 2MW 风电虚拟同步发电机，采用预留备用、风机转动惯量 2 种调频支撑技术路线，通过增加控制环节、优化控制策略，使风机能够主动感知并适应电力系统运行变化，具备自动有功调频、无功调压、阻尼系统振荡等能力，其方案示意图如图 7-58 所示。

（二）光伏虚拟同步发电机

研制了世界首套 500kW 光伏虚拟同步发电机，采用增加超级电容、磷酸铁锂电池 2 种技术路线，开发了光伏发电最大功率跟踪与虚拟同步发电机协调控制系统，使光伏发电单元具备了惯量支撑、一次调频和主动电压调节等功能，其方案示意图如图 7-59 所示。

（三）电站式虚拟同步发电机

研制了世界容量最大的电站式虚拟同步发电机，采用电压控制型虚拟同步发电机技

术，具备自动有功调频、无功调压、削峰填谷和黑启动等综合功能，其方案示意图如图
7-60 所示。

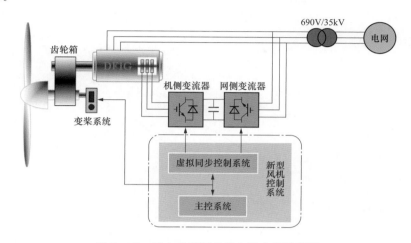

图 7-58　风电虚拟同步发电机方案示意图

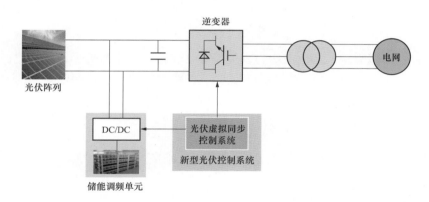

图 7-59　电站式虚拟同步发电机方案示意图

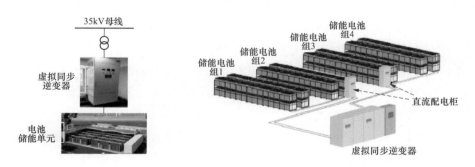

图 7-60　电站式虚拟同步发电机方案示意图

四、风电虚拟同步发电机改造技术路线

示范工程改造中风电虚拟同步发电机采用变桨距预留备用容量控制方式和转子惯性控
制方式。

（一）预留备用容量控制方式

预留备用容量控制方式主要通过主控系统提前变桨，降低风能捕获效率，使风电机组在原有功率特性曲线下方运行，从而实时为调频预留固定幅度的备用容量。该控制方式下的风电机组运行示意图如图 7-61 所示。

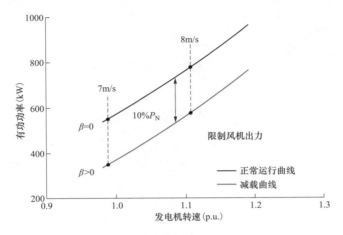

图 7-61　预留备用容量控制方式原理示意图

由图 7-61 可以看出，蓝色曲线为风机正常运行的 MPPT 跟踪曲线，红色曲线为变桨距留备用后的减载运行曲线。通过调节桨距角，减载运行曲线在不同风况下的实发有功功率始终与 MPPT 曲线对应的有功功率相差一个固定值 ΔP，保证风机在任意工况下均能够提供 $10\%P_N$ 的有功支撑能力。

（二）转子惯性控制方式

转子惯性控制方式主要是在电网频率发生扰动时，通过调节电磁转矩，降低或升高发电机转速来达到有功功率支撑的目的。

风电机组运行过程包括 3 个区段：最大风能捕获（MPPT）区、恒转速区和恒功率区。风电机组运行于恒功率区时，机组正常收桨，属于预留备用容量控制方式，电网频率扰动时机组正常开桨以支撑有功功率，有功支撑能力大小依赖于变流器的过载运行能力。MPPT 区和恒转速区的调频过程示意图如图 7-62 所示。

由图 7-62 可知，风电机组调频过程分为调频支撑阶段和转速恢复阶段。当电网频率降低时，风电机组通过增大电磁转矩，提供 $10\%P_N$ 固定幅值的有功功率支撑，电磁功率变化过程为 A-B-C，支撑过程中转速急剧下降，机械功率变化过程为 A-D；当发电机转速达到下限值时，机组退出调频过程，为使转速恢复到初始值，电磁功率给定值应小于当前捕获的机械功率，电磁功率变化过程为 C-E-A，机械功率随着转速的上升逐渐增加，变化过程为 D-A，最后电磁功率和机械功率达到初始平衡点。MPPT 区和恒转速区风电机组调频主要区别在于：①MPPT 区发电机转速并未达到最大值，因此运行于最大风能捕获功率值所对应的最优转速；②恒转速区风电机组运行于额定转速，无法达到最大风能捕获效率。

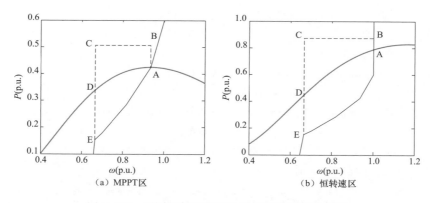

（a）MPPT区　　　　　　　　　（b）恒转速区

图 7-62　不同运行区段风电机组调频过程示意图

（三）对比分析

对比风电虚拟同步发电机 2 种控制方式，其调频支撑能力和运行经济性存在较大差异。

1. 调频支撑能力

预留备用控制方式可以提供长时间的有功支撑能力。而转子动能释放控制方式依靠转子动能释放来增加有功输出，受到风机低速保护的限制，有功支撑时间有限，且在支撑过程中会带来额外的机械功率损失，显然，一次调频结束后风电虚拟同步发电机需要降低更多有功或从电网吸收有功才能使转速恢复到初始状态，达到新的功率平衡。这有可能给电网带来二次频率扰动，不利于电网的安全稳定运行。

2. 运行经济性

与转子动能释放控制方式相比，预留备用控制方式要求风机在正常运行时脱离 MPPT 运行曲线，降低风能捕获效率，而电网调频事件偶有发生，为应对小概率事件，使风电机组长期运行在限功率状态，会造成大量的发电量损失，经济性差。然而，国家发改委 2016 年发布《可再生能源发电全额保障性收购管理办法》，要求电网对确保供电安全前提下对可再生能源全额消纳，显然，预留备用控制方式与国家政策和新能源发展趋势相悖，不容易推广应用。

参 考 文 献

［1］ Li T. Participation of inverter‐connected distributed energy resources in gird voltage control［D］. Leuven：Katholieke Universiteit，2011.

［2］ 杜威，姜齐荣，陈蛟瑞. 微电网电源的虚拟惯性频率控制策略［J］. 电力系统自动化，2011，35（23）：26-31.

［3］ 颜湘武，刘正男，张波，等. 具有同步发电机特性的并联逆变器小信号稳定性分析［J］. 电网技术. 2016，40（3）：910-917.

［4］ Zhong Q C，Nguyen P L，Ma Z Y，et al. Self‐synchronized synchronverters：Inverters without a dedicated synchronization unit [J]. IEEE Transactions on Power Electronics, 2014, 29 (2): 617 - 630.

[5] 孙大卫, 刘辉, 高舜安, 等. 电流控制型虚拟同步发电机的小信号建模与稳定性分析 [J]. 电网技术. 2018, 9: 910 - 917.

[6] Grigsby L. Power system stability and control [M]. Taylor & Francis, 2007.

[7] Wang S, Hu J B, Yuan X M. Virtual synchronous control for grid - connected DFIG - based wind turbines [J]. IEEE Journal of Emerging and Selected Topics in Power Electronics. 2015, 3 (4): 932 - 944.

[8] 程雪坤, 孙旭东, 柴建云, 等. 适用于电网不对称故障的双馈风力发电机虚拟同步控制策略 [J]. 电力系统自动化, 2018, 9 (18): 91 - 99.

[9] 舒印彪, 张智刚, 郭剑波, 等. 新能源消纳关键因素分析及解决措施研究 [J]. 中国电机工程学报, 2017, 37 (1): 1 - 8.

[10] 唐西胜, 苗福丰, 齐智平, 等. 风力发电的调频技术研究综述 [J]. 中国电机工程学报, 2014, 34 (25): 4304 - 4314.

[11] 刘巨, 姚伟, 文劲宇, 等. 大规模风电参与系统频率调整的技术展望 [J]. 电网技术, 2014, 38 (3): 638 - 646.

[12] 田汝冰, 杨玉鹏, 刘志武, 等. 风电机组参与电网一次调频的控制策略研究 [J]. 黑龙江电力, 2015, 37 (1): 42 - 53.

[13] Zhu X, Wang Y, Xu L, et al. Virtual inertia control of DFIG - based wind turbines for dynamic grid frequency support [M]. 2011.

[14] 张祥宇. 变速风电机组的虚拟惯性与系统阻尼控制研究 [D]. 北京, 华北电力大学, 2013.

[15] 李和明, 张祥宇, 王毅, 等. 基于功率跟踪优化的双馈风力发电机组虚拟惯性控制技术 [J]. 中国电机工程学报, 2012, 32 (7): 32 - 39.

[16] 张志恒. 双馈感应风电机组参与系统调频的控制策略研究 [D]. 北京, 华北电力大学, 2014.

[17] Ochoa D, Martinez S. Fast - Frequency Response Provided by DFIG - Wind Turbines and its Impact on the Grid [J]. IEEE Transactions on Power Systems, 2017, 32 (5): 4002 - 4011.

[18] 赵晶晶, 吕雪, 符杨, 等. 基于双馈感应风力发电机虚拟惯量和桨距角联合控制的风光柴微电网动态频率控制 [J]. 中国电机工程学报, 2015, 35 (15): 3815 - 3822.

[19] 尹善耀. 双馈感应风电机组参与系统调频的控制策略研究 [D]. 山东, 山东大学, 2016.

[20] 苗福丰, 唐西胜, 齐智平. 储能参与风电场惯性相应的容量配置方法 [J]. 电力系统自动化, 2015, 39 (20): 6 - 11, 83.

[21] 柳伟, 顾伟, 孙蓉, 等. DFIG - SMES 互补系统一次调频控制 [J]. 电工技术学报, 2012, 27 (9): 108 - 116.

[22] 刘巨, 姚伟, 文劲宇, 等. 一种基于储能技术的风电场虚拟惯量补偿策略 [J]. 中国电机工程学报, 2015, 35 (7): 1596 - 1605.

[23] 刘彬彬, 杨健维, 廖凯, 等. 基于转子动能控制的双馈风电机组频率控制改进方案 [J]. 电力系统自动化, 2016, 40 (16): 17 - 22.

第八章　风电短路电流计算技术

第一节　大规模风电汇集系统短路故障特征分析

一、风电机组低电压穿越实现方案

（一）双馈风电机组低电压穿越实现方案

现有双馈风机主流的低电压穿越保护电路包括在转子侧跨接撬棒电路（Crowbar）与直流母线跨接卸荷电路（Chopper），其本质都是为发电机在电网故障期间暂态过程中产生的冲击能量提供泄放通道。

1. 基于主动式 Crowbar 保护的低电压穿越实现方案

图 8-1 所示为 2 种常见的 Crowbar 装置电路结构。

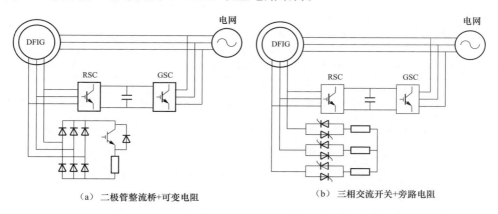

（a）二极管整流桥+可变电阻　　　　　　　　（b）三相交流开关+旁路电阻

图 8-1　基于主动式 Crowbar 实现低电压穿越的 2 种方式

各种 Crowbar 装置的运行原理基本相似，即当电网发生电压跌落故障时，导通 Crowbar 装置中的开关器件，接入旁路电阻，同时关断转子侧变流器中所有开关器件，使转子故障电流经 Crowbar 装置旁路，以此避免转子侧变流器遭受过电流影响。

Crowbar 一旦触发，转子将被短路，转子侧变流器将失去控制，此时双馈风机运行在转子加有额外电阻的鼠笼式异步电机状态。转子侧变流器失去控制将导致故障期间失去对定子有功、无功输出的控制，同时失去转子侧励磁。由于网侧变流器不是直接与发电机绕组相连，因此当出现暂态大电流时，不需要使它退出运行。此时网侧变流器可以当作静态无功补偿装置产生无功功率。

使用 Crowbar 装置的优点是可以确保励磁变换器的安全，加快故障电流定子暂态磁链的衰减；缺点是 Crowbar 电路投入期间双馈风机作为感应发电机运行，将需要从系统吸收大量无功进行励磁。

总结现有风机技术研究中对控制 Crowbar 投切的判断依据为

（1）投入条件：①检测到电网电压跌落；②检测到转子侧电流高于设定阈值 I_{max1}；③检测到直流母线电压高于设定阈值 U_{max1}。

（2）切出条件：①固定延迟；②检测到转子电流低于设定阈值 I_{max2}；③检测到直流母线电压低于设定阈值 U_{max2}；④检测到电网电压恢复。

对于以上投入与切出条件，经过组合可以形成多种 Crowbar 投切控制策略。对各种投切条件的优缺点分析如表 8-1 所示。因 Crowbar 电路的主要目的是抑制转子侧过流，保护转子侧变流器，因此生产运行中多采用转子侧电流过阈值作为投入条件。

表 8-1　　　　　　　　　不同 Crowbar 电路投切策略的优缺点对比

投切条件		优　点	缺　点
投入条件	电网电压跌落	保护电路动作快	无法直接监控变流器过流、直流母线过压
	转子侧过流	有效控制转子侧电流，保护变流器	无法对直流母线过压进行直接控制
	直流母线过压	有效控制直流母线电压，保护直流母线电容	无法对转子侧过流进行直接控制
切出条件	固定延迟	控制策略易于实现	故障后无法及时切除，对电压恢复产生不利影响
	转子侧电流恢复 直流母线电压恢复	有效避开过电流冲击，故障期间主控系统可以参与电网电压支撑	故障结束时会出现重复投切，对电网电压恢复产生不利影响
	电网电压恢复	故障后及时切除，有利于故障后电压恢复	故障期间主控系统被屏蔽，无法对机端特性进行有效控制

Crowbar 电路对双馈风机低电压穿越特性的影响，除 Crowbar 投切条件外还包括 Crowbar 电路放电电阻阻值。其阻值整定受转子侧变流器电流和网侧变流器电压的约束。当电网发生短路故障时，Crowbar 阻值过小将不能有效抑制转子侧的短路电流；Crowbar 阻值过大，则可能会导致网侧变流器的直流侧出现过压，会损坏网侧变流器。由于转子的热时间常数比较大，能够承受一定的短路电流，因此接入电阻的最大值更重要。通常在合理取值范围内，Crowbar 阻值越大对转子侧过电流的抑制效果就越明显。

2. 基于直流卸荷电路保护的低电压穿越实现方案

在双馈风机未安装 Crowbar 保护电路的情况下，电网电压骤降产生的故障电流流过直流母线电容，引起直流母线电压波动，又因为电网电压降低导致网侧变流器控制直流母线电压的能力减弱，不能及时将转子侧送给直流母线电容的过剩能量传递到电网上，导致直流母线电压快速上升，最终导致直流母线电容过压损坏。直流侧卸荷电路 Chopper 跨接在直流母线电容两侧，可利用电阻吸收转子侧传递来的多余能量，防止直流母线电压过高。

图 8-2 为 3 种常见的 Chopper 结构，图 8-2（a）采用卸荷电阻，在直流母线过压时导通泄放多余能量；图 8-2（b）采用储能系统（energy storage system，ESS）代替电阻，使用超级电容储能，其优点是既可以在直流母线电压过高的情况下吸收直流母线上的能量，也可以在直流母线电压过低的情况下释放能量，从而将直流母线电压维持在一定范围内。其主要缺点是成本过高，限制了其大量应用；图 8-2（c）在直流母线与电网之间加装了辅助变流器用以卸荷，其优点是故障期间也可以向电网输送全部功率，其缺点是同样存在成本过高的问题。

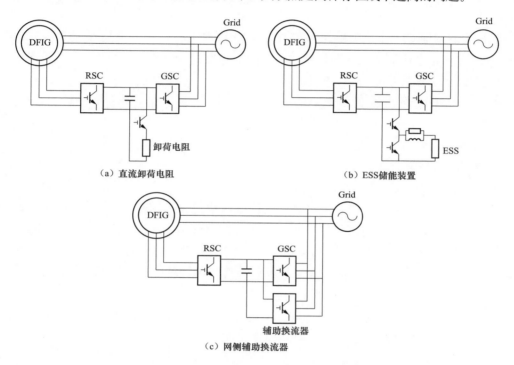

（a）直流卸荷电阻　　　　　　　　　　（b）ESS 储能装置

图 8-2　主流的风电机组 Chopper 电路

Chopper 电路可选的投切条件与 Crowbar 类似，Chopper 电路的首要任务是保证直流母线电压稳定，因此研究时多以直流母线电压闭环作为投切依据，具体形式见图 8-3。

3. 基于改进的变流器控制策略的低电压穿越实现方案

故障后投入 Crowbar 保护电路以及直流卸荷电路都属于增加硬件拓扑的方法。除此之外，还可通过改进变流器控制策略实现低电压穿越，如定子磁链消磁、采用现代控制理论等方法。一般来说，改进控制策略的方法由于受到转子励磁变流器容量的限

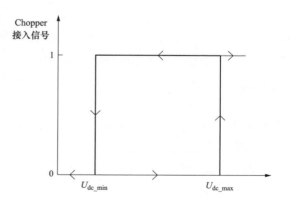

图 8-3　典型 Chopper 电路投切策略

制，在电网电压大幅度跌落的时候低电压穿越较难实现。

以上讨论的 3 种低电压穿越策略均为应对故障发生后由于电磁功率和机械功率不平衡导致的转子过流、直流母线电压过压的方案，是对故障初始阶段（一般为 10ms）双馈风电机组变流器的保护。初始阶段之后，变流器由正常运行时的双闭环控制转变为低电压穿越控制，即根据电压跌落程度提供无功支撑。

（二）直驱风电机组低电压穿越实现方案

1. 基于 Chopper 电路的低电压穿越实现方案

在直流侧增加 Chopper 电路是目前直驱风机最常用的一种低电压穿越实现方式。图 8-4、图 8-5 是直流侧增加卸荷负载的 Chopper 电路结构，图 8-4 中卸荷电阻通过功率器件与直流侧相连，图 8-5 中卸荷电阻通过 Chopper 电路与直流侧相连。系统正常工作时，Chopper 电路不起作用，当电压跌落发生时，如果没有 Chopper 电路，直流侧电压将会上升，可能会损坏电容，进一步造成变流器的损坏，此时投入

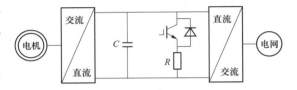

图 8-4　直驱风机卸荷电阻直连型 Chopper 电路

卸荷电阻，消耗直流侧多余的能量，保持电容电压稳定在一定范围内。图 8-4 中卸荷电阻投入时，直接并入高压直流母线，因此需要高压负载；图 8-5 中通过 Buck 电路降压，可以使用低压直流负载，但是增加了电感等器件。增加卸荷负载的缺点是多余的能量被消耗，需要使用大负载并提供散热；优点是可靠性较高，目前在实际系统中有应用。

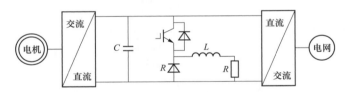

图 8-5　直驱风机 Buck 电路连接型 Chopper 电路

图 8-6 展示了 Chopper 电路的 2 种控制方法。图 8-6（a）中所示的 Chopper 电路控制方法，对直流母线电压观测值与参考值之间的差值进行 PI 调节，从而控制功率器件的导通占空比。图 8-6（b）中增加了参考条件，需要采集直流母线两侧的输入、输出有功功率和直流母线电压，根据有功功率的偏差确定 Chopper 电路的投切；直流电压作为辅助判断条件，当功率控制的速度不够快，或者故障较为严重时，直流母线电压瞬间上升很大，可直接利用电压条件控制 Chopper 电路投切。其中，不平衡功率 ΔP、Chopper 电阻 R 和占空比 d 的关系为

$$\Delta P = \frac{(dU_{dc})^2}{R} \tag{8-1}$$

2. 基于改进的变流器控制策略的低电压穿越实现方案

故障后投入直流卸荷电路是直驱风机最常采用的低电压穿越方案。在此基础上，多种

改进的低电压穿越方案得以提出，如通过控制网侧变流器提供无功电流来稳定电网电压，通过限制直驱机组的电磁功率来控制交换功率等。以上方案均需要在直流侧增加耗能电阻，带来了系统安装以及散热设计的问题。

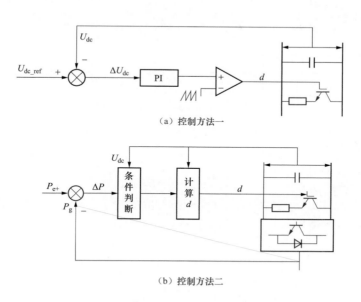

（a）控制方法一

（b）控制方法二

图 8-6　直驱风机 Chopper 电路控制方法原理图

关于直驱风机不安装硬件保护电路，仅仅依靠改进的变流器控制策略实现低电压穿越的方案，现有文献提出了多种变流器控制策略，其基本原理依然是通过控制消除直流母线两端不平衡功率以达到保护变流器的目的。

二、双馈风电机组故障特征分析

（一）典型低电压穿越策略下短路电流实测曲线

为解决风电机组大规模脱网故障，中国对在运风电机组开展了低电压穿越改造及检测。本节主要针对低电压穿越测试数据，分析风电机组的实测故障特征。实际工程中存在四种类型的低电压穿越实现方式，分别为类型Ⅰ：主动 Crowbar、类型Ⅱ：Chopper、类型Ⅲ：同时装设 Crowbar 和 Chopper 以及类型ⅠVⅠ：无硬件保护电路。

对以上四种类型的双馈风机，需获取其故障后短路电流的时间序列曲线，并分析短路电流的峰值和到达峰值的时间这两个特征量。图 8-7～图 8-10 展示了四种类型典型风机在短路故障过程中的曲线。

可见，双馈风机的机端发生三相短路故障后，不同低电压穿越策略下风电机组三相短路电流的变化规律既呈现共性，也有一定的差异性。故障后三相短路电流迅速增加，并有一相达到 2.8～5.6 倍额定电流；之后根据低电压穿越策略，短路电流迅速减小并达到稳态值。当故障切除后，三相短路电流又会呈现较大的暂态电流（甚至会超过故障发生瞬间的短路电流），并逐渐恢复到正常运行状态。

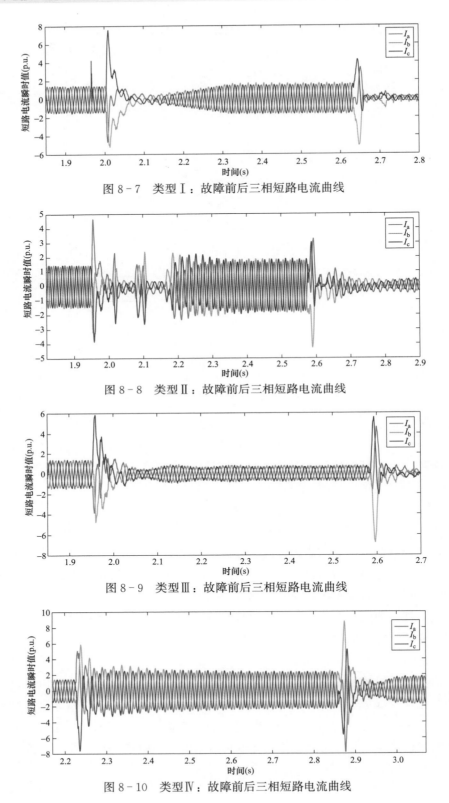

图 8-7　类型Ⅰ：故障前后三相短路电流曲线

图 8-8　类型Ⅱ：故障前后三相短路电流曲线

图 8-9　类型Ⅲ：故障前后三相短路电流曲线

图 8-10　类型Ⅳ：故障前后三相短路电流曲线

　　不同双馈风机三相短路电流的变化规律差异，主要体现在三相短路电流恢复到稳态短路电流的变化过程。对于采用 Chopper 保护的双馈风机，由于在低电压穿越的过程中，Chopper 保护可能出现多次投切的情况，因此，在整个过程中会出现多个短路电流峰值。此外，不同类型的风机短路电流峰值大小、恢复到稳态短路电流的时间以及稳态短路电流的大小也不同。

　　（二）短路电流峰值以及到达峰值的时间

　　根据双馈风机的低电压穿越测试数据，分别对大风和小风两种工况下，发生三相短路故障的场景进行统计分析，三相短路故障下短路电流峰值统计如图 8-11 所示。

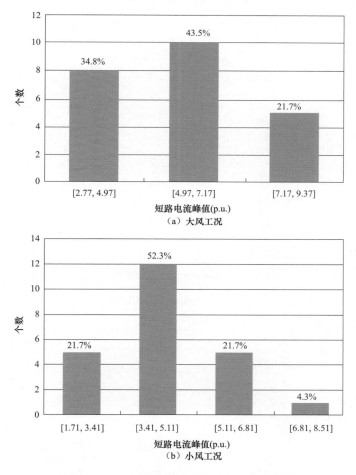

图 8-11　三相短路故障下短路电流峰值统计

　　大风和小风工况下，双馈风机的短路电流峰值对比如图 8-12 所示。

　　发生三相故障后，短路电流的最大瞬时值可以达到额定电流峰值的 6.4 倍。对于同一风机，大风工况下的短路电流峰值普遍大于小风工况。具体来说，短路电流的峰值大小和故障前初始状况有关。当故障初始为大风工况时，短路电流峰值的变化范围为［2.12，6.36］p.u.；当故障初始为小风工况时，短路电流峰值的变化范围为［1.41，5.3］p.u.。图 8-13 为不同工况下短路电流到达峰值时间的直方图。

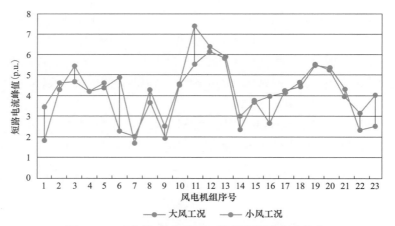

图 8-12　不同初始状态下双馈风机短路电流峰值

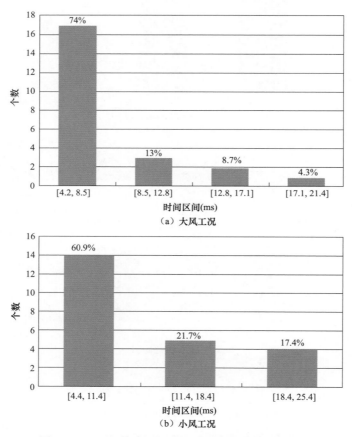

（a）大风工况

（b）小风工况

图 8-13　三相故障下短路电流到达峰值的时间统计

从图 8-13 可见，在三相电压跌落的情况下，大风工况比小风工况更快达到短路电流峰值；在大风工况下，74％测试数据在前 9ms 达到短路电流峰值，在小风工况下，约 61％测试数据在前 11ms 达到短路电流峰值。对于在大风工况发生三相短路故障的场景，从机端电压跌落到短路峰值的时间为 4～18ms。

（三）短路电流工频分量

通过低电压穿越测试数据分析可知，双馈风机短路电流工频分量大部分集中在 [1.0，1.6] p.u. 范围，受故障前运行工况影响较小。同一风机在大风和小风工况下，短路电流工频分量偏差在±0.15p.u. 范围内。大风工况下，短路电流工频分量大部分集中在 [1.0，1.6] p.u.，小风工况下短路电流工频分量为 [1.06，1.44] p.u.。双馈风机短路电流工频分量与低电压穿越控制策略有关。除个别风机外，故障后硬件保护电路（Crowbar 电路或者 Chopper 电路）投入的情况下，短路电流工频分量主要分布在 [1.0，1.3] p.u.，而依靠变流器控制策略实现低电压穿越的风电机组短路电流工频分量略大，在 [1.34，1.6] p.u.。

三、直驱风电机组故障特征分析

（一）典型低电压穿越策略下短路电流实测曲线

直驱风机的低电压穿越策略主要有两种类型：①采用 Chopper 电路；②无硬件保护电路，仅依靠变流器控制实现低电压穿越。

以直驱风机机端发生三相短路故障下大负荷工况的测试数据为例进行分析。首先分别针对以上两种变流器控制策略，获得直驱风机故障后短路电流的瞬时值曲线，如图 8-14 和图 8-15 所示。

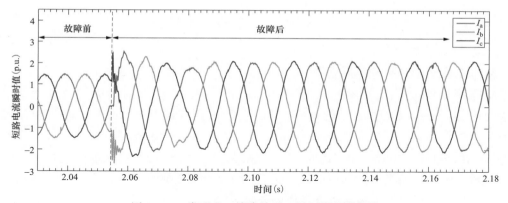

图 8-14 类型Ⅰ：故障前后三相短路电流曲线

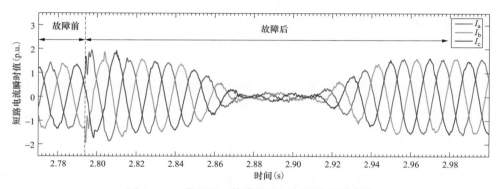

图 8-15 类型Ⅱ：故障前后三相短路电流曲线

可见，不同变流器保护的直驱风机在故障后表现出不同的故障特性。对于采用 Chopper 电路实现低电压穿越的直驱风机，其短路电流的变化规律为：故障后短路电流迅速增大，短路电流达到低电压穿越过程的峰值；经过若干个周期的调整，短路电流达到稳定值，短路电流的稳定值约为 2 倍的额定电流。对于无附加硬件保护的风机，故障后短路电流迅速增大，经过约 100ms 的调整后，短路电流到达稳态短路电流，稳态短路电流约为 1.5 倍额定电流。

（二）短路电流峰值以及到达峰值的时间

从图 8-16 可见，发生三相故障后，短路电流的最大瞬时值可以达到额定电流的 3.5 倍。短路电流峰值绝大多数集中在 [1.41，2.47] p.u. 范围内。

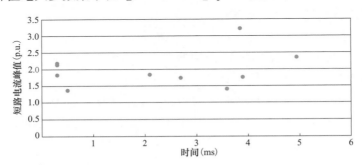

图 8-16　三相故障、大风工况下短路电流峰值-时间对照图

（三）短路电流工频分量

通过傅里叶算法从故障后短路电流的前 1～3 个周波提取工频分量，可知直驱风机短路电流工频分量主要集中在 [1.06，1.58] p.u. 范围内。由于直驱风机直接通过变流器并网，因此其短路电流特征与变流器故障期间的控制和保护策略强相关。

（1）在硬件保护电路投入的情况下，直驱风机短路电流工频分量在 [1.23，1.46] p.u. 范围内。同一风机在大风和小风工况下，短路电流工频分量偏差在 [−0.01，0.22] p.u. 范围内。大风工况下短路电流工频分量在 [1.4，1.46] p.u. 范围内，小风工况下短路电流工频分量在 [1.23，1.44] p.u. 范围内。

（2）无硬件保护电路投入的测试风机只有 1 台，大风工况下短路电流工频分量为 1.58p.u.，小风工况下短路电流工频分量为 1.06p.u.。

第二节　适用于短路电流计算的风电机组等效电路模型

一、双馈风电机组短路电流计算等效电路模型

双馈风机动态仿真模型包括风力机模型、传动轴模型、发电机模型、变流器控制系统模型及保护系统模型五大部分。图 8-17 给出了双馈感应风电机组整体模型框图。

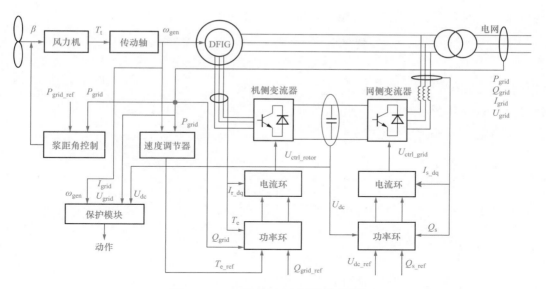

图 8-17 双馈感应风电机组模型框图

(一) 双馈风电机组的短路电流解析表达式

1. 采用 Crowbar 保护

电网发生三相对称短路故障，使得双馈感应发电机机端产生电压降落。设故障后定子电压为 $k\boldsymbol{u}_s$（k 为电压跌落系数）。当机端电压跌落严重时，转子侧 Crowbar 保护就会动作以保护双馈风电机组和变流器不受损坏。

基于上述情况，本节首先根据双馈风电机组的初始运行状态和数学模型给出相关量的初始值；然后结合故障边界条件分析得到相应的解析方程，最后通过求解方程可以得到短路电流的解析表达式。

双馈风机采用恒功率因数控制方式，设 $P = 0.9\mathrm{p.u.}$，$Q = 0$。已知双馈风机发出的功率和定子电压，就可以直接求得定子电流和定子磁链，进而求得转子电压和转子电流故障前的初始值，如式（8-2）所示。

$$
\left.
\begin{aligned}
\boldsymbol{i}_s(0) &= -\left(\frac{S}{3\boldsymbol{u}_S}\right)^* \\
\boldsymbol{\psi}_s(0) &= \boldsymbol{u}_s / (\mathrm{j}\omega_1) \\
\boldsymbol{\psi}_r(0) &= \frac{L_r}{L_m}\boldsymbol{\psi}_\sigma(0) - \frac{M}{L_m}\boldsymbol{i}_s(0) \\
\boldsymbol{i}_r(0) &= \frac{\boldsymbol{\psi}_s(0)}{L_m} - \frac{L_s}{L_m}\boldsymbol{i}_s(0)
\end{aligned}
\right\}
\tag{8-2}
$$

式中：$\boldsymbol{i}_s$ 为稳态运行时定子电流矢量；$\boldsymbol{\psi}_s$ 为稳态运行时定子磁链矢量；$\boldsymbol{\psi}_r$ 为稳定运行时定子磁链矢量；$\boldsymbol{u}_S$ 为稳定运行时机端电压矢量；S 为风电机组输出的视在功率。

在电网发生对称性短路故障时，若机端电压跌落较深时，转子 Crowbar 保护电路会投入运行，转子电阻变为 Crowbar 电阻和转子绕组之和，此时转子电压变为 0，定子电阻的

阻值很小，因此可以忽略定子电阻的影响。将磁链方程代入电压方程可得

$$\left.\begin{array}{l} \boldsymbol{u}_{\mathrm{s}}=D\boldsymbol{\psi}_{\mathrm{s}}+\mathrm{j}\omega_1\boldsymbol{\psi}_{\mathrm{s}} \\ D\boldsymbol{\psi}_{\mathrm{r}}+(\mathrm{j}\omega_{\mathrm{s}}+BR_{\mathrm{t}})\boldsymbol{\psi}_{\mathrm{r}}=-AR_{\mathrm{t}}\boldsymbol{\psi}_{\mathrm{r}} \end{array}\right\} \quad (8-3)$$

式中：D 为微分算子；$A=-L_{\mathrm{m}}/(L_{\mathrm{s}}L_{\mathrm{r}}-L_{\mathrm{m}}^2)$；$B=L_{\mathrm{s}}/(L_{\mathrm{s}}L_{\mathrm{r}}-L_{\mathrm{m}}^2)$；$\omega_1$ 为基频角速度；R_{t} 为 Crowbar 投入后的转子电阻。

可得定、转子磁链表达式为

$$\left.\begin{array}{l} \boldsymbol{\psi}_{\mathrm{s}}=\dfrac{\boldsymbol{u}_{\mathrm{s}}}{\mathrm{j}\omega_1}+C_{\mathrm{s}}\mathrm{e}^{-\mathrm{j}\omega_1 t}\mathrm{e}^{-t/T_{\mathrm{s}}} \\[3mm] \boldsymbol{\psi}_{\mathrm{r}}=-\dfrac{AR_{\mathrm{t}}\boldsymbol{u}_{\mathrm{s}}}{\mathrm{j}\omega_1(\mathrm{j}\omega_{\mathrm{s}}+1/T_{\mathrm{r}})}-\dfrac{AR_{\mathrm{t}}(1-k)\boldsymbol{u}_{\mathrm{s}}}{\mathrm{j}\omega_1(1/T_{\mathrm{r}}-\mathrm{j}\omega_{\mathrm{r}}-1/T_{\mathrm{s}})}\mathrm{e}^{-\mathrm{j}\omega_1 t}\mathrm{e}^{-t/T_{\mathrm{s}}}+C_1\mathrm{e}^{-\mathrm{j}\omega_{\mathrm{s}}t}\mathrm{e}^{t/T_{\mathrm{rl}}} \\[3mm] C_{\mathrm{s}}=\boldsymbol{\psi}_{\mathrm{s}}(0)-\dfrac{k\boldsymbol{u}_{\mathrm{s}}}{\mathrm{j}\omega_1} \\[3mm] C_1=\boldsymbol{\psi}_{\mathrm{r}}(0)-\dfrac{\boldsymbol{u}_{\mathrm{r}}(0)}{\mathrm{j}\omega_{\mathrm{s}}+\dfrac{1}{T_{\mathrm{rl}}}}+\dfrac{AR_{\mathrm{t}}\boldsymbol{u}_{\mathrm{s}}}{\mathrm{j}\omega_1\left(\mathrm{j}\omega_{\mathrm{s}}+\dfrac{1}{T_{\mathrm{rl}}}\right)}+\dfrac{AR_{\mathrm{t}}(1-k)\boldsymbol{u}_{\mathrm{s}}}{\mathrm{j}\omega_1\left(-\mathrm{j}\omega_{\mathrm{r}}+\dfrac{1}{T_{\mathrm{rl}}}-\dfrac{1}{T_{\mathrm{s}}}\right)} \end{array}\right\} \quad (8-4)$$

由式（8-4）可得定转子电流的解析表达式为

$$\left.\begin{array}{l} \boldsymbol{i}_{\mathrm{s}}=\dfrac{L_{\mathrm{r}}}{M}\boldsymbol{\psi}_{\mathrm{s}}-\dfrac{L_{\mathrm{m}}}{M}\boldsymbol{\psi}_{\mathrm{r}} \\[3mm] \boldsymbol{i}_{\mathrm{r}}=-\dfrac{L_{\mathrm{m}}}{M}\boldsymbol{\psi}_{\mathrm{s}}+\dfrac{L_{\mathrm{s}}}{M}\boldsymbol{\psi}_{\mathrm{r}} \end{array}\right\} \quad (8-5)$$

将定子电流的表达式从同步旋转坐标系转换为两相静止坐标系，如式（8-6）所示

$$i_{\mathrm{s}}=A_1\mathrm{e}^{\mathrm{j}\omega_1 t}+B_1\mathrm{e}^{-\frac{t}{T_{\mathrm{s}}}}+C_1\mathrm{e}^{\mathrm{j}\omega_{\mathrm{r}}t}\mathrm{e}^{-\frac{t}{T_{\mathrm{r}}}} \quad (8-6)$$

式中：A_1、B_1、C_1 分别为三相对称故障同步频率分量、直流分量及转速频率分量的初始幅值，其中

$$\left.\begin{array}{l} A_1=\dfrac{u_{\mathrm{s}}}{\mathrm{j}}\dfrac{L_{\mathrm{r}}}{L_{\mathrm{d}}}\left[1+\left(\omega_1\dfrac{R_{\mathrm{r}}}{L_{\mathrm{s}}}-\omega_1\dfrac{R_{\mathrm{r}}L_{\mathrm{s}}}{L_{\mathrm{d}}}\right)\Big/\left(\mathrm{j}\omega_{\mathrm{s}}+\dfrac{1}{T_{\mathrm{r}}}\right)\right] \\[4mm] B_1=i_{\mathrm{s}0}-\dfrac{L_{\mathrm{r}}}{L_{\mathrm{d}}}\psi_{\mathrm{s}0}-\dfrac{u_{\mathrm{s}}}{\mathrm{j}}\dfrac{L_{\mathrm{r}}}{L_{\mathrm{d}}}\left(\omega_1\dfrac{R_{\mathrm{r}}}{L_{\mathrm{s}}}-\dfrac{1}{T_{\mathrm{r}}}\right)\Big/\left(\mathrm{j}\omega_{\mathrm{s}}+\dfrac{1}{T_{\mathrm{r}}}\right)+ \\[4mm] \quad\dfrac{\Delta u_{\mathrm{s}}}{\mathrm{j}}\dfrac{L_{\mathrm{r}}}{L_{\mathrm{d}}}\left(\omega_1\dfrac{R_{\mathrm{r}}}{L_{\mathrm{s}}}-\dfrac{1}{T_{\mathrm{r}}}\right)\Big/\left(\mathrm{j}\omega_1+\dfrac{1}{T_{\mathrm{s}}}-\mathrm{j}\omega_{\mathrm{s}}-\dfrac{1}{T_{\mathrm{r}}}\right) \\[4mm] C_1=\dfrac{\Delta u_{\mathrm{s}}}{\mathrm{j}}\dfrac{L_{\mathrm{r}}}{L_{\mathrm{d}}}-\dfrac{\Delta u_{\mathrm{s}}}{\mathrm{j}}\dfrac{L_{\mathrm{r}}}{L_{\mathrm{d}}}\left(\omega_1\dfrac{R_{\mathrm{r}}}{L_{\mathrm{s}}}-\dfrac{1}{T_{\mathrm{r}}}\right)\Big/\left(\mathrm{j}\omega_1+\dfrac{1}{T_{\mathrm{s}}}-\mathrm{j}\omega_{\mathrm{s}}-\dfrac{1}{T_{\mathrm{r}}}\right) \end{array}\right\} \quad (8-7)$$

2. 采用 Chopper 保护

设 $t=0$ 时刻发生故障，转子侧变流器因过流闭锁 IGBT，Chopper 保护立刻投入。故障前系统处于正常稳定运行状态。忽略定子电阻，且考虑稳态下 $D\boldsymbol{\Psi}_{\mathrm{s}}=0$，故障前定子电流、磁链满足关系

$$\begin{rcases} \boldsymbol{i}_{\mathrm{s}}(t) = -\left(\dfrac{S}{3\boldsymbol{u}_{\mathrm{s}}}\right)^{*} \\[3mm] \boldsymbol{\Psi}_{\mathrm{s}}(t) = \left(\dfrac{\boldsymbol{u}_{\mathrm{s}}}{\mathrm{j}\omega_{1}}\right) \end{rcases} \tag{8-8}$$

式中：$\boldsymbol{i}_{\mathrm{s}}$ 为稳态运行时定子电流矢量；$\boldsymbol{\psi}_{\mathrm{s}}$ 为稳态运行时定子磁链矢量；$\boldsymbol{u}_{\mathrm{s}}$ 为稳定运行时机端电压矢量；S 为风电机组输出的复功率。

机端外发生三相对称故障后，所有电气量仍然为正序电气量，根据故障前后的连续性，可得故障后电气量的初值为

$$\begin{rcases} \boldsymbol{i}_{\mathrm{s}}(0) = \boldsymbol{i}_{\mathrm{s}}(t=0) \\[2mm] \boldsymbol{\psi}_{\mathrm{s}}(0) = \boldsymbol{\psi}_{\mathrm{s}}(t=0) \\[2mm] \boldsymbol{\psi}_{\mathrm{r}}(0) = \dfrac{L_{\mathrm{r}}}{L_{\mathrm{m}}}\boldsymbol{\psi}_{\mathrm{s}}(0) - \dfrac{M}{L_{\mathrm{m}}}\boldsymbol{i}_{\mathrm{s}}(0) \\[3mm] \boldsymbol{u}_{\mathrm{r}}(0) = \dfrac{R_{\mathrm{r}}+\mathrm{j}\omega_{\mathrm{s}}L_{\mathrm{r}}}{L_{\mathrm{m}}}\boldsymbol{\psi}_{\mathrm{s}}(0) - \dfrac{R_{\mathrm{r}}L_{\mathrm{s}}+j\omega_{\mathrm{s}}M}{L_{\mathrm{m}}}\boldsymbol{i}_{\mathrm{s}}(0) \end{rcases} \tag{8-9}$$

设故障前电压为定子额定电压 $\boldsymbol{u}_{\mathrm{s}}$，机端外发生对称故障后电压跌落至 $\boldsymbol{u}_{\mathrm{s2}}$（在同步速旋转坐标系下均为常相量值）。忽略定子电阻，可知故障经过一段时间后的定子稳态磁链为

$$\boldsymbol{\psi}_{\mathrm{s2}} = \left(\dfrac{\boldsymbol{u}_{\mathrm{s2}}}{\mathrm{j}\omega_{1}}\right) \tag{8-10}$$

为简化分析过程，忽略定子电阻，求解定子电压方程，考虑定子衰减时间常数的影响，利用定子磁链的初始值和故障后稳态值，可求解 Chopper 动作后定子磁链为

$$\boldsymbol{\psi}_{\mathrm{s}}(t\geqslant 0) = \dfrac{\boldsymbol{u}_{\mathrm{s2}}}{\mathrm{j}\omega_{1}} + \left(\dfrac{\boldsymbol{u}_{\mathrm{s}}}{\mathrm{j}\omega_{1}} - \dfrac{\boldsymbol{u}_{\mathrm{s2}}}{\mathrm{j}\omega_{1}}\right)\mathrm{e}^{-\mathrm{j}\omega_{1}t}\mathrm{e}^{-t/T_{s}} \tag{8-11}$$

式中：$T_{\mathrm{s}} = M/L_{\mathrm{r}}R_{\mathrm{s}}$ 为定子回路衰减时间常数。

分析式（8-11）可知，根据磁链守恒定律，故障后定、转子回路磁链不能瞬时突变，会感生一直流磁链（转换至静止坐标系下），该直流磁链以定子回路时间常数衰减至稳态量。

根据双馈风机发电机的数学模型可得转子电压方程为

$$\boldsymbol{u}_{\mathrm{r}} = R_{\mathrm{r}}\boldsymbol{i}_{\mathrm{r}} + \mathrm{j}\omega_{\mathrm{s}}\dfrac{M}{L_{\mathrm{s}}}\boldsymbol{i}_{\mathrm{r}} + \dfrac{M}{L_{\mathrm{s}}}D\boldsymbol{i}_{\mathrm{r}} + \dfrac{L_{\mathrm{m}}}{L_{\mathrm{s}}}(\mathrm{j}\omega_{\mathrm{s}}\boldsymbol{\psi}_{\mathrm{s}} + D\boldsymbol{\psi}_{\mathrm{s}}) \tag{8-12}$$

分析式（8-12）可知，转子电压由 2 部分组成，一部分为转子电流流经电阻电感的压降以及转子电流变化引起的电势，另一部分为定子磁链感应产生的电压以及磁链变化引起的电势，称其为转子空载电压 $\boldsymbol{u}_{\mathrm{r0}}$，如式（8-13）所示

$$\boldsymbol{u}_{\mathrm{r0}} = \dfrac{L_{\mathrm{m}}}{L_{\mathrm{s}}}(\mathrm{j}\omega_{\mathrm{s}}\boldsymbol{\psi}_{\mathrm{s}} + D\boldsymbol{\psi}_{\mathrm{s}}) \tag{8-13}$$

故障时刻，由于定子感生衰减直流磁链作用，转子空载电压会产生突变，致使转子过流。将故障后定子磁链代入式（8-13）得故障后转子空载电压为

$$u_{r0} = s \frac{L_m}{L_s} u_{s2} + \left(s - 1 - \frac{1}{j\omega_1 T_s} \right) \frac{L_m}{L_s} (u_s - u_{s2}) e^{-j\omega_1 t} e^{-t/T_s} \qquad (8-14)$$

同步速旋转坐标下故障后转子空载电压如式（8-14）所示，其中 $1/j\omega_1 T_s$ 数值较小，通常可以忽略。公式两侧同乘以 $e^{j\omega_s t}$，得到转换至转子转速旋转坐标系下的转子空载电压 u_{r0}^r 为

$$u_{r0}^r = s \frac{L_m}{L_s} u_{s2} e^{j\omega_s t} - (1-s) \frac{L_m}{L_s} (u_s - u_{s2}) e^{-j\omega_r t} e^{-t/T_s} \qquad (8-15)$$

由于 Chopper 作用下母线电压近似恒定为 U_{dc}，因此可以忽略母线上电容器的充放电过程。故障比较严重时，定子电压很低，可忽略网侧变流器对直流母线的控制电流。因而从转子向变流器看，三相不控整流桥所联直流母线可视为纯电阻负载用于卸荷，且其端电压恒定为 U_{dc}。

IGBT 闭锁 Chopper 投入后，转子电压不再受变流器控制，转子电压的幅值仅由故障后直流母线电压决定，而在 Chopper 的作用下直流母线电压近似为定值 U_{dc}。转子不控整流桥两侧转子等效电压 $u_{r.eq}$ 与直流母线电压 U_{dc} 关系，近似可以由式（8-16）表示

$$u_{r.eq} = \frac{U_{dc}\pi}{3\sqrt{3}} \qquad (8-16)$$

从定子侧看入的转子等效电压为 $u'_{r.eq}$（将 $u_{r.eq}$ 归算至定子侧），取转子绕组相对定子绕组的匝数比 N_{stator}/N_{rotor} 为 3，如式（8-17）所示

$$u'_{r.eq} = \frac{U_{dc}\pi}{3\sqrt{3}} \frac{N_{stator}}{N_{rotor}} \qquad (8-17)$$

Chopper 动作后转子侧等效回路如图 8-18 所示。Chopper 动作后（$t \geqslant 0$）转子侧等效回路，在转子坐标系下满足

$$\frac{M}{L_s} Di_r + \left(R_r + j\omega_s \frac{M}{L_s} \right) i_r = u'_{r.eq} - u_{r0}^r \qquad (8-18)$$

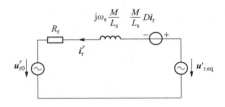

图 8-18　转子侧回路等效电路图

将故障初始条件代入转子电流表达式，可计算 Chopper 投入时刻转子电流初值为

$$i_r(0) = -\frac{L_m}{M} \psi_s(0) + \frac{L_s}{M} \psi_r(0) \qquad (8-19)$$

以式（8-19）作为初值，求解微分方程，可以解得 Chopper 动作后转子过电流 $i_r(t \geqslant 0)$ 为

$$i_r(t \geqslant 0) = \frac{L_s}{M} \frac{u'_{r.eq}}{j\omega_s - j\omega_r + 1/T_r} e^{-j\omega_r t} - \frac{L_m}{M} \frac{s u_{s2}}{j2\omega_s + 1/T_r} e^{j\omega_s t}$$
$$+ \frac{L_m}{M} \frac{(1-s)(u_{s0} - u_{s2})}{j\omega_s - j\omega_r + 1/T_r - 1/T_s} e^{-j\omega_r t} e^{-t/T_s} + C_1 e^{-j\omega_s t} e^{-t/T_r} \tag{8-20}$$

式中：$T_r = L_s/MR_r$ 为转子回路时间常数，C_1 为转差频率分量系数。

三相不控整流桥所连直流母线可等效为纯电阻，即可认为转子过电流 i_r 的相位近似与 $u'_{r.eq}$ 相同，且 Chopper 动作后不控整流桥和直流母线的等效电压 $u'_{r.eq}$ 近似恒定，因此不控整流桥和直流母线可等效为一等值电阻串入转子回路中，其结构与 Crowbar 保护电路相似，等效电阻的计算方法为

$$R_{eq}(t \geqslant 0) = \frac{|u'_{r.eq}|}{|i_r^r|} \tag{8-21}$$

分析式（8-62）可知，$|u'_{r.eq}|$ 为一恒定值，$|i_r^r|$ 为一数值逐渐衰减的变量，因此等效电阻 R_{eq} 的数值随时间逐渐增大。R_{eq} 阻值变化受转子开路电压 u_{r0} 影响，与故障后机端残压 u_{s2} 及故障前运行转差率 s 有关。

根据上述分析，不同机端残压水平及运行转差率 s 条件下 R_{eq} 随时间变化曲线如图 8-19 所示。

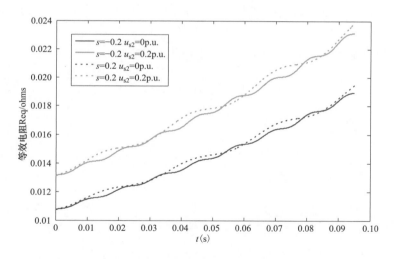

图 8-19 不同运行转差和机端残压水平下曲线

分析图 8-21 可知，相同转差率但不同机端残压水平条件下，$R_{eq}(t)$ 曲线增大趋势近似相同，但其初始值随风机机端电压降低而减小。相同机端残压水平但是不同转差率下，$R_{eq}(t)$ 变化近似一致，因而机端残压 u_{s2} 对 R_{eq} 影响较大，运行转差率 s 对 R_{eq} 影响很小。

相比于 Crowbar 保护，双馈机端电压完全跌落时 Chopper 等效电阻 R_{eq} 初始值 0.011 近似为转子回路电阻的 30 倍，与 Crowbar 保护的投入电阻近似相同，因而故障初期暂态过程两者的电流抑制效果类似。然而随着故障的持续，Chopper 等效电阻 $R_{eq}(t)$ 逐渐变大，对于转子过流抑制作用更明显，故障稳态时短路电流水平更低。机端电压不完全跌落

时，等效电阻的初始值大于 Crowbar 电阻阻值，同样随时间逐渐变大，即电压跌落过程中，等效电阻 $R_{eq}(t)$ 的初始和过程阻值与 Crowbar 阻值相比更大，其初始暂态和稳态定转子电流抑制效果更加明显。

综上分析，Chopper 保护相当于一个阻值逐渐增大的 Crowbar 电阻，而且具有可变电阻特性的 Chopper 保护与 Crowbar 保护相比，其对定、转子短路电流抑制效果更加明显。

Chopper 动作后，转子绕组回路中闭锁的 RSC 和直流母线侧用一个可变电阻 R_{eq} 代替，RSC 提供的转子电压 $\boldsymbol{u}_r=0$，将转子电压带入式转子电压方程，此时段转子回路关系为

$$D\boldsymbol{\psi}_r + (j\omega_s + BR_{req})\boldsymbol{\psi}_r = -AR_{req}\boldsymbol{\psi}_s \tag{8-22}$$

将式（8-21）代入式（8-22），同时令故障前稳态转子磁链的末状态 $\boldsymbol{\psi}_r(0)$ 作为故障后转子磁链的初状态，求解式（8-22）得到第二阶段转子磁链表达式为

$$\boldsymbol{\psi}_r(t \geqslant 0) = -\frac{AR_{req}\boldsymbol{u}_{s2}}{j\omega_1(j\omega_s + 1/T_{req})}$$
$$-\frac{AR_{req}(\boldsymbol{u}_s - \boldsymbol{u}_{s2})}{j\omega_1(1/T_t - j\omega_r - 1/T_s)}e^{-j\omega_1 t}e^{-t/T_s} + C_2 e^{-j\omega_s t}e^{-t/T_{req}} \tag{8-23}$$

式中：$T_{req}=M/L_s R_{req}$ 为 Chopper 动作后等效转子回路的时间常数；C_2 为 $\boldsymbol{\psi}_r$ 中转差频率分量的系数。

推导得到静止坐标系下对称故障后定子电流表达式为

$$\boldsymbol{i}_s(t \geqslant 0) = \left(\frac{L_r}{M}\boldsymbol{\psi}_s - \frac{L_m}{M}\boldsymbol{\psi}_r\right)e^{j\omega_1 t} \tag{8-24}$$

式（8-24）整理后

$$\boldsymbol{i}_s(t \geqslant 0) = Ae^{j\omega_1 t} + Be^{j\omega_r t}e^{-t/T_{req}} + Ce^{-t/T_s} \tag{8-25}$$

其中 A、B、C 表示各频率分量系数

$$\left.\begin{array}{l}A = \dfrac{L_r}{M}\dfrac{\boldsymbol{u}_{s2}}{j\omega_1} + \dfrac{L_m}{M}\dfrac{AR_{req}\boldsymbol{u}_{s2}}{j\omega_1(j\omega_s + 1/T_{req})} = \dfrac{1}{M}\dfrac{\boldsymbol{u}_{s2}}{j\omega_1}\left(L_r + L_m\dfrac{AR_{req}}{j\omega_s + 1/T_{req}}\right) \\[4mm] B = -\dfrac{L_m}{M}\boldsymbol{\psi}_r(0) - \dfrac{L_m}{M}\dfrac{AR_{req}\boldsymbol{u}_{s2}}{j\omega_1(j\omega_s + 1/T_{req})} - \dfrac{L_m}{M}\dfrac{AR_{req}(\boldsymbol{u}_s - \boldsymbol{u}_{s2})}{j\omega_1(-j\omega_r + 1/T_{req} - 1/T_s)} \\[4mm] C = \dfrac{L_r}{M}\dfrac{(\boldsymbol{u}_s - \boldsymbol{u}_{s2})}{j\omega_1} + \dfrac{L_m}{M}\dfrac{AR_{req}(\boldsymbol{u}_s - \boldsymbol{u}_{s2})}{j\omega_1(-j\omega_r + 1/T_{req} - 1/T_s)} \\[4mm] \quad = \dfrac{1}{M}\dfrac{(\boldsymbol{u}_s - \boldsymbol{u}_{s2})}{j\omega_1}\left(L_r + L_m\dfrac{AR_{req}}{-j\omega_r + 1/T_{req} - 1/T_s}\right)\end{array}\right\} \tag{8-26}$$

分析式（8-25）可知，定子电流由 3 种不同频率分量的电流共同组成。$Ae^{j\omega_1 t}$ 是定子电流稳态基频分量，它的大小由电压跌落的幅值决定；$Be^{j\omega_r t}e^{-t/T_{req}}$ 为转速频率交流分量，占暂态电流的大部分，以此时双馈风机转子回路直流分量的衰减时间常数 T_{req} 衰减；

Ce^{-t/T_s} 为暂态电流的直流分量，其幅值取决于短路时电压的相位角，以定子回路衰减时间常数 T_s 衰减。

（二）双馈风电机组短路电流解析表达式的验证

1. 采用 Crowbar 保护

参考 Matlab/Simulink 中 1.5MW 双馈式风力发电机仿真模型，搭建如图 8－20 所示的仿真系统，验证当系统侧发生对称和不对称短路故障后，在 Crowbar 保护投入后本节提出的短路电流解析计算表达式的有效性。

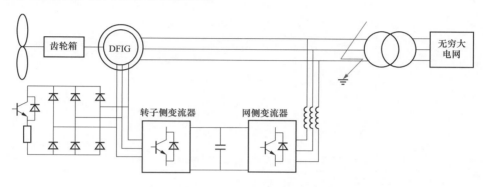

图 8－20 双馈风机的仿真系统

故障前，双馈风机超同步运行，采用恒功率控制，输出有功功率 $P=0.9\text{p.u.}$，无功功率 $Q=0$。其中 Crowbar 电阻阻值取 30 倍的转子绕组阻值，双馈风电机组的参数如表 8－2 所示。

表 8－2 　　　　　　　　　　　　双馈风电机组的参数

额定电压	额定功率	定子侧电阻	转子侧电阻	Crowbar 电阻	定转子互感	定子自感	转子自感	转子转速
575V	1.5MW	0.0073p.u.	0.0052p.u.	30 倍转子电阻	3p.u.	3.1766p.u.	3.1610p.u.	1.15p.u.

设 $t=0\text{ms}$ 时，双馈感应发电机机端电压跌落为零，同时转子侧 Crowbar 保护瞬时投入，此时 A 相电压的初相角为 90°。定子 ABC 三相短路电流的解析计算波形与仿真波形对比图如图 8－21 所示。

由图 8－21 可以看出，当 Crowbar 保护动作后，交流分量在 2 个周波左右衰减结束，仅剩下衰减的直流分量。本节给出的定子 ABC 三相短路电流的解析计算波形精准的复现了定子三相短路电流的仿真波形，进而验证了解析表达式的有效性。由于理论分析中假设转子转速不变，但是在故障发生后，随着时间的增加，转子的转速略微有些变化，所以后期存在较小的误差是允许的。

2. 采用 Chopper 保护

在 Matlab/Simulink 环境下搭建了带有 Chopper 保护的双馈风机模型，通过仿真波形与解析计算波形对比，验证短路电流解析表达式的正确性。仿真和解析计算所用 Chopper 保护设定值如表 8－3 所示。

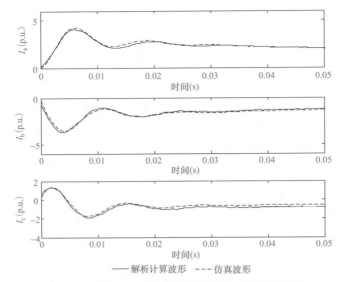

图 8-21　对称短路时解析计算波形与仿真波形对比

表 8-3　　　　　　　　　双馈风电机组 Chopper 保护设定值

Chopper 电阻阻值（Ω）	0.4
Chopper 投入上限电压（V）	1200
Chopper 投入下限电压（V）	1180

假设 $t=0$ 时刻双馈风机机端外发生对称故障，机端电压发生跌落，同时 Chopper 保护瞬时投入，此时 A 相电压初相角 $\alpha=90°$。不同运行转差水平和机端电压发生不同程度跌落时，双馈风机定子三相短路电流解析计算波形与仿真波形对比如图 8-22～图 8-24 所示。

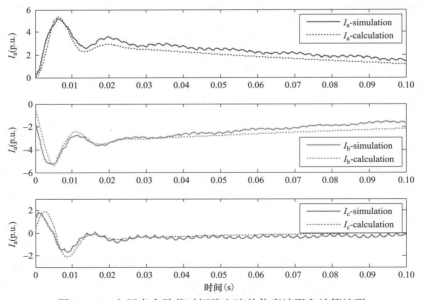

图 8-22　电压完全跌落时短路电流的仿真波形和计算波形

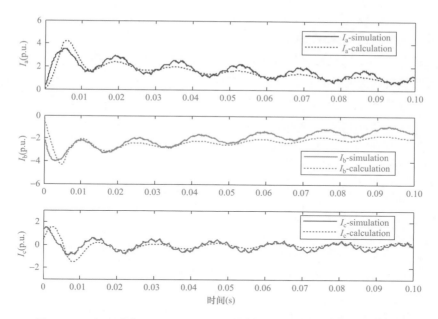

图 8-23　电压跌落至 0.2p.u. 时三相短路电流的仿真波形和计算波形

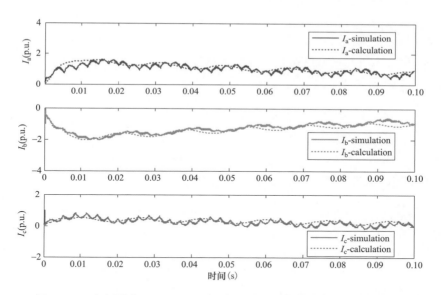

图 8-24　电压跌落至 0.3p.u. 时三相短路电流的仿真波形和计算波形

　　由图中仿真波形可以看出，由于机端电压跌落程度较深，故障后 100ms 内 RSC 一直处于闭锁状态且 Chopper 保护一直反复投入，其中的脉动纹波是由 RSC 闭锁形成的三相不控整流桥对转子冲击电流整流形成的效果。

　　通过以上不同转差运行水平和机端电压跌落下风机仿真波形与计算波形的对比，可知将 Chopper 保护等效为可变电阻的方法及基于此推导的故障电流解析表达式能较好地复现实际故障电流。

（三）双馈风电机组短路电流计算模型

双馈风机的常用低电压穿越控制方式可分为两种：①依靠 Crowbar 电路实现低电压穿越；②为依靠 Chopper 电路实现低电压穿越。对于 Chopper 投入的情况，Chopper 电路可等效为阻值不断增大的 Crowbar，其解析表达式与 Crowbar 投入的情况具有一致性，故本节重点针对 Crowbar 投入进行分析。

采用 Crowbar 保护时，对称故障下，双馈风机的 Crowbar 保护电路投入，短路电流详细表达式为

$$I_s = \frac{u_s}{j}\frac{L_r}{L_d}\left(1 + \frac{\dfrac{\omega_1 R_r}{L_s} - \dfrac{\omega_1 R_r L_s}{L_d}}{j\omega_s + \dfrac{1}{T_r}}\right) + \left[i_{s0} - \frac{L_r}{L_d}\psi_{s0} - \frac{u_s}{j}\frac{L_r}{L_d}\left(\frac{\omega_1 R_r}{L_s} - \frac{1}{T_r}\right)\frac{1}{j\omega_s + \dfrac{1}{T_r}}\right.$$

$$\left. + \frac{\Delta u_s}{j}\frac{L_r}{L_d}\left(\frac{\omega_1 R_r}{L_s} - \frac{1}{T_r}\right)\frac{1}{j\omega_1 + \dfrac{1}{T_s} - j\omega_s - \dfrac{1}{T_r}}\right] e^{-\frac{t}{T_r}}e^{-j\omega_s t}$$

$$+ \left[\frac{\Delta u_s}{j}\frac{L_r}{L_d} - \frac{\Delta u_s}{j}\frac{L_r}{L_d}\left(\frac{\omega_1 R_r}{L_s} - \frac{1}{T_r}\right)\frac{1}{j\omega_1 + \dfrac{1}{T_s} - j\omega_s - \dfrac{1}{T_r}}\right] e^{-\frac{t}{T_s}}e^{-j\omega_1 t} \qquad (8-27)$$

（1）短路电流周期分量。

分析式（8-27）可知，Crowbar 保护电路投入后双馈风机的故障电流由 3 部分组成，其中周期分量包含不衰减的基频分量与衰减的转速频率分量。此种场景下短路电流基频周期分量 I_k 为

$$I_k = \frac{u_s}{j}\frac{L_r}{L_d}\left(1 + \frac{\dfrac{\omega_1 R_r}{L_s} - \dfrac{\omega_1 R_r L_s}{L_d}}{j\omega_s + \dfrac{1}{T_r}}\right) = \frac{u_s}{Z_m} \qquad (8-28)$$

式中：Z_m 为 DFIG 故障后等效阻抗，其电路图如图 8-25 所示。

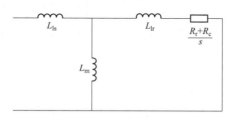

图 8-25 DFIG 故障后等效阻抗

短路电流中还含有转速频率衰减周期分量 I_{sw}，其初始值如式（8-29）所示

$$I_{sw0} = i_{s0} - \frac{L_r}{L_d}\psi_{s0} - \frac{u_s}{j}\frac{L_r}{L_d}\left(\frac{\omega_1 R_r}{L_s} - \frac{1}{T_r}\right)\frac{1}{j\omega_s + \dfrac{1}{T_r}} + \frac{\Delta u_s}{j}\frac{L_r}{L_d}\left(\frac{\omega_1 R_r}{L_s} - \frac{1}{T_r}\right)\frac{1}{j\omega_1 + \dfrac{1}{T_s} - j\omega_s - \dfrac{1}{T_r}}$$

$$(8-29)$$

此分量由于转子磁链不突变感应产生，与转子电流直流衰减分量具有共生关系，按照计及 Crowbar 电阻的转子绕组衰减时间常数 T_r 衰减。

（2）稳态短路电流。

根据前文推导可知，Crowbar 投入后双馈风机故障电流由三部分组成，其中转速频率分量与直流分量随时间衰减，稳态下只含有基频分量，即稳态短路电流 $\boldsymbol{I}_k$ 为

$$\boldsymbol{I}_k=\frac{\boldsymbol{u}_s}{j}\frac{L_r}{L_d}\left(1+\frac{\dfrac{\omega_1 R_r}{L_s}-\dfrac{\omega_1 R_r L_s}{L_d}}{j\omega_s+\dfrac{1}{T_r}}\right)=\frac{\boldsymbol{u}_s}{Z_m}\tag{8-30}$$

由式（8-30）可知，Crowbar 投入后双馈风机的稳态短路电流与短路电流基频周期分量具有相同的表达式。

设 $t=0.112s$ 机端发生经电阻接地的三相短路故障，故障持续时间 625ms。Crowbar 保护检测到转子电流超过门槛值投入，故障切除前退出。故障前双馈风机风速为 15m/s，为超同步运行状态，转差率 $s=-0.2$。

计算不同电压跌落程度下双馈风机的短路电流稳态值与仿真值对比如表 8-4 所示。

表 8-4　　　　　短路电流的稳态计算值与仿真值对比

序号	计算值	仿真值	相对误差	机端电压
1	0.3137p.u.	0.2839p.u.	0.1051	0.1880p.u.
2	0.4132p.u.	0.3825p.u.	0.0803	0.2476p.u.
3	0.5082p.u.	0.4756p.u.	0.0684	0.3045p.u.
4	0.6812p.u.	0.6499p.u.	0.0482	0.4082p.u.
5	0.8299p.u.	0.7963p.u.	0.0422	0.4973p.u.
6	0.9546p.u.	0.9143p.u.	0.0440	0.5720p.u.
7	1.0576p.u.	1.0046p.u.	0.0527	0.6337p.u.
8	1.1413p.u.	1.0884p.u.	0.0486	0.6839p.u.
9	1.2066p.u.	1.1599p.u.	0.0402	0.7230p.u.
10	1.2605p.u.	1.2173p.u.	0.0354	0.7553p.u.
11	1.3025p.u.	1.2623p.u.	0.0318	0.7805p.u.
12	1.3493p.u.	1.2792p.u.	0.0547	0.8085p.u.
13	1.3738p.u.	1.3291p.u.	0.0336	0.8232p.u.
14	1.4688p.u.	1.4172p.u.	0.0363	0.8801p.u.

由表 8-4 可知，由于未计及磁路饱和的影响，在电压跌落程度较深时，相对误差为 10.5%，而其他情况下误差均小于 10%。Crowbar 投入后稳态电流相角为稳定值，计算值为 -38.47°，仿真值为 -40.59°，相对误差为 5.22%。

二、直驱风电机组短路电流计算等效电路模型

（一）直驱风电机组的短路电流解析表达式

1. 变流器控制

由于直驱风机通过背靠背变流器并入电网，所以该类型风机故障特征取决于网侧变流

器。当电网发生故障时，网侧变流器采用的控制策略和在直流母线处加装 Chopper 电路会共同对故障电流产生作用，使得直驱风机的暂态过程尤其复杂，因此，数学解析表达式需要合理简化。

根据前面分析，变流器采用电网电压定向矢量控制，当电压矢量定向于 d 轴时，可以推导得到

$$\left.\begin{array}{l} u_d = u_s \\ u_q = 0 \end{array}\right\} \tag{8-31}$$

式中：u_s 为电网电压；u_d 为电网电压的直轴分量；u_q 为电网电压的交轴分量。

网侧变流器的有功、无功功率表达式为

$$\left.\begin{array}{l} P = 1.5 u_d i_d \\ Q = -1.5 u_d i_q \end{array}\right\} \tag{8-32}$$

由此可实现直驱风机有功、无功功率的解耦控制。在电网电压一定时，有功功率与 i_d 成正比，无功功率与 i_q 成正比。

网侧变流器直流侧输入瞬时功率为 $u_{dc} i_{dc}$，当忽略变压器损耗时，满足公式 $u_{dc} i_{dc} = 1.5 u_d i_d$。直流母线电压 u_{dc} 与有功电流 i_d 成正比，从而可以通过 i_d 来控制 u_{dc}。图 8-26 所示为直流电压外环控制框图。

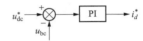

图 8-26　直流电压外环控制示意图

根据直流电压外环可得

$$i_d^* = K_{up}(u_{dc} - u_{dc}^*) + K_{ui} \int (u_{dc} - u_{dc}^*) \mathrm{d}t \tag{8-33}$$

式中：K_{up}、K_{ui} 为电压外环比例系数和积分系数；u_{dc}^* 为直流母线电压参考值。考虑到电流内环响应速度比较快，即有功电流严格跟随其参考值，因此，不考虑电流内环动态过程，则有功电流可以直接用其参考值来代替。忽略变流器的功率损耗，网侧变流器的功率平衡方程式可表示为

$$P - 1.5 u_d i_d = u_{dc} C \frac{\mathrm{d} u_{dc}}{\mathrm{d}t} \tag{8-34}$$

式中：P 为直驱风机输出的有功功率；C 为直流母线电容。

对式（8-34）两边同时求导可得

$$\frac{\mathrm{d} i_d}{\mathrm{d}t} = \frac{K_{up}}{C u_{dc}}(P - 1.5 u_d i_d) + K_{ui}(u_{dc} - u_{dc}^*) \tag{8-35}$$

对式（8-35）求导得

$$\frac{\mathrm{d}^2 i_d}{\mathrm{d}t^2} + \frac{3 K_{up} u_d}{2 C u_{dc}^*} \frac{\mathrm{d} i_d}{\mathrm{d}t} + \frac{3 K_{ui} u_d}{2 C u_{dc}^*} i_d = \frac{3 K_{up} u_d}{2 C u_{dc}^*} \frac{2P}{3 u_d} \tag{8-36}$$

令 $T = 2 C u_{dc}^* / 3 K_{p.u.d}$、$K = K_{ui}/K_{up}$，当机端电压发生对称电压跌落时，可认为 i_d 的响应为零输入响应和 $2P/3 u_d$ 倍阶跃响应的叠加。根据二阶系统的响应，有功电流 i_d 的表达式为

$$i_d = \frac{2P}{3u_d} + \left[i_d(0) - \frac{2P}{3u_d} \right] \frac{1}{(1-\xi^2)^{1/2}} e^{-\xi\omega_N} \sin(\omega_d t + \alpha) \tag{8-37}$$

式中：$i_d(0)$ 为故障前的有功电流，其余各量表示如下

$$\left. \begin{array}{ll} \xi = K_{up}(3u_d)^{1/2}/2(2Cu_{dc}^* K_{ui})^{1/2} & \omega_N = (3K_{up}u_d/2Cu_{dc}^*)^{1/2} \\ \omega_d = \omega_N(1-\xi^2)^{1/2} & \alpha = \arctan[(1-\xi^2)^{1/2}/\xi] \end{array} \right\} \tag{8-38}$$

为求出三相电流的表达式，还需要对无功电流进行分析。根据前面分析，得到无功电流 i_q 相关的方程为

$$u_q = L\frac{di_q}{dt} + Ri_q + \omega_1 Li_d + u_q' \tag{8-39}$$

式中：L、R 为网侧滤波器的等效电感和等效电阻；ω_1 为基频角速度。

无功电流 i_q 的控制方程为

$$u_q = K_{ip}(i_q^* - i_q) + K_{ii}\int(i_q^* - i_q)dt + \omega_1 Li_d + u_q' \tag{8-40}$$

忽略滤波器电阻并对 i_q 求导，得到

$$L\frac{d^2 i_q}{dt^2} + \frac{K_{ip}}{L}\frac{di_q}{dt} + \frac{K_{ii}}{L}i_q = \frac{K_{ii}}{L}i_q^* \tag{8-41}$$

令 $T = L/K_{ip}$，$K = K_{ii}/K_{ip}$，根据二阶系统的响应特性，无功电流 i_q 的表达式为

$$\left. \begin{array}{l} i_q = i_q^* \left[1 - e^{-\frac{K_{ip}}{2L}t} \frac{2(LK_{ii})^{1/2}}{(4K_{ii}L - K_{ip}^2)^{1/2}} \cdot \sin\left(\frac{\sqrt{4K_{ii}L - K_{ip}^2}}{2LK_{ii}}t + \beta \right) \right] \\ \beta = \arctan((1-\xi^2)^{1/2}/\xi), \xi = K_{ip}/2(LK_{ii})^{1/2} \end{array} \right\} \tag{8-42}$$

无功电流的参考值满足

$$i_q \geqslant 1.5(0.9 - u_{d*})I_N \tag{8-43}$$

式中：u_{d*} 为网侧电压标幺值；I_N 为直驱风机的额定电流。

根据无功电流和有功电流的表达式，考虑矢量控制策略的三相电流表达式为

$$\begin{aligned} i_f = & \frac{2P}{3u_d}\cos(\omega_1 t + \theta) - i_q^*\sin(\omega_1 t + \theta) \\ & + \left[i_d(0) - \frac{2P}{3u_d} \right] \frac{1}{(1-\xi^2)^{1/2}} e^{-\xi\omega_N T}\sin(\omega_d t + \alpha)\cos(\omega_1 t + \theta) \\ & + i_q^* e^{-\frac{K_{ip}}{2L}t} \frac{2(LK_{ii})^{1/2}}{(4K_{ii}L - K_{ip}^2)^{1/2}}\sin\left[\frac{(4K_{ii}L - K_{ip}^2)^{1/2}}{2LK_{ii}}t + \beta \right]_q^* \sin(\omega_1 t + \theta) \end{aligned} \tag{8-44}$$

式中：Φ 为相序，当 Φ 为 a 时，$\theta = \theta_0$，θ_0 为故障时刻的电流相位；当 Φ 为 b 时，$\theta = \theta_0 - 120°$；当 Φ 为 c 时，$\theta = \theta_0 + 120°$。

2. 采用 Chopper 保护

以上推导得到的短路电流表达式在机端电压跌落程度较轻的情况下是成立的，但机端电压深度跌落时，由于 Chopper 电路动作，以上推导将不再成立。Chopper 电路投入后，直驱风机暂态过程受到网侧变流器的限流，短路电流为变流器的最大输出电流。

有功电流 i_d 满足

$$i_d = (i_{max}^2 - i_q^{*2})^{1/2} \tag{8-45}$$

式中：i_{max} 为网侧变流器能够输出的最大电流，无功电流 $i_q = i_q^*$。

三相电流 i_f 满足

$$\boldsymbol{i}_f = (i_{max}^2 - i_q^{*2})^{1/2} \cos(\omega t + \theta) - i_q^* \sin(\omega t + \theta) \tag{8-46}$$

式中：θ 的取值同上。

（二）直驱风电机组短路电流解析表达式的验证

在 PSCAD/EMTDC 中搭建直驱风机模型如图 8-27 所示。

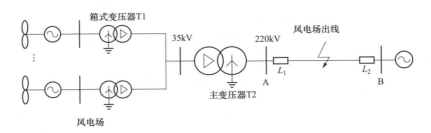

图 8-27　仿真模型示意图

直驱风机的额定有功功率为 1.5MW。通过设置三相对称故障，得到有功电流、无功电流和三相电流波形，并将参数代入解析表达式得出相应波形，比较 2 组波形来验证所得表达式的正确性。

当 $t = 1.03s$ 时发生三相短路故障，分别在不同电压跌落程度、不同初始运行功率及不同风电机组控制参数下进行仿真波形与计算波形的对比。

（1）机端电压跌落至 300V（为额定值的 53%），故障前风电机组运行功率为 1.024MW，直流电压外环控制参数 $K_{ip} = 2$、$K_{ui} = 40$，电流内环控制参数 $K_{ip} = 2$、$K_{ii} = 4000$。仿真值与计算值的对比波形如图 8-28 所示。

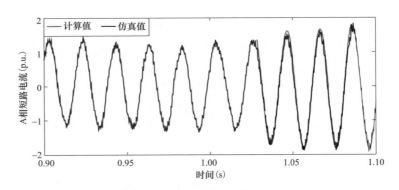

图 8-28　直驱风机 A 相短路电流的仿真值与计算值

（2）机端电压跌落至 185V（为额定值的 33%），故障前风电机组运行功率 0.475MW，直流电压外环控制参数 $K_{ip} = 2$、$K_{ui} = 40$，电流内环控制参数 $K_{ip} = 2$、$K_{ii} =$

4000。仿真值与计算值的对比波形如图 8 - 29 所示。

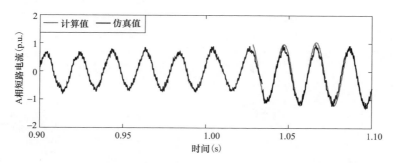

图 8 - 29　直驱风机 A 相短路电流的仿真值与计算值

（3）机端电压跌落至 280V（为额定值的 50％），故障前风电机组运行功率为 0.84MW，直流电压外环控制参数 $K_{up}=10$、$K_{ui}=85$，电流内环控制参数 $K_{ip}=8$、$K_{ii}=$ 2000。仿真值与计算值的对比波形如图 8 - 30 所示。

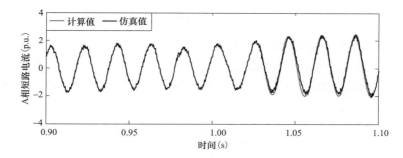

图 8 - 30　直驱风机 A 相短路电流的仿真值与计算值

根据对比，短路电流计算值和仿真值基本一致。

（三）直驱风电机组短路电流计算模型

结合上节直驱风机短路电流详细解析模型，故障跌落程度较轻时，dq 同步旋转坐标系下直驱风机的短路电流详细表达式为

$$i_f = \frac{2P}{3u_d} + ji_q^* + \left[i_d(0) - \frac{2P}{3u_d}\right]\frac{1}{(1-\xi^2)^{1/2}}\sin(\omega_d t + \alpha)e^{-\xi\omega_N t}$$
$$- \left[ji_q^* \frac{2(LK_{ii})^{1/2}}{(4K_{ii}L - K_{ip}^2)^{1/2}}\sin\left(\frac{(4K_{ii}L - K_{ip}^2)^{1/2}}{2LK_{ii}}t + \beta\right)e^{-\frac{K_{ip}}{2L}t}\right] \tag{8-47}$$

其中，衰减分量的衰减时间常数与变流器控制参数有关，且衰减迅速。

根据式（8 - 47），直驱风电机组稳态短路电流可表示为

$$\boldsymbol{i}_f = \frac{2P}{3u_d} + ji_q^* = \frac{2P}{3u_d} + j1.5(0.9 - u_d)I_N \tag{8-48}$$

式（8 - 48）表明，直驱风机稳态短路电流与故障前功率及故障后机端残压有关，而与变流器控制参数无关。

当故障跌落程度较深时，直驱风机的短路电流将受到网侧变流器最大电流的限制，其

幅值即为风电机组能够输出的最大短路电流。此时短路电流表达式为

$$i_f = i_d + ji_q = (i_{max}^2 - i_q^{*2})^{1/2} + ji_q \qquad (8-49)$$

直驱风机稳态短路电流在不同变流器限幅情况下，随故障前输出有功功率与机端残压变化的规律如图 8-31 所示。

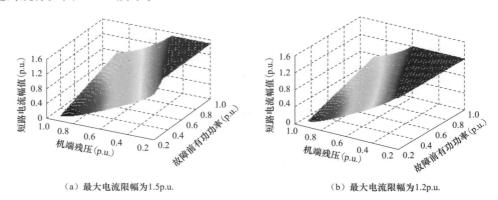

（a）最大电流限幅为1.5p.u.　　　　　　（b）最大电流限幅为1.2p.u.

图 8-31　直驱风电机组短路电流幅值变化规律

由图 8-31 可见，直驱风机短路电流随故障前有功功率的增大和机端残压的减小而线性增大，最大值不会超过变流器输出电流限值。

根据公式计算不同故障前功率及不同电压跌落程度下直驱风机的短路电流稳态值与仿真值对比如表 8-5 所示。

表 8-5　　　　　　　　　　　稳态短路电流计算值与仿真值对比

场景	机端残压	计算值幅值	计算值相角	仿真值幅值	仿真值相角	幅值误差	角度误差
故障前功率1.0p.u.	0.9p.u.	0.683p.u.	−0.221°	0.681p.u.	−0.214°	0.003	0.032
	0.8p.u.	0.741p.u.	0.000°	0.751p.u.	0.000°	−0.014	0.007
	0.7p.u.	0.847p.u.	0.178°	0.846p.u.	0.175°	0.001	0.020
	0.6p.u.	0.999p.u.	0.305°	1.004p.u.	0.300°	−0.006	0.018
	0.5p.u.	1.199p.u.	0.385°	1.198p.u.	0.375°	0.001	0.026
	0.4p.u.	1.250p.u.	0.501°	1.248p.u.	0.487°	0.002	0.028
	0.3p.u.	1.250p.u.	0.644°	1.230p.u.	0.625°	0.016	0.030
故障前功率0.4p.u.	0.9p.u.	0.306p.u.	0.804°	0.302p.u.	0.795°	0.014	0.011
	0.8p.u.	0.296p.u.	0.000°	0.298p.u.	0.000°	−0.006	0.027
	0.7p.u.	0.366p.u.	0.423°	0.359p.u.	0.412°	0.019	0.026
	0.6p.u.	0.485p.u.	0.667°	0.485p.u.	0.663°	0.001	0.007
	0.5p.u.	0.632p.u.	0.792°	0.638p.u.	0.788°	−0.009	0.005
	0.4p.u.	0.803p.u.	0.844°	0.797p.u.	0.828°	0.008	0.020
	0.3p.u.	1.003p.u.	0.844°	0.988p.u.	0.813°	0.015	0.038

由表 8-5 可知，直驱风机短路电流误差在 3% 以内，角度误差在 4% 以内，从而验证

了短路电流计算模型的精确性。

第三节　大规模风电汇集系统短路电流计算

一、风电场关键参数聚合方法

考虑故障后变流器的励磁调节特性，双馈和直驱风机的短路电流工频分量稳态值分别可以表示为

$$I_f = -j\frac{u_{s1}}{L_s} - \frac{L_m}{L_s}(i_{rd}^* + ji_{rq}^*) - \frac{sP}{(1-s)u_{s0}} \tag{8-50}$$

$$I_f = \frac{2P}{3u_d} + ji_q^* = \frac{2P}{3u_d} + j1.5(0.9 - u_d)I_N \tag{8-51}$$

可知，故障后双馈风机的短路电流只与机端残压 u_{s1}、故障前输出有功功率 P、转差率 s、电机参数 L_m、L_s 以及低电压穿越过程中转子电流参考值 i_{rd}^*、i_{rq}^*（主要取决于变流器的最大限流值）相关，而与变流器的控制参数无关。

故障后直驱风机的短路电流只与机端残压 u_d、故障前输出有功功率 P 以及低电压穿越过程转子电流参考值 i_q^* 有关。

根据低电压穿越的相关规定，转子变流器的电流参考值取为

$$i_{rq}^* = -K_d(0.9 - u_{s_1})i_{rN} \tag{8-52}$$

$$i_{rd}^* = \min\left\{L_sP/[(1-s)L_mu_{s_1}], \sqrt{i_{rN}^2 - i_{qr}^{*2}}\right\} \tag{8-53}$$

式（8-52）和式（8-53）给出了单台风电机组在变流器控制作用下短路电流工频分量计算模型。可知对于双馈风机，故障后可等值为受控电流源，与机端残压成线性关系；对于直驱风机，故障后可等值为受控电流源，与机端残压成非线性关系。变流器电流参考值也与机端残压有关。因此，在进行风电场参数等值时，首先需要考虑故障后风机机端残压的分布。

在 DIgSILENT/power factory 中搭建单条集电线路的风电场仿真模型。风机台数为12 台，两台风机之间相距 1km。在风电场并网点设置三相短路故障，通过电磁暂态仿真得到故障后各台风机的机端残压。可知最远端和最近端机端残压相差 0.1p.u.。因此，在风电场短路电流计算中，做出如下假设：

（1）故障前风机处于相同的运行状态；

（2）故障后风机机端残压相同；

（3）在故障暂态过程中，电机转速保持不变，因此，故障前后转差率 s 不变；

（4）同种类型风机参数相同。

因此，双馈型风电场和直驱型风电场都可以等值为受控电流源，其电流大小为风电场中所有风机电流之和。将双馈和直驱型风电场的等值模型并联于 35kV 母线，经主变压器接入电力系统，如图 8-32 所示。

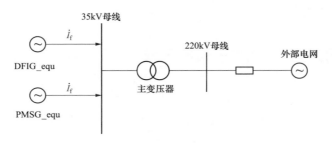

图 8-32　混合型风电场短路等值模型

二、大规模风电汇集地区短路电流计算方法

在传统电力系统短路电流计算中，广泛采用对称分量法，即首先建立各序等效电路，得到各序节点电压方程，然后与故障边界条件进行联立求解。

由于双馈型和直驱型风电场的等值模型为受控电流源，且风电场的短路电流与故障残压相关，因此，传统的电力系统故障计算方法不再适用。在进行故障计算时，将风电场主变压器 35kV 以下部分用一个受控电流源代替，而风电场主变压器、送出线路以及外部电网的拓扑结构用节点导纳矩阵表征。大规模风电汇集地区短路计算等值示意图如图 8-33 所示。

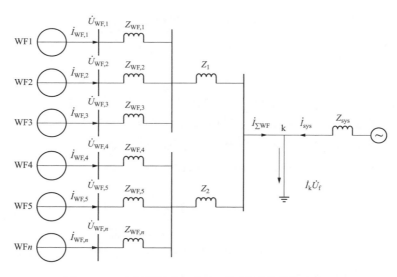

图 8-33　大规模风电汇集地区短路计算等值示意图

其中，Z_{equ} 为外部电网等值阻抗，$Z_{WF,n}$ 包括风电场主变压器阻抗以及送出线路阻抗，Z_1 和 Z_2 分别为风电汇集站到上一电压等级母线之间的线路阻抗和变压器阻抗。在实用计算中，可以忽略电阻以及线路对地电容的影响。

大规模风电汇集地区的风电场多呈现辐射状接入外部电网。当风电汇集地区的外送线路、母线发生短路故障后，故障点短路电流包含 2 部分：系统侧短路电流和各风电场的短路电流。

（1）计算外部电网的等值阻抗。

在本节的分析中，以 500kV 变电站为分区进行短路电流计算，将 500kV 变电站外部电网等值为电压源和阻抗的串联。其中，等值阻抗通过 BPA 计算得到。

（2）建立节点电压方程。

根据电网结构和元件参数，建立各序网络的节点电压方程。

$$Y[U_1, U_2, \cdots, U_{WF,i}, \cdots, U_n]^T = [I_1, I_2, \cdots, I_{WF,i}, \cdots, I_n]^T \qquad (8-54)$$

式中：Y 为节点导纳矩阵，根据网络拓扑和元件参数形成，$Y = \begin{bmatrix} Y_{11}, Y_{12}, \cdots, Y_{1n} \\ Y_{21}, Y_{22}, \cdots, Y_{2n} \\ Y_{n1}, Y_{n2}, \cdots, Y_{nn} \end{bmatrix}$，其中，$Y_{ii}$ 表示节点 i 的自导纳，Y_{ij} 表示节点 i 和节点 j 之间的互导纳。

（3）建立故障边界条件方程。

根据电网故障类型建立故障边界条件方程，以单相接地为例，其故障边界条件方程为

$$\left.\begin{array}{c} U_{f(1)} + U_{f(2)} + U_{f(0)} = 0 \\ I_{f(1)} = I_{f(2)} = I_{f(0)} \end{array}\right\} \qquad (8-55)$$

式中：下标 1、2 和 0 分别代表正序、负序和零序分量。

（4）电网短路电流计算。

将风电场故障前的电流作为受控电流源模型的初值，结合节点电压方程和故障边界条件方程进行联立求解。

在每次迭代计算中，判断各节点电压在两次迭代过程中的差值是否满足误差阈值，如果满足，则计算节点电压以及各支路电流；若不满足，则将此次计算的节点电压代入受控电流源模型，并重新进行迭代求解。

通过短路计算，既可以获知故障点的短路电流，也可以得到短路后网络中各个节点电压以及支路电流的分布。

故障计算流程如图 8-34 所示。

三、典型风电汇集站短路电流评估

本节以华北电网某大规模风电汇集地区为分析场景。该风电汇集地区包括 1 座 500kV 风电汇集站 A 和 1 座 220kV 风电汇集站 B，其中，风电汇集站 A 汇集 7 座风电场，装机容量为 1442.05MW，风电汇集站 B 汇集 6 座风电场，装机容量为 898.5MW。A 和 B 之间输电线长度为 65km，型号为 $4 \times$ LGJ-400。风电汇集站 A 通过 500kV 线路连接到外部电网。

风电场主变压器的变比、短路比分别为 220/35kV、11%。双馈和直驱风机额定容量为 1.5MW，双馈风机电机参数 $L_s = 3.08$、$L_m = 2.9$，K_d 取为 1.5。

当风电汇集站 A 母线发生三相金属性短路故障之后，经

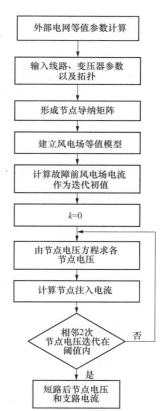

图 8-34 大规模风电汇集地区短路电流计算流程图

过短路电流计算，风电场主变压器 35kV 母线电压以及风电场短路电流大小如表 8 - 6 所示。

表 8 - 6 短 路 电 流 计 算 结 果

汇集站	风电场	35kV 母线电压	风机类型	装机容量（MW）	短路电流
A	风电场 1	0.267p.u.	鼠笼异步	62.25	0p.u.
			双馈	148.75	1.335p.u.
			直驱	135	1.5p.u.
	风电场 2	0.273p.u.	双馈	48.75	1.329p.u.
			直驱	148.5	1.5p.u.
	风电场 3	0.237p.u.	双馈	49.5	1.345p.u.
	风电场 4	0.275p.u.	双馈	250.5	1.32p.u.
	风电场 5	0.277p.u.	双馈	299.5	1.315p.u.
			直驱	100	1.5p.u.
	风电场 6	0.319p.u.	双馈	149.8	1.268p.u.
	风电场 7	0.053p.u.	双馈	49.5	1.4p.u.
B	风电场 8	0.394p.u.	双馈	51	1.22p.u.
			直驱	148.5	1.5p.u.
	风电场 9	0.373p.u.	双馈	99	1.231p.u.
	风电场 10	0.387p.u.	双馈	201	1.224p.u.
	风电场 11	0.430p.u.	直驱	199.5	1.5p.u.
	风电场 12	0.433p.u.	直驱	100.5	1.5p.u.
	风电场 13	0.399p.u.	双馈	99	1.218p.u.

在故障前风电机组满发的情况下，风电汇集站 A 的短路电流为 3.6kA。考虑风电影响后，短路电流增加了 13.42%。

参 考 文 献

[1] 曹娜，黄坤，于群，等．基于动态励磁电流的双馈风机组控制策略 [J]．电力系统保护与控制，2016，44（6）：29 - 34.

[2] Liu S，Bi T，Jia K，et al. Coordinated fault—ride—through strategy for doubly—fed induction generators with enhanced reactive and active power support [J]. IET Renewable Power Generation，2016，10（2）：203 - 211.

[3] Rolan A，Corcoles A，Pedra J. Doubly fed induction generator subject to symmetrical voltage sags [J]. IEEE Transactions on Energy Conversion，2011，26（4）：1219 - 1229.

[4] 郑重，杨耕，耿华．电网故障下基于 Crowbar 保护的双馈风电机组短路电流分析 [J]．电力自动化设备，2012，32（11）：7 - 15.

［5］ 李啸骢，黄维，黄承喜，等 . 基于 Crowbar 保护的双馈风力发电机低电压控制策略研究［J］. 电力系统保护与控制，2014，42（14）：67 - 71.

［6］ 刘素梅，毕天姝，薛安成，等 . 具有不对称故障穿越能力的双馈风力发电机组短路电流分析与计算［J］. 电工技术学报，2016，12（19）：182 - 190.

［7］ 肖繁，张哲，尹项根，等 . 含双馈风电机组的电力系统故障计算方法研究［J］. 电工技术学报，2016，14（1）：14 - 23.

［8］ 孔祥平，张哲，尹项根，等 . 计及励磁调节特性影响的双馈风力发电机组故障电流特性［J］. 电工技术学报，2014，21（4）：256 - 265.

［9］ 周宏林，杨耕 . 不同电压跌落深度下基于 Crowbar 保护的双馈式风机短路电流特性分析［J］. 中国电机工程学报，2016，29（s1）：184 - 19.

［10］ Yassami H.，Bayat F. Jalilvand A. Coordinated voltage control of wind - penetrated power systems via state feedback control［J］. International Journal of Electrical Power & Energy Systems，2017（93）：384 - 394.

［11］ Zhu Donghai，Zou Xudong，Deng Lu，et - al. Inductance - Emulating Control for DFIG - Based Wind Turbine to Ride - Through Grid Faults［J］. IEEE Transactions on Power Electronics，2017，32：8514 - 8525.

［12］ 陈鹏，张哲，尹项根 . 计及 GSC 电流和控制策略的 DFIG 稳态故障电流计算模型［J］. 电力系统自动化，2016，37（16）：8 - 16.

［13］ 李菁，段秦刚，张璇，等 . 双馈感应风力发电机三相短路电流分析与仿真研究［J］. 电网与清洁能源，2012（08）：84 - 88＋94.

［14］ 王增平，李菁，郑涛，等 . 不同撬棒保护投入时刻下双馈风电机组短路电流计算分析［J］. 电力系统保护与控制，2017，045（005）：109 - 117.

［15］ 唐浩，郑涛，黄少锋，等 . 考虑 Chopper 动作的双馈风电机组三相短路电流分析［J］. 电力系统自动化，2015（3）：76 - 83.

［16］ Sulla F，Svensson J，Samuelsson O. Short－circuit analysis of a doubly fed induction generator wind turbine with direct current chopper protection［J］. Wind Energ，2013，16（2）：37 - 49.

［17］ 欧阳金鑫，熊小伏，张涵轶 . 电网短路时并网双馈风电机组的特性研究［J］. 中国电机工程学报，2011，31（22）：17 - 25.

［18］ 徐岩，卜凡坤，赵亮，等 . 风电场联络线短路电流特性的研究［J］. 电力系统保护与控制，2013，41（13）：31 - 36.

［19］ 孔祥平，张哲，尹项根，等 . 计及励磁调节特性影响的双馈风力发电机组故障电流特性［J］. 电工技术学报，2014，29（4）：256 - 265.

［20］ 苏常胜，李凤婷，武宇平 . 双馈风电机组短路特性及对保护整定的影响［J］. 电力系统自动化，2011，35（6）：86 - 91.

［21］ 郑涛，赵裕童，陈璨，等 . 基于自适应阻抗继电器的风电 T 接线路纵联保护方案［J］. 电力自动化设备，2018，038（002）：81 - 90.

［22］ Ouyang J，Diao Y，Zheng D，et al. Dynamic equivalent model of doubly fed wind farm during electromagnetic transient process［J］. IET Renewable Power Generation，2016，11（1）：100 - 106.

［23］ Zubia I，Ostolaza J X，Susperregui A，et al. Multi - machine transient modeling of wind farms：An essential approach to the study of fault conditions in the distribution network [J]. Applied Energy, 2012, 89 (1): 421 - 429.

[24] Muljadi E, Samaan N, Gevorian V, et al . Different factors affecting short circuit behavior of wind power plant [J]. IEEE Transactions on Industry Application, 2013, 49 (1): 284 - 292.

[25] Wessels C, Gebhardts F, Wlilhelm F . Fault ride - through of a DFIG wind turbine using a dynamic voltage restorer during symmetrical and a symmetrical grid faults [J]. IEEE Transaction on Power E-lectronics, 2011, 26 (3): 807 - 815.

[26] 任永峰, 胡宏彬, 薛宇 . 基于卸荷电路和无功优先控制的同步风力发电机组低电压穿越研究 [J]. 高电压技术, 2016, 42 (1) : 11 - 18.

[27] 潘文霞, 杨刚, 刘明洋, 等 . 考虑 Crowbar 电阻的双馈电机短路电流计算 [J]. 中国电机工程学报, 2016, 1 (13): 3629 - 3634.

[28] 工丹, 刘崇茹, 李庚银 . 直驱风电机组故障穿越优化控制策略研究 [J]. 电力系统保护与控制, 2015, 43 (24) : 83 - 89.

[29] 罗剑波, 陈永华, 刘强 . 大规模间歇性新能源并网控制技术综述 [J]. 电力系统保护与控制, 2014, 22 (22) J40 - 146.

[30] Yazdanpanahi H, Li Y, Xu W. A new control strategy to mitigate the impact of inverter—based DGs on protection system [J]. IEEE Transactions on Smart Grid, 2012, 3 (3): 1427 - 1436.

[31] 栗然, 高起, 刘伟 . 直驱同步风电机组的三相短路故障特性 [J]. 电网技术, 2011, 35 (l0): 153 - 158.

[32] Hussain B, Sharkh S M, Hussain S, et al. An adaptive relaying scheme for fuse saving in distribution networks with distributed generation [J]. IEEE Transaction on Power Delivery, 2013, 28 (2): 669 - 677.

[33] 毕天姝, 刘素梅, 薛安成, 等 . 逆变型新能源电源故障暂态特性分析 [J]. 中国电机工程学报, 2013, 33 (13) : 165 - 171.

[34] 毕天姝, 刘素梅, 薛安成, 等 . 具有低电压穿越能力的双馈风电机组故障暂态特性分析 [J]. 电力系统保护与控制, 2013, 02: 26 - 31.

[35] 苏常胜, 李凤婷, 晁勤, 等 . 异步风力发电机等值及其短路特性研究 [J]. 电网技术, 2011, 35 (3): 177 - 182.

[36] 关宏亮, 赵海翔, 刘燕华等 . 风力发电机组对称短路特性分析 [J]. 电力自动化设备, 2008, 28 (1): 61 - 64.

[37] 蔺红, 晁勤 . 电网故障下直驱式风电机组建模与控制仿真研究 [J]. 电力系统保护与控制, 2010, 38 (21): 189 - 195.

[38] 苏常胜, 李凤婷, 晁勤等 . 异步风力发电机等值及其短路特性研究 [J]. 电网技术, 2011, 35 (3): 177 - 182.

[39] 杨杉, 同向前 . 含低电压穿越型分布式电源配电网的短路电流计算方法 [J]. 电力系统自动化, 2016, 040 (011): 93 - 99, 151.

[40] 张金华, 陈琳浩, 王晨清, 等 . 双馈风电机组多机并网系统短路电流计算方法 [J]. 电网技术, 2019, 43 (03): 148 - 156.

[41] 张金华, 张保会, 陈琳浩, 等 . 基于序网等值电路的双馈风电机组接入系统短路电流计算方法

[J]. 电力自动化设备，2018，038（001）：19-25.

[42] 肖繁，张哲，赖清华，等 . 双馈型电源短路电流统一解析方法及特性分析研究 [J]. 电工技术学
报，2018，033（014）：3319-3331.

[43] 郑涛，魏占朋，迟永宁，等 . 考虑撬棒保护动作时间的双馈式风电机组短路电流特性 [J]. 电力系
统自动化，2014（5）：25-30.

[44] 马静，丁秀香，林湘宁，等 . 考虑变流器暂态调控的双馈风电机组三相短路电流计算方法 [J]. 电
力自动化设备，2016，036（004）：129-136.

[45] 李媛媛，孙自安，张志刚，等 . 大规模风电机组集中接入对系统短路电流的影响 [J]. 中国电力，
2018，v.51；No.593（04）：38-43+93.

索　引